遗产新知文丛
New Heritage Studies

文化遗产·记录人类文明之路 知识传承·点亮未来世界之灯

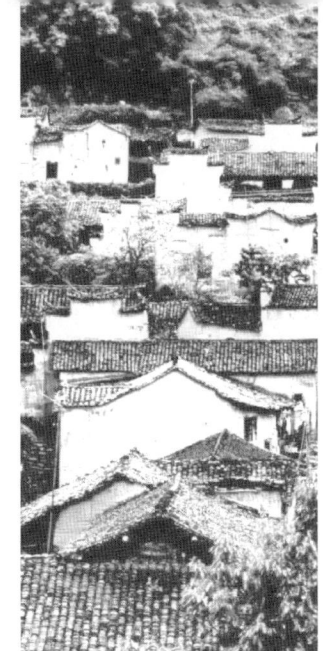

杨家堂
——浙西南山村的儒家实践

罗德胤 唐文/著

毛葛/测绘指导

中国建设科技出版社 有限责任公司
China Construction Science and Technology Press Co., Ltd.
北 京

图书在版编目（CIP）数据

杨家堂：浙西南山村的儒家实践 / 罗德胤，唐文著.
北京：中国建设科技出版社有限责任公司，2025.7.
（遗产新知文丛）. -- ISBN 978-7-5160-4457-5

Ⅰ. TU-862
中国国家版本馆 CIP 数据核字第 2025N5W556 号

杨家堂——浙西南山村的儒家实践
YANGJIATANG——ZHE XINAN SHANCUN DE RUJIA SHIJIAN

罗德胤　唐文　著
毛　葛　测绘指导

出版发行：	中国建设科技出版社有限责任公司
地　　址：	北京市西城区白纸坊东街 2 号院 6 号楼
邮政编码：	100054
经　　销：	全国各地新华书店
印　　刷：	北京印刷集团有限责任公司
开　　本：	787mm×1092mm　1/16
印　　张：	20
字　　数：	380 千字
版　　次：	2025 年 7 月第 1 版
印　　次：	2025 年 7 月第 1 次
定　　价：	98.00 元

本社网址：www.jskjcbs.com，微信公众号：zgjskjcbs
请选用正版图书，采购、销售盗版图书属违法行为
版权专有，盗版必究。 本社法律顾问：北京天驰君泰律师事务所，张杰律师
举报信箱：zhangjie@tiantailaw.com　举报电话：（010）63567684
本书如有印装质量问题，由我社事业发展中心负责调换，联系电话：（010）63567692

《遗产新知文丛》编委会

（按姓氏笔画排序）

顾　　　问　　王　军　吕　舟　朱良文　关瑞明
　　　　　　　张玉坤　陆　琦　戴志坚

编委会主任　　罗德胤

编　　　委　　王志刚　王新征　何　崴　张力智
　　　　　　　陈　颖　陈瑾羲　林祖锐　周政旭
　　　　　　　郭　巍　潘　曦　薛林平

总序
PREFACE TO THE SERIES

　　文化遗产的保护从20世纪80年代后期到21世纪前20年，和整个人类世界一样处在一个快速变化的过程当中。认识这种变化，理解变化的根源，使文化遗产的保护能够促进人类社会的可持续发展，是今天人们必须注意到的问题。

　　遗产保护源于对具有重要价值的历史遗存的保护，这是一种对"物"的保护，保护本身也更多地表现出研究性和专业性。这种保护是一种专业的行为，也在很大程度上排斥了社会的广泛参与。这种状况在20世纪80年代后半叶开始发生变化。这时开始快速发展的经济全球化引发了人们对文化多样性保护的关注。仅仅依靠专业的方法和技能已难以完成文化多样性的保护，文化多样性的保护需要公民和社区的普遍参与。从这时开始，文化遗产就不再仅仅是对于研究者的具有"历史研究价值"的对象，或是对于旅游者的具有"审美价值"或"异国情调"的游览对象，人们开始关心遗产对于所在社区和民众的意义。对社区和当地民众而言，遗产更多表现出记忆的价值和情感的价值，这些价值把遗产与社区、地方的文化多样性密切地联系起来，文化多样性又使被"物化"了的遗产，重新获得了活力，成为"活态遗产"。在中国，通过乡土遗产的变化——从民居建筑到村落古建筑群，再到传统村落，到哈尼梯田、景迈古茶林这样的对象的保护，就可以看到这一变化过程。从传统的保护方法的角度，对于民居建筑，甚至村落古建筑群都有可能采用赎买的方式，采用传统的专业保护管理方式，但对传统村落，对像哈尼梯田和景迈古茶林这样的对象，没有当地社区的参与，没有传统生产和民俗体系的延续，没有传统价值观的支撑，对它们的保护是无法实现的。文化多样性的保护不仅仅是依靠对物质遗存的保护，它更需要作为构成这一文化组成部分的社区和公民的参与并发挥核心的作用。从中国的角度看，被列入世界遗产名录的哈尼梯田、鼓浪屿是这样，正在申报世界遗产过程中的景迈古茶林也是如此；从世界的角度看，1992年文化景观作为一种文化遗产的类型被纳入世界遗产的申报体系，1994年《奈良真实性文件》强调文化多样性语境下的真实性标准，再到2012年在庆祝世界遗产公约颁布40周年时，联合国教科文组织把菲律宾的维甘古城评为世界遗产保护的最佳案例，这些都反映了遗产保护的发展趋势。

从世界的角度看，注重把原本被人为分割了的可移动文物与不可移动文物、物质和非物质遗产、文化与自然遗产重新融合为一个整体；把原本被保护的遗产，转变为推动人类可持续发展的积极力量，把遗产所承载的传统文化的智慧，融进今天人们的社会生活中。活态遗产概念的提出把社区与遗产结合在一起，使原本受到保护的处于被动状态的物质遗产能够与社区的文化传承融为一体，使被动的保护转化为更为积极的传统文化的延续和传承。事实上，对文化多样性而言，人是最重要、最核心的载体，离开人和社区的传承，物质遗存所能保存的仅仅是对文化多样性的记忆。

从中国的角度看，我们同样处在一个遗产融合与跨越的过程中，这个过程不仅反映在从文物保护向文化遗产保护的跨越，反映在保护观念的变化，从相对封闭的价值认知体系向更开放的价值认知体系的突破，从单一的专业修缮到与城乡发展相融合，从专业保护力量单打独斗到社会各方面的共同努力，从被动的保护到让文物活起来，发挥更为积极的社会功能和价值。这种发展已完全和世界的发展融为一体，尤其是中国的大量实践不仅为中国的遗产保护创造了更多的可能性，也为世界提供了中国的经验。

对遗产的认知促进了人们对人类文化多样性的认识和理解，促进了文化间的相互尊重，进而促进了对人类命运共同体和需要共同面对未来挑战的理解。对遗产的认知和研究不仅促进了社会对遗产价值的理解，促进了社会参与遗产保护实践，同时也促进了对遗产所承载和表达的传统文化的认知、体验和传承。新的文化创意产业从遗产中提取传统文化的要素，把传统文化与当代生活更为紧密地结合在一起，赋予遗产新的生命力，也促进了新的产业发展，是促进社会可持续发展的重要方面。

遗产的保护、传承、促进可持续发展，构成了关于保护理念、技术、科学的新探索，成为社会教育的重要途径，影响了新的产业发展，它带来了知识的融合、新的观念和技术。今天的遗产保护充满了"新知"。《遗产新知文丛》从多种角度讨论遗产保护的问题，带给我们关于遗产的新的观念和体验，促进我们理解当代遗产保护与文化传承多样而复杂的发展。希望这套丛书能够使更多的读者去传播遗产保护、传承的思想，参与遗产保护、传承的实践，为当代可持续发展注入更多的传统文化精神和智慧。

吕　舟

2020年3月

前言
PREFACE

1999年，ICOMOS（国际古迹遗址理事会）《关于乡土建筑遗产的宪章》指出："乡土建筑遗产是重要的，它是一个社会的文化的基本表现，是社会与它所处地区的关系的基本表现，同时也是世界文化多样性的表现。"[1]

中国乡土建筑在世界乡土建筑领域中具有独特地位。陈志华先生认为："中国农业文明时代的乡土建筑遗产是世界上最丰富的，中国可以凭借它的乡土建筑对世界文化遗产宝库作出重大的贡献，原因在于中国漫长的农业文明时代里社会和文化的独特性。"[2]

自1989年以来，陈志华先生领导的清华大学乡土建筑研究团队（以下简称"清华乡土组"）秉承"以聚落为单元"的学术理念，采用建筑学与社会学相结合、历史文献与口述采访相印证的研究方法，对全国各地具有代表性的传统聚落（群）进行了深入考察，形成了包括数十部学术专著在内的丰硕成果。浙江诸葛村、江西流坑村、山西碛口镇、四川福宝场等经过清华乡土组深入研究的乡土聚落，也已成为村镇保护的典型案例。

松阳县位于浙江省丽水市西部，属浙西南山区，目前共有78个中国传统村落。鲁晓敏发表于《中国国家地理》的文章，将松阳称为"最后的江南秘境"[3]。松阳传统村落众多、县城保存状态好、文教事业发达、非物质文化遗产丰富而鲜活，具有中国传统文化的诸多要素，罗德胤将其总结为"古典中国的县域标本"[4]。

学者们已经关注到松阳传统村落的价值，并且开展了一系列研究。松阳县人民政府联合《汉声》杂志团队对松阳乡土文化进行系统考察，出版了《松阳传家》。汉声团队深入田野考察，以二十四节气为线索对松阳民间传统文化、地方风物进

---

1 陈志华.由《关于乡土建筑遗产的宪章》引起的话[J].时代建筑，2000（3）：20-24.
2 陈志华.中国乡土建筑的世界意义[J].建筑史学刊，2023，4（2）：4-6.
3 鲁晓敏撰文，叶高兴等摄影.瓯江上游：最后的江南秘境.中国国家地理[J]，2013（4）：47-79.
4 罗德胤.在松阳感悟"古典中国"[J].瞭望，2015（43）：57-59.

行了系统梳理。[1] 松阳县博物馆馆长王永球在《松古村语：浙江松阳古村落》一书中，选取28个保存完好的传统村落，从地理、历史、建筑等角度进行论述。[2] 蔡军对松阳及丽水地区传统民居的厅堂平面进行了研究。[3] 王媛从建筑史和社会史的视角，考察了松阳石仓片区的客家民居。[4] 萧放从社会学的视角，研究了松阳的祖先祭祀活动。[5] 王可欣从水景观的视角，梳理了松阳传统村落的营建。[6]

松阳的乡村也吸引了不少建筑师，他们在松阳进行了富有探索性的保护和改造实践。这些工作既为松阳传统村落的保护与发展作出了贡献，也为乡土建筑的更新与改造提供了新的思路。2019年5月，首届联合国人居大会在肯尼亚首都内罗毕举行，100多个国家和地区的3000多名代表参会，松阳作为城乡融合发展的代表受邀参会并分享创新经验。松阳县政府还与联合国人居署签订了合作意向，每两年在松阳举办一次城乡联系论坛。截至2023年年底，城乡联系论坛已举办三届。

杨家堂是松阳首批列入中国传统村落名录的村落之一，地处松阳县东北部三都乡的山区，距离县城约8千米。村子坐东朝西，坐落在一个环形山谷中，四周群山环绕，自然环境优美，建筑保存完好。

杨家堂村建造在山坡之上，其平面和立面都具有规整性，形成了层层叠叠、富有韵律感的村落面貌。这样的村落格局在松阳乃至全国的山地村中都属罕见。杨家堂的民居沿山坡逐级分布，以三合院大宅为主。三合院占民居总数的比例超过一半，远超附近其他村落。杨家堂富有层次感和韵律感的村落立面，在夕阳的映射下好似"金色布达拉宫"[7]。凭借独特的村落面貌，杨家堂村近年来获得了广泛的关注和传播，成为松阳县的一张文化名片。

杨家堂村还拥有优良的文化教育传统，秀才数量多且在总人口中的占比相当高。从1650年前后建村至1949年的约300年间，杨家堂出了39名秀才和38名

---

1 松阳县人民政府，汉声编辑室.松阳传家[M].南宁：广西师范大学出版社，2019.

2 王永球.松古村语：浙江松阳古村落[M].杭州：浙江古籍出版社，2012.

3 蔡军，周国帆.丽水传统民居厅堂平面形制特征研究[J].古建园林技术，2023(1)：34-39.

4 王媛，曹树基.浙南山区明代普通民居发现的意义——以松阳县石仓为例[J].上海交通大学学报(哲学社会科学版)，2009，17(2)：73-80.

5 萧放，邵凤丽.祖先祭祀与乡土文化传承——以浙江松阳江南叶氏祭祖为例[J].社会治理，2018(4)：70-77.

6 王可欣，韩静怡，王自然，等.基于理水智慧的松阳传统聚落营建特征研究[C]//中国风景园林学会.中国风景园林学会2021年会论文集.北京：中国建筑工业出版社，2021：7.

7 胡展.松阳杨家堂村："江南布达拉宫"[J].浙江画报，2021(8)：46-51.

大学生。¹ 优良的文教传统和独特的村落面貌是否存在内在联系？这是本书关注的一个焦点问题。

学者们对杨家堂村也有一定的关注。李跃亮对杨家堂的历史进行了梳理，并将其放到松阳历史的大背景之下进行考察。² 魏佳对杨家堂村的村落形态和建筑单体进行了系统研究。³

本书采用文献研究与田野调查相结合的方法撰写而成。文献研究包括研读各类史料，如不同版本的县志和杨家堂宋氏家族的族谱等。县志是记载一个县的历史、地理、风俗、人物、文教、物产等的专书。编史修志是松阳悠久的文化传统，自元朝已开始修撰县志，到民国时期已有十余个版本。目前，可以查阅的松阳县志有清顺治版、乾隆版、光绪版，中华民国版，以及1996年浙江人民出版社的《松阳县志》和2020年方志出版社的《松阳县志》。县志作为官方资料，具有相对的客观性和权威性。县志中关于杨家堂的记录虽然不多，但对于佐证一些重要史实仍能起到关键作用。族谱又称家谱、宗谱等，是一种以表谱形式记载一个家族的世系繁衍及重要人物事迹的史料书籍。杨家堂编于1925年的《京兆宋氏宗谱》，记载了宋氏祖先迁村、建祠、修谱等重要事件，还有56篇重点人物的传记、行叙、寿庆等文章，⁴ 内容十分丰富。本书对杨家堂宋氏族谱进行了尽可能详尽的解读，同时还将周边一些村落的族谱作为对照研究资料。

田野考察是研究乡土建筑的基本方法。官方文献对乡土建筑的记载通常很少，田野调查和口述史采访就成为重要工作。乡土建筑研究以聚落为单元，需要从生活圈的角度来理解乡土社会。口述史采访虽然主观性较强，可追溯的时间也较短，但是从历史亲历者的角度获取的资料往往是更为生动而细致的。口述史作为史料记载的补充，也能补全一些文献未记载的历史事件，从而获取更全面、更准确的历史事实。

2025年2月

---

1 本书说的民国时期的大学，包括师范学校、专科学校等高等教育机构。

2 李跃亮. 浙南山地村落活态保护的实践与思考——以浙江省松阳县为例[J]. 浙江社会科学，2016(8)：143-150，161.

3 魏佳. 浙江松阳县传统村落及民居研究[D]. 北京：北京服装学院，2023.

4 这些文章有传记、序、记略、赞、行略、行叙、行状、箴表、寿庆、寿文等。为简化叙述，本书有时将它们统称为传记。

目录
CONTENTS

第1章 绪 论 1

    1.1 历史与格局变迁 2

    1.2 房派与儒家实践 10

第2章 宋濂后裔 14

    2.1 松阳宋姓 15

    2.2 杨家堂宋氏 20

    2.3 山区农业 22

第3章 板商村 25

    3.1 松阳板业 27

    3.2 板业巨商 28

    3.3 继父之志 31

    3.4 恢宏前业 35

    3.5 板业衰落 40

第4章 秀才村 43

    4.1 捐国学、造桥梁 44

    4.2 弱冠应童试 45

    4.3 纳粟成均 51

    4.4 克敌有勋 55

    4.5 前后累十试 61

    4.6 赴战秋闱 64

    4.7 耕读传家 65

    4.8 心慕陶谢 67

第5章 大学生 72

    5.1 考上大学 74

| | 5.2 | 成为医生 | 76 |
| | 5.3 | 成为教师 | 79 |

第6章 垂之宗谱 82

	6.1	传记纵览	83
	6.2	生人立传	88
	6.3	素人立传	91
	6.4	妇女立传	94

第7章 村落格局 102

	7.1	"五龙"和古樟	103
	7.2	水系和水口	106
	7.3	格局变迁	108
	7.4	"金色布达拉宫"	114

第8章 民居建筑 120

	8.1	民居类型	121
	8.2	典型民居：7~9号院	141
	8.3	典型民居：6号院	156
	8.4	民居建造与装饰	164

第9章 宗祠建筑 172

	9.1	宋氏宗祠	174
	9.2	香火堂	191
	9.3	宋伯玉墓	192
	9.4	宗祠和公共活动	194

第10章 庙宇建筑 197

	10.1	五龙社殿	201
	10.2	青云宫	206
	10.3	鹿龄寨殿	211
	10.4	四相公庙与孤魂庙	213
	10.5	庙宇和公共活动	214

	10.6	樟树信仰	215

第11章　文教和其他　219

	11.1	延师设教	220
	11.2	迪德学堂	221
	11.3	学校变迁	225
	11.4	晒谷场和牛棚	227

第12章　舞龙兴衰　231

	12.1	村落民俗	232
	12.2	重启舞龙	233
	12.3	板龙制作	235
	12.4	出灯和收灯	238

第13章　邻村比较　242

	13.1	对比分析	243
	13.2	邻村交往	244
	13.3	后湾村	245
	13.4	半岭村	253

第14章　结　语　260

	14.1	研究结论	261
	14.2	不足与展望	263
	14.3	价值展示与保护策略	264

附录1　2005年版《京兆宋氏宗谱》摘录　266

附录2　英文摘要　301

参考文献　303

第 1 章

绪　论

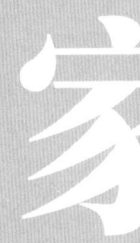

杨家堂建村于1650年前后，距今约有375年的历史。截至2021年，村内有113户、312人，大部分属于宋氏家族。村庄坐落于五座山所环绕的山坳之中，东、西两侧有梯田，南、北两侧紧贴树林。村中保存有数十座清中、晚期至民国时期的传统民居，以及宋氏宗祠、五龙社殿、青云宫等公共建筑。建筑规格比较高，还保留有很多彩绘、牛腿等装饰，体现出深厚的人文底蕴、浓郁的宗族文化和优良的教育传统。（图1-1、图1-2）

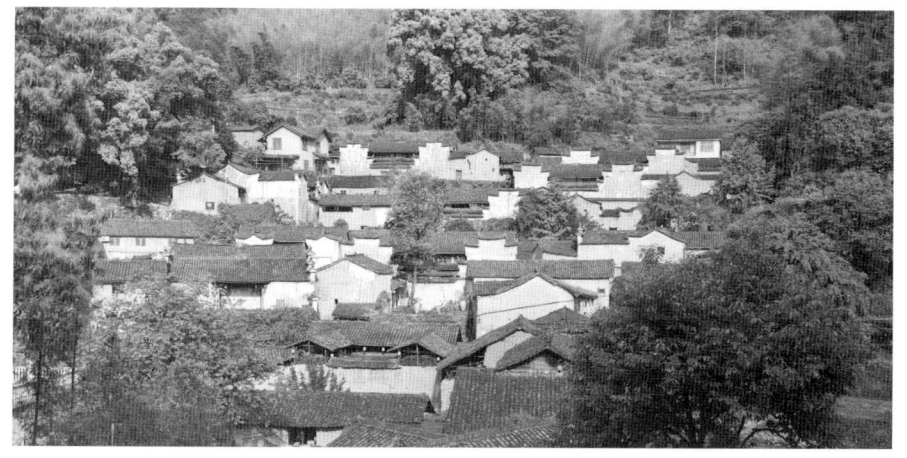

图1-1　被誉为"金色布达拉宫"的杨家堂村

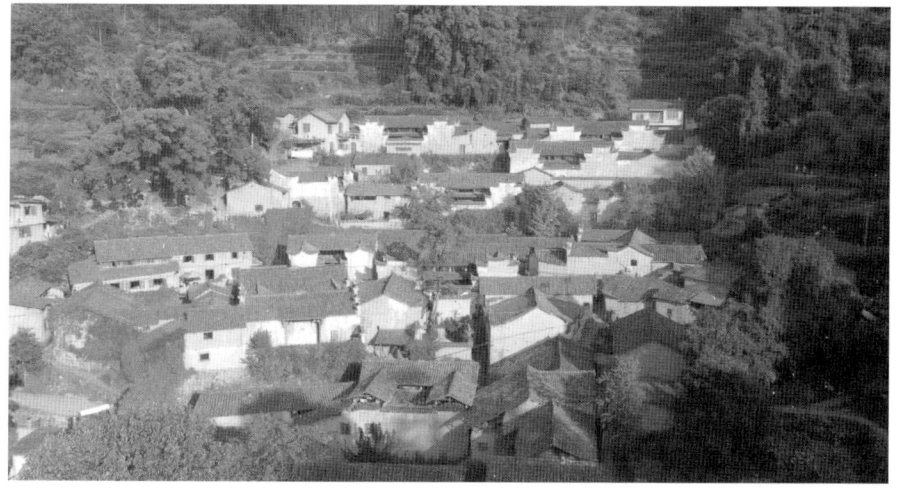

图1-2　俯瞰杨家堂村

1.1　历史与格局变迁

从一个贫困山村发展为经济发达、文风鼎盛的"板商村""秀才村"和"大学

生村",杨家堂的发展经历了三个重要节点。

杨家堂发展的第一个节点在 18 世纪中后期。杨家堂宋氏的开基祖是宋显昆,他于 1650 年前后从呈回村[1]迁来杨家堂。在建村的头 100 年里,宋氏族人以山区农业为生,胼手胝足,勤劳耕作,人口却不增反降。宋显昆有 5 个儿子,到孙辈时仅有 4 人,再下一代只有宋宏肃(1725—1785)、宋宏资(1731—1809)、宋宏堂(1735—1822)三人。宋宏堂深知农业不能改变命运,于是选择了高风险、高收益的板业(即贩运木材),最终实现了个人和家族的财富积累。宋宏堂虽然是商人,在价值观上却接受了儒家观念。他年轻时在科举上没有斩获,发财之后通过捐纳获得了秀才的身份,并且在实际行动上也践行着儒家所倡导的宗族建设事业。家境富裕后的宋宏堂,"不饰繁华,不庆寿诞,以做寿钱财为全村代缴钱粮税役,每次计费数百金,其他犹如筑桥、砌路、造亭、作渡等公益均乐助善缘"[2]。宋宏堂的长寿,也使得他能把自己的观念传递到第二代和第三代。从宋宏堂青壮年到受他影响的孙辈成为宗族主力,这段时期大约有 100 年之久(约 1760—1860)。(图 1-3、图 1-4)

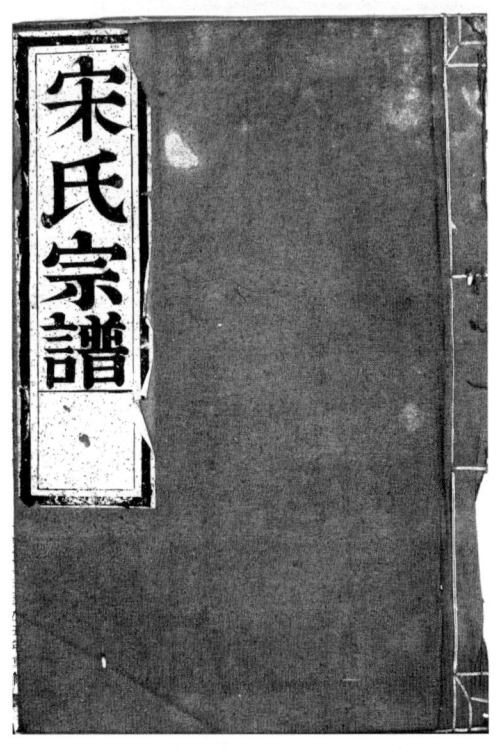

图 1-3　1925 年《宋氏宗谱》封面

1　位于杨家堂西北方的一个村落,直线距离约 6 千米,公路约 19 千米。

2　松阳县地方志编纂委员会.松阳县志[M].北京:方志出版社,2020:3347.

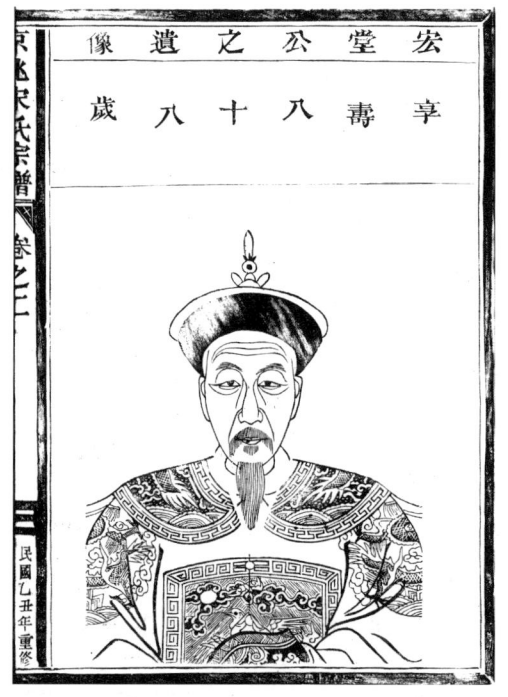

图1-4 族谱中的宋宏堂像（图片来源:《京兆宋氏宗谱·卷二》）

宋宏堂对杨家堂的影响可谓是方方面面。简而言之,有以下两项最为重要。

第一项是确立了宋氏族人"秀才＋板商"的人生路径。在宋宏堂之后,宋氏族人的人生轨迹大致是这样的:青少年时要努力读书和考科举;如果考中秀才,那便是光宗耀祖［这是一个宗族的整体策略,当努力者达到一定数量时,便会出现考中者,从而为整个宗族树立信心;宋宏堂的侄孙宋国礼（1786—1844）,是杨家堂第一个考中秀才的人］;考不上秀才,也打下比较好的文化基础,其中家境好的可能会在此时捐纳秀才;不管考中没考中,从20岁左右就要投身板业了,一直干到大约50岁;之后退休返乡,安度晚年,其中有实力者会在此时捐纳秀才。那些有了秀才身份的人,也大都会像宋宏堂一样,热心宗族事务和重视后代教育,这就形成了良性循环。清代至民国时期,宋氏家族有68人[1]成为秀才和大学生,这对一个小山村而言是令人赞叹的成绩。

第二项是奠定杨家堂村的规划格局。宋宏堂非常重视宗族事务和村庄建设。杨家堂宋氏宗祠,由宋宏堂于52岁时（清乾隆丁未年,1787年）倡议并率领族人合力建造。这是一座占地223平方米的四合院,尽管从规模上看只是一座中等偏小型的祠堂建筑,但是意义重大。它是杨家堂宋氏宗族正式形成的标志,也是宋氏宗族集体凝聚力的象征。宋氏家族从呈回村迁来杨家堂,在头一百年的时间里

---

1 其中宋徵封（族名宋世庆,1892—1937）既是秀才,也是大学生。

都是回呈回村参加祭祖，因为他们的人口太少，无法独立开展宗族活动。杨家堂宋氏家族在修建宗祠之时，所有男丁加起来也就 15 人左右[1]。男丁人数不多，更能说明宋氏家族的凝聚力，也充分体现宋宏堂作为领导者的号召力。

在率领族人修建祠堂之前，宋宏堂已经为自己修建了一座住宅（7 号院）。这是杨家堂历史上第一幢三合院大宅[2]（图 1-5）。在此之前，杨家堂的民居都是一字形平面的建筑，不成院落。一字形民居也是松阳山区普遍采用的建筑形式，这种建筑占地不大、进深较小，尤其适合山坡建房。宋宏堂为他的住宅选择了三合院的建筑形式，一是因为他本人有经济实力，二是因为三合院符合儒家所推崇的等级秩序观念。三合院平面对称，体现端庄和稳定；房屋有正房和厢房，分出主次空间；围合的院落，营造出内向属性；天井中空，表达家族向心力。在宋宏堂之后，宋氏族人尤其是宋宏堂房派的成员，在建房时也都尽量采用了三合院的建筑形式，以至于三合院建筑的数量在杨家堂的占比超过了一半，远超周边村落。宋宏堂甚至在建造其三合院之时，就为后代预留了建房用地。7 号院北侧跨院，是宋宏堂之子宋德焕所建（约 1820 年）；7 号院南侧的 8 号院和 9 号院，分别是宋宏堂的两个玄孙宋起杰、宋起樵所建（1890 年前后）；这三处院落，以 7 号院为中心，形成一个进深约 13.5 米、总面宽达 64 米、正立面整齐而连续的建筑群。

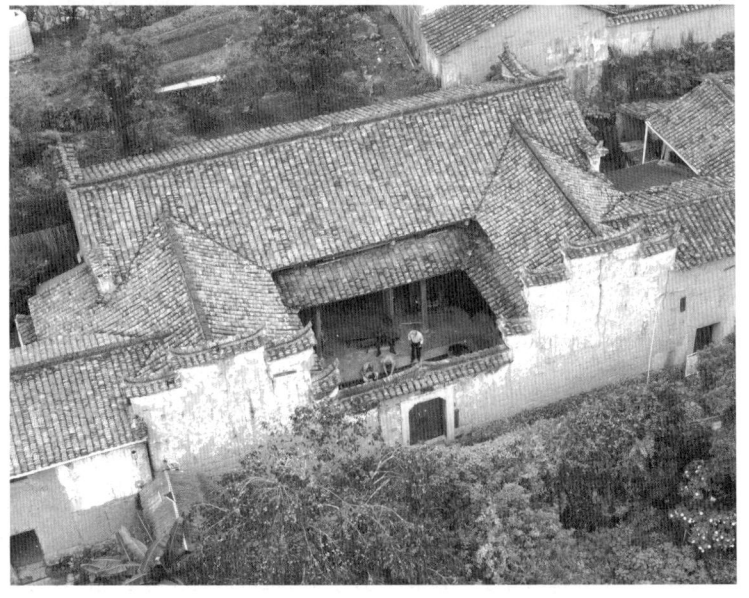

图 1-5　杨家堂 7 号院鸟瞰

1　宋氏家族十四世宏字辈有 3 人；十五世德字辈有 10 人；十六世国字辈有 15 人，但是在 1787 年时大部分还没出生或未到成年。

2　宋宏堂之兄宋宏资也建有一座三合院大宅（真实建造者可能是其长子宋德永），时间可能稍晚于宋宏堂宅。

杨家堂村之所以形成层层跌落的规划格局和壮观立面，最重要的原因就是村内建筑的主体是排布整齐的三合院民居。以 7 号院为中心的这一排建筑，在其中又发挥了最为关键的作用。19 世纪中期，宋宏堂之孙宋国彦（1820—1852）和宋国刚（1828—1890）在 7 号院东南方更高位置的空地上，分别建造了 2 号院和 4 号院。2 号院比 4 号院更高一阶，都是坐东朝西的三合院。19 世纪中后期，宋宏堂的曾孙宋君朝（1844—1916）建造了位于宋德焕宅北侧、坐北朝南的 6 号院。至此杨家堂"上三排"的房屋全部建成，形成了十分规整的空间格局。

从东侧最高处到西侧最低处，杨家堂村的地形大致形成了南北走向的七个阶层，每个阶层有数量不等的建筑；其中 7 号院所在的第三阶层（从东侧数起），建筑最多，占地最满（即前述 7 号院为中心的建筑群）；在第三阶层的东侧，第一阶层和第二阶层也有坐东朝西、排布较为整齐的三合院民居（数量比第三阶层少）；东侧的这三阶层，即"上三排"。在"上三排"的西侧，第四到第七阶层的建筑数量较少，排布也略显凌乱，平面形式包括了三合院、四合院和一字形；朝向也不完全一致，而是随地形做调整。

杨家堂发展的第二个节点在 19 世纪 60 年代。宋宏堂为宋氏族人确立的"秀才＋板商"人生路径，大概要基于两个前提条件才能成立。一是杨家堂的板业持续兴旺。捐纳 39 名秀才需要多少银两？族谱和县志都没留下记录，不过从一些间接材料，我们可以推测清代捐纳一名秀才的金额大约是 50~100 两银[1]；作为参考，清代知县和教谕的一年俸禄大约各是 60 两银、30 两银[2]，可见捐纳秀才的成本不低。二是宋宏堂本人很长寿。他活到 88 虚岁，不但为自己捐纳了秀才，还在有生之年就为部分子辈和孙辈捐纳了秀才。这使得他所设定的人生路径，至少在三代人中都得到了贯彻。宋氏家族的第十六世[3]，也就是宋宏堂的孙辈，族谱记录的 15 名男性中有 9 人都是秀才，占比高达 60%，这是宋宏堂影响力的直接体现。

宋宏堂于 1822 年去世。到 1860 年，直接受他恩惠或影响的子辈和孙辈，也大都步入晚年或已去世。从这个时候开始，宋宏堂的影响力不能说消失殆尽，变

1　清道光十一年（1831）有"报捐监生银数，在京及各省均定以一百八两"的规定。另据新闻报道，浙江省丽水市的吴姓市民在家中翻出清光绪二十九年（1903）的一份"买官收据"，吴家祖上秀才吴锡书在 39 岁时捐出白银 43 两 2 钱而成为监生。见：浙江丽水发现"清代买官收据"，https://www.sohu.com/a/129066533_116897。

2　《松阳县志》（1996 版，第 286 页）载：清顺治十年知县俸银 27.49 两、薪银 36 两，教谕俸 19.52 两、薪 12 两。

3　杨家堂宋氏迁自呈回村，两村宋氏合修族谱，以宋濂为第一世，杨家堂开基祖宋显昆在族谱中排第十一世，宏字辈为第十四世。

弱是难以避免的。毕竟，捐纳秀才的代价不菲，而由此得来的社会声望上又不及正式考取的秀才。就在此时，时代给了宋氏家族的秀才们一次难得的机会。19世纪60年代的动荡岁月中，杨家堂几位秀才作为有经济实力和文化担当的地方士绅，勇敢地站了出来，承担起保家卫土之责。杨家堂所在的"东乡"，在他们的组织和领导下最终安然无恙。族谱记载，宋氏家族有7人因此受朝廷嘉奖，分别是十六世的宋国洪（1814—1862）、宋国刚（1828—1890）和十七世的宋君贤（1809—1891）、宋君刚（1819—1873）、宋君恩（1843—1914）、宋君朝（1844—1916）、宋君銮（1847—1902）。除宋君贤和宋君刚是宋宏资的曾孙外，其余5人均为宋宏堂的孙子和曾孙。

这一历史事件，也使得当时的社会舆论至少是暂时地看淡了考取秀才和捐纳秀才之间的区别。出生于1843年的宋君恩，可以说是此次事件的最大受益人（图1-6）。宋君恩是家中长子，他因为父亲早逝而在十几岁就加入了家族板业。清同治五年（1866）宋氏编修族谱时，年仅23岁的宋君恩就因为建立军功，又成为附生（最低等级的秀才），而在其中立传。宋君恩此后也没有在科举的道路上多费时间，他把主要精力投放于板业，并在后来捐纳了贡生的身份。板业上的成功，不但让家族财富得到延续，也让他有实力参与地方公共事业而长期保持了较高的社会声望。1909年清廷实行地方自治选举，宋君恩被选为下田乡议事会正议长，三年后改选连任。1914年宋君恩去世之前，还在为一座桥梁的修复而奔忙。他在族谱中一共留下了5篇传记（寿文）。

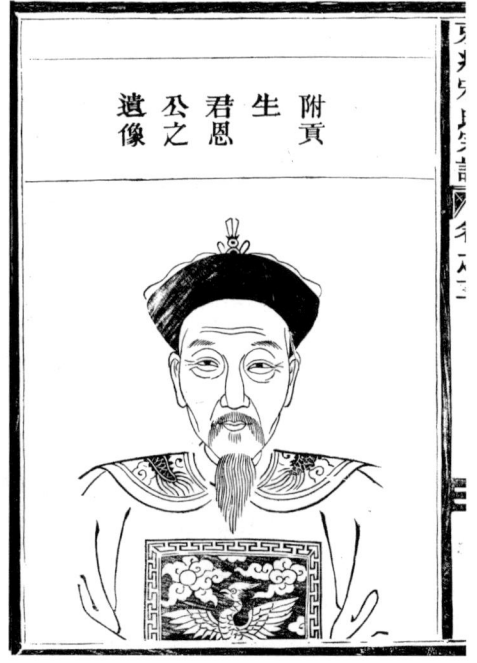

图1-6 族谱中的宋君恩像（图片
来源：《京兆宋氏宗谱·卷二》）

根据族谱记录,宋氏第十七世有男丁 32 人,其中秀才 8 人;第十八世有男丁 52 人,其中秀才 13 人。尽管占比都只有 25%,不及第十六世的 60%,但是在绝对数量上保持了稳定增长。秀才数量的增长,一方面是因为宋氏族人在板业上的持续经营,另一方面也得益于当时清廷为筹集军费而扩大了捐纳之门。[1] 我们或许可以这么说,杨家堂的秀才把一场社会动荡的危机转化成一次实现并提升人生价值的良机。

也正是在宋君恩这一代人的手上,杨家堂村基本上完成了建设。他们不但建成了大部分的住宅,还完成了五龙社殿、青云宫等庙宇和迪德学堂,使得杨家堂有了较为完整的公共建筑体系。迪德学堂还是松阳最早的新式学堂之一。

杨家堂发展的第三个节点大约在 20 世纪初期。截至清代和民国时期最后一次编修族谱的 1925 年,杨家堂宋氏第十九世的男丁是 94 人,秀才有 6 人;第十七世、十八世和十九世在族谱中有传记的人物分别是 8 人、11 人和 1 人。十九世的秀才人数减少至 6 人[2](在男丁中的占比更是降低至 6.4%),或许还可以归因 1905 年清政府废除科举,它使得部分宋氏族人失去了考取或捐纳秀才的机会;但传记人物锐减至 1 人,则只能说明宋氏这一代人的经济实力已大不如前。

十九世在族谱中有传记的是宋世绪(1843—1916),他是同辈之中年龄较长之人。宋世绪的传记出现在清光绪二十二年(1896)编修的族谱之中,而不是 1925 年。1925 年编修的族谱,即使算上此前一年的一篇寿文,也只有 5 篇传记。这 5 篇传记涉及的 5 位传主,在 1925 年时有 3 位已经去世,在世的 2 位分别是 60 岁和 79 岁。传记大幅减少,尤其是没有青壮年人物的传记(此前四次编修族谱,均有青壮年人物的传记),也说明民国初期时杨家堂的板业已走向衰落。

废除科举对当时全国的秀才而言都是一个巨大冲击。1895 年之后出生的杨家堂宋氏族人,也不再有机会参加科举考试,从此"板商 + 秀才"的人生路径不再成立。不过,另一条更加光明的人生道路,已经在杨家堂年轻人的面前展开。

清末至民国时期,随着中国各地陆续建立起师范、专科学校等新式的高等教育机构,杨家堂的年轻人敏锐地看到了人生发展的新方向。他们中的不少人凭借早年努力读书打下的学识基础,再依靠家族财富积累所提供的支持,争取到了上

---

1 据张仲礼《中国绅士研究》一书(上海人民出版社,2008:83-84),浙江生员在人口中的占比,太平天国之前为 0.17%,之后上升为 0.56%。

2 杨家堂宋氏第十九世的 6 名秀才均出生于 1895 年之前:宋世濂(1858—1905)、宋世云(1883—?)、宋世忠(1865—?)、宋世绪(1843—1916)、宋世桢(1891—1950)、宋世庆(即宋微封,1892—1937)。

大学的机会。一个又一个的青年离开了杨家堂，离开了松阳，踏上了去往杭州、上海、北京、南京等地的求学之路。民国时期杨家堂有 38 人考取大学，这对人口只有一两百人的小山村而言是一个很了不起的成绩。他们在大学毕业之后，有人成为大学教授，有人成为主任医师，有人担任银行行长，在多个领域取得了很好的成就。

宋微封，一个既是前清秀才、又是民国时期大学生的人物，在杨家堂民国初期的发展和转向中发挥了关键作用。宋微封是宋宏堂的六世孙，出生于 1892 年。他的祖父宋君朝是宋君恩的弟弟。宋君恩是宗族领袖，宋君朝也是宗族骨干，都经营板业。和宋君恩二十岁出头就捐纳了秀才不同，宋君朝一心想凭真本事考中秀才，但是他运气不佳，连考十次都落榜，最后还是在 50 岁时捐纳了秀才。宋君朝在家安享晚年的同时，也教育孙子。1905 年，年仅 14 虚岁的宋微封第一次参加科举考试，就考中了秀才。在他之前，杨家堂宋氏族人尽管已经有 30 多个秀才，但大部分都是捐纳而得，真正通过考试拿到秀才的属于凤毛麟角。所以这原本是一件轰动全县，让全村人都感到骄傲的大喜事。然而，也正是在这一年举行科举考试的 9 月 2 日，清政府发布上谕，宣布自 1906 年开始所有乡会试一律停止。这意味着宋微封的科举之路在"出道即巅峰"的同时，也是"开局即结束"。

我们今天已经无法想象，宋微封和他的家人们在接到科举捷报时是怀着怎样的心情，以及在后来的几年中，他如何安排和筹划自己的人生道路。和宋宏堂、宋君恩等先辈在族谱中留下多篇传记不同，宋微封本人没有传记，他只在为祖父宋君朝写的传记中"顺便"交代了自己的人生经历。《松阳县志》也只有关于宋微封的简短记载。大约在考中秀才的 7 年之后，宋微封"游学沪杭"[1]，就读于浙江两级师范学校[2]。毕业后，宋微封任教于县立毓秀小学和县立松阳初级中学，并曾两度出任县立初中校长。[3]

教师是民国时期杨家堂大学生最主要的职业选择，38 名大学生中有 16 人选择了师范专业，这跟当时师范人才紧缺的时代背景有关，也离不开宋微封的先行探索和着力培养。

---

1 民国十四年（1925）宋微封撰《先大父国学公家传》，全文见附录。

2 民国初期的师范学校，校址在杭州，学制为预科一年、本科二年。

3 松阳县志编纂委员会.松阳县志［M］.杭州：浙江人民出版社，1996：589.

1.2 房派与儒家实践

　　杨家堂宋氏宗族在第十四世宏字辈时分化为三个房派，即宋宏肃房派、宋宏资房派和宋宏堂房派。根据1925年编修的《京兆宋氏宗谱》所统计的十四世至二十世族人，宋宏资房派的人数最多，达到178人（图1-7）；其次是宋宏堂房派，有82人（图1-8）；宋宏肃房派人口最少，为54人。宋宏资、宋宏堂、宋宏肃三个房派的秀才分别为19人、18人、2人，在各自人口中的占比分别为10.7%、22.0%、3.7%，相差可谓显著。三个房派在族谱中的传记分别为25篇、31篇、0篇，差别也很明显。

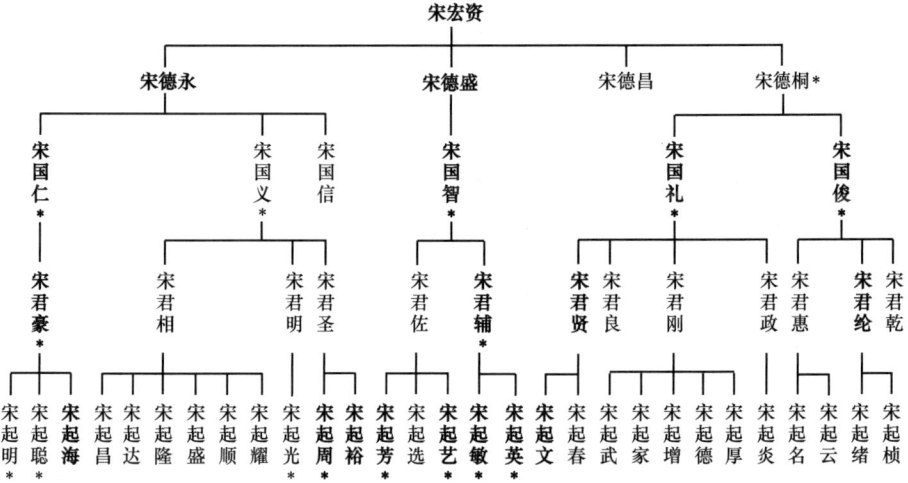

图1-7　宋宏资房派十四至十八世成员(字体加重者表示有传记,＊号表示秀才)

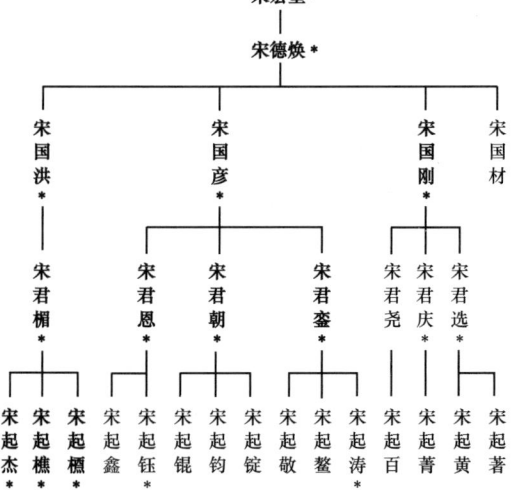

图1-8　宋宏堂房派十四至十八世成员（字体加重者表示有传记，＊号表示秀才）

宋宏肃房派在族谱中没有留下传记，这导致我们对该房派的历史了解极少。从十四世宏字辈到十八世起字辈，宋氏三个房派的人口几乎是齐头并进。宋宏堂房派和宋宏资房派是靠着板业，才实现了经济发展和人口增长。如果宋宏肃房派完全没参与板业，很难想象能获得同样程度的人口增长。所以我们可以推测，在十四世到十七世这几代人，宋宏肃房派是加入到板业之中的。他们从板业中脱离，大约是在第十八世，此后人口形势急转直下，仅一两代人就近乎消失。

宋宏肃房派为什么在 1900 年前后突然走向衰落，原因可能有多方面。宋宏资和宋宏堂是亲兄弟，宋宏肃是他们的堂兄。我们不知道是不是因为这层关系，使得宋宏肃房派参与板业的机会越来越少，并最终影响到他们的人口发展。从结果看，血缘关系、秀才数量和传记数量确实存在着正相关的关系。

宋宏资房派的人口是宋宏堂房派的两倍还多，但是秀才的数量却只比宋宏堂房派多 1 名。这是宋宏堂房派经济实力的体现，同时也说明，在宋宏堂的影响下，宋宏堂房派的人对于科举功名的追求是强过宋宏资房派的。

在践行儒家理念方面，宋宏堂房派也表现得更为积极。这尤其体现在房屋建设和村落规划上。杨家堂的宋氏宗祠，是宋宏堂率领族人建造的。杨家堂"上三排"的房屋，是杨家堂村成为"金色布达拉宫"的最重要部分；这些房屋除了东北角的 1 号院，都是宋宏堂房派所建。相比之下，宋宏资房派的住宅则展现出随宜布置的特点。宋宏堂房派的房屋以三合院为主，宋宏资房派则只有 3 座三合院（宋宏资和宋德永父子建造的 1 号院、十六世宋国礼建造的 19 号院和十七世宋君纶建造的 25 号院），其余均为一字形民居。房屋建设和村落规划，体现出宋宏堂本人的影响力和宋宏堂房派的凝聚力。

宋氏族谱一共有 56 篇传记，宋宏资房派和宋宏堂房派各占 25 篇和 31 篇。传记涉及的 33 名男性中，宋宏资房派和宋宏堂房派分别为 19 人和 14 人。单看这两组数据，似乎两个房派相差不大。但是一旦将人口数量作为分母，那就明显是宋宏堂房派更胜一筹。

宋宏资房派有传记的男性比宋宏堂房派多，但他们这 19 人之中，有 9 人不是秀才。这些不是秀才而又在族谱中有传记的人，我们暂且称其为"素人立传"。9 个素人的传记，一共有 11 篇。这些传记的字数普遍比较少，最少的只有几十个字，最多的也不过 300 余字，平均每篇大约是 250 字，远低于其余 45 篇传记的平均字数（约 500 字 / 篇）。在内容上，这些传记也都写得比较笼统，往往以堆砌歌颂人品的词藻为主，套路化明显，很少反映具体事迹。之所以字数少而内容笼统，大概有三方面的原因。首先是事迹上可能乏善可陈，尤其是在符合儒家理念的宗族

建设和公益事业上投入不多。其次，立传只是为了满足家人纪念长辈或逝者的朴素愿望，同时也向旁人展示孝行，因此传主是不是秀才不重要。再次是成本上的考虑，在族谱中立传要交两笔钱，一笔给谱房，一笔给作者，这两笔钱应该都跟篇幅有关。

为什么宋宏资房派有多达9个素人立传而宋宏堂房派却一个没有，这可能是个耐人寻味的问题。可以与此并列的两组数据是：24名有传记的秀才中，宋宏资房派只有10人（占本房派秀才的55.6%），而宋宏堂房派有14人（占本房派秀才的73.7%）；13名出生于1890年之前的无传记秀才中[1]，宋宏资房派占据了7人，而宋宏堂房派只有4人。宋宏资房派在捐纳秀才和族谱传记上所表现出来的"离散性"，大概是源于他们在"如何留名青史"上的功利性考量——只要在捐纳秀才和族谱立传之间做二选一，而不必两个都选，就足以在族谱中留名。

相应地，宋宏堂房派在捐纳秀才和族谱传记上所表现出来的"一致性"，大概是他们在"践行儒家理念"上的价值观体现——不管是考取秀才还是捐纳秀才，只要有了秀才的身份，就要各方面都按儒家规范来要求；有成绩，就在族谱中留下传记；没有成绩，也没必要只是为留名而勉强写传记。

将房屋建设和族谱传记这两条线索串联起来看，我们也更能理解：宋宏堂是杨家堂村的"总规划师"，而宋宏堂房派则是将规划方案加以落地的"执行团队"；杨家堂村之所以最终能呈现出如此完整的村落格局，是因为"总规划师"和"执行团队"在践行儒家理念上达成了高度一致。

清末至民国时期的大学生中，宋宏资房派和宋宏堂房派的差距更为明显。宋宏资房派的大学生只有2人，宋宏堂房派则多达36人。在时代的转折中，宋宏资房派的读书人几乎是"集体沦陷"了；科举这座灯塔熄灭之后，他们失去了前进的方向。宋宏堂房派的读书人，则是迅速地找到了"下一座灯塔"，然后开始了华丽的转身。是什么原因导致宋宏资房派没能实现及时转向？或许，他们在捐纳秀才和族谱传记上的"离散性"，已经在一定程度上回答了这个问题。

宋宏堂房派成员在民国时期的新式教育中取得突破性发展，离不开宋宏堂所肇始的良好读书风气。正是这种重视教育的传统，才使得他们在科举之路断绝后，依然能靠读书来实现人生价值，并且作出更大的社会贡献。

跟传统时代的秀才都要回到家乡安度晚年并投身宗族建设和地方事业不同，在新时代中弄潮的杨家堂才俊们，一旦离开家乡就很少再回来。对杨家堂村而言，

---

1 出生于1890年之后的两名秀才即十九世的宋世桢和宋世庆，1925年编修族谱时只为去世者或老人立传。

地方精英的流失必然带来宗族和乡村建设的弱化甚至停滞。杨家堂宋氏在 2000 年之前的最后一次编修族谱，是在民国十四年（1925）。[1] 最后一位主持宗族事务并重修祠堂的秀才，是 1926 年去世的宋起周（1846—1926）。从 1920 年前后一直到 2010 年前后，杨家堂村的建筑不再有成规模的重修。

从这个角度来看今天所开展的杨家堂村落保护工作，我们也会有更为清晰的价值认识。杨家堂人曾经用六七代人的奋斗，为我们留下一个践行儒家理念、规划格局完整、建筑质量优良的传统村落，又曾经在中国从传统社会向现代社会的转折过程中贡献了一批优秀的人才。保留下这样一个古村，是我们对杨家堂人最好的致敬。

1　1925 年之后的编修族谱，是在 2005 年。

第2章

宋濂后裔

松阳县的传统村落可以大致分为山地村和平地村两类[1]，其中山地村落所占比例较多，杨家堂是松阳山地传统村落的代表之一。[2]

杨家堂是由宋氏家族的人口组成的一个血缘村落。根据族谱记载，杨家堂宋氏为明朝开国元勋宋濂之后。宋濂（1310—1381），初名寿，字景濂，号潜溪，别号龙门子、玄真遁叟等，祖籍金华潜溪（今浙江义乌），后迁居金华浦江。[3]明洪武十年（1377），宋濂以年老辞官还乡，后因长孙宋慎牵连"胡惟庸案"而被流放茂州，途中于夔州病逝。宋濂的后人为避难而迁居山区，其中就有人到了松阳。

松阳县是浙西南山区建置最早的县。松阳建县于东汉建安四年（199），唐武德四年（621）松阳县曾升为松州，吴越天宝三年（910）曾改为长松县，北宋咸平二年（999）复置松阳县。1958年至1982年期间，松阳县曾并入遂昌县。

松阳因地处长松山之南而得名。松阳县四面环山，拥有浙西南山区面积最大的盆地，即松古盆地。松阳县东与丽水莲都区相接，西南与龙泉县、云和县相邻，西北方向接遂昌县，东北方向接武义县。松阴溪属瓯江水系，自遂昌县发源，流入松阳县，贯穿松古盆地，在丽水市大港头汇入瓯江中游，流经青田县，最后从温州湾入海。

松阳县与周边地区有群山相隔[4]，又以水系相连，由此形成了农业生产条件优越，既安全封闭，同时又跟温州、杭州等发达地区基本保持同步发展的特点。这种环境，也是历史上北方移民在遭遇战乱或变故时的理想迁居地。

2.1 松阳宋姓

浙西南山区多以血缘为纽带形成村落。一个家族的祖先选择适宜耕作的地方，世世代代便在此生活繁衍，随人口增长而发展成聚落。血缘关系可以让聚落形成较强的凝聚力，由此克服生产、生活中遇到的种种困难，并抵御外部侵扰。

---

1 鲁晓敏对松阳传统村落有更为细致的分类，包括阶梯式、平谷式、傍水式、台地式、客家传统村落等，见：鲁晓敏撰文，叶高兴等摄影.瓯江上游：最后的江南秘境［J］.中国国家地理，2013，4。

2 这里说的传统村落，主要是指2012年之后被评为国家级和省级的传统村落。松古盆地上也有很多村落，属于平地村，但是大多数在2012年时已保存不完整，仅有少数列入中国传统村落（如山下阳村、吴弄村、界首村）。

3 宋濂作为明代历史名人，其身世在《明史·卷一百二十八·列传第十六》有记载。

4 明清时期，松阳与邻县的陆路交通系统也逐渐形成，但运输量仍远不及水路。

松阳宋姓于明朝时期由婺州浦江迁入松阳，并在三都乡山区发展为多个村落。根据民国时期《松阳县志》记载，松阳宋姓一支约于明洪武二十八年（1395）迁居后湾村，另一支于明永乐年间迁居呈回村。目前松阳宋氏聚居的村落包括呈回、杨家堂、后湾、朱竹、松庄、上田、半岭、泉址和上山头等。[1]（图2-1）

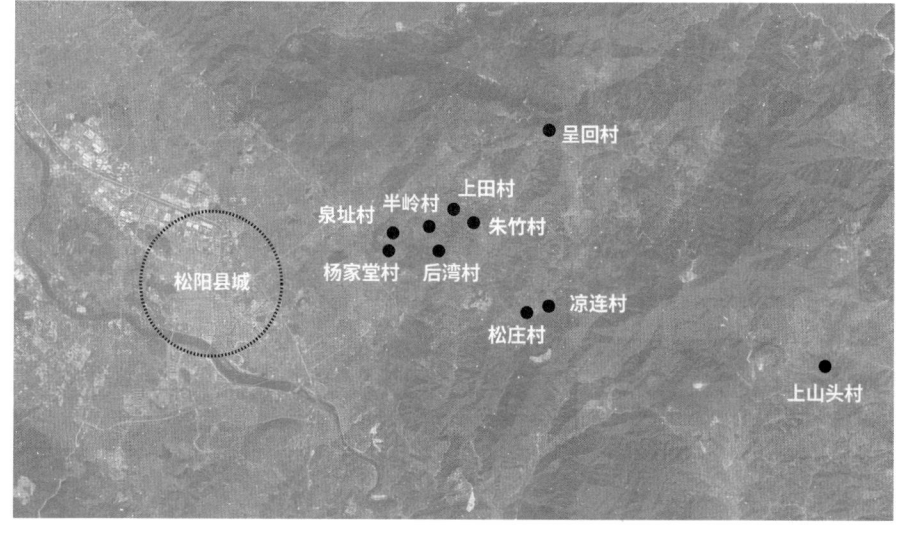

图2-1　松阳宋姓村落分布图

宋姓在松阳并非大姓。据1996年《松阳县志》载，全县有宋姓1897人，排在人口数序次的第25位，主要聚居在三都乡。松阳宋氏大多将宋濂奉为祖先。宋濂是唐代名人宋璟[2]的后代，宋璟是西安人，松阳各本宋氏宗谱均将郡号定为"京兆"。京兆即西安的古称。

据杨家堂《京兆宋氏宗谱》记载，呈回村、杨家堂村和上山头村支系的始迁祖是宋韬。族谱将宋韬记载为宋濂三子，而迁居呈回村的是宋韬之子宋可三，在1480年前后从浦江县迁至松阳呈回村。呈回村由汤氏始迁祖汤惟正于1450年前后建村，尔后宋可三因"绾丝藤"[3]迁于呈回。宋可三之子宋元忠，娶呈回汤氏为妻，汤氏和宋氏两姓氏结下姻缘，自此两姓共居呈回村。呈回宋氏人口增加后，有两支迁出。宋濂十一世孙宋显昆大约于1650年，从呈回迁至三都乡杨家堂村。宋濂十二世孙宋继泰，则迁到了上山头村。（图2-2）

1　松阳县志编纂委员会.松阳县志［M］.杭州：浙江人民出版社，1996：90.

2　宋璟（663—737），唐朝名相，辅佐唐玄宗开创"开元盛世"。

3　族谱中的原文，可能是"入赘"的委婉说法。

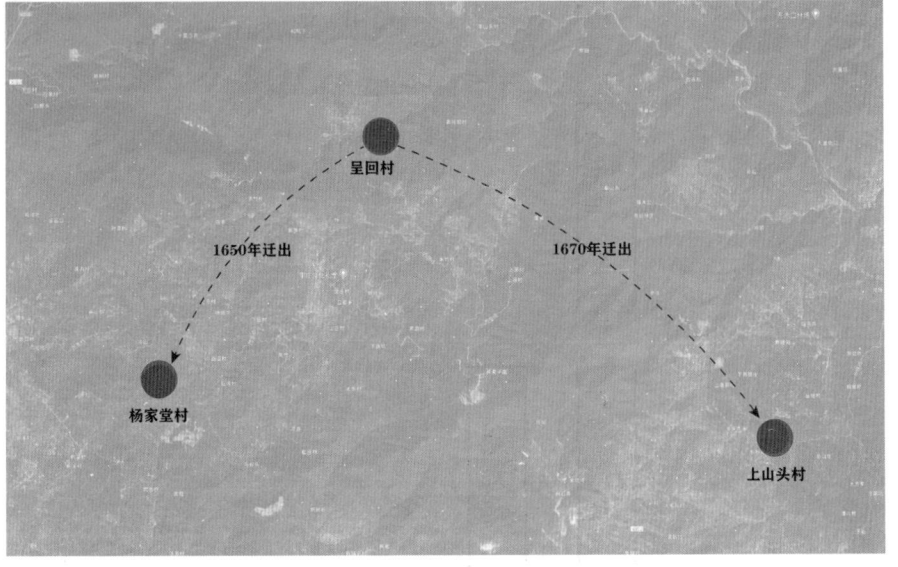

图 2-2　呈回村宋氏支系迁居图

据《后湾宋氏宗谱》记载，后湾村的始迁祖是宋浩，大约在 1400 年于浦江县迁到后湾村[1]，之后没有支系迁出。族谱将宋浩记载为宋濂四子，即呈回村始迁祖宋韬的亲弟弟。

根据上田和半岭的宋氏族谱记载，两村的始迁祖分别是宋濂八世孙宋铨和宋锐。宋濂的曾孙宋凤仪，自浦江迁居松阳县十三都斗潭。宋凤仪之孙宋墨，自松阳斗潭迁居松阳三都乡松庄。宋墨生二孙，长孙宋钺大约在 1470 年迁居朱竹；二孙宋铨大约在 1470 年迁居上田，并被奉为上田村始迁祖。宋凤仪的长孙宋翰仍居斗潭，宋翰的孙子宋锐大约在 1470 年迁居半岭，被奉为半岭村始迁祖。

《朱竹宋氏宗谱》则记载，宋濂的八世孙宋献琳从浦江迁福建；宋献琳生二孙；二孙宋回二居福建祖宅；长孙宋回一大约在 1440 年从福建迁居松阳，先迁居到松庄，而后又迁居到朱竹村并定居；宋回一被奉为朱竹宋氏始迁祖。《朱竹宋氏宗谱》和《后湾宋氏宗谱》的记载有矛盾，孰对孰错，有待考证。这里将两种说法都保留，供读者参考。

凉连村也是宋氏村落，始迁祖宋善伏大约在 1540 年自青田迁居松阳三都凉连村。族谱中并未记载宋善伏与宋濂的关系。杨家堂村北侧山下方向 1 千米处，有另外一个宋姓村落，名为泉址村。泉址村内建有宋氏宗祠，遗憾的是祠堂内曾经供奉的始祖无从考证，且无族谱留存。通过采访村民，了解到泉址村由上田村迁居而来，具体迁居年份未知。（图 2-3）

1　1996 版《松阳县志》的说法是明洪武二十八年（1395）。

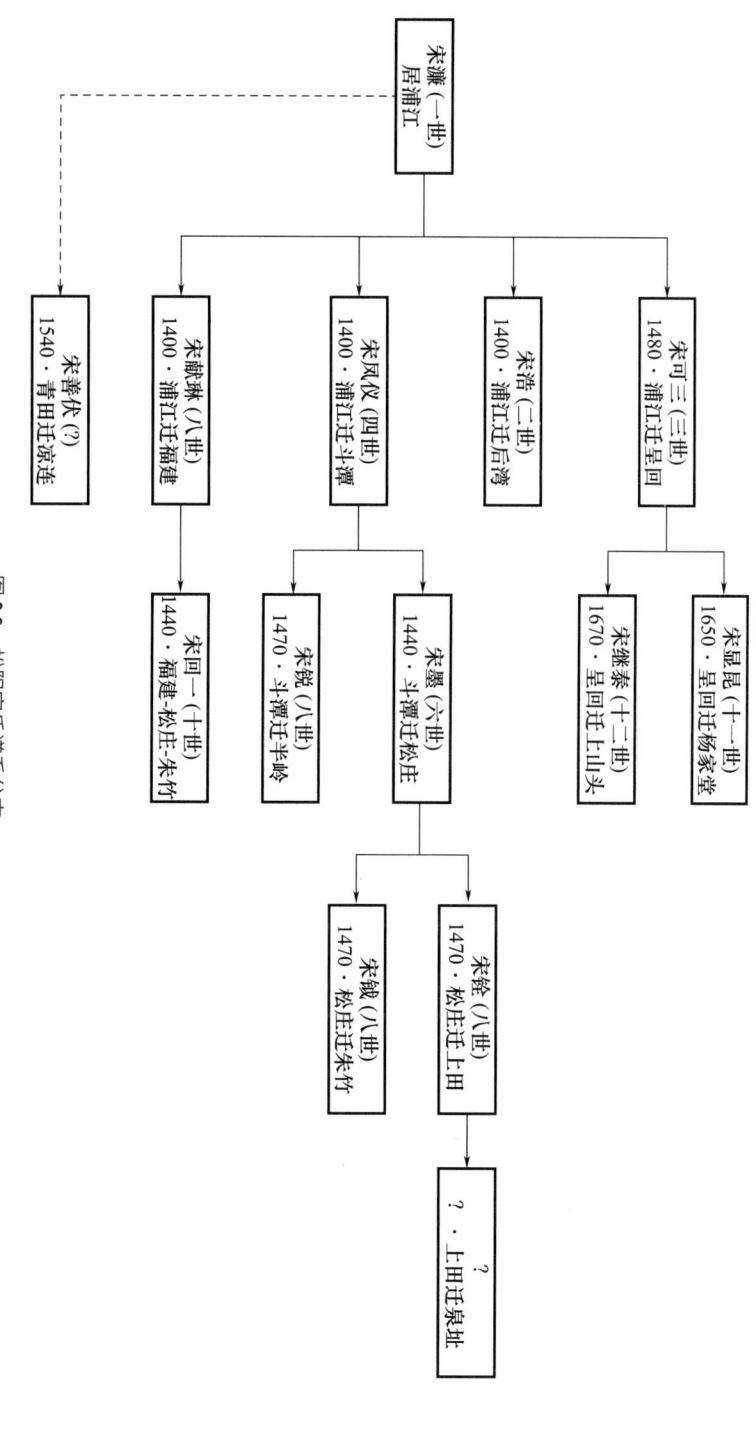

图 2-3 松阳宋氏谱系分支

松阳宋氏与宋濂的关系无法确切考证。呈回（及杨家堂）、后湾、朱竹、上田和半岭的五本族谱，均明确写明为宋濂之后。但五本族谱关于宋濂后代的记述，说法不一。呈回、后湾的两本族谱，记载宋濂有五个儿子，即宋琪、宋显、宋韬、宋浩和宋岳，其中宋韬和宋浩分别迁往呈回和后湾两地。上田和半岭的两本族谱，记载宋濂生一子，名宋国选，两个村的始迁祖都是宋国选的后代。朱竹村的族谱则记载宋濂二子分别为宋颖和宋愿，其中宋颖的后代宋回一迁至朱竹。五本族谱关于宋濂的记载互不相同，且与明史中记载的宋濂的出生、逝世年份和夫人姓氏（韩氏）以及子嗣人数等信息也不符。《宋濂年谱》记载，宋濂生二子，长子宋瓒（1393—1386）、次子宋璲（1344—1380）；宋瓒生四子：慎、恺、愲、怀；宋璲生四子：恂、怿、情、恪。宋濂次子宋璲和长孙宋慎（1352—1380），于明洪武十三年（1380）因胡惟庸案牵连而被诛杀，其余家族成员连同宋濂一起被贬至四川茂州。[1]明建文年间，宋璲之子宋怿被建文帝召还，授翰林。[2]宋濂在浦江的后世，可能是由宋濂的孙子宋怿从四川迁回浙江浦江，后又迁至松阳各地。

分析宋氏族谱中记述的建村历史，可以推测松阳宋氏的迁居历史。15 世纪，浦江宋氏后裔有四支迁到松阳，定居地包括呈回、后湾和斗潭。在后续 3 个世纪，即 1400 年至 1700 年间，部分房派迁到杨家堂、上山头、松庄、上田、半岭、泉址、朱竹等村。除凉连村外，松阳宋氏均认为他们祖先是宋濂。村落人口增长到一定规模时，部分成员选择外迁，在新的地方定居。新聚落在一段时期内，常与拆分前的村落保持较为紧密的关系。以血缘为纽带的村落，其发展、扩张、外迁等行为均受到宗族观念的影响。（图 2-4）

1　《明史·第一百二十八卷》记载："慎坐罪，璲亦连坐，并死，家属悉徙茂州。建文帝即位，追念濂兴宗旧学，召璲子怿官翰林。永乐十年，濂孙坐奸党郑公智外亲，诏特宥之。"

2　《明通鉴》记载："召宋怿于茂州。怿，濂之孙也。濂卒于夔，一时家属悉徙茂州。至是上追念濂为兴宗旧学，召怿还，寻授翰林。"

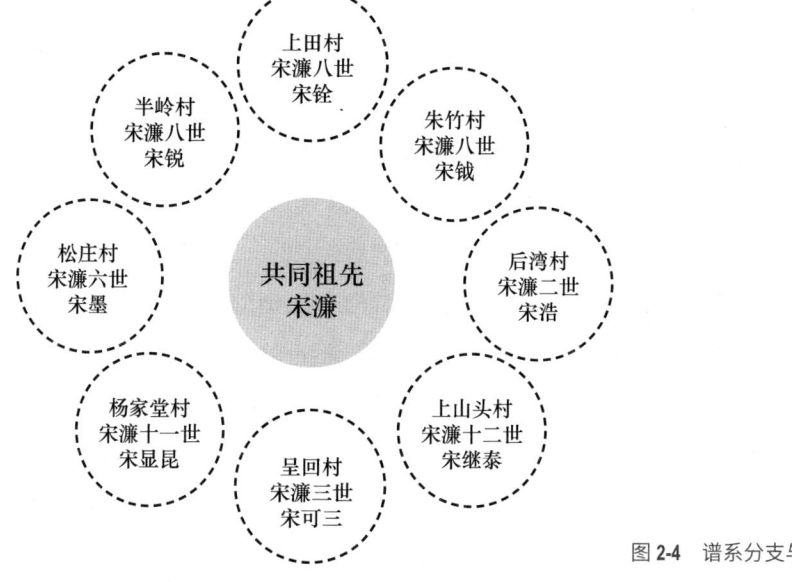

图 2-4 谱系分支与宋濂

2.2 杨家堂宋氏

杨家堂村民以宋姓为主。村内有一户姓蔡的人家,从 15 世纪开始便居住在杨家堂。还有少量叶姓和潘姓,均是 1949 年之后从外村迁来的。几百年来,并无杨姓人居住在杨家堂。以"杨家"作为村名,其由来有几种说法。第一种说法是杨家堂原名"樟交堂",意思是有樟树交叉遮挡的村落,因读音相近而讹传为"杨家堂"。第二种说法是在宋氏迁入杨家堂之前,已有杨姓人在此生活,村名就叫杨家堂,只是后来杨姓逐渐衰落,以至于销声匿迹了。第三种说法来源于宋昌存先生的猜想。宋昌存是杨家堂宋氏第二十世,曾经负责整理族谱。他的猜想是由于宋濂遭朝廷诛杀,后人为求平安,取"杨家堂"之名,可以得到"杨家将"的保护。

以上三种说法,第三种显然有戏说成分,第一种跟杨家堂所在的环境相符合,但是"樟"和"杨"在松阳方言里的发音有明显区别。相对而言,第二种说法或许较为可信,但还缺乏证据。

截至 2021 年,杨家堂户籍人口 113 户、312 人。丽水地区平原型村落平均人口约 900 人 / 村,丘陵型村落约 840 人 / 村,山地型村落约 400 人 / 村。[1] 杨家堂的人口规模属于山地村的中等偏低水平。

---

1 章明宇,李王明.丽水地区传统村落空间特征与综合价值研究[J].西部人居环境学刊,2015,30(5):53-58.

杨家堂宋氏由宋显昆于 1650 年前后从呈回村迁来。他们奉宋濂为一世，奉迁居呈回的宋可三为三世，奉宋显昆为十一世。呈回、杨家堂、上山头三村合编的宋氏族谱，共记录从宋濂开始的二十一世，累计男性 1506 人。其中，杨家堂从十一世宋显昆至二十世（最晚记载到 1926 年出生的人），共 10 代，男性累计 324 人。

宋氏十五世是杨家堂人口发展的转折点。始迁祖宋显昆有五子四孙，五子分别为继汉、继泽、继渊、继沼、继浩，四孙分别为承敬、承启、承宁、承宾。其中仅宋承启[1]生一子宋宏肃（1725—1785），宋承宾[2]生二子宋宏资（1731—1809）和宋宏堂（1735—1822）。十四世仅宏肃、宏资、宏堂三人。前百年间，杨家堂人口很少，经济发展低迷。从第十五世开始，人口持续增加，各代增长率平均为 28.6%。到二十世，族谱记载这一代的男性人口已达到 99 人。（表 2-1）

表 2-1　族谱记载杨家堂分世代人口表（截至 1926 年）

世代	族谱祠堂名	男性数量
十一世	宋显 ×	1
十二世	宋继 ×	5
十三世	宋承 ×	4
十四世	宋宏 ×	3
十五世	宋德 ×	10
十六世	宋国 ×	15
十七世	宋君 ×	32
十八世	宋起 ×	61
十九世	宋世 ×	94
二十世	宋昌 ×	99
合计		324

杨家堂宋氏以十四世的三兄弟宋宏肃、宋宏资、宋宏堂分为三个房派。其中宋宏资一派的后代数量最多，达到了 178 人。宋宏堂一派人口有 82 人（截至 1926 年）。宋宏肃一派人口最少，在十八世开始衰落，至二十世只剩 1 人。（表 2-2）

1　宋承启（1679—1736），字伯良，娶酉田叶氏。

2　宋承宾（1697—1740），娶三都思步蔡廷星之女蔡氏（1704—1791）。

表 2-2 杨家堂分房派人口表（截至 1926 年）

世代	族谱祠堂名	宋宏肃房派	宋宏资房派	宋宏堂房派
十四世	宋宏 ×	1	1	1
十五世	宋德 ×	5	4	1
十六世	宋国 ×	5	6	4
十七世	宋君 ×	12	13	7
十八世	宋起 ×	17	29	15
十九世	宋世 ×	13	64	17
二十世	宋昌 ×	1	61	37
合计		54	178	82

2.3 山区农业

杨家堂村位于松阳县三都乡境内，距县城 8 千米。建设区面积约 39 亩（约 2.6 公顷），海拔约 320 米。村内地势东侧高、西侧低，高差约 30 米。气候属亚热带季风气候，四季温暖且湿润，年平均降雨量约为 1500 毫米，降雨充沛，雨季集中在春末夏初。春夏季东南风为主导，秋冬季西北风为主导。年平均气温 17.7℃，夏季较为炎热干燥，其中 8 月最热，冬季霜期较短，1 月最冷。

松阳传统村落多数是基于农耕产业而形成的社区。截至 2021 年，杨家堂村有耕地 277 亩（约 18 公顷），林地 947 亩（约 63 公顷），高山蔬菜地 406 亩（约 27 公顷）。杨家堂的耕地，东侧山上区域占三分之一，西侧山下区域占三分之二。在大约 2010 年之前，耕地以水稻为主，之后以茶叶为主，还曾种植蔬菜以及山茶籽、梨、红柚、烟叶等经济作物。林地以种植苦槠、枫树、樟树、松树、毛竹等品种为主。

以水稻种植为主时，村民在收获稻谷之后，每旬逢一或六便挑到县城集市上售卖。卖稻谷所得的资金，部分会用来买猪仔回家养。20 世纪 70 年代，杂交水稻出现，部分耕地可以实现一年两熟，即 4 月种植早稻，9 月种植晚稻。

除了水稻，杨家堂还种植少量蔬菜、果树、山茶树、烟叶等。蔬菜主要供自家吃。果树种植大约在 20 世纪中期开始，在山上的林区种植梨子、红柚以及柿子。每家村民在山上种少量山茶树，每年产一次山茶籽，收获后送到泉址村加工榨油。1949 年之前，泉址村宋晓根开了一家榨油店，杨家堂家家都要去那里榨油。20 世纪 70 年代，杨家堂村民在南侧山坡种植毛竹，作为制作簚篁的材料。（图 2-5）

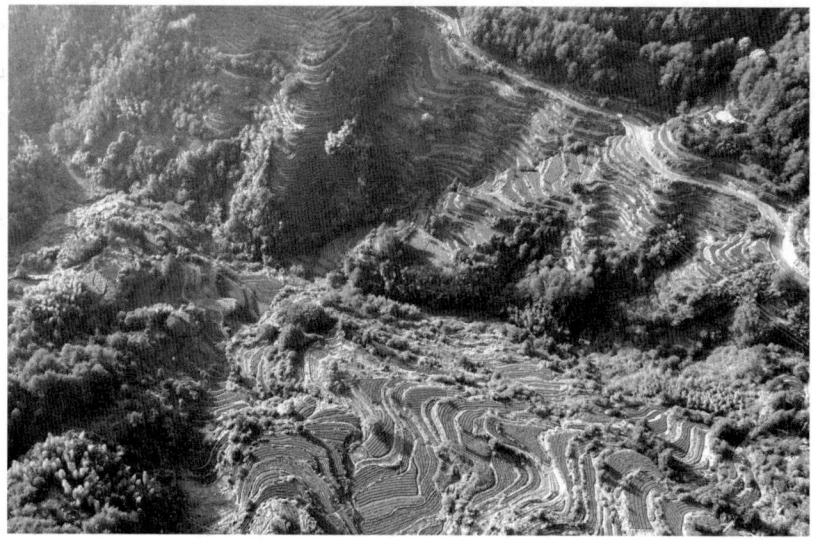

图 2-5　杨家堂西侧的梯田

民国时期，杨家堂部分家庭种植烟叶，没有形成规模产业，主要为抽烟人家自用。烟叶收获、晒干后，需请师傅来加工烟叶。三都乡下田村的宋明华和他的父亲，是专门加工烟叶的师傅。烟叶师傅游走于三都乡各村，到处帮人加工烟叶。

杨家堂几乎家家都养猪，一般是2到3头，在家建有猪栏。养猪可补贴家里的经济收入。村民从县城买小猪仔，带回村内养一年，再送到县城去卖。早期买卖猪都是在集市，1949年之后有专门的成猪收购站。杨家堂曾有几户人家养母猪，生小猪后卖给其他村民。

为了耕地，杨家堂过去也养水牛。经济条件好、耕地面积多的人家，自己家养一头牛。条件比较差的，三家或四家合养一头牛。也有不养牛的人家，在耕地时付钱向其他家借牛。杨家堂人养的牛多是公牛，一头牛能耕地十年左右。2010年之后，水稻大部分被茶叶取代，牛不再作为耕地的必要牲畜，村里不再有人养牛。[1]

杨家堂村作为宋濂后裔的血缘村落，其发展历程反映了中国南方传统宗族社会的文化特质与历史变迁。本章以宋濂后裔的迁徙与定居为主线，从地理环境、宗族结构、经济形态等多个维度揭示了这一山地村落的独特面貌，同时也展现了族谱记载与历史真实之间的张力。杨家堂作为宋濂后裔村落的特点体现在以下三方面：

其一，松阳的地理特征。松阳县地处浙西南山区，四面环山、水系纵横的地

1　目前杨家堂有一两头黄牛，是专为游客拍照而养的，已经不用于耕地。

理格局，既为其提供了农业生产的基础，也塑造了封闭与开放并存的特征。这种环境成为宋濂后裔避祸迁居的理想选择。宋氏族人以血缘为纽带，在松阳山区逐步建立起呈回、杨家堂、后湾等村落。地理的阻隔与资源的有限性，促使宗族通过内部协作与外部迁移实现生存与扩张，形成了以血缘为核心的聚落网络。

其二，宗族构建与文化认同。尽管正史记载与宋氏族谱存在矛盾，但松阳宋氏普遍将宋濂奉为共同祖先，凸显了宗族文化中"寻根"与"正统化"的倾向。族谱的编纂不仅是血缘关系的记录，更是宗族凝聚力的象征。通过将历史名人纳入谱系，宋氏族人不仅提升了家族地位，还构建了抵御外部风险的精神堡垒。不同村落族谱的差异，则揭示了宗族分支在迁徙过程中对历史记忆的选择性重构，反映了地方社会对"正统性"的多元诠释。

其三，宗族社会的现代启示。杨家堂宋氏的发展史，是传统宗族社会在山区环境中求存与延续的缩影。宗族制度通过血缘纽带、资源共享和集体记忆，维系了村落的稳定与延续。尽管现代社会的冲击使得传统农耕生活式微，但宗族文化仍以宗祠、族谱等形式留存，成为连接过去与当下的桥梁。这种文化基因不仅塑造了松阳宋氏的集体认同，也为理解中国乡土社会的运行逻辑提供了鲜活案例。

第 3 章

板商村

宋氏族人在杨家堂建村的前百年间，代代从事农业，经济发展缓慢。族谱中的描述是"地为蕞尔山陬，寥寥数室"[1]。板业和板商是杨家堂经济的转折因素。板业即木材运输和贸易业，板商即从事木材贸易的商人。（图 3-1）

在古代社会，儒家将人分成"士农工商"四个阶层，商为"末业"。在商人内部，又因利润、资源属性和与官府的亲疏关系形成了高低分层。顶层行业以盐、铁、茶等垄断性资源贸易为核心，因其关乎国计民生，被官府严格控制并赋予专营特权。例如明清盐商凭借盐引制度积累巨额财富，甚至可以跻身士绅阶层。中层行业包括木材、丝绸、瓷器等大宗商品贸易，虽利润丰厚却缺乏政治庇护。底层行业则以市井小贩和娱乐业为主，本小利薄且常受道德批判，戏班、青楼等"贱业"甚至被剥夺科举资格。

十四世宋宏堂开始从事板业，他在省城经营板业数十年，成为载入县志的"板业巨商"。民国版《松阳县志》记载了三位"板业巨商"，其中宋宏堂是最早从事板业的。另外两位分别是呈回村汤日跻（1764—1841，曾在杭州建板商会馆）和思步村蔡世隆（1847—1902）。[2]宋宏堂和汤日跻还是联姻的亲家。[3]

在宋宏堂开展板业的同时，他的哥哥宋宏资则负责经营家业。在兄弟俩的合作和带领下，杨家堂宋氏家业渐盛，田宅日增。宋宏堂之后的几代人继续从事家族板业，这些人在族谱中的记载多为"恢宏前业"或"恢宏绪业"。

---

1 清道光十九年（1839）松阳知县汤景和撰写的《宏堂公讳如川号永起传》，全文见附录。

2 2020 年《松阳县志》转旧志载：宋永起（即宋宏堂，1735—1822），字增堂。松阳杨家堂人，国学生，以勤俭起家，后为板业巨商，家境富裕后，不饰繁华，不庆寿诞，以做寿钱财为全村代缴钱粮税役，每次计费数百金，其他犹如筑桥、砌路、造亭、作渡等公益均乐助善缘，57 岁生子宋德焕，能够继承其尚义之志，后裔孙、曾孙亦纯谨有礼；汤日跻（1764—1841），又名永辉，字西昭，松阳呈回人。贡生，读书不求闻达，行义不惜身家，嘉庆二十二年（1817）创建"亦政家塾"，聘师训诲本村子弟，捐田十余亩入祠，捐银三百两在杭建板商会馆，又独造南山桥、专修呈岭桥、修理道途庙宇不能尽述，道光四年捐谷一百五十担填充义社社仓，获知府萧元桂赠匾"胞与为心"；蔡世隆（1847—1902），字兴斋。松阳思步人，世代为板商，生平友爱兄弟，分家析产之时，好的让给兄弟，劣的留给自己，遇到荒灾歉收之年，赈济乡邻，凡是地方善举则捐助，其子孙，也能够克承先志。见：松阳县地方志编纂委员会.松阳县志［M］.北京：方志出版社，2020：3347，3348，3362。

3 《杨家堂宋氏宗谱》卷五记载，宋宏堂之子宋德焕（1791—1851）娶汤日跻女儿（1789—1811），继娶二十四都靖居包氏。

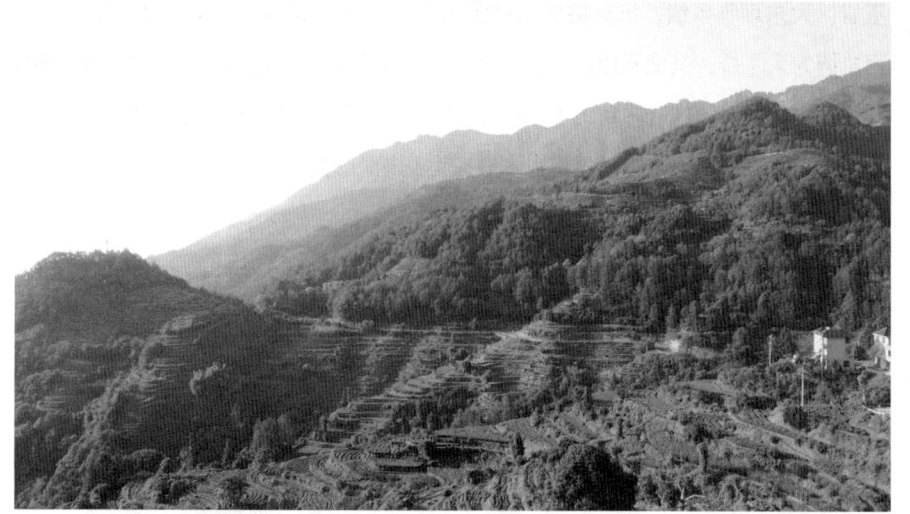

图 3-1 杨家堂周边茂盛的山林

3.1 松阳板业

杨家堂宋氏所从事的板业,在松阳山区有着悠久历史。松阳山区属于仙霞岭山脉,物产丰富,盛产多种木材,其中松木和杉木是建房或造物的重要材料。松阳山地占县域面积近八成,山区村民发挥物产的优势,将木材贩卖到松阴溪下游的青田、温州等地,获得高额利润。这批村民逐渐发展成为板业商人。

松阴溪为开展航运业创造了条件。松阴溪在松阳境内流淌,全长有 63 千米。作为瓯江支流,具有优良的通航条件。木材重量大、体积大,在陆运不发达的时代,如果全部以人工背运,费时费力,而通过松阴溪以航运的方式运输木材,便可以大大减轻人工背负的成本。工人把木材扎缚成木排,运输期间,几位工人站在木排上掌控方向,便可以轻松地转运大量木材到江河下游。同时木材还可以起水运工具的作用,搭载少量货物一同运输。恰好松阴溪下游的丽水、青田、温州等地,木材稀缺且需求量大。从松阳出发到温州,单程水路约 150 千米,放排工顺水将木材运至温州,在丰水期只需一两天便能到达,在枯水期也只要四至五天。放排时,排工吃住都在木排上。到达温州后,将木排拆解为木材,如有货物则先卸货。排工贩卖完成后,便徒步返回松阳。(图 3-2)

松阳山区的不少村落,都有人从事板业。松阴溪支流小港[1]的沿途村庄,如枫坪、

---

1 松阴溪有支流 19 条,能通航的仅小港,其余支流皆源短流急,逢雨则山洪暴涨,遇旱则细流涓涓,有"蓑衣坑"之称。

玉岩、大东坝等乡镇，可直接放木材顺水流下，至排居口扎成小木排，至松阴溪再扎缚为大木排。其他不靠近支流水系的山区村民，只能等待大雨山洪到来之时，利用洪水将伐好的木材冲到山下，再由工人扎缚木排。木排之间用杂木或毛竹箍扎，最多十三节联缚成大木排，再将大木排搬运到松阴溪内。

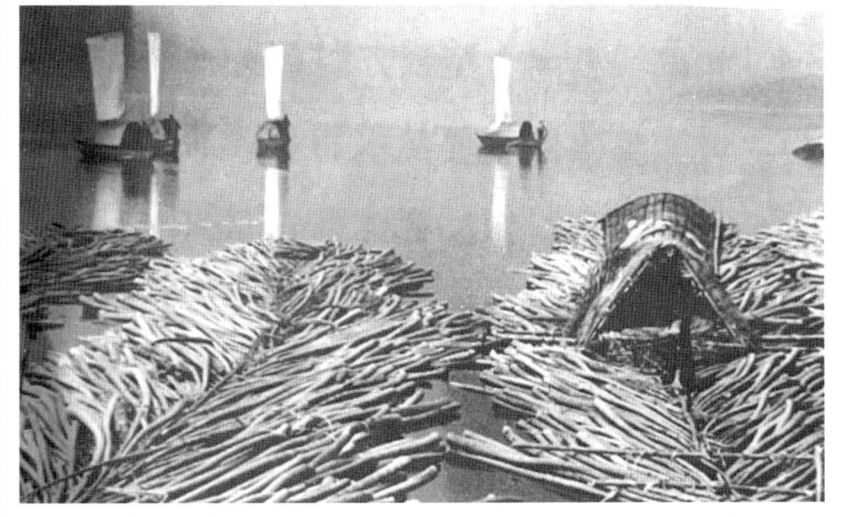

图 3-2　松阴溪放排老照片 [1]

板业是高收益、高风险的工作。放排时，三到五个工人站在木排上，排首掌握方向，排尾用木浆加速，顺水运到下游。在放排运输的过程中，为了方便洪水将木材冲下山区，多选在丰水期，因此更有风险。运输途中遇到水流湍急，落水事故时有发生。松阳的放排生意持续了数百年，随着陆运大发展，传统的放排运输于 20 世纪 80 年代左右彻底消失。

3.2　板业巨商

宋宏堂是带领杨家堂实现经济转型的重要人物，改变了杨家堂作为一个贫困山村的命运。他被县志记载为"板业巨商"。宋氏族谱中记载了宋宏堂从事板业、开展村庄建设的历史。他的寿命很长，活到了 88 虚岁。其人生大致可以分两个阶段，前半生苦心经营板业，后半生热心宗族建设。

关于宋宏堂从事板商的起始，村里有个传说故事。宋宏堂少年时十分勤恳，一边学习、一边务农。有一天，宋宏堂挑柴火去县城卖，在路上一处凉亭休息时，

1　图片来源：松阳县交通运输局，松阳航运史［M］.北京：中国书籍出版社，2021：125.

捡到一个装满金银的行囊。宋宏堂没有把金银据为己有，而是坐在亭子里等失主回来。等了许久，一个衢州商人走进亭子，发现宋宏堂一直守着他的行囊，很是感动。衢州商人从事板业，这个行囊中有他多年积攒的财富。他被宋宏堂拾金不昧的行为所感动，希望拿出部分金银以表答谢。宋宏堂谢绝了衢商的好意，准备离去。衢州商人叫住宋宏堂，问他是否愿意一起做板业生意。宋宏堂回答说，要回家问母亲的意见。衢州商人亲自来到杨家堂，说服了宋宏堂的母亲。宋宏堂跟衢州板商学了一段时间后，得衢商允许，自己独立从事板业。[1]

  族谱有两篇宋宏堂的传记，分别出自松阳县教谕方协华和松阳知县汤景和之手。从传记作者的身份，就能体现宋宏堂在当时是相当有地位的乡绅。方协华的《宏堂公传》[2]撰写于清嘉庆十年（1805），较为简短，其时宋宏堂70岁，正在主持编修宋氏族谱。汤景和的《宏堂公讳如川号永起传》[3]撰写于清道光十九年（1839），较为详细，其时宋宏堂已去世十余年，他的儿子宋德焕（1791—1851）和曾侄孙宋学朱（族名宋君辅，1807—1852）正在组织编修新一轮的宋氏族谱（图3-3）。从标题、行文语气、署名方式看，前一篇传记可能是方协华本人撰写的，他基本上是以平辈的身份来概述了宋宏堂的人生；后一篇传记大概率是宋德焕和宋学朱拟好了文稿，然后请汤景和署名。汤景和是知县，官职高于作为教谕的方协华，在措辞上却谦卑得多。这其中固然有汤景和是晚辈以及"逝者为大"的因素，不过让一县之"父母官"能以如此低姿态来为其传记署名，也足以说明两件事。一是宋宏堂在当地确实有声望，这种声望超出了本村，扩散到全乡甚至全县；二是宋宏堂在地方公益事业上确实投入不小。

  综合两篇传记，宋宏堂的人生轨迹大致是这样的：年少时父亲去世，他和哥哥宋宏资跟着母亲生活，虽然家徒四壁，母亲却要求兄弟俩"日耕夜读"，这为宋宏堂后来捐纳功名、重视后代读书、热心公共事业奠定了早期的思想基础；壮年时（汤景和写的传记认为是从弱冠开始），宋宏堂转为从事板业，"不数年家道日兴"；发财之后的宋宏堂，先是捐纳秀才的功名，弥补了他未中科举的遗憾；然后是主持宋氏家族的房屋、祠堂等建设和一系列公益事业；接着，他又在本乡、本县的修路造桥等公共事业上积极捐款。汤知县在传记中的原话是"砌宣平数百里道路，铺城西数百丈石板。其他修数里、数十里崎岖之途，不知凡几"。宣平即今武义县，

---

1 杨家堂的村党支部老书记宋明重先生，是宋氏二十一世，也是宋宏堂的直系后代，讲述了宋宏堂从事板业的故事。

2 《宏堂公传》，全文见附录。

3 《宏堂公讳如川号永起传》，全文见附录。

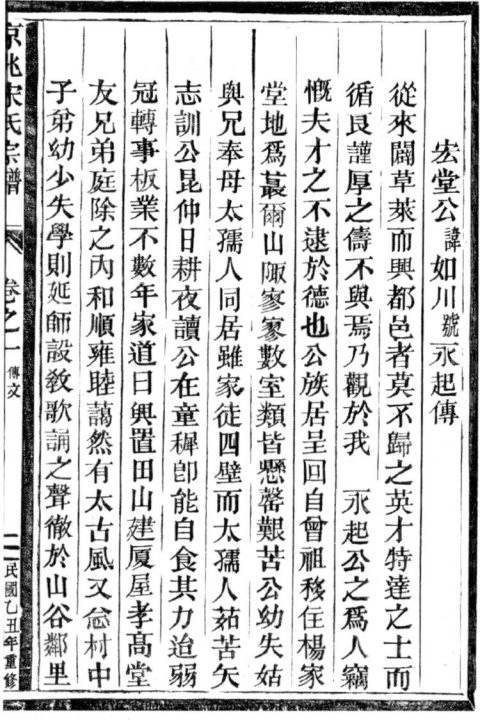

图 3-3　道光十九年松阳知县汤景和撰写的《宏堂公讳如川号永起传》局部（图片来源：《京兆宋氏宗谱·卷一》）

是松阳北边的邻县。松阳至宣平数百里道路所用的石板，都是宋宏堂贡献的，可见其捐款额颇为可观，这也是知县为其传记署名的原因。

两篇传记尽管长度不同，但都着重记录了宋宏堂在发家之后，如何热心宗族事务和公益事业。对于我们今天最关心的一件事——他如何在板业上寻得机会、克服困难和经营得当，传记只是一笔带过。方协华《宏堂公传》说的是"壮习陶朱业，以杉板懋迁于省治者，前后数十年"。汤景和《宏堂公讳如川号永起传》说的是"迨弱冠转事板业"。我们相信，从事板业的奋斗历程在宋宏堂本人的心中，应该是比发财之后的公益事业更为刻骨铭心的。之所以没记录下来，可能是知县和教谕这样的文官认为个人经商的事迹难登大雅之堂，不值得记；也可能是宋宏堂本人及其后代只想在历史上，留下他跟文人仕宦最接近的那一面。

宋宏资有一篇传记，即清道光十九年（1839）宋学朱撰写的《曾祖讳宏资公传》。其中说到："昔者我曾祖讳宏资公，与叔曾祖讳宏堂公，一心一德合爨同居，尔时宏堂公经营板业，我曾祖经理家务，难兄难弟，吹壎吹篪，积日累月，家业渐兴。"[1]宋氏家族在宋宏堂、宋宏资兄弟的带领下，走向兴盛。宋宏堂和宋宏资分别活到87岁和78岁，两人都属于高寿。宋宏堂是晚至56岁才生独子宋德焕，宋宏资在

---

[1]　《曾祖讳宏资公传》，全文见附录。

32 岁时就已经有了四个儿子。宋宏堂能成为"板业巨商",并且将其做成家族事业,侄子们应该也发挥了大作用。

3.3 继父之志

宋宏堂晚年得子,即宋德焕。宋德焕在族谱中有专门的画像(图3-4),上书"贡生宋德焕公之遗像",标明其秀才身份。族谱中还有一篇记载其生平事迹的《德焕先生记略》(图3-5),出自松阳县教谕宋京之手。从文中说"先生任纂修谱牒之事"来看,这篇传记的写作背景也应该是清道光十九年(1839)宋氏族人重修族谱。宋德焕和侄孙宋学朱(宋君辅),都是此次编修族谱的组织者。主持族谱纂修,县教谕又亲自为其写传记,可见宋德焕在当时是颇受尊重的。传记中所列举的事迹,也完全符合一名有秀才身份的乡绅。这些事迹大概可以归纳为三项:一是持家有方,二是热心地方公益事业,三是精通医术和堪舆[1]。

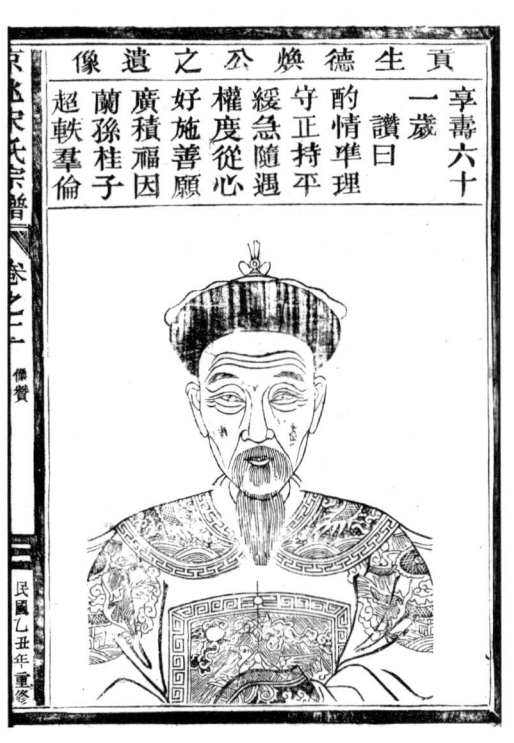

图 3-4 宋德焕像(图片来源:《京兆宋氏宗谱·卷二》)

---

1 医生、堪舆师和私塾先生,是旧时的秀才赖以谋生的三个最常见职业。

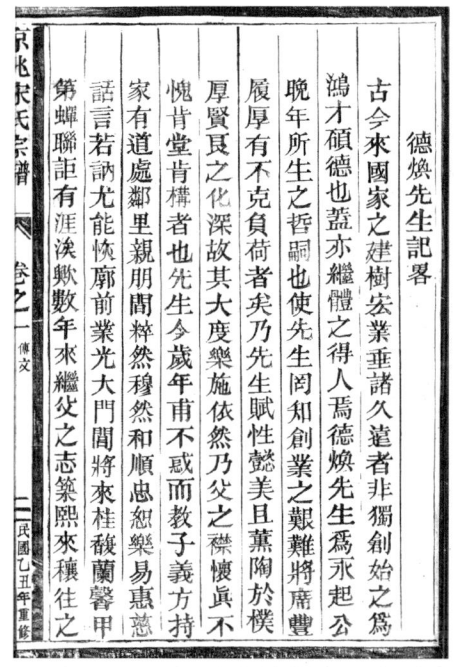

图 3-5 松阳教谕宋京撰写的《德焕先生记略》局部（图片来源：《京兆宋氏宗谱·卷一》）

宋德焕是否继承家族的板业呢？传记中没有明说，但是交代了这么几句话："先生今岁年甫不惑，而教子义方，持家有道，处邻里亲朋间，粹然穆然，和顺忠恕，乐易惠慈，话言若讷，尤能恢廓前业，光大门闾，将来桂馥兰馨，甲第蝉联，讵有涯涘欤！"所谓"前业"，字面意思就是先辈的事业。如果只从前后几句话来看，"恢廓前业"似乎是在说宋德焕教子有方，将来子孙一定能实现科甲辉煌，这也是儒家所看重和提倡的"功业"。但是，结合宋宏堂开创的事业，我们可以知道这里的"恢廓前业"就是指宋德焕继承了父亲的板业。宋氏族谱中用此种"春秋笔法"来指代板业，大概就是从这篇传记开始的。

只有把"前业"理解为板业，我们才能合理地解释为什么宋德焕可以像他的父亲一样，持续多年地开展多项公益事业。这些资金是从哪里来的呢？第一个可能，是父亲留下的遗产。宋宏堂的财力雄厚不假，但是遗产多到可以让宋德焕连续几十年做公益，难免让人疑惑。第二个可能，是宋德焕通过当医生和堪舆师挣了很多钱，这也缺乏可信度。在古代乡村社会，靠这两个行业大概可以解决谋生，但是发财就很难。第三个可能，就是宋德焕实际上在继续做着板商，只是他的传记中有意回避了这方面的信息。当然还有第四个可能，那就是宋京在传记中刻意夸大了宋德焕的事迹。把熟人的光荣事迹加以夸大的做法不算罕见，不过这种夸大也是有限度的。宋京作为松阳县教谕，不能不在意自己的身份。

宋京为宋德焕写传记是在清道光十九年（1839），其时宋德焕48岁，正值壮年，

而且是整个家族在世者之中辈分最高的人[1]。松阳县教谕的官职不算显赫，但在身份上已经比一般秀才高出不少。宋宏堂的第一篇传记也是由松阳县教谕写的，宋德焕隐然有跟父亲"遥相对标"之意。宋德焕本人的社会地位和声望或许不及其父，但也必定是不低的。还值得注意的是，宋宏堂的第二篇传记，即知县汤景和署名的《宏堂公讳如川号永起传》，也是撰写于清道光十九年（此时宋宏堂已去世17年）。我们完全可以推测，正是在宋德焕的"运作"之下，才请到知县大人为他的父亲写（署名）了传记，这一方面抬高了父亲的地位，另一方面也显示了宋德焕本人的影响力。宋德焕之孙宋君銮的传记中，有"兄弟析爨，祖、父遗产颇丰厚"[2]之说，也体现了宋德焕的财力。

基于上述认识，再回过头来梳理宋京在传记中列举的宋德焕的事迹，包括"恢廓前业，光大门闾""继父之志，筑熙来穰往之桥，造僻陬穷谷之亭，砌崇山峻岭之路，泯暴路骸骨之棺""闲时习选课期，使人得吉避凶，兼肄药堪舆""道光午未两岁合邑疫痢流行，先生熟岐黄之论，得扁鹊之能，凡延请者无不应手而愈""先生任纂修谱牒之事"等，我们就可以判断：宋德焕在其壮年之时，也跟当年他的父亲一样，依靠着板业的成功和秀才的身份，在杨家堂宋氏宗族中扮演着领袖的角色。

宋德焕本人是独子，但他有四个儿子，其中三人是秀才。这应该也是他成为宗族领袖的一个原因。宋德焕的四个儿子分别是宋国洪（1814—1862，邑庠生）、宋国彦（1820—1852，邑庠生）、宋国刚（1828—1890，国学生）和宋国材。宋国洪是长子，在族谱有传记，即清同治五年（1866）松阳县儒学正堂印均撰写的《庠生国洪讳凤飞公传》。儒学正堂，即县教谕，这跟宋宏堂传记、宋德焕传记的作者的身份是一样的。《庠生国洪讳凤飞公传》记载："自来处富者多，富而好礼者少。惟飞公侧身道艺之林，幼而灵营在宥，搜讨诗书之奥，长而颖悟非常……邑郡赴试，屡列前茅，弱冠游庠，名登亚第……外睦乡邻，其和气一团也，如挹晓风于觌面；内理烦剧，其灵机百变也，可证明月于前身……职列六品，功推团练，左巡抚特加恩荣，邑县令亲施印饬。"宋国洪在弱冠之年成为"邑庠生"，这大概率不是考来的，而是父亲为其捐纳而得（如果是正式考取的，族谱通常会记载得更为具体）。从家境优渥和在去世之前（1860年前后）捐资组织团练、受巡抚左宗棠嘉奖来看，

---

1 宋宏肃（1725—1785）有五子，幼子宋德迎出生于1773年；宋宏资（1731—1809）有四子，幼子宋德桐出生于1763年；宋德焕出生于1791年，年龄比堂兄们小很多；清道光十九年（1839）时，其父亲、伯父和大多数堂兄都已去世。

2 清光绪二十二年（1896），蔡储澄撰写的《君銮公传》，全文见附录。宋君銮大约出生于1848年。

宋国洪即使没有直接从事板业，也从家族板业中获益良多。我们甚至可以推测，所谓"内理烦剧，其灵机百变也"其实就是经营板业的委婉表达。

宋德焕的次子宋国彦（1820—1852），尽管去世较早，但也是一名秀才（可能是跟哥哥宋国洪一样，年轻时由父亲为其捐纳而得），并且在族谱有两篇传记，即清同治五年（1866）饶庆霖[1]撰写的《庠生国彦讳凤翔公传》和清光绪十一年（1885）叶成圭撰写的《凤翔公暨杨孺人行述》（宋国彦与妻杨氏的合传）。两篇传记关于宋国彦的事迹，都说得比较模糊，从中也看不出是否从事了板业。叶成圭是宋国彦和杨氏的女婿，他写传记时宋国彦和宋德焕都已去世数十年。饶庆霖的身份比较特殊，他于清道光十四年（1824）中举，清咸丰六年（1856）拣选知县，又曾掌教松阳县"最高学府"明善书院近四十年，可谓是松阳县的文坛领袖。在饶庆霖为宋国彦写传记的清同治五年，宋德焕和宋国彦已去世十余年，宋国彦的长兄宋国洪也已去世若干年。出面邀请饶庆霖撰写（署名）宋国彦传记的人，可能是宋国彦的弟弟宋国刚或宋国彦的长子宋君恩（时年23岁，已捐纳秀才）。

宋国刚为宋德焕第三子，他也有一篇传记，即清同治五年宋起聪（1823—1878）撰写的《国刚公传》。宋起聪是宋国刚的侄孙，不过年龄只小了5岁，两人差不多算是同龄人。《国刚公传》的篇幅不长，但是对宋国刚的事迹描述颇为具体："及其甫冠之时，赴城应试，芳名已列于前茅""且御寇有功，巡抚锡以六品荣衔""凡有造庙宇者，盖踊跃而乐助；有修桥路者，亦慨慷而喜捐。且也排难解纷，救灾拯危，恤孤怜贫，其好善之念，与祖父乐善之志有同揆合节者也""综览生平，兴产业，建华屋，修玉牒，上继先志，下启后嗣"。清同治五年，宋国刚38岁，正值壮年，此时他的父亲、大哥和二哥均已去世。从传记中列举的事迹看，宋国刚此时应该正在扮演着宗族领袖的角色。他的辈分很高（同龄人大都为他的侄子或侄孙），弱冠之年就成为秀才，30多岁时就被赐以六品军功，还建了新房（即4号院），并且主持编修族谱。文中说的"兴产业"，放到杨家堂宋氏的家族背景来考察，也只能理解为"板业"才合理。

1860年前后，宋氏家族因捐资"御寇"而获得朝廷嘉奖的7人之中，宋国洪和宋国刚分别是宋德焕的长子和三子，宋君恩、宋君朝和宋君銮则是宋德焕次子

1　饶庆霖（1797—1876），字若汀，松阳城北人。父饶士芹，曾为知县佐吏。饶庆霖于清道光元年（1821）取为贡生，后在北京授业，并劝捐修理京城处州会馆。清道光十四年中举人，清咸丰六年（1856）拣选知县。之后，筹办团勇、复建县署、修整祀庙、兴造学舍、纂修邑乘、议建昭忠祠等。生平究心经史，掌教明善书院近四十年，进士叶维藩出其门下。著有《五经经义附注》《纪事吟草》《消夏录》。据：松阳县地方志编纂委员会.松阳县志［M］.北京：方志出版社，2020：3295。

宋国彦的三个儿子。只有宋君贤（1809—1891）和宋君刚两人，不是宋德焕一支的后裔。这7人之中，宋德焕的子孙5人都是秀才，宋君贤和宋君刚两人则不是秀才。这足以说明，宋德焕本人不管是在板业生意上，还是在科举观念上，都是完全继承了父亲宋宏堂的志向。而宋德焕的儿子和孙子，又是非常努力地“复刻”了宋德焕的人生足迹。

3.4 恢宏前业

宋氏族谱中关于经营板业的历史记载很少。除宋宏堂外，其余传记多记载为“克守基业”“恢宏前业”“先人旧业”等。我们认为，这是由于宋氏族人对秀才身份的看重，而有意淡化甚至是隐藏了关于板业的历史。这些传记中在讲主人公从事板业之前，也大多会描述其年轻时如何勤奋读书和参加科举。

清道光十九年宋学朱撰写的《先祖父德盛讳寿远公志略》（图3-6），对于板业也采用了类似于宋宏堂传记中的春秋笔法：“岂知吾父克守基业，依然无恙，是非吾祖父忠厚之德彰于前，而有以荫庇于后乎。故论恢宏前业，佑启后人，我祖父虽不能躬亲其任，而由今思昔，觉吾父之所以能创能守，亦穆然有念于我先祖父之厚德，而不敢忘焉。”宋学朱的父亲宋国智（1787—1854）年少时，祖父宋德盛（1753—1797）已经去世（图3-7）。这里说的“恢宏前业”，放到杨家堂的历史语境之中，只能指向板业。

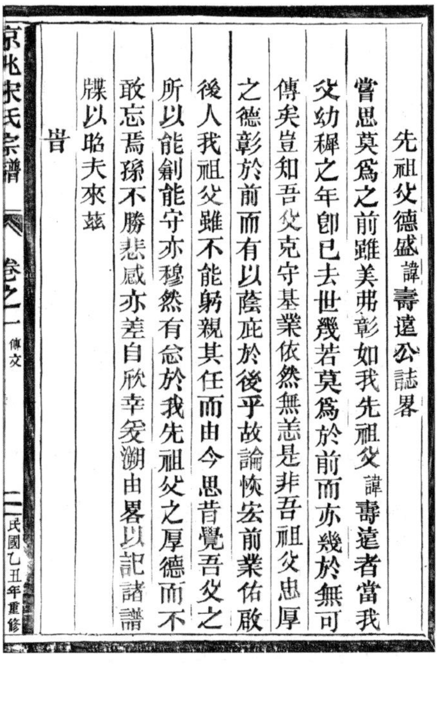
京兆宋氏宗譜 卷之一 傳文 三 民國乙丑年重修

先祖父德盛諱壽遠公誌畧

嘗思莫爲之前雖美弗彰如我先祖父諱壽遠者當我父幼穉之年卽已去世幾若莫爲於前而亦幾於無可傳矣豈知吾父克守基業依然無恙是非吾祖父忠厚之德彰於前而有以蔭庇於後乎故論恢宏前業佑啟後人我祖父雖不能躬親其任而由今思昔覺吾父之所以能創能守亦穆然有念於我先祖父之厚德而不敢忘焉孫不勝悲感亦差自欣幸爰溯由畧以記諸譜牒以貽夫來茲

旹

图3-6 道光十九年宋学朱撰写的《先祖父德盛讳寿远公志略》局部
（图片来源：《京兆宋氏宗谱·卷一》）

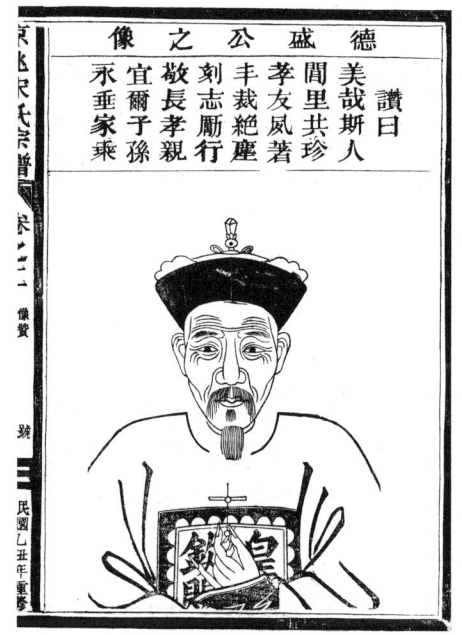

图 3-7　族谱中的宋德盛像

宋学朱说他的祖父宋德盛"不能躬亲其任",可能是指没有亲自参与板业。宋学朱还为他的伯祖父宋德永(1751—1832)写了传记,其中说道:"窃念学朱之生也晚,原不足以表前人懿行,述前人之绪业也","公与我祖父别爨后,屋宇及身而建,女与媳及身而嫁、而娶。然此犹其常也,而所难者,为孙受室不数年,而曾孙又亲睹焉。"宋德永是宋宏资的长子、宋宏堂的侄子。从年龄上看,宋德永只比叔父宋宏堂小16岁。宋宏资本人没有直接参与板业,而将板业做得红红火火的宋宏堂,又是晚年得子,所以很有可能是宋德永兄弟们跟随宋宏堂,把板业做成了家族产业。宋德永在有生之年建了房[1],生了儿子和女儿,娶了儿媳,嫁了闺女,还为孙子娶了媳妇,并且见到了曾孙出世。这一方面体现了他的高寿(去世于81岁),另一方面也说明他的经济实力。这样的经济实力,靠在山区务农、当教师或给人看"风水"是不可能达到的。宋学朱在传记中说伯祖父"福寿并臻",可谓是恰如其分。杨家堂宋氏的德字辈一共五人,包括宋宏资的四个儿子和宋宏堂的独子。在族谱留下传记的是宋德永、宋德盛和宋德焕三人。从三人的传记作者和内容看,宋德焕的声望最高,其次是宋德永。宋宏资的四个儿子中,老二是族谱编纂者宋学朱的祖父,不管贡献大小,为祖父写传记属于人之常情。老大宋德永也有传记,而老三宋德昌(1755—?)和老四宋德桐(1763—1812)都没留下传记。这或许不是偶然,而是宋德永对家庭和宗族有较大贡献的结果。

————————————

1　即1号院,以其父宋宏资之名。

除前述宋德焕之子宋国洪、宋国刚之外，十六世的记载还有：宋国仁（1781—1832），宋德永之长子，"幼而克敏，常佩师传，而务循敦朴，用致恢宏前业，丕焕新猷，誉镇圜桥，名垂国史，固闾里之荣，抑亦邦家之光也"［清道光十九年（1839）蔡大全撰《国仁公传》］；宋国义（1785—1862）宋德永之次子，"幼举儒业，博习经史，奈时穷运蹇，屡应童试不售，乃不以科第撄心，弃而家居，尚朴实，黜浮华，克勤克俭，恢宏前业"［清道光十九年（1839）叶以芳撰《国义公记略》］；宋国礼（1786—1844），宋德桐之长子，"舞勺入塾……习举子业，韶龄执笔学为文，斐然可观。弱冠应童试，即补博士弟子员，旋列前茅，食饩入棘闱者数矣。而先生兼事先人板业"［清道光十九年（1839）詹岩撰《国礼讳邦彦先生记略》］；宋国智（1787—1854），宋德盛之长子，"其禀姿殊众，慧智出群，不假沉吟，过目成诵。窃以为采芹泮水，攀桂棘闱，俱非所难。乃君不屑屑于功名之路……用致田园广进，堂构增新，廓大规模，恢宏绪业"［清道光十九年（1839）蔡大全撰《国智公传》］；宋国俊（1802—1870），"后与胞兄分居异爨，其克自树立，善经营，升国学，表邦光，邑中舆论咸啧啧称道勿替"［清道光十九年（1839）蔡大全《国俊公序》］。[1]

上面几位的传记中，宋国礼是唯一明确记录了"板业"的。其他人虽然只是笼统地说了"恢宏前业"，但是放到杨家堂的语境之下，也只能用板业来解释。为什么宋国礼就不加忌讳地说了"板业"呢？因为他不是靠捐纳，而是凭真本事考中的秀才，并且后来还成为一名岁贡生。岁贡生特指贡生中的常规选拔类型，由地方官学按资历推荐年长廪生入国子监。

这几位国字辈的人物，都是宋宏资的孙子，都出生于18世纪80年代。他们的父亲不是同一人，但名字正好组成"仁义礼智"四个字[2]，说明此时家族内部关系之密切，以及对儒家理念的看重。在宋宏堂70岁时（1805年），他本人应该不再奔忙于板业；此时宋德焕才14岁，应该还没有加入家族板业；宋国仁、宋国义、宋国礼、宋国智的年龄分别是24岁、20岁、19岁和18岁，很可能已经是家族板业中的主力。在族谱中留下传记的人，大多是为家族做出了较大贡献的人。在杨家堂，为家族做出贡献的主要方式就是在板业上经营成功。

宋学朱在给曾祖父宋宏资写的传记中，总结了宋氏几代人从事板业的历程："子孙曾元辈，振振继继，犹得温饱无虞，各守绪业者，莫非我曾祖创业之力有以致之也。苟不从而溯之，毋乃徒食而忘前人之艰苦矣。兹因纂修谱牒，追思先德，不禁深有所感，遂略叙所闻以见创业之甚难云。"这里说的创业和守业，就是家族板业。

---

1 上述传记的全文，见附录。

2 宋德永的三子是宋国信，族谱中无传。

十七世宋君豪、宋君恩、宋君朝等人的传记中，依然有类似的描述。宋君豪（1801—1875），宋国仁（1781—1832）之长子，清同治五年（1866）宋起芳撰《君豪公传》载："且夫人第知创业之为难也，而不知创业而兼守成则更难……是时崇墉枇栌[1]，财非不丰也；左宜右有，业非不盛也。使经营不善，其势恒易于奢华……克勤克俭，虽不能广置其田园，而有守有为，亦尝稍兴其产业。"这里的创业、守业、产业、经营等字眼，都是指板业。宋君豪是宋宏资和宋宏堂两个房派的君字辈中年龄最长的人物（比宋宏资国字辈的小，但比宋宏堂国字辈的大），他应该在家族板业中发挥了比较重要的作用，因此传记中特别强调其"守成"的意义。宋氏家族于清同治五年编修族谱时，宋君豪也是组织者之一。

宋君恩（1843—1914），宋德焕之孙、宋国彦之长子，"芸窗励志兮，早步泮宫……鸿业日新兮，财来滚滚"［清光绪十一年（1885）叶成圭撰《君恩公名企祁公赞》］；宋君朝（1844—1916），宋国彦之次子，"一生勤俭兮，家业兴隆；贸易他乡兮，陶朱之志；经营异地兮，管晏遗风，平日励志兮，诵诗读易，毕世发奋兮，奥义能通"［清同治五年（1866）宋士心撰《君朝名企璟公传》］，"弱冠，应童子试不售，退而课徒于乡。教学相资，益自刻督。及应试又不售，乃采深山杉木，泛桐江贾于武林"［民国十四年（1925）宋微封撰《先大父国学公家传》］；宋君銮（1847—1902），宋国彦之三子，"幼聪慧，日授数十卷，辄过目成诵。及弱冠，博古通今，大为有道器……又接踵先人旧业，仰体祖宗遗绪"［清光绪二十二年（1896）蔡储澄撰《君銮公传》］。

十八世的记载有：宋起海（1836—1863），"年方弱冠也，艺精百步，才可比以穿杨……产守先业，家何如之隆"［清光绪十一年（1885）周文源撰《起海名万清先生传》］；宋起文（1832—1900），"取财有道，见得而毋苟得……能创家业，积健为雄"［清光绪十一年（1885）蔡育贤[2]撰《起文仁兄传》］。

上述几位中，宋君朝是唯一明确记录了"采深山杉木"的。宋君朝的秀才身份也是捐纳得来的，为什么他的传记不忌讳说板业呢？原因在于，这篇传记的作者是宋君朝的孙子——13岁就考中秀才的宋微封（1892—1937，族名宋世庆）。

传记交代宋君朝在深山杉木后，"泛桐江贾于武林"。桐江指的是富春江的上游，

---

1 "枇栌"应为"比栌"。语出《诗经·良耜》："其崇如墉，其比如栌，以开百室。百室盈止，妇子宁止。"描写秋天农业大丰收的情景，这里用来形容宋君豪的财力雄厚。

2 蔡育贤（1837—1892），又名蔡毓庠，字思齐。松阳城东人，清光绪二年（1876）岁贡生。秉性和蔼，不修边幅。好读书，善书法，钦慕陆游为人。即使是酒肆茶园向他索要墨宝，蔡育贤也爽快应承。从游者甚众。据：松阳县地方志编纂委员会.松阳县志［M］.北京：方志出版社，2020：3377.

即钱塘江流经桐庐、富阳的一段。武林即杭州的旧称。在古代，松阳山区木材主要是以放木排的方式，经松阴溪运往瓯江下游的温州等地。杨家堂宋氏族谱没有记载板商们贩运木材的路线，结合前面宋宏堂"拾金不昧"的故事中，将其引入板业的是一名衢州板商，以及方协华传记中"以杉板懋迁于省治者"的记录，我们可以推断，杨家堂从事板业者之中有相当一部分，是将木材经钱塘江运至杭州的。族谱没有交代杨家堂板商所运送的杉木是来自松阳山区，还是钱塘江上游的山区。古代贩运木材主要依靠江河之水顺流而下，逆流而上极为不便；而要把松阳山区的木材运到钱塘江水系，靠人力肩扛来翻山越岭，也是效率过低的。从事钱塘江贩运木材的杨家堂板商们，应该是去到钱塘江上游的山区采伐杉木，然后经钱塘江运至杭州。

　　族谱传记中"家政""家务"之类的记载，有时候也是经营板业的代称。比如清同治五年（1866）王昌期[1]为宋起芳（1823—1884）撰写的《起芳公传》说："无如年届髫龄，令先君即已仙游，自是家务纷繁，一切冠婚丧祭措理，咸藉只身；所置屋宇田园筹策，全凭独力。"再比如清同治五年（1866）詹伟为宋起英撰写的《起英公传》说："若夫家务之纷，悉能措理，既泛应而曲当，亦方智而圆神。"（图3-8）又比如1912年吴春泽为宋君恩（1843—1914）撰写的《杏庵先生七秩寿庆》说："（宋君恩）少具歧嶷之相，年十四即能理家政，井井有条。比长，入松庠，有声黉序。后以家务缠身，遂弃举子业。"如果只是普通人家的家务事，根本不值得在传记中做专门描述。宋起芳、宋起英和宋君恩都是在弱冠之年就成为秀才，而且后来都成长为宗族领袖或中坚力量。让他们在青壮年时就放弃考科举的重要事情，只能是家族板业。

　　"迹遍四方"之类的记载，也可能是从事板业的委婉表达。清光绪十一年（1885）周文源撰写的《起海名万清先生传》说宋起海（1836—1863）："年甫富强也，迹遍四方，风堪习夫夷吾。以及职居五品，名何如之显；产守先业，家何如之隆。"这里的"迹遍四方"和"产守先业"连起来看，就是指从事家族板业。所谓"职居五品"，应该是捐资"御寇有功"而获得朝廷嘉奖。清光绪二十二年（1896）舒桂芳撰写的《蔚然君箴表》说宋起樵（1865—193?）："及壮，忽弃举子业而放浪于

1　王昌期（1810—1887），又名王国璋，字恭寿，号壬生。松阳城南人。廪贡生。才能见识与学问修养都很优异。性情廉洁耿介，自甘淡泊，恪守寒素家风。屡试秋闱，数次落第。以教书为业，曾设教于詹岩的"瑞石山房"十余年。一时师从王昌期做学问的知名人士，可谓满门桃李，堪称盛况。据：松阳县地方志编纂委员会.松阳县志[M].北京：方志出版社，2020：3303。

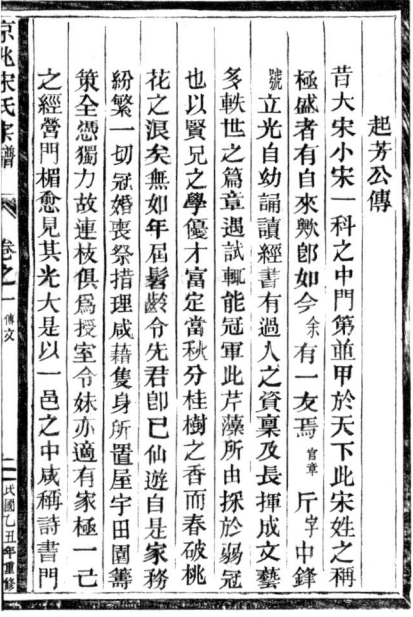

图 3-8　同治五年（1866）王昌期为宋起芳
（1823—1884）撰写的《起芳公传》局部
（图片来源：《京兆宋氏宗谱·卷一》）

名山大川，探奇选胜，凡一丘一壑之足以供人玩赏者，无不踪迹焉。"这里说得更委婉，甚至将经营板业给浪漫化了。

　　宋氏族人的板业，其实在他们的家训里已经有伏笔。族谱《家训》说："士勤读，则功名必成；农勤耕，则衣食必丰；工勤艺，则技术必精；商勤业，则资财必裕。"这里把士农工商都列举了一遍，表面上看是重申了儒家对四民的训导，但如果不是杨家堂的商业占有比较重要的地位，又何必专门强调"商勤业，则资财必裕"呢？

3.5　板业衰落

　　民国十四年（1925），宋微封撰写的《先大父国学公家传》载："（宋君朝）前后累十试，卒不售，懋迁又亏其资，于是困甚。闻贩烟业尚可为，则又贩于武林与邻邑之龙泉，冀少偿其所负，不幸烟又亏。"宋微封的祖父宋君朝，出生于1844年，于弱冠之年第一次考秀才失利，此后一边考秀才，一边从事板业。秀才连考十次不中，板业又亏本，人生陷入困境。之后宋君朝尝试将烟叶贩卖至杭州和龙泉，也以失败告终。

　　宋君朝结束其板业的时间，大概是在他50岁的时候，也就是1895年前后。这应该不是他个人独有的经历，而是杨家堂从事板业的宋氏族人的共同命运。前面梳理宋氏各代人从事板业的信息，十七世君字辈和十八世起字辈均有不少，其

中十八世的又以宋宏资房派成员为主，十九世世字辈就完全没有了。宋宏资房派的第十九世和宋宏堂房派的第十八世，主要生活在 19 世纪后半叶；族谱中几乎没有他们在板业方面的记载，说明板业在 19 世纪末走向衰落。

十九世的秀才在杨家堂宋氏家族人口中的占比只有 6.4%（6/94），远不如前几代，并且族谱 56 篇传记中属于十九世的只有一篇，即清光绪二十二年（1896）潘益士为宋世绪（1843—1916）撰写的《世绪名鼎元公传》（从传记内容看不出是否参与了板业）。杨家堂宋氏家族的秀才大部分都是以捐纳获得的，一旦离开了板业的"供养"，秀才也就无法持续。十九世之所以还有 6 名秀才[1]，一方面是因为部分十九世的人出生在 1880 年之前（在科举取消的 1905 年之前，他们已经是 25 岁以上的青壮年，捐纳秀才对他们的人生既有意义，也具备可行性），其中有的人可能还参与了板业；另一方面是因为父辈的财力还比较雄厚，可以为他们支付捐纳之资。

十九世中出生较晚的人，随着科举取消和大学兴起，他们的人生理想已不再是"板商 + 秀才"，而是上大学。清末至民国时期，杨家堂考上大学的人数也相当多，他们一旦上了大学，在毕业之后就成为某一领域的专才，进而成为新时期的社会栋梁，不必从事辛苦而高风险的板业，也很少回到杨家堂生活。

杨家堂宋氏家族从"蕞尔山陬"到"板商之村"的蜕变，展现了传统乡村经济转型的典型路径。以木材贸易为核心的板业，不仅重塑了家族命运，更深刻影响了村落格局与社会结构。这一历程既依托自然禀赋与地理优势，也凝聚着家族成员的智慧与韧性。杨家堂作为"板商村"的特点可以概括为以下三方面：

其一，宋宏堂作为板商巨贾和乡绅典范。宋宏堂是杨家堂经济转型的核心人物。他以板业起家，凭借敏锐的商业眼光和诚信经营，积累巨额财富。其成功不仅在于商业策略，更在于对社会资本的转化。致富后，他捐纳国学生身份，跻身士绅阶层，并斥资修建宗祠、学堂、道路，主导村庄公益事业。他主持铺设松阳至宣平的数百里石板路，捐建城西石板街道，极大提升了地方交通与民生。通过"以商养文、以文彰商"的策略，宋宏堂将经济实力转化为文化资本与社会声望，使杨家堂从贫困山村跃升为松阳士绅文化的代表。其人生轨迹体现了传统乡村精英"商而优则仕"的转型逻辑，也奠定了家族"士商并举"的传统基调。

1　这 6 名秀才分别是宋宏资房派的宋世绪（1843—1916）、宋世濂（1858—1905）、宋世忠（1865—？）、宋世云（1883—？）和宋宏堂房派的宋世桢（1891—1950）、宋微封（1892—1937）。宋微封是 13 岁考中秀才。宋世桢是唯一的"俏生"（即 14 岁的考生不必参加县试、府试，可直接参加院试）。

其二，经济与文化的双向互构。杨家堂的板业经济与科举文化形成了深度互嵌的共生关系。板业的高收益为家族成员捐纳功名、兴办教育提供了物质基础。宋宏堂捐纳国学生身份后，宋国礼、宋君恩等亦通过捐纳或科考成为秀才，延续家族士绅地位。而士绅身份又反哺经济活动：功名赋予家族参与地方事务的合法性，如组织民团、主持修桥等，进一步巩固社会影响力。然而，族谱记载中刻意淡化板业细节，仅以"恢宏前业""克守基业"等模糊表述替代，凸显了"重士轻商"的价值矛盾。这种双向互构既反映了传统社会对科举功名的推崇，也揭示了经济实力在乡村权力结构中的隐性作用。杨家堂的案例表明，经济与文化并非对立，而是乡村精英维系地位的双重支柱。

其三，家族协作与代际传承。宋氏家族通过分工协作与代际接力，保障了板业经济的延续与文化的赓续。宋宏堂主外（拓展商业），其兄宋宏资主内（管理家务），形成"外拓内守"的分工模式。后代继承板业时，既有分工，又通过族规强调"商勤业则资财裕"，确保商业伦理的传承。同时，家族将板业收益投入科举捐纳，维系士绅身份。这种经济与文化的代际接力，既保障了财富积累的稳定性，又强化了宗族凝聚力。家族协作与传承模式，成为杨家堂在自然风险与时代变迁中持续发展的核心机制。

第 4 章
秀才村

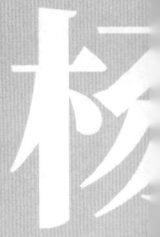
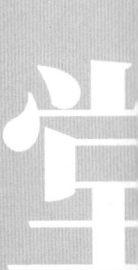

板业可谓是杨家堂宋氏的"祖传之业"。不过，当我们翻阅杨家堂宋氏家族的族谱时，板业的痕迹是很少的，无处不在的是与秀才有关的字眼，比如"国学生""贡生""入庠""采芹"等。杨家堂宋氏家族从十四世宋宏堂开始直至十九世，代代有人成为秀才，并且在十九世之前每代人数不断增加。

清朝科举制度基本沿袭于明朝，分为童试、乡试、会试及殿试。秀才经过层层筛选才能考取进士。《清代进士传录》记载清代全国合计 26849 名进士，从清朝入关到科举废除（1644—1905）一共进行 112 科，平均每科录取 239 名进士。[1] 松阳县志记载，清代松阳仅有三人考中进士。

即使是秀才，考取的难度也相当高。通过县试、府试、院试三场童试后，才可以得到生员的身份。生员，即民间所称的秀才。仅通过县试和府试，但成绩尚佳的称为佾生，民间俗称"半个秀才"；佾生在下次考试时，可以不必参加县试、府试，只参加院试即可（杨家堂有佾生 1 名，即十九世的宋世桢）。生员也称为庠生，含义是获得进入府州县学的资格。社会学家张仲礼在《中国绅士研究》一书中曾估算生员在清代人口的占比，太平天国运动之前为 0.18%，太平天国运动之后上升为 0.24%；具体到浙江，则分别为 0.17% 和 0.56%。[2] 秀才考取率低，近千里选一。考取秀才，对于家族和村庄都是一种荣耀。

同样是秀才，身份上也还是存在差别。大致说来，贡生高于国学生，国学生高于庠生，而正途（即考试获取）又明显高于杂途（即捐纳或恩授）。庠生是科举制度的基础资格，可参加乡试，属科举起点。国学生即国子监生员，地位高于地方庠生。明初朱元璋严控监生管理，要求必须坐监读书；明中期后，监生资格逐渐成为科举或入仕的跳板，加之允许"告假""依亲"等制度，实际在监者锐减。贡生是地方官学向国子监输送的优秀庠生，分岁贡、恩贡、拔贡、优贡、例贡五类，其中前四类为正途，例贡属杂途；贡生入监后称"贡监"，具备出仕资格。清代中后期（尤其是鸦片战争后），随着内忧外患加剧，捐纳成为朝廷敛财的"应急手段"，庠生、国子监、贡生资格均被明码标价出售，导致数量激增。

4.1 捐国学、造桥梁

杨家堂第一位秀才是宋宏堂，他使杨家堂的发展产生了重要转折。宋氏家族在迁居杨家堂的前一百年里，以农业生产为主，经济水平较低。始迁祖宋显昆带

---

1 朱鳌，宋苓珠.清代进士传录［M］.北京：国家图书馆出版社，2018：2.

2 张仲礼.中国绅士研究［M］.上海：上海人民出版社，2008：83-84.

着 5 个儿子迁居杨家堂，到孙辈时人口不增反减，只有 4 人。清道光十九年（1839）松阳县知县汤景和在《宏堂公讳如川号永起传》形容此时的杨家堂村"地为蕞尔山陬，寥寥数室"。[1]直到宋宏堂开始经营板业，才让杨家堂村实现发展。

宋宏堂 5 岁时，父亲宋伯玉去世，此时长兄宋宏资也仅 9 岁。尽管生活艰辛，母亲蔡氏却十分重视两兄弟的教育，"茹苦矢志，训公昆仲，日耕夜读"（《宏堂公讳如川号永起传》）。兄弟俩白天干农活，晚上读书。宋宏堂致富后，便通过"捐国学"的方式获得了秀才身份。按宋宏堂的年龄推算，他可能是在 1780 年左右成为"国学生"。清嘉庆十年（1805）松阳县教谕方协华在《宏堂公传》中记载："（宋宏堂）壮习陶朱业，以杉板懋迁于省治者，前后数十年，家业渐盛，田宅日增。于是，捐国学、造桥梁，千金有所不恤；修道途、作船渡，倾囊而亦无辞。"[2]

宋宏堂不但以捐纳获得秀才身份，在实际生活中也以儒家观念为指导，热心参与宗族事务和地方事业。他对村庄建设非常重视，带领兄弟子侄们建房屋、修桥路。清乾隆丁未年（1787），宋宏堂组织族人修建了宋氏宗祠，这标志着杨家堂村已经成为独立的村落，不必再依附呈回村来开展祭祖活动。

宋宏堂积极开展村庄的公益事业。清道光十九年（1839）松阳县知县汤景和在《宏堂公讳如川号永起传》中列举其事迹："邻里有乏食用者，则周济之。老幼有患疾病者，则救治之。疾甚而无能无力者，哀其死且为之丧葬焉。"杨家堂在宋宏堂的组织下，从"自古不足数之陋地，忽变而为相友相助、弦诵繁盛之区矣"。

宋宏堂对"国学生"的身份很是看重，这对宋氏后人的科举延续起到了重要作用。他深知教育的重要性，"又念村中子弟幼少失学，则延师设教，歌诵之声彻于山谷"（《宏堂公讳如川号永起传》）。在宋宏堂之后，宋氏家族连续几代都有不少人成为秀才。

4.2 弱冠应童试

松阳知县汤景和撰写的传记中，提供了一条颇为重要的线索："公入国学，而后犹子及孙辈相继纳粟成均，其游庠、食饩、举贡者若而人，与夫不日之可以掇巍科登仕籍者又将若而人。"儒生进入府、州、县学成为生员，称为"游庠"。食饩，是指这些生员因为考试成绩优秀而得到政府发放的补贴（即享受廪膳补贴，称为廪生）。举贡，即成为地方向朝廷推荐的优秀生员。这几句话的意思是，宋宏堂自

---

1 《宏堂公讳如川号永起传》，详见附录。

2 《宏堂公传》，详见附录。

己捐纳了秀才之后，又为他的侄子和孙辈也捐纳使其相继成为秀才；这些秀才在进入县学之后，有成绩优秀之人；与此同时，宋氏家族也不乏有潜力在未来科举取得佳绩的年轻人。

这件事说明，宋宏堂在教育上的"投资"是成功的，他用捐纳的方式给自己和若干后代获取了秀才身份，并以此推动了整个家族对读书和科举的重视。他在有生之年，就已经看到族人凭真本事考中了秀才。宋氏家族第十六世的男丁中，秀才比例高达 60%，应该就是宋宏堂在其中起了关键作用。

十六世宋国礼（1786—1844）、和十九世宋微封（1892—1937），是族谱明确记载通过科举考试成为秀才的两人。

关于宋国礼，族谱中清道光十九年候选教谕詹岩[1] 撰写的《国礼讳邦彦先生记略》载："乃先生在褓抱即识之无迨。舞勺入塾，试读经书，沛然莫能御。于是从事师儒，习举子业，韶龄执笔学为文，斐然可观。弱冠应童试，即补博士弟子员，旋列前茅、食饩入棘闱者数矣。而先生兼事先人板业，丙申（1836）补岁贡，入太学，年已近服政，昔患喘症不时发，遂无意于功名。"[2] 舞勺指 13~15 岁，韶岭即青年，弱冠指 20 岁，服政指 50 岁。詹岩在松阳县颇具文声，他比宋国礼年长 4 岁，比宋国礼早 2 年成为岁贡生。能请到詹岩来写传记，这本身就说明宋国礼的地位。上面这段话的意思是，宋国礼在 13~15 岁时开始读私塾，青年即展露才华，20 岁时参加童试，以优异成绩考中秀才，此后在县学组织的考试中也数次名列前茅；由于秀才本身不能作为谋生之途，所以宋国礼在就学于县学期间，同时从事着家族板业；50 岁时，宋国礼被推荐为岁贡生[3]，但此时他身体出了状况，也就彻底放弃了进一步考科举的打算。（图 4-1、图 4-2）

1　詹岩（1782—1848），又名詹廷望，字天民，号严山。松阳城东人。幼具慧才，字法精妙，瘦硬通神，书法被誉为"吾松所仅见"。在桥亭街置买闲室，改造成"瑞石山房"作私塾。清道光十四年（1834）岁贡生。晚年钻研医术，性癖琴书，有道家气概。因雅爱山水，钟情石笋山古迹，于是劝捐在此建造秀峰观，塑吕洞宾、韩愈、钟馗神像供奉，改号"锄云"。据：松阳县地方志编纂委员会.松阳县志［M］.北京：方志出版社，2020：3376.

2　全文见附录。

3　贡生分为正途贡生和捐纳贡生。正途贡生是通过科举考试等方式正式入选的，而捐纳贡生则是通过捐纳方式获得的。明清时期，每年或每两三年从各府、州、县学中选送生员升入国子监就读，称为"岁贡生"。岁贡生属于正途贡生。

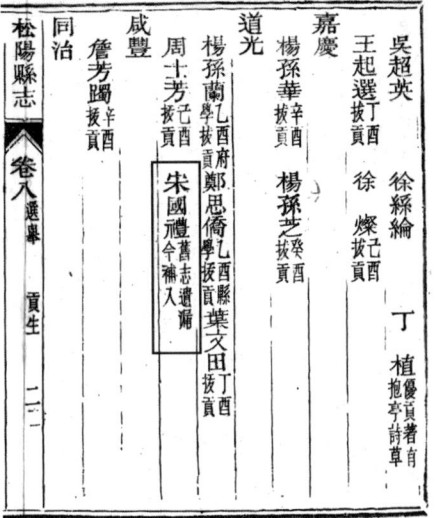

图 4-1　岁贡生宋国礼（图片来源：
民国版《松阳县志·卷八》）

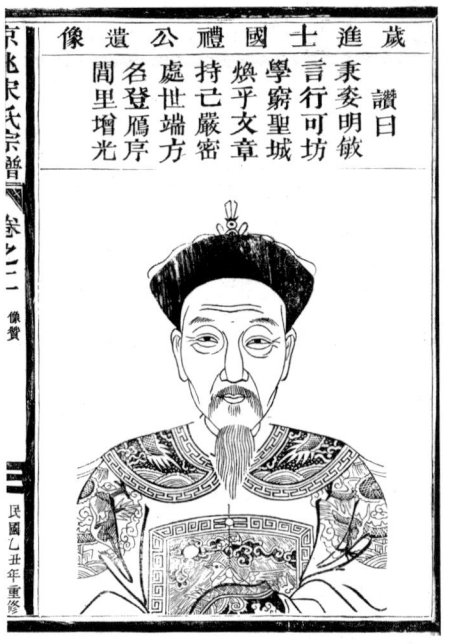

图 4-2　族谱中的宋国礼像
（图片来源：《京兆宋氏宗谱·卷二》）

宋国礼考中秀才的年份是 1806 年，这对宋氏家族而言是个重大事件。他是家族中第一个不靠捐纳，通过正式考试成为秀才的人。詹岩认为，杨家堂村是在宋国礼考上秀才之后，读书的风气才浓厚起来，"一村之中多博经史、精制艺、前后试辄有名者，皆先生之力导其路也"（《国礼讳邦彦先生记略》）。（图 4-3）

宋国礼对于宗族建设和地方公益也很热心，"凡邑有兴举善事，先生无不竭力乐施，若建寺庙、造桥渡、砌道路，咸躬承其任。而倡施棺枢，免人暴露骸骨，数十年如一日，尤为无涯之德也"（《国礼讳邦彦先生记略》）。

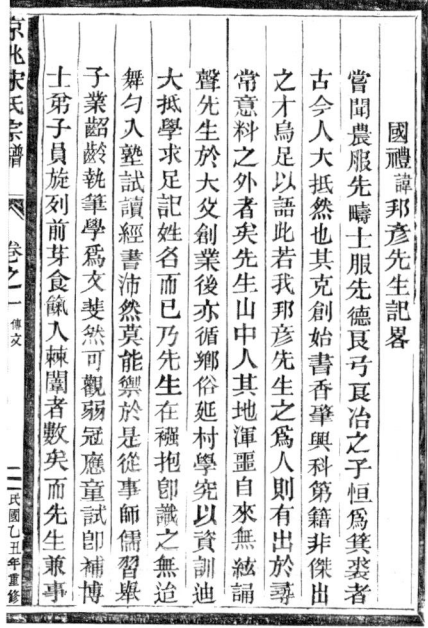

图4-3 道光十九年候选教谕詹岩撰写的《国礼讳邦彦先生记略》局部（图片来源：《京兆宋氏宗谱·卷一》）

宋微封，族名宋世庆，"光绪甲辰（1904），微封年十四，始以公命受业于寿田叶先生。叶先生者，公甥也。遇岁试请于公，公曰：'稚其可乎？'先生曰：'姑试之。'榜发，竟补县学生员"。[1]这里说的"公"，是宋微封的祖父宋君朝。宋微封14虚岁时，在祖父宋君朝的安排下，受业于宋君朝的外甥、一位姓叶的老师。这一年恰好有科举考试，在叶老师建议下，宋微封抱着试一试的态度参加了考试，居然就考中了。

比宋微封大一岁的宋世桢（1891—1950），可能也是通过考试成为秀才的。科举取消的1905年，宋世桢才14岁。宋世桢是族谱中唯一的"佾生"，按此理解，他应该是在1905年最后一次科举考试时通过了县试和府试，但院试没过（如果此后再参加科举，可以绕开前两关而直接参加院试）；由于废除科举，他也就此失去参加院试的机会。

十六世的宋国刚（1828—1890）、十七世的宋君辅（1807—1852）和十八世的宋起英（1836—1883），也有可能是通过考试而成为秀才的。宋国刚（图4-4），宋德焕之三子，清同治五年侄孙宋起聪为其撰写的《国刚公传》载："及其甫冠之时，赴城应试，芳名已列于前茅。"[2]这里笼统地说了"赴城应试"和"名列前茅"，没有说具体是哪类秀才。考虑到传记的作者是宋国刚的侄孙，而宋国刚本人又

---

1 宋微封撰《先大父国学公家传》，全文见附录。

2 全文见附录。

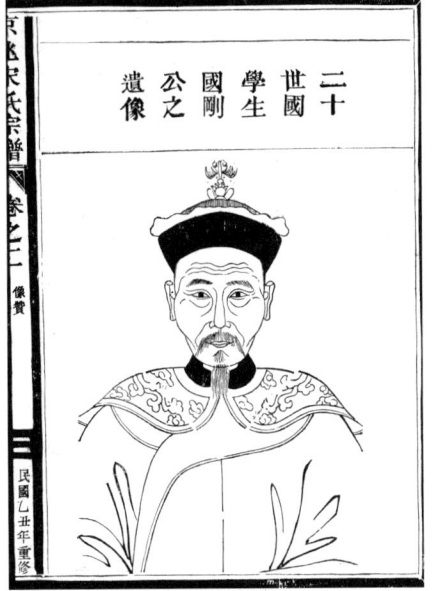

图 4-4 族谱中的宋国刚像
（宋国刚应为第十六世，画像标记为二十世，原因待查）

曾因组织民众自保而被授予"六品荣衔"，所以不排除有后人刻意抬高其地位的可能。

宋君辅，宋国智（1787—1854）之次子（图 4-5）。宋君辅是第十七世，但是年龄比很多十六世的人都大。清道光十九年（1839）宋氏宗族重修族谱时，宋君辅 32 岁，正值青壮年，并且已经有秀才身份，他和年长 16 岁的叔祖父宋德焕共同主持了本次族谱编修。宋氏族谱留下的传记中，有 11 篇写于清道光十九年。宋君辅一人就写了其中三篇（传主分别是曾祖父宋宏堂、伯祖父宋德永和祖父宋德盛），并且是传记作者中唯一的本村人，可见其文化水平为族人所公认。这 11 篇传记中，宋君辅本人作为传主的有一篇，即蔡大全撰写的《君辅讳学朱贤契传》。其中说道："（宋君辅）方其幼龄，秉姿爽朗，颖悟通灵，共称为有造者……其文情则纵横入古，变化从心，饶有龙门笔意。其书法则银钩铁画，盘结离奇，尤得右军神髓。内外并居其胜，华实兼擅其长。于以身游泮璧，名列胶庠，同榜之人莫不心服。即诸先达亦相推尊，谓具是才思不难，扶摇直上，拔帜先登也。方今适及壮岁，膂力甚强，倘能发愤为雄，复何能量其所至哉？"[1] 蔡大全对宋君辅的文章和书法都推崇备至，还认为他在科举上的前途不可限量。这其中难免有夸张和吹捧的成分，我们无法就此判断宋君辅是考中的还是捐纳的秀才。不过，既然有"同榜之人"，那么宋君辅就可能是考取的秀才，因为捐纳的秀才不需要经过公开放榜的环节。

1　全文见附录。

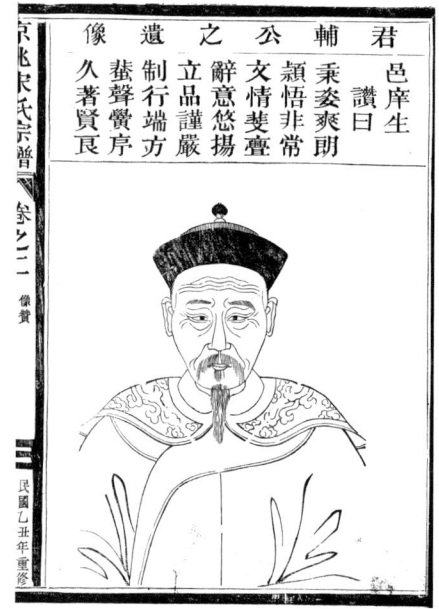

图 4-5　族谱中的宋学朱（宋君辅）像
（图片来源：《京兆宋氏宗谱·卷二》）

宋起英，宋君辅之次子。詹伟（宋起英的舅舅）撰写的《起英公传》载："自幼聆庭训于严父，所习经书诗文，无不过目成诵，颖悟非常……弱冠后即撷芹藻于泮池，而蜚声黉序，将来直上青云搏鹏程而题雁塔，可预为贤甥卜焉矣。"[1] 泮池是古代学宫前的水池，通常位于大成门正前方，呈半月形。所谓"撷芹藻于泮池"，是中秀才的比喻。但这里也说得比较笼统，作者又是传主的舅舅，难免有刻意抬高的成分，并不能确认一定是考中的。

上述几位考中或可能考中秀才的人，有两个共同特点。第一，考中时都很年轻，多在"弱冠之年"，宋微封更是只有 14 虚岁。第二，他们的科举之路都止步于秀才，或者是自己放弃，或者是因为清廷废除了科举。

为什么考中秀才的年龄都是在弱冠之年甚至更年轻？大概是因为真正有此天赋者，只要少年时努力读书，考两次或三次就有比较大的概率考中；无此天赋者，就算多考几次，考不中的概率依旧比较高。到 20 多岁时不管考中没考中，都要自食其力。杨家堂宋氏族人的主业是做板商，这是一个相当耗费时间和精力的职业。那些原本读书资质就不高的人，一旦开始做板商，也就很难再集中精力来应付科举考试。

1　全文见附录。詹伟在文中说宋起英"年近强仕"，强仕即 40 岁。宋氏家族曾在清同治五年（1866）和清光绪十一年（1885）修谱，故此篇传记的写作时间应该是 1866 年。

4.3 纳粟成均

杨家堂宋氏家族的秀才，只有少数是通过考试得来的，大多是以捐纳的方式获取。

知县汤景和为宋宏堂写的传记中所说的是"犹子"，即侄子。为什么宋宏堂不是为儿子，而是为侄子捐纳秀才呢？宋宏堂的儿子宋德焕出生于1791年，其时宋宏堂57虚岁。宋宏堂活到88虚岁，他给后辈捐纳秀才可能是在六七十岁的时候。此时侄子们（以及部分侄孙）都已经成年，秀才的身份对于他们参与社会活动是有帮助的，而儿子还处于青少年阶段，暂时不需要秀才的身份；更重要的是年轻人有机会凭自己的本事考中秀才，这不但更省钱，而且是更光荣的方式。宋德焕后来也通过捐纳成为一名贡生。

族谱明确记载通过捐纳获得秀才身份的有以下几位：宋君豪，"况又兼之捐国学，建华屋，修玉牒，其生平之懿行，故纷纷而不一矣"［清同治五年（1866）宋起芳撰《君豪公传》］；宋君恩，"附贡生君恩公之遗像"（族谱卷二，附贡生通常指由通过捐纳方式取得贡生资格的人）；宋君朝，"洪杨之乱，公尝输财，奖六品军功，晚年纳粟为国学生"（1925年宋微封撰《先大父国学公家传》）；宋起杰，"自幼颖悟，颇为有道器，惜中有定数，屡战不捷，遂贡成均，不复作朱紫想矣"［清光绪二十二年(1896)舒桂芳撰《起杰名绍周公行状》］；宋起艺，"身虽纳粟成均，心却精通书史"［清光绪十一年（1885）叶庭槐撰《俊生公赞》］。[1]

还有宋国俊，"善经营，升国学，表邦光，邑中舆论咸啧啧称道勿替"［清道光十九年（1839）蔡大全撰《国俊公序》］[2]。虽然没有明说是捐纳，但是从"经营"和"国学"并列，推测也是捐纳。

杨家堂宋氏家族的其余秀才，族谱中没有关于他们参加科举考试的记载，大概率也是通过捐纳方式获得的。否则，如此光宗耀祖之事，一定会记录在族谱之中。综合宋氏家族秀才们的传记来看，杨家堂宋氏家族对于科举考试的策略应该是这样的：少年时努力读书，在弱冠之年要参加一两次科举考试；不管考中还是没考中，之后多数人都会转投板业；等到50岁左右，从事板业者会回到家乡，一边安度晚年，一边建设家乡和培养后代；那些没考中秀才而经营板业成功的，此时会捐纳一个秀才身份，弥补人生遗憾；有秀才功名且经营板业成功的人，多半就是家族中的领袖人物，他们通常会以极大热心投入到宗族事务和地方公益。

---

1 全文见附录。

2 全文见附录。

宋氏家族第十四世和十五世的秀才还比较少，各有 1 名（宋宏堂）和 2 名（宋德焕和宋德桐）。第十六世国字辈的 15 名男性，有 9 人是秀才，占比超过一半，是杨家堂历代中秀才比例最高的一代。9 名秀才中，包括宋宏肃房派 2 人、宋宏资房派 4 人和宋宏堂房派 3 人。十七世君字辈有秀才 8 名，其中宋宏资房派 2 人，宋宏堂房派 6 人。十八世起字辈有秀才 13 名，其中宋宏资房派 8 人，宋宏堂房派 5 人。十九世世字辈有秀才 6 人，其中宋宏资房派 4 人，宋宏堂房派 2 人。总计下来，宋宏肃、宋宏资和宋宏堂三个房派各有秀才 2 名、19 名和 18 名。

宋氏三个房派十四世至二十世的总人口（截至 1926 年），分别是 54 人、178 人和 82 人，秀才占比分别为 3.7%、10.7% 和 22.0%。宋宏资和宋宏堂是亲兄弟，宋宏肃是他们的堂兄。就关系的紧密度而言，宋宏肃要差了一层。不过宋宏肃有五个儿子和五个孙子，其中两个孙子还是秀才，即宋国佐（1814—1868）和宋国甲（1816—1872）。在宋宏堂和宋德焕经营板业期间，宋宏肃和儿子和孙子可能是有人参与其中的。之后不知什么原因，宋宏肃房派就从板业中退出了，也没出现更多的秀才，甚至到二十世时人口只剩下 1 人。宋宏肃房派在族谱中连一篇传记都没有，原因可能有多方面，但经济实力和对文化的重视程度应该是其中的重要因素。

宋宏堂房派的秀才占人口比例高于宋宏资房派，最重要的因素是宋宏堂本人的思想观念，其次是经济基础。宋宏堂作为杨家堂第一位秀才，不但本人重视教育，还将这一观念传递给了后代。宋宏堂房派也有财力建学校并延请教师。清代科举（以及民国时期考大学），以经济实力较好的地主或具有教育传统的乡绅家族为多；普通人家也有通过自身努力而通过科举或考学改变命运的，但往往也离不开由地方士绅所营造的文化氛围。

捐纳秀才和考取秀才的区别，在族谱的传记中也有体现。比如清光绪二十二年（1896）蔡储澄撰《君銮公传》载："（宋君銮）幼聪慧，日授数十卷，辄过目成诵。及弱冠，博古通今，大为有道器，自应取青紫[1] 如拾芥。不料文章憎命，美玉永藏于韫匮，殆天之困陀斯人乎？抑时有未至也。值秋闱，同人金谓翁困于小试，每劝之授监入战。翁忿然曰：'诸君以予为功名中人耶？予视之若浮云耳，胡容戚戚为？况予堂上老母年逾服官，即使侥幸成名，亦何忍远离膝下哉？苟得优游庭帏，聚顺一堂，平生愿足矣。胡容戚戚为？'遂退处家庭，不复操儒业。"[2] 秋闱即乡试，是获取举人的考试。这里说的授监入战，就是以捐纳秀才的身份去考举人的意思。

---

1 古代高官常穿青紫色的官服，因此"青紫"成为高官的代名词。

2 全文见附录。蔡储澄是宋君銮的内弟。

宋君銮（1847—1902）年少聪慧，自视甚高，不料屡次考秀才都失利。有同伴建议他捐纳秀才身份，以此绕过考秀才的环节而直接考举人。宋君銮对此建议很是不屑，干脆以回家照顾老母亲为由，彻底放弃了科举考试。宋君銮在家的几年期间，与大哥宋君恩合作，兄在外经营板业，弟在内照顾家庭。后来兄弟分家，宋君銮自己也从事板业，直至 50 岁左右时退休。退休之后，宋君銮给自己捐纳了秀才（图 4-6）。

尽管杨家堂宋氏家族的秀才多数以捐纳方式获得，但多达 39 名的人数依然体现了整个家族对文化和教育的重视。捐纳秀才花费不菲，并不能带来经济回报，更多是一种精神慰藉和社会地位象征。宋氏族人对秀才身份如此热衷，以至于好几代人前赴后继，说明他们对科举功名和教育事业有着发自内心的认同（表 4-1）。

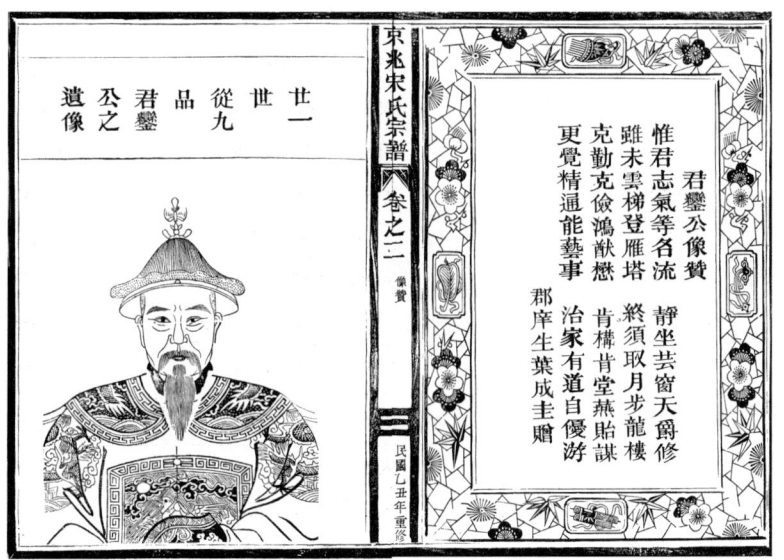

图 4-6　族谱中的宋君銮像和像赞（宋君銮应为十七世，画像记为廿一世，原因待查）

表 4-1　杨家堂宋氏科举秀才统计：合计 39 人

房派	世代	祠堂名	秀才类型[1]
宋宏肃家族 2 人	十六世	宋国佐 1814—1868	增广生
		宋国甲 1816—1872	贡生

1　秀才也分等级。大致说来，庠生或生员指的是普通秀才；国学生或贡生，原本是指因成绩好而选入国子监读书的秀才，后成荣誉称号，不必到国子监；贡生又分为拔贡、恩贡、副贡、岁贡、优贡，这五贡为正途资格出身；通过纳捐取得的贡生称例贡、附贡。《杨家堂宋氏宗谱谱》中关于秀才的不同称呼，未必有如此严格的区分，表格尽量使用了族谱中的原文。

续表

房派	世代	祠堂名	秀才类型[1]
宋宏资家族 19 人	十五世	宋德桐 1763—1812	国学生
	十六世	宋国仁 1781—1832	国学生
		宋国智 1787—1854	国学生
		宋国礼 1786—1844	岁贡生
		宋国俊 1802—1870	国学生
	十七世	宋君豪 1801—1875	国学生
		宋君辅 1807—1852	庠生
	十八世	宋起明 1820—1867	国学生
		宋起聪 1823—1878	国学生
		宋起芳 1823—1884	庠生
		宋起敏 1833—1897	国学生
		宋起英 1836—1883	庠生
宋宏资家族 19 人	十八世	宋起光 1839—?	庠生
		宋起艺 1841—1889	国学生
		宋起周 1846—1926	国学生
	十九世	宋世绪 1843—1916	邑庠生
		宋世忠 1865—?	国学生
		宋世濂 1858—1905	国学生
		宋世云 1883—?	国学生
宋宏堂家族 18 人	十四世	宋宏堂 1735—1822	国学生
	十五世	宋德焕 1791—1851	贡生
	十六世	宋国洪 1814—1862	附贡生
		宋国彦 1820—1852	邑庠生
		宋国刚 1828—1890	国学生
	十七世	宋君楣 1836—1901	贡生
		宋君恩 1843—1914	附贡生
		宋君朝 1844—1916	国学生
		宋君銮 1847—1902	庠生
		宋君庆 1881—?	贡生
		宋君选 1886—1926	庠生
	十八世	宋起杰 1859—1903	国学生
		宋起樵 1865—193?	贡生
		宋起橚 1867—193?	贡生
		宋起钰 1876—1930	国学生
		宋起涛 1880—1940?	国学生

续表

房派	世代	祠堂名	秀才类型[1]
宋宏堂家族 18 人	十九世	宋世桢 1891—1950	俉生
		宋微封 1892—1937	县生员

宋氏族人在继承祖先板业的同时，也越来越多地选择了中医、堪舆或教书的职业。他们积极向文人靠拢，以此提升本人和家族的社会形象。宋氏十四世至二十世，共有 14 人从事医学行业，19 人投身教育事业。[1]（表 4-2）

表 4-2 族谱中记载秀才（及大学生）从事职业统计

职业	从事该职业的人	世代	人数
板商[2]	宋宏堂、宋德焕、宋德永、宋国仁、宋国礼、宋国智、宋君豪、宋君恩、宋君朝、宋君銮	十四至十七世	10
医生	宋德焕、宋国洪、宋君恩、宋君庆、宋起钰、宋起著、宋起光、宋世钦、宋昌雄、宋昌耀、宋昌阳、宋昌业、宋昌存、宋昌礼	十五至二十世	14
教师	宋君楣、宋君朝、宋君恩、宋君选、宋起樵、宋起钧、宋世鎏、宋世淦、宋世坤、宋世臣、宋世靖、宋世庆、宋世蕃、宋世业、宋世建、宋昌辉、宋昌煌、宋昌伟、宋昌中	十七至二十世	19

4.4 克敌有勋

19 世纪 50~60 年代的社会动荡中，地处浙西南山区的松阳县也受到冲击。宋氏家族第十六和十七世的宋国洪、宋国刚、宋君恩等人，因组织民众保卫家园而受朝廷嘉奖，这大大提升了他们在地方社会中的声望。

根据族谱，宋氏十六世和十七世有 7 人获得军功：宋国洪（1814—1862），庠生，"职列六品，功推团练，左巡抚（即左宗棠）特加恩荣，邑县令亲施印饬"（《庠生国洪公传》）；宋国刚（1828—1890），国学生，"御寇有功，巡抚赐以六品荣衔"（《国刚公传》）；宋君贤（1809—1891），"克敌有功，而宠锡有荣"（《君贤名玉麟公传》）；宋君恩（1843—1914），附贡生，"左大人（即左宗棠）授君以八品军功，曾文毅公（即曾国藩）力荐于朝，赠以五品，迭微不起，诸大人复敕邑命"（《君恩公名企祁公孝行叙》）；宋君朝（1844—1916），国学生，宋君恩之弟，"克敌有勋，张院察赐赏六品军功"（《君朝名企璟公传》），"洪杨之乱，公尝输财，奖六品军功，晚年纳粟为国学生"（《先大父国学公家传》）；宋君銮，宋君朝之弟，"当兵燹后，捐资复建括郡考棚，奉上宪奖结九品职员"（《君銮名企京公传》）；宋君刚，《京兆宋氏宗

---

1 秀才兼任医生和教师，在传统社会中比较常见。

2 此处只统计族谱中明确记载为"板业"者。

谱》中无其传记，但卷二《君刚公之遗像》载“御寇于乡，有武有文，军功荣锡，用酬其勋”、卷五记载“左赐八品”。[1, 2]

宋君恩可能是其中最有代表性的人物。宋君恩，宋德焕之孙、宋国彦之长子，又名企祁，号杏庵。族谱 56 篇传记，他一人就独占 5 篇。这 5 篇传记分别是：清同治五年（1866）叶大芳[3]撰写的《君恩公名企祁公传》（图 4-7）、清光绪十一年（1885）叶成圭撰写的《君恩公名企祁公赞》、清光绪二十二年（1896）舒桂芳撰写的《君恩公名企祁公孝行叙》、民国元年（1912）吴春泽撰写的《杏庵先生七秩寿庆》和民国十四年（1925）刘德元撰写的《杏庵公家传》（图 4-8）。这些传记不仅记录了宋君恩的人生轨迹，还反映了不同历史阶段的作者看待人物和时事的不同侧重点。

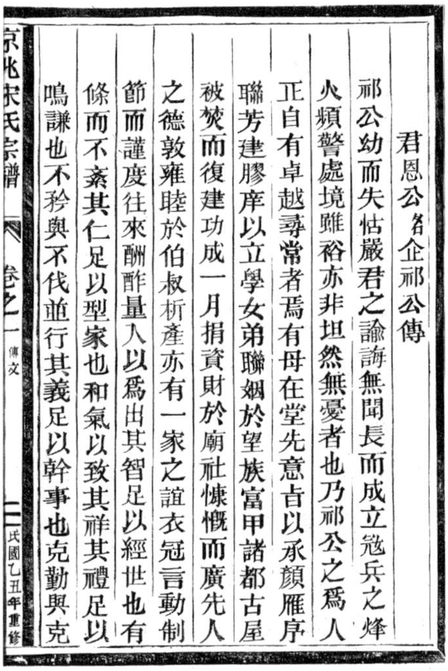
京兆宋氏宗譜 卷之一 傳文 三 民國乙丑年重修

君恩公名企祁公傳

祁公幼而失怙嚴君之諭誨無聞長而成立寇兵之烽火頻警處境雖裕亦非坦然無憂者也乃祁公之爲人正自有卓越尋常者焉有母在堂先意吉以承顏雁序聯芳建膠庠以立學女弟聯姻於望族富甲諸都古屋被焚而復建功成一月捐資財於廟社慷慨而廣先人之德敦雍睦於伯叔析產亦有一家之誼衣冠言動制節而謹度往來酬酢量入以爲出其智足以經世也有條而不紊其仁足以型家也和氣以致其祥其禮足以鳴謙也不矜與不伐並行其義足以幹事也克勤與克

图 4-7 同治五年叶大芳撰写的《君恩公名企祁公传》局部（图片来源：《京兆宋氏宗谱·卷一》）

1 全文见附录。

2 清光绪十一年（1885）周文源《起海名万清先生传》载：“（宋起海）职居五品，名何如之显。”宋起海也可能在清同治五年获得军功，但这条记录说得很模糊，又缺乏其他佐证，故待定。

3 叶大芳（1823—？），字席兰。松阳城西人。廪贡生。历任临安、嘉兴、石门县（今属湖南常德）训导。据：松阳县地方志编纂委员会 . 松阳县志［M］. 北京：方志出版社，2020：3377.

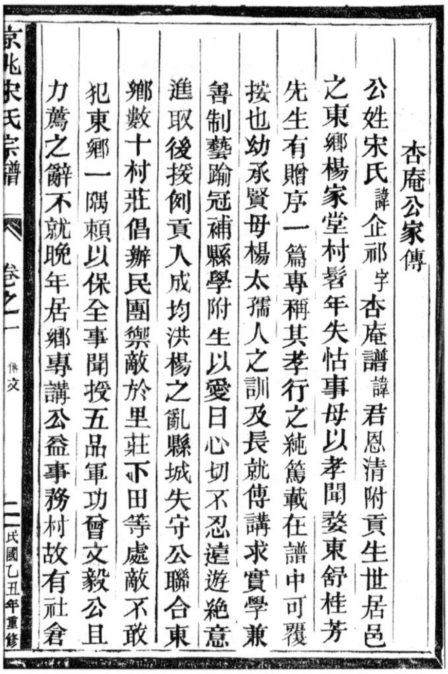
京兆宋氏宗譜　卷之一　傳文　二　民國乙丑年重修

杏庵公家傳

公姓宋氏諱企祁字杏庵譜諱君恩清附貢生世居邑之東鄉楊家堂村髫年失怙事母以孝聞婺東舒桂芳先生有贈序一篇專稱其孝行之純篤載在譜中可覆按也幼承賢母楊太孺人之訓及長就傳講求實學兼善制藝踰冠補縣學附生以愛日心切不忍遠遊絶意進取後援例貢入成均洪楊之亂縣城失守公聯合東鄉數十村莊倡辦民團禦敵於里莊下田等處敵不敢犯東鄉一隅賴以保全事聞授五品軍功會文毅公且力薦之辭不就晚年居鄉專講公益事務村故有社倉

图 4-8　民国十四年刘德元撰写的《杏庵公家传》局部（图片来源：《京兆宋氏宗谱·卷一》）

第一篇传记写于清同治五年（1866），作者叶大芳是石门县学训导。训导是教谕的副官，地位不及教谕，但也明显高于一般秀才。其时宋君恩 23 岁，一个年轻人怎么就能在族谱中立传，而且作者还是一位县学训导呢？叶大芳在文中列举宋君恩的事迹："长而成，立寇兵之烽火频警。处境虽裕，亦非坦然无忧者也。乃祁公之为人正也，大方自有卓越寻常者焉。有母在堂，先意旨以承颜。雁序联芳，建胶庠以立学；女弟联姻于望族，富甲诸都。古屋被焚而复建，功成一月。捐资财于庙社，慷慨而广先人之德。敦雍睦于伯叔，析产亦有一家之谊。"宋君恩是宋国彦（1820—1852）的长子，他 11 岁时父亲去世，14 岁开始"理家政"。从 14 岁到 23 岁的 9 年间，宋君恩为家庭和村庄都做出了不小的贡献。在家里，他孝敬寡母，建私塾供弟弟上学，安排妹妹嫁至富甲一方的望族[1]，是与伯父、叔父分家之后的一家之主。他在村里捐款建社庙，在村庄遭遇"寇兵"时挺身而出，组织民众自保和重建焚毁的房屋。宋君恩完成这些事迹，一方面是他个人能力的体现，另一方面也说明他在思想上继承了曾祖父宋宏堂和祖父

1　宋君恩的妹婿是叶成圭（1854—1923），字封之，号友璋，松阳城北人，县议会第二届议员。叶成圭的祖父叶缵辉（1790—1837），字含玉，号蕴山，家境富裕而品性俭约，凡有公益之举即慷慨捐资，得议叙（清制由保举而任用之官）同知衔，诰授奉直大夫。叶成圭的父亲叶国良（1830—1878），字元善，号少玉，庠生，遵筹饷例授光禄寺署正归部议叙。据：松阳县地方志编纂委员会．松阳县志［M］．北京：方志出版社，2020：3357.

宋德焕的儒家观念。

第二篇传记写于清光绪十一年（1885），作者是宋君恩的妹婿叶成圭（1854—1923）。此时宋君恩41岁，正值壮年。这篇传记除了重复前一篇提到的事迹之外，还提到两件事："芸窗励志兮，早步泮宫""鸿业日新兮，财来滚滚"。前者是指获取秀才身份，后者是指经营板业成功。宋君恩的父亲宋国彦，也是一名秀才。叶成圭在为岳父宋国彦写的传记中，说"大舅"于清同治五年（1866）"雁塔初登"。可见宋君恩是在清同治五年成为秀才。叶大芳写的传记中未提及此事，可能是在撰写之时还未落定。宋君恩的秀才身份，大概率是捐纳的。

宋君恩二弟宋君銮的传记中记载："况予堂上老母年逾服官……遂退处家庭，不复操儒业。时而训子侄，一尊家法；暇则经理内外，与大兄分劳，罔不井井有条。以故怡怡一堂，母兄咸怜爱之。逾数年，兄弟析爨。祖、父遗产颇丰厚，翁勤俭自持，无一毫奢华意态。又接踵先人旧业，仰体祖宗遗绪。"[1] 服官即50岁，宋君恩之母氏杨出生于1822年，她50岁时即1872年。宋君銮出生于1847年，他于母亲50岁、即本人25岁时放弃科举考试，在家中"与大兄分劳"，直至数年后"兄弟析爨"。可见宋君恩作为一家之主的时间，是大约14岁至32岁（即1856—1875）。

根据杨家堂村党支部老书记宋明重回忆，宋国彦是2号院的建造者。宋国彦的传记中没有关于建房的内容。清光绪七年蔡育贤撰写的《宋母杨老孺人六旬寿序》则说："（杨氏在丈夫去世之后）饶有赢余，则柘（拓）田园、广舍宇、乐施济。"由此推测，2号院的实际建造者可能是杨氏和宋君恩母子。较之前代，宋君恩的成就可以说是有所超越的，尽管他的秀才身份并不是考取的。

第三篇传记写于清光绪二十二年（1896），作者是金华人舒桂芳。舒桂芳是岁进士，也就是贡生，跟宋国礼的身份是一样的，但他多了一个"候选训导"的头衔。其时宋君恩55岁，在古时这就算晚年了，所以这篇传记有回顾和总结人生的意味。它也是五篇传记中最长的一篇。和前面两篇传记强调建立军功和参与公共事业不同，这篇传记的重点是歌颂宋君恩的孝行。宋君恩早年丧父，自幼接受母亲杨氏教导，勤奋读书。舒桂芳认为，宋君恩在成为秀才之后不再继续考举人，是因为母亲叮嘱他"毋猎取功名，惟冀优游庭帏，聚顺一堂足矣"。宋君恩不但孝顺母亲，对祖母也是极尽孝心。祖母生病期间，宋君恩"百计调理，求医问卜，药必亲尝"。祖母去世后，母亲哀痛致病，宋君恩"书夜扶持，衣不解带者累月视膳，问寝必

1　清光绪二十二年（1896）蔡储澄撰写的《君銮公传》，全文见附录。

躬必亲，未尝委诸弟及子侄偶代"。为了给母亲治病，宋君恩自学了医术和堪舆术，"力求岐黄术，探青囊，秘不数剂，而母氏获愈"。宋君恩的医术和堪舆术被人所知后，得到很多邀请。对求医者，他"唯母命是从，母诺即为之诊视，道路远近、酬谢有无不计也"。对求卜地者，他"途虽遐必归，恐莫慰母心"。就连咸同年间组织民众自保，也是因为母亲问他"尔能御贼，无使入境吓予否？"母亲于丙申（1896）初夏甫度五日"猝然不赳，无疾而终于内寝"，宋君恩"哭泣呼号，哀毁骨立，其悲戚非言语所能状者"。

为什么舒桂芳要如此铺陈和渲染宋君恩的孝行？一方面，清光绪二十二年（1896）正好是母亲杨氏去世之年，这是宋君恩表达孝心的方式。另一方面，这也可以回避宋君恩科举成绩不高的短板。"出则忠，入则孝"是儒家为君子所定义的行为规范。既然宋君恩没有在科举上取得突破，也就失去了当官尽忠的机会，所以重点写他的孝行，就是突出他的品行并获得社会认可的最佳策略。

第四篇传记写于民国元年（1912），其时宋君恩70虚岁，因此这篇传记的标题是《杏庵先生七秩寿庆》。人生七十古来稀，这篇传记既是祝寿，也是总结人生。作者吴春泽[1]是松阳赤寿乡的文人。寿文说宋君恩"少具歧嶷之相，年十四即能理家政，井井有条。比长，入松庠，有声黉序。后以家务缠身，遂弃举子业"。这里说的"理家政"，其实就是家族板业。宋君恩十四岁就从事板业，而且做得井井有条，可谓少年老成。吴春泽在列举宋君恩的功绩和事迹之余，还强调他"四世同堂，可称福寿双全"，最后总结其一生"为一乡之人望兮，具有大德异能"。这个评价，可以说是相当高的。

第五篇传记写于民国十四年（1925），其时宋君恩已去世11年。这篇传记的作者是刘德元（1873—1930）。作为曾经留学日本的新式学者，刘德元在看待宋君恩的人生和事迹上有着不同于前人的现代视角。他在传记中重点交代了三件事。其一，宋君恩在社会动荡中时如何发挥作用："洪杨之乱，县城失守，公联合东乡数十村庄，倡办民团，御敌于里庄、下田等处。敌不敢犯，东乡一隅，赖以保全，事闻授五品军功。"这比前面几篇只是笼统交代获得朝廷嘉奖，可以说是具体多了。

1　吴春泽（1849—1917），字沛然。松阳赤岸人。少失父母而家贫，幸得叔父栽培成立。以"读书所以明理，穷经所以致用"之旨教学二十年。清光绪三十年（1903），派往日本考察。清光绪三十一年，岁贡生，筹办毓秀高校并任教员，继而任温处学务调查员、县劝学所总董。民国纪元，任参事。不久辞职潜心治学，著有《勤补拙斋集文》及《诗存》。以子吴朝冕贵赠文林郎。据：松阳县地方志编纂委员会.松阳县志［M］.北京：方志出版社，2020：3304.

我们可以清楚地知道,宋君恩在当时是联合了几十个村庄来组织自保。这也是他的影响力超出本村、延至较大范围的一个具体证据。其二,宋君恩晚年如何在家乡办学:"自科举改为学校,所在各姓多以旧日学租而致争。公先将祖遗学租提拨,创办迪德初等小学校一所。管理教授,悉遵部章。知县张公考验成绩,奖给匾额曰'化启文明'。"这是肯定了在地方教育事业从传统转向现代的过程中,宋君恩所起的重要作用。其三,宋君恩去世前为捐资造桥而奔忙:"是时洪水为灾,东乡东田地方旧有石桥一条,为达郡城之要道,遭水冲塌,决议修复,报领账款,搭放公债,公以所领之款相差甚钜,而公债又未能作用,遂将公债缴还公署,而拨助先人遗产以足之。自经始以迄落成,亲往督工,暑雨不辍,积劳成疾,遂以不起。卒于民国三年。"宋君恩出殡之日,"各村居民送葬者,不绝于道;又有岭上人来吊,恸哭不止"。刘德元最后总结:"公一生学问,既不为章句无用之学,又不为义理空疏之谈,其见于设施,皆有实惠以及人。"

跟前面四篇传记偏重德行相比,刘德元写的传记着重于交代事实和为地方所做的实事。这大概体现了清末民初之际的"实业救国"思潮。我们从中也能更客观、更具体地看到宋君恩的事迹和贡献。

宋君恩可能是杨家堂宋氏家族中重要性仅次于宋宏堂的人物。宋宏堂开创了"板商+秀才"的人生模式,同时还由于他本人很长寿,使得他能将这一人生模式"复制"到部分子辈和孙辈身上。开基之功是从无到有的突破,说他是宋氏家族最重要之人,自不为过。宋君恩出生于宋宏堂去世的21年之后,他是宋宏堂的曾孙。古人云:君子之泽,三世而斩。宋宏堂的影响力再大,到第四代也减弱了。就在此时,宋君恩及其同辈得到一次难得的机会。19世纪60年代,宋氏家族有7人因组织民众自保而受朝廷嘉奖,其中宋国洪、宋国刚和宋君贤三人,都比宋君恩年长得多。宋君恩年纪轻轻就建立军功和成为秀才,这一下就确立了他的社会地位,也使他可以在此后很长一段时间享受这两项成就所带来的"红利"。后来经营板业和热心公益所起的作用,其实是让他保持了这种声望和地位。

同受嘉奖的宋君朝,是比宋君恩小一岁的亲弟弟。两人生活的年代非常接近。不过,与宋君恩早早就捐纳秀才不同,宋君朝在年少时就显露出读书的资质,被家族寄予厚望,意图在科举考试上取得佳绩。他在弱冠之年考秀才不成功,之后不愿放弃科举,而是在科举和经商的赛道上"双线作战",几十年疲于奔命而结局终不理想,到晚年才不得已"纳粟为国学生"。尽管也有热心公益的事迹,但宋君朝的声望和地位明显不及哥哥宋君恩。两人的人生道路可以说是形成鲜明对比。

4.5 前后累十试

杨家堂宋氏家族的精英们在"秀才＋板商"的人生道路上，或者是年轻时考中秀才、然后从事板业，又或者是早早放弃科举而投身板业，等退休时再捐纳秀才身份，只有少数人是在经商的同时又坚持参加科举考试的。宋君朝就是其中代表。

宋君朝（1844—1916），宋德焕之孙、宋君恩之弟。他在族谱中有两篇传记，分别是清同治五年（1866）宋士心撰写的《君朝名企璟公传》和民国十四年（1925）宋微封撰写的《先大父国学公家传》。清同治五年，宋君朝22岁，如此年轻就在族谱中立传，一方面说明其家财甚厚，另一方面也体现了他的个人能力。宋士心《君朝名企璟公传》载："其居家闲暇也，不尚呼幺喝六。其下郡赴试也，不入柳巷花村。言貌若愚，守家风于浑朴；襟期远到，图功名于万里。况有寇时，重出资财，克敌有勋，虽张院察锡赏六品军功，犹非其志之所竟也……赞曰：为人正直兮，无私至公。一生勤俭兮，家业兴隆。贸易他乡兮，陶朱之志。经营异地兮，管晏遗风。平日励志兮，诵诗读易。毕世发奋兮，奥义能通。竟获二麟兮，芝兰挺秀。如得一凤兮，桂子成丛。学贯堪舆兮，人所共羡。技传扁鹊兮，和缓同功。处世温厚兮，敬修玉牒。"[1]

22岁之前的宋君朝，一边勤奋读书考科举，一边努力经商求发财。这里说的"贸易他乡"，就是指板业。从他能捐资"克敌"而获得六品军功来看，板业是开展得不错的，尽管这当中也应该有祖父遗产和兄弟合力的功劳。除了读书和经商，宋君朝还懂堪舆和医术，能力可谓多样。他在此时已经育有二子一女[2]，在家庭建设上也可以说是相当成功。（图4-9）

清同治五年的宋君恩、宋君朝兄弟，可谓是杨家堂宋氏家族里冉冉升起的两颗新星。两人只相差一岁，都因少年丧父而较早参与家族板业，而且做得不错，还都因捐资克敌而获得朝廷嘉奖。他们的不同之处在于，宋君恩在这一年就成为秀才（尽管是等级最低的附生），而宋君朝没有成为秀才。这在很大程度上决定了两人未来的命运。如果宋君朝在年轻时也考上或捐纳秀才，然后专心从事板业，再用经营所得，于地方公益事业上有所建树，那么他很可能会跟长兄宋君恩一样，在地方上也享有很高的声望。

1　清同治五年（1866）宋士心《君朝名企璟公传》，全文见附录。

2　族谱中记录宋君朝的长子宋起锟出生于1871年，1866年时的二子一女，应该是后来夭折了。

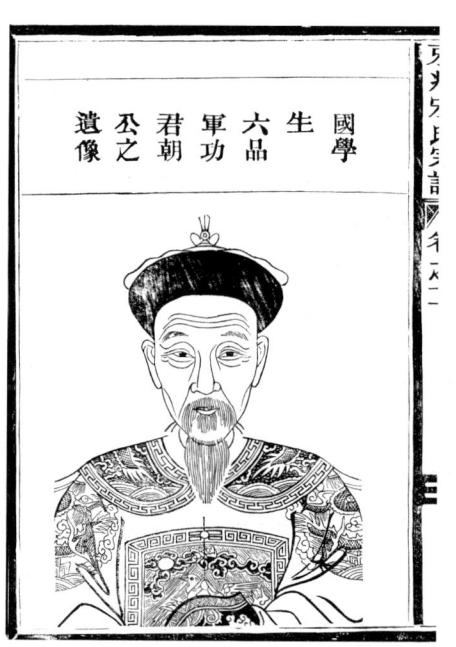

图 4-9　族谱中的宋君朝像（图片来源:《京兆宋氏宗谱·卷二》）

　　年轻的宋君朝为何没有捐纳秀才？一方面，这可能是他们的"家族策略"。清同治五年,宋君恩三兄弟都很年轻(分别是 23 岁、22 岁和 19 岁),寡母也才 40 多岁,此时的他们是一个完整的家庭，可能在经营板业时也作为一个整体来对外打交道。三兄弟之中有一个是秀才，就足以让一家人在村里拥有较高地位和外出经商时保持体面。另一方面，是因为宋君朝本人也有着更高追求，六品军功"非其志之所竟也"。清同治五年的宋君朝，年轻气盛，踌躇满志。此时的他不会想到，这个时间点已经是他的人生巅峰。此后的几十年，他要面对的是充满困难和挫折的漫长下坡路。

　　宋君朝于 1916 年去世，时年 72 岁。9 年之后，宋君朝之孙宋微封为祖父写了一篇传记。这篇传记很难得地记录了宋君朝的人生轨迹和心路历程。

　　宋微封说祖父:"自幼少时，已有长者笃穆之风。入塾读书，程功计日，同学莫及其锐。师器而称之，以为异日必能取功名，荣显其父母也。"然而，被寄予厚望的宋君朝，在弱冠之年却"应童子试不售"。他不甘心就此放弃，于是选择"退而课徒于乡"，希望以此"教学相资，益自刻督"。当了一段时间私塾先生之后，宋君朝"及应试又不售"。这一段的记录跟第一篇传记略有差异。第一篇传记是说宋君朝在 22 岁之前既考读书科举，又经营板业，宋微封写的传记则只说了读书考科举之事。尽管宋微封是直系亲属，但在岁数上毕竟跟祖父隔了半个世纪，所以或许还是作为当时见证者的宋士心的记载更为可信。

宋君朝两次考秀才失利之后，挣钱养家的事得放到首位了，"乃采深山杉木，泛桐江，贾于武林"——去深山采伐有杉木，然后经钱塘江贩卖到杭州（钱塘江流经桐庐县境内一段称为桐江）。不过，宋君朝并没有放弃科举，他"遇岁、科试，提行箧归，则又试焉"。也不知道是他的运气不够好，还是做板商导致分心，总之是"前后累十试，卒不售"。大约到五十岁时，他"懋迁又亏其资，于是困甚"。其后宋君朝又接连遭遇打击，包括转做烟叶亏本和"一子三女之丧"。他就此断了考科举的念想，回到家乡，过上了孝敬老母和安享天伦的生活。宋君朝在科举考试上努力了大半辈子，最终不得不跟祖辈父辈一样，"纳粟为国学生"。

此时的宋君朝，"既抑郁家居，深以连不得志自怼，诚吾父曰：'耕以养亲，读书明理，淑其身是亦足矣。毋浮慕名利之途，困踬怨尤，蹈予辙也。'故吾父昆仲皆耕读依膝下，未尝向衡文[1]者报名姓焉。"宋君朝回顾自己的人生经历，认为考秀才是"浮慕名利之途"。他因此而留下的心理阴影，甚至影响到了下一代。宋君朝有三个儿子，三子夭折，长子宋起锟(1871—1942)和次子宋起钧(1875—1947)都没有参加科举考试。

晚年居家的宋君朝，虽然不让儿子们参加科举考试，但是对孙子宋微封的教育却很上心。在宋君朝60岁时，戏剧性的一幕出现了。清光绪甲辰年（1904），14虚岁的孙子宋微封首次参加科举考试，居然一击即中，"榜发竟补县学生员"。捷报传来，宋君朝笑而曰："文章不可凭，于吾孙见之矣。"自己费尽半生考了十次都未中的秀才，刚过总角之年的孙子居然一次就考中了。宋君朝一边感慨，一边欣慰，"至是，公之志乃少解焉"[2]。

宋微封对祖父的感情也很深。他在传记中回忆："吾四岁丧母，与祖父母同起居，公教吾读书，爱吾甚。稍长，吾游学沪杭。祖母有不忍之色，公则欣然送吾于门。吾卒业归，课徒邑中，与厚谨童稚者游，公闻之而喜，未尝以吾为懦。所望于吾者，固非寻常父母之心也。"宋君朝去世的1916年，宋微封24岁。他在考中秀才之后，又就读于浙江两级师范，毕业后任教于县立毓秀小学、县立松阳初级中学。宋君朝不仅看到孙子考中秀才，还看到他接受现代高等教育，并成长为新时代的教育中坚力量，其欣慰之情可想而知。

1　衡文，释义是品评文章，特指主持科举考试。

2　宋微封的父亲宋起锟(1871—1942)，为宋君朝之长子，族谱记载宋起锟，"半耕半读，尚礼奉孝，文雅善画，设馆育人"。宋氏家族的成员如果在年轻时没考中秀才，就会在50岁左右捐纳一个秀才身份（前提是经营板业成功，有财富基础）。宋起锟50岁时是1921年，科举废除已经十余年，也就不存在捐纳秀才之说了。

4.6 赴战秋闱

杨家堂宋氏家族有 39 名秀才，举人却是一个都没有。没出举人的主要原因应该是秀才们大多要兼顾板业，无法全心全意地投身科举考试。不过，其中还是有少数人是尝试了考举人的，比如宋国礼和宋君楣。

宋国礼，宋宏资之孙。清道光十九年（1839）詹岩在《国礼讳邦彦先生记略》中说考中秀才之后的宋国礼"即补博士弟子员，旋列前茅，食饩入棘闱者数矣"。数次因考试成绩优秀而获得政府补贴，说明宋国礼在科举之途上是有追求的。传记同时还说"先生兼事先人板业"，可见他在一段时期内是考举人和经营板业"双线作战"。然而，考中举人的概率实在太低，更何况宋国礼要把大量时间花在板业上，所以一直未获成功。50 岁时，宋国礼"患喘症不时发，遂无意于功名"。

宋君楣（1836—1901）。宋德焕长子宋国洪（1814—1862）的长子，宋君恩、宋君朝的堂兄。宋君楣在族谱中有两篇传记，分别是清同治五年（1866）城南贡生陈其福撰写的《君楣名企庠公传》和清光绪二十二年（1896）候选训舒桂芳拜撰写的《企庠公行略》。从传记数量和作者身份看，宋君楣在家族中的地位和声望比宋君朝高，但不及宋君恩。

清同治五年《君楣名企庠公传》载："企庠公何如人乎？芹则已馨也，财则已饶也……乃企庠公，朴茂出自性成，温温有恭人之度；冲和不由强致，蔼蔼有吉士之风。"此时宋君楣 30 岁，比宋君恩、宋君朝大几岁，但在立传者之中依然是比较年轻的。之所以能立传，是因为宋君楣此时已经有了秀才的身份，并且家财较厚（父亲宋国洪已于 4 年前去世，他此时是一家之主）。秀才的身份，尽管文中没说是捐纳的还是考来的，但大概率可以判断是捐纳的，否则传记不会不加以强调。家财较厚，可能是因为祖父和父亲留下的遗产，也可能是他本人已经从事板业；从宋君楣是宋德焕的长孙并且此时仍较年轻来看，遗产所起的作用或许更大一些。另外，跟一起在族谱中立传的两个堂弟宋君恩和宋君朝不一样的是，宋君楣没有因军功而受朝廷嘉奖。

宋君楣为什么没有为"克敌"而捐款？财力应该不是主要原因，可能是他认为此事的意义还不够重大。舒桂芳的《企庠公行略》写于宋君楣 60 岁，其中说到："（宋君楣）采芹后即纳入贡班。方期拇战棘闱，簪花上苑，而数奇不售，人咸为公惜。而公处之晏如也。知傥来浮名，不足动公怀。"宋君楣和宋君恩一样，在年纪较轻时就拿到了秀才的身份。但他在此后没有放弃科举，而是继续参加了几次考举人的乡试。从这一点看，尽管秀才的身份是捐纳而来，但他对自己的文化水平有自信，

对乡试也抱有期望。宋君楣可能是认为自己没必要走捐款来获取朝廷嘉奖的途径，而是想通过考举人来获得更高的社会声望。

不过，宋君楣在考举人的事业上并没有持续很长时间。所谓"数奇不售"，就是考了几次都没中。宋君楣在30岁之前就已经是秀才，假设他参加了三四次乡试，时间跨度大约是10年。考举人不成功，别人都为他感到可惜，他自己却"处之晏如也"。也就是说，对于考举人，他在内心已经放下了。此时的宋君楣，也才40岁左右。

长子长孙的身份和较高的文化水平，是宋君楣在家族中有地位和声望的两个原因。此外还有一个原因，就是子孙比较多。舒桂芳于壬辰（1892）春到访杨家堂并看到宋君楣建造的新宅时，56岁的宋君楣已有三子四孙。族谱中记录，宋君楣最终有8个孙子。传统社会有"多子多福"的观念，在这一点上宋君楣确实让族人羡慕。

宋君楣的堂弟宋君恩，族谱记载他也曾有过考举人的打算。清光绪二十二年（1896）舒桂芳《君恩公名企祁公孝行叙》载："（宋君恩之母）杨太孺人丸熊教读[1]，画荻示书[2]。君力求圣贤学，弱冠补博士弟子员。秋闱将有志赴战。杨太孺人曰：'予教尔读书，学圣贤正心修身之学，毋糟粕，毋习俗，毋猎取功名，惟冀优游庭帏，聚顺一堂足矣，胡远游劳予倚门倚闾为？'君遵训，决意不复进取。"舒桂芳说宋君恩之所以放弃考举人，是因为母命难违。这应该是美饰之辞。

4.7　耕读传家

儒家提倡"耕读传家"，认为耕种和读书是家庭教育的两个重要方面。耕种可安身立命，读书则修身养性。以耕养读、以读馈耕、耕读一体的生产生活方式，在儒家看来是一种理想的生活状态。杨家堂宋氏宗族的精英们尽管以贩卖木材为主业，但是在捐纳秀才身份之后，也都积极倡导和践行"耕读"的家风。

宋宏堂年少时，"幼失怙（祜），与兄奉母太孺人同居；虽家徒四壁，而太孺人茹苦矢志，训公昆仲，日耕夜读"［清道光十九年（1839）汤景和《宏堂公讳如

1　典故出自《新唐书·柳仲郢传》，展现古代贤母教子的智慧。柳仲郢是唐代的一位官员，他自幼好学，但时常因为劳累而打瞌睡。母亲韩氏用熊胆制成药丸，让他在读书时困倦时咀嚼。熊胆的苦味可驱赶睡意，使柳仲郢头脑清醒，继续苦读。

2　展现古代贤母教子的典故。欧阳修因父亲早逝，与寡母郑氏相依为命。由于家境贫寒，买不起纸笔，郑氏想出了用荻秆在沙地上教欧阳修读书写字的办法。在郑氏的悉心教导下，欧阳修从小便展现出了过人的聪颖和勤奋，最终成为了北宋文坛的宗师。

川号永起传〕。母亲的教诲，应该对少年时期宋宏堂的价值观塑造起到了重要作用。这是他在经营板业而发家之后，决定捐纳秀才并以儒家理念指导宗族建设的思想基础。

宋国刚之妻叶氏，也是一位善于教育后代的好母亲。1902 年，后辈们在庆祝叶氏八十寿辰的文章中说："(叶氏) 提携抚养，竭尽劬劳；教育栽培，备尝辛苦；机织余闲，篝灯课读。"[1] 夜幕下母亲点着油灯，在织布之余督促少年郎读书，这真是既温馨又感人的画面。

十七世宋君朝在晚年时，因连续十次考秀才失利而"抑郁家居"。他告诫儿子："耕以养亲，读书明理，淑其身是亦足矣。"儿子们果然"皆耕读依膝下，未尝向衡文者报名姓焉"。[2] 宋君朝不让儿子参加科举考试，不过依然要求他们坚持"耕读"。

"守耕读之家风，桑藤与诗书并课；养勤俭之素志，骄侈与惰慢兼除。"这是出现在清同治五年詹伟撰写的《起英公传》中的话语。宋起英（1836—1883），宋君辅（1807—1852）之次子。清道光十九年（1839）宋氏编修族谱时，年仅 32 岁的宋君辅就成为主编。宋君辅本人是秀才，他的两个儿子（长子宋起敏，1833—1897；次子宋起英 1836—1883）也都是秀才，而且三人在族谱中都留有传记。宋起敏的传记中，也有"令子勤耕作，精技艺，兰芳待占"[3] 的记载。"耕读传家"用在宋君辅父子身上，可谓再合适不过。

宋起艺（1841—1889），号俊生，清光绪十一年（1885）宋氏编修族谱的主编之一，他自己在此次编修族谱中也留有两篇传记。其中周文源《起艺先生记略》载："(宋起艺) 勤耕读，习技艺，更知内助之得人，教子之有方也。"叶庭槐《俊生公赞》则说："适有俊生公者，同商谱务，每日辄把晤一堂。见其人，身虽纳粟成均，心却精通书史……即如予与公共事谱牒十有五次，合而分，分而合，一无猜嫌。"这里交代了两件事，一是宋起艺的秀才身份是捐纳得来的，二是叶庭槐和宋起艺两人曾经合作编修族谱多达 15 次。叶庭槐甚至在传记里用诗赋把历次合作编修族谱的地点全部列举了一遍，包括淡竹、浪树（榔树）、陈后山、岱峰、陈巷、上田、酉田、净居（靖居）、后湾、紫草、桐溪、程村、上庄、南洲和杨家堂。说这两位是"职业修谱人"，应该不为过。宋起艺生有五子，其中三子宋世忠（1865—?）也是秀才（应该也是捐纳的）。这是周文源在其传记中特意强调"内助之得人，教子之有方"的原因。

1　清光绪二十八年叶嘉勋撰《恭祝皇清例赠孺人晋赠安人宋母叶老安人八旬寿序》。

2　民国十四年（1925）宋微封撰《先大父国学公家传》。

3　清光绪十一年（1885）周文源撰《起敏公传》。

宋起文，宋国礼之长孙。清光绪十一年（1885）蔡育贤撰《起文仁兄传》载："若起文兄者，可谓精于其业矣。戴笠于青畴，荷锄于缘野。望杏而开田，瞻蒲而负耒。沾体涂足，日炙雨淋，不辞心志之劳苦也。"[1] 宋起文早年可能从事板业。清光绪十一年编修族谱时，他是53岁，已经退居家乡，并且已经为三个儿子都娶了媳妇。蔡育贤写宋起文，真实地展现了一个艰苦劳作的农夫形象，同时也不失浪漫地描绘了田园风光。

4.8 心慕陶谢

杨家堂的秀才和板商们除了践行"入世"的儒家价值观之外，在个人生活和情怀上也有着"出世"的一面。

宋起樵，是其中有代表性的一个人物（图4-10）。宋起樵是宋君楣的次子，出生于1865年，去世于20世纪30年代。宋起樵年轻时就展露才华。清光绪二十二年（1896）蔡世澄撰写的《起樵公传》说："（宋起樵）赋性聪明，力学不倦，真可谓敏而好学者。以故士林咸器重之，宜其青年得志，一举而鹏飞万里。不意中有定数，每赴战者不获售。"舒桂芳在撰写于同年的《蔚然君箴表》则形容宋起樵："魁伟其品，颖敏其姿，束发授书[2]，过目成诵；甫弱冠，为文顷刻千言，倚马可待；与谈当世事务，孰得孰失，了如指掌，人皆以大器期之。"

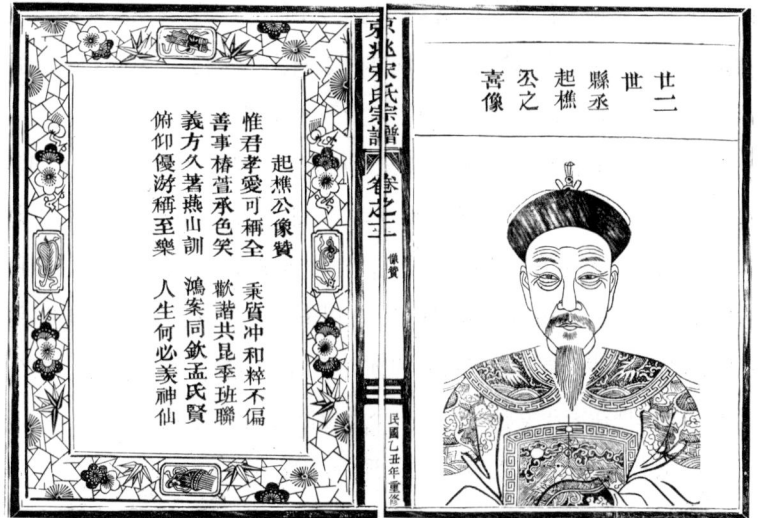

图 4-10 族谱中的宋起樵像和像赞（图片来源：《京兆宋氏宗谱·卷二》）

---

1 清光绪十一年（1885）蔡育贤撰《起文仁兄传》，全文见附录。

2 "束发"指的是将头发扎成发髻，表示成年；"受书"是指接受教育。

宋起樵考秀才的运气不佳，在壮年[1]时"忽弃举子业而放浪于名山大川，探奇选胜，凡一丘一壑之足以供人玩赏者，无不踪迹焉"。舒桂芳对宋起樵的选择深感可惜，于是"箴以励之"。宋起樵反驳道："如谓不宜访幽，岂不闻康乐任永嘉，犹探石门之胜？迄今名人骚客过其地者，往往寻访旧迹，留连不置。如云轻弃举业，岂不知五柳先生乎？胡为而赋归来？胡为而记桃源？予虽不及陶谢二公，然窃有志而未逮，效颦惟恐不似耳。"

宋起樵列举了谢灵运和陶渊明这两位在中国文学史上开宗立派的著名人物，来为自己"放浪于名山大川"的行为辩护。谢灵运开创山水诗，陶渊明开创田园诗，他们都对后世文学产生了深远影响。中国文人大都有入世之抱负，但是入世这事可不由自己说了算。有科举之前靠察举和出身，有科举之后靠考试。好不容易通过察举或考试，被选进了官僚队伍，也时刻面临升迁困难和贬官流放的命运。面对无常，文人和官员们亟须在心灵上寻找出路。谢灵运开创的寄情山水和陶渊明开创的归隐田园，不但是无数失意文人的心灵寄托，也是很多在任官员的精神慰藉。

宋起樵的观点还不止于寄情山水和归隐田园这样的个人情怀，他继续反驳："若谓负其所学，则仆窃有说焉。竭力庭帏以事二亲，人子之职莫大乎是。况乎昆仲情深，荆花愿其益茂；子侄年幼，兰桂虑其不芳。洩洩融融无非事者，岂必远父母，离兄弟，别妻子，逐逐于名场，屈节于当路，卜一时之显赫，始为不负所学哉？"[2]孝顺父母、团结兄弟、照顾子侄，本是儒家认为士人所应当承担的家庭责任，但是在宋起樵看来，这些是人生幸福的本质，而非压在身上的重担。经过这么一番"论证"，连舒桂芳也被说服了，感叹宋起樵"尤为予所深慕者"。

从蔡世澄和舒桂芳的描述看，宋起樵在清光绪二十二年（1896）时还不是秀才。1924年，宋起樵60虚岁，潘萃湘为其撰写的《恭祝蔚然宋老先生六旬寿文》则说："先生贡生……清宣统间，热心公益，创立迪德学校。民国肇始，乡民信仰，被选本区乡董。"清廷于1905年取消科举，所以宋起樵应该是在1900年前后捐纳了秀才。清宣统年间，他和堂叔宋君恩共同创立了迪德学堂。民国初年，他又被选为乡董。可见，宋起樵在宋氏家族中也是一个地位比较高的人物。

族谱传记中有类似表现的，还有宋国礼（1786—1844）、宋国智（1787—1854）、宋起文（1832—1900）、宋起杰（1859—1903）等人。

---

1 这篇传记写于1896年，即使以当年计，宋起樵也不过31岁，可见宋起樵放弃科举是在相当年轻的时候。

2 全文见附录。

宋国礼于弱冠之年成为杨家堂历史上第一个通过考试成为秀才的人,此后他一边考举人,一边"兼事板业",直至五十岁时"患喘症不时发,遂无意于功名"。宋国礼58岁去世,他在家乡过了8年的恬静生活。詹岩在传记中描述其退休生活:"今先生训子孙之余,优游岩壑,匾'不染尘'之额于静室,悠然独酌,又素善音律,抚弦一弄,邈焉有出世之想。人苦不知足,若先生者非所谓维摩居士之流亚欤?"[1]詹岩将宋国礼比作著名的佛教居士维摩诘。维摩诘在中国历史上有名,一大原因是因为王维。王维字摩诘,取摩诘为字,据说是因为王维的母亲是维摩诘菩萨的信徒,她在怀王维时曾梦见维摩诘来到身边,为其送子祝福,于是为儿子取名维,字摩诘。王维的诗歌风格清新淡远、自然脱俗,正是承接了陶谢之风。

宋国智,宋宏资之孙,年轻时因"禀姿殊众,慧智出群,不假沉吟,过目成诵"而被寄予厚望。族人认为他"采芹泮水,攀桂棘闱,俱非所难"。不过,可能是因为父亲去世较早[2],宋国智早早就放弃了科举而投身板业。他在板业上"廓大规模,恢宏绪业",可谓相当成功。发财之后的宋国智,"田园广进,堂构增新",不但买了很多田地,还建了新房。早年一起上学、后来成为秀才的同学蔡大全,于清道光十九年(1839)为宋国智撰写了传记,其中说到:"乃君不屑屑于功名之路,常以清晏自娱,或幽闲而提弄丝竹,或乘兴而垂钓江潭,潇洒出尘,固已加人一等。"这活脱脱是一幅隐士的画像。

宋起杰,宋君楣之长子。清光绪二十二年(1896)宋氏宗族编修族谱时,宋起杰只有37岁,但他一人已有两篇传记在其中。两篇传记,一篇出自舒桂芳之手,另一篇作者是宋起杰的叔叔宋君朝(字从云)。从传记看,宋起杰在宗族事务上并无太多建树,他之所以能一人独占两篇,一方面是因为他有着秀才身份,另一方面应该是他在宋德焕一支中扮演着长子长孙的角色[3]。舒桂芳在《起杰名绍周公行状》中形容宋起杰:"乐易近情,和光可挹,而兴之所之,迥不犹人。或酌酒诗赋,或弹琴歌曲,或莳花种竹,或邀友下棋;或钓清泉,枕流漱石;或啸岩巅,山鸣谷应。惟意所适。至于造奇制巧,殆有似于扬子云之入人意中出而入意表者。"这也是一幅隐士的画像。

---

1 全文见附录。

2 宋国智的父亲宋德盛(1753—1797),在宋国智10岁时去世。

3 宋德焕的长子是宋国洪(1814—1862),宋国洪的长子是宋君楣(1836—1901)。宋国洪的传记是清同治五年由松阳儒学正堂(即教谕)印均写的《庠生国洪讳凤飞公传》,他应该也是宗族领袖。君字辈成就最高的人是宋君恩(1843—1914),比宋君楣小7岁。宋君楣虽然成就不及宋君恩,但作为长子长孙,地位也比较高,他在族谱中有两篇传记。

4 号院民居的明间有三副楹联，也能体现杨家堂文人的生活情趣。檐柱楹联："天地有情容我老，山川无语笑人忙。"上联表达了作者对自然宇宙的敬仰之情，认为天地万物皆有情感，能够宽容接纳人的老去，流露出一种超脱世俗、顺应自然的人生态度。下联则是以山川的静默反衬人类的忙碌，暗含了对世人过于追逐名利、忽视自然之美的讽刺，同时也带有一种淡泊名利、笑看人生的豁达情怀。

内柱楹联一："人生未许全无事，世态何须定认真。"楹联反映了作者对人生和世态的理性认识。上联指出人生在世总会有责任和挑战，不可能完全无所事事，体现了积极面对生活的态度。下联则是对世态炎凉的淡然处之，认为不必对世间的种种不公和虚伪过于较真，表现了一种超脱和宽容。

内楹联二："欲知世味须尝胆，要识人情但看花。"楹联以生动的比喻揭示了体验生活和理解人性的深刻道理。上联用"尝胆"这一典故，暗示了只有经历过艰难困苦，才能真正品味到人生的酸甜苦辣，体现了对坚韧不拔精神的推崇。下联则是以花为喻，认为观察花开花落、欣赏花的美丽与凋零，就能领悟到人情的冷暖与世态的炎凉，表现了一种细腻入微的生活感悟和人生智慧。

这三副楹联不仅是杨家堂文人生活情趣的体现，更是他们人生哲理和智慧的结晶。它们以精练的文字和生动的比喻，表达了作者对自然、人生和社会的独到见解和深刻感悟，不仅具有装饰作用，更富有教育意义。

杨家堂宋氏家族以"秀才村"闻名，其科举历程既是清代乡村社会阶层流动的缩影，也是传统宗族文化智慧的集中体现。从捐纳功名到耕读传家，从军功护乡到隐逸情怀，宋氏族人以科举为纽带，构建了独特的家族身份与社会影响力，其经验为理解传统乡村社会的文化逻辑提供了鲜活范本。杨家堂秀才群体的特点可以概括为以下三方面：

其一，宋氏家族的精英们深谙"修身齐家"之道。无论是宋宏堂"日耕夜读"的早年岁月，还是宋国礼"匾额静室，抚琴弄弦"的晚年生活，个人修养始终是立身之本。他们虽以板业致富，却未沉溺于财富积累，而是通过"捐纳国学"与"弱冠应试"并行的策略，通过经济实力弥补科举功名的不足，又以文化符号维系家族声望，由此融入士绅阶层，并践行儒家价值观。宋君恩自学医术、堪舆，宋起樵寄情山水、效仿陶谢，更展现了个人追求的多样性——既有入世的责任，亦有出世的超然。这种对精神境界的追求，不仅为家族赢得了社会声望，也为后世树立了"文以载道"的榜样。

其二，家族责任是宋氏兴盛的核心动力。宋宏堂致富后捐国学、建宗祠，为

后代开辟了"板商＋秀才"的双重路径。族谱中"延师设教""机织课读"等记载，体现了家庭教育的重要性。从宋国礼"弱冠入棘闱"到宋微封"少年折桂"，每一代人的努力都非孤立，而是家族接力中的一环。这种对家族荣誉的执着，既是对祖先的告慰，亦是对家庭责任的坚守。

其三，宋氏家族的精英们也有着超越血缘与地域的社会担当。宋宏堂修桥铺路、周济邻里，宋君恩创办新学、重修石桥，皆以儒家"仁者爱人"为准则。秀才群体不仅以功名光耀门楣，更以公益事业回馈乡土，使杨家堂从"寥寥数室"发展为"弦诵繁盛之区"。尤其在动荡年代，宋国洪、宋君恩等组织民团御敌，以财力与智慧护一方安宁，更凸显了"家国同构"的使命感。军功与科举功名的叠加，不仅巩固了家族地位，也使得宋氏精英成为地方秩序的守护者。这种担当既是儒家"修齐治平"理想的实践，亦为地方社会的稳定与发展注入了持久动力。宋君恩晚年捐资办学、修桥，将儒家"士绅责任"转化为现代公益实践，体现了部分科举精英在时代剧变中的调适能力。

杨家堂宋氏家族的兴衰，映射了传统社会向现代转型的复杂历程。科举的终结虽使"秀才村"的光环渐褪，但"耕读传家"的精神却以新的形式延续。宋君恩创办新式学堂，宋微封投身现代教育，皆是这一文化基因的嬗变。那些镌刻在民居楹联中的哲思——"山川无语笑人忙""世态何须定认真"，至今诉说着宋氏文人对生命与自然的深刻体悟。

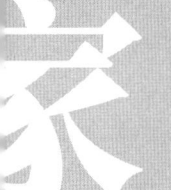

第 5 章

大学生

清光绪三十一年（1905）废除科举之后，杨家堂宋氏家族的科举事业以另一种形式得以延续。从清末至1949年中华人民共和国成立，杨家堂一共考出38名大学生。杨家堂的大学生多数学习师范和医学，他们在毕业之后也成为各自领域的专才。（表5-1）

表5-1 杨家堂宋氏清末至民国时期大学生统计：合计38人

房派	世代	祠堂名	大学生类型
宋宏资家族2人	十九世	宋世豪 1886—1918	师范（浙江十一师范讲习所）
	二十世	宋昌儒 1895—1918	未知
宋宏堂家族28人	十八世	宋起黄 1909—？	师范（浙江十一师范讲习所）
		宋起著 1915—？	医学
	十九世	宋世庆（宋微封）1892—1937	师范（浙江两级师范）
		宋世鎏[1]	师范（浙江十一师范讲习所）
		宋世淦 1904—？	师范（浙江十一师范讲习所）
		宋世坤 1910—？	师范（浙江两级师范）
		宋世惠 1889—？	体育
		宋世臣 1892—？	师范（浙江十一师范讲习所）
		宋世靖 1901—1958	师范（浙江十一师范讲习所）
		宋世善 1891—1936	法律（私立浙江法政专门学校）
		宋世钦 1894—1979	医学（浙江十一师范讲习所）
		宋世蕃 1894—？	师范（浙江十一师范讲习所）
		宋世祥 1903—1993	师范
		宋世业 1901—？	师范（浙江十一师范讲习所）
	二十世	宋昌雄 1911—2001	医学（浙江省立医药专科学校）
		宋昌飏 1912—？	未知
		宋昌耀 1918—1979	医学（国防医学院）
		宋昌亮 1919—？	未知
		宋昌黎 1922—？	大学生（南京中央大学—机械）
		宋昌几 1922—1956	大学生（浙江大学—化学）
		宋昌阳 1922—？	医学
		宋昌恩 1923—？	未知
		宋昌存 1925—？	医学（浙江省立医学院）
		宋昌辉 1926—？	师范（浙江省立湘湖师范学校）
		宋昌煌 1928—？	师范（浙江省立湘湖师范学校）
		宋昌伟 1929—？	师范（省立杭州师范学校）

---

1 族谱无生卒年记录。

续表

房派	世代	祠堂名	大学生类型
		宋昌业 1930—？	医学
		宋昌中 1930—2004	外语（浙江大学）
		宋若琼（女，1920—？）	师范（江苏省镇江师范学校）
		宋淑持（女，1920—2010）	师范（浙江大学教育系）
宋宏堂家族 28 人	二十世	宋松荪（女，1921—1980）	师范（浙江省立湘湖师范学校）
		宋云汉（女，1921—？）	医学（上海私立高级助产学校）
		宋菊梅（女，1922—1980）	医学（浙江省立杭州医院护士班）
		宋可荪（女，1923—？）	音乐（福建音专）
		宋云玑（女，1924—1960）	医学（浙江省立高级医事职业学校）
		宋又荪（女，1926—？）	师范（松阳师范专科学校）

5.1 考上大学

清末至民国时期的大学生，在全国总人口中的占比极低。1931 年中国大学生只有 4.4 万余人，占全国总人口的比重不及万分之一；抗战胜利时的 1945 年，这一数字增加到 80646 人，依然属于凤毛麟角。[1] 考虑到清代的秀才还可以通过捐纳的方式获得，而民国时期的大学生则主要凭真本事考取，所以杨家堂的这一成绩相当难得。杨家堂村之所以能考出这么多大学生，一方面是因为宋氏从宋宏堂这一代人开始，就树立了重视读书的家族传统，这让宋氏族拥有较高的文化水平；另一方面是科举废除之后，中国各地尤其是东南沿海城市陆续建起了新式的大学。松阳距离杭州、上海、温州等沿海城市不远，可以比较容易地获取学校招生、教育方面的信息，这就让当时的杨家堂读书人拥有了更好的上升机会。

宋微封一家，可谓是杨家堂大学生的代表。宋微封本人于 13 岁时（1904）就考中秀才。1905 年废除科举，使得宋微封不能继续走科举之路。不过，宋微封"稍长"即"游学沪杭"（就读于浙江两级师范）。毕业后他回到松阳县，先后任教于县立毓秀小学、县立松阳初级中学，并在民国二十二年（1933）、民国二十五年（1936）两次出任县立初级中学校长。[2]

宋微封的三个儿子和一个女儿也都考上了大学。老大宋昌几（1922—1956），

---

1 刘巍 . 走出神话：民国时期高等教育成就的历史审视［J］. 安徽史学，2022(5)，89-97.

2 松阳县志编纂委员会 . 松阳县志［M］. 杭州：浙江人民出版社，1996：589.

1945 毕业于浙江大学，1948 年考入浙江大学化学工程研究所攻读硕士，毕业后在中国铁道科学研究院从事改良铁路用水水质研究；老二宋昌存（1925—2010），1950 年毕业于浙江省立医学院，成为浙江省医学科学院研究员，曾任世界卫生组织（WHO）蠕虫病研究合作中心主任、浙江省医学科学院寄生虫病研究所所长、浙江省预防医学会副会长等职，长期从事医学寄生虫学科研、教学工作；老三宋昌中（1930—2004），1949 年考入浙江大学文学院外语系英语专业，次年又考入北京大学俄语系，毕业后任教于北京大学、吉林大学；女儿宋淑持（1920—2010），毕业于浙江大学教育系，曾任上海市教育局小学数学科教研员、普教视导员，上海教育出版社编辑、副编审，参加编写、编辑上海小学数学课本教材和数学教学参考书。[1] 宋氏兄妹也没有忘记家乡，宋昌存曾于 21 世纪初回到杨家堂村，重新整理了宋氏族谱。

杨家堂民国时期的大学生还包括：宋昌飏（1912—?），字易风，浙江测量学校毕业后，就职于浙江省民政厅测量队、福建省政府训练团地政训练班以及地政局测量队，抗战期间任财政部福建省水吉、建阳、浦城等县田赋粮食管理处科长；宋昌黎，1948 年毕业于南京中央大学工学院机械，1949 年后参加东北工业建设，就职于航空 122 厂，历任技术员，科长，总工艺师等职；宋昌辉，浙江省立湘湖乡村师范学校毕业，其后一直从事教育工作，曾任杭州市教委教研室教研员、中学高级教师、浙江省义务教育小学语文教材编委。[2]

十九世的宋世建，尽管不是在民国时期考上大学，但也值得在此记上一笔。宋世建又名宋世战，出生于 1939 年，于 1956 年考上清华大学工程物理系，20 世纪 60 年代研究生毕业之后在兰州大学现代物理系任教，曾任系主任。

特别值得关注的是女大学生。在民国时期女性高等教育发展的背景下，杨家堂宋氏有不少女生考上了专科学校。38 名清末至民国时期的大学生中，有 8 人是女性，占比达到 21.1%。有研究指出，民国时期女生在所有高校中的比例，抗日战争前在 10% 左右，抗日战争爆发后是将近 20%。[3] 杨家堂民国时期的女大学生大都是在 1940 年之后考上的，从占比上看略高于全国平均值，可见杨家堂人对于妇女接受高等教育持较为积极的态度。

---

1 松阳县志编纂委员会 . 松阳县志［M］. 杭州：浙江人民出版社，1996：590.

2 松阳县地方志编纂委员会 . 松阳县志［M］. 北京：方志出版社，2020：3342，3420.
2006 年杨家堂《宋氏宗谱》。

3 梁晨，李中清 . 社会转型与中国近代女大学生的教育样态［J］. 中国社会科学，2024(6)：162-183.

经过良好教育的女大学生们，在为社会做贡献的同时也成功提升了自身地位。民国女性高等教育以师范和医护为主，杨家堂的女大学生也多投身于教育和医学行业。

5.2 成为医生

宋氏家族积极参与科举，虽然大多未真正通过考试，而是以捐资获得秀才身份，但他们在职业上也积极向文人靠拢，很多选择学习医理或堪舆。清代宋氏家族共39人成为秀才，清末至民国时期38人考入大学。这些秀才和大学生之中，有17人从医，23人参与或投身教育事业。

从十五世宋德焕开始，宋氏家族很多成员是一边继承板业，一边担任村里的医生或教师。宋宏堂独子宋德焕是杨家堂第一位中医。他继承父亲的板业，同时学习医理和堪舆，成为"精通医理，乐善好施，四方施药"的好医生。清道光午未两岁（1834—1835），松阳县疫痢流行，宋德焕"熟岐黄之论，得扁鹊之能，凡延请者无不应手而愈"。[1]

宋德焕的子孙如宋国洪、宋君恩、宋起钰等人，都是医生。宋国洪（1814—1862），宋德焕的长子，也是一名秀才。《京兆宋氏宗谱》卷五记载："（宋国洪）通岐黄之术。性仁厚。家有晒台，每晨登眺，见村人未举火者，辄饮给之。如有疾病，则兼为医治，施以药剂。有怠惰者，必勉励之。"这里说的晒台，就是后来被改成了"中医楼"的地方。据村民叙述，中医楼即朝外两侧装了玻璃的楼房，这是当时杨家堂村唯一有玻璃的房间。中医楼在1949年之后不再是医师看诊的场所，后成堆放杂物的地方，20世纪60年代因房屋状况较差而拆除。（图5-1、图5-2）

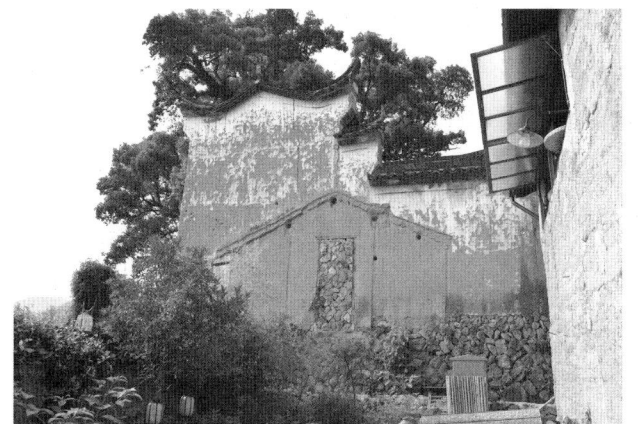

图5-1 中医楼留下的痕迹

---

1 宋京撰写的《德焕先生记略》，全文见附录。

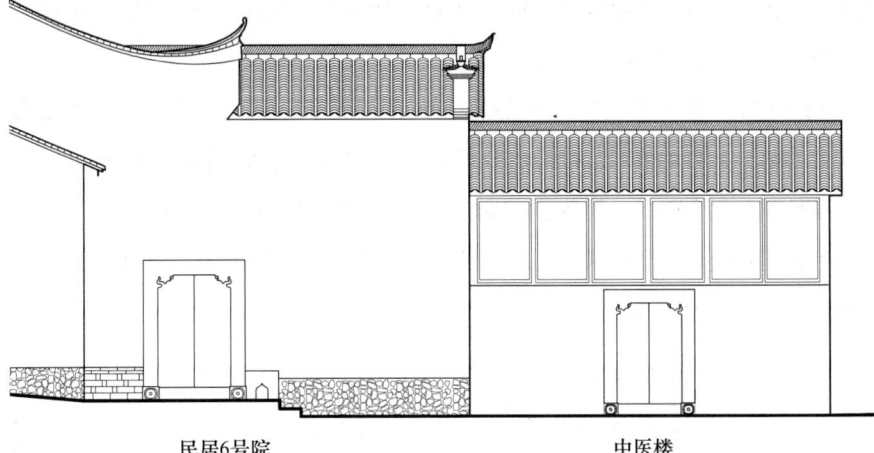

民居6号院   中医楼

图 5-2　中医楼立面复原图（图片来源：清华乡土组提供）

　　族谱中对板商的记述较少，却不吝篇幅地记录了杨家堂的行医事迹。在传统社会，商人的社会地位较低，医生则有很高的社会声望，宋德焕在经营板业的同时兼作医生和堪舆师，显示出杨家堂人希望由商从儒、提升社会地位的期望。

　　杨家堂的中医业代代延续，颇为兴盛。宋德焕的后代共有 18 人成为医生（及护士）。宋国洪、宋君恩、宋君庆、宋起钰、宋起著以及宋起光等人，都曾在杨家堂从事中医行业。民国版《松阳县志·卷九》记载的清代松阳名医，包括杨家堂十六世宋国洪和十七世宋君恩。到民国时期，宋世钦、宋昌雄、宋昌耀、宋昌阳、宋昌业、宋昌存、宋昌礼、宋明義及宋康等人考入大学学习医学。

　　宋世钦（1894—1979），又名思暄、仲敏，是民国时期的医师。据 1996 版《松阳县志》记载，宋世钦又名宋思暄、宋仲敏，在清宣统元年（1909）考入浙江十一师范，民国二年（1913）毕业，而后投身于医学行业的学习，民国八年毕业于浙江公立医药专门学校医科。毕业后的宋世钦，曾在杭州担任浙江病院助理医师、浙江防疫站医师。1922 年，宋世钦回松阳开设"松阳医院"。北伐战争时，宋世钦任国民革命军某部军医。1928 年，结束军医生涯的宋世钦回县开"思暄"诊所。1931 年，宋世钦重新担任军职，先后任少校军医、中校视察、后方医院院长。1946 年，宋世钦退役前往上海，继续行医。1949 年后，宋世钦第三次回到松阳县城开设诊所（即仲敏诊所）。[1]

　　选择医学专业的大学生中，有 3 人是女生。宋菊梅（1922—1980），1950 年毕业于浙江省立杭州医院护士班。宋云汉（1921—?），1948 年毕业于上海私立高

――――――――――

1　松阳县志编纂委员会. 松阳县志［M］. 杭州：浙江人民出版社，1996：601.

级助产学校。宋云玑（1924—1960），1944 年毕业于浙江省立高级医事职业学校，历任重庆西南军区总医院护士、护士长。

　　杨家堂的中医人数众多，与松阳发达的医药业密切相关。中医在松阳是重要的职业群体，社会地位高。松阳也出产丰富的中医药材。松阳端午茶是由山上出产的各种草药组合而成，因端午时期药材旺盛，家家户户都采草药调配，因而称为端午茶。在松阳，目不识丁之人也识得几味草药，中草药已经成为松阳人日常生活的一部分。（图 5-3）

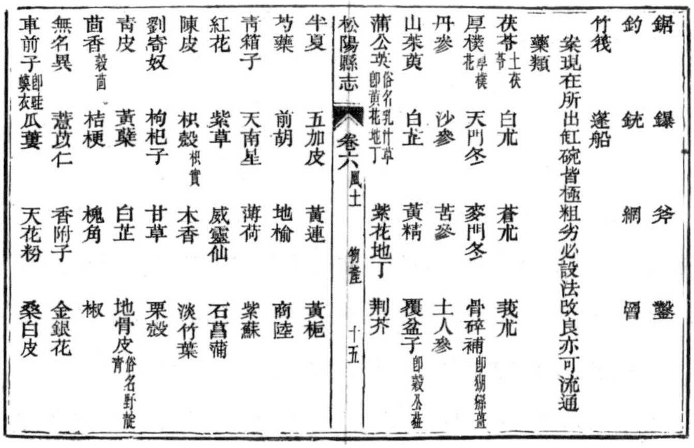

图 5-3　光绪版县志中记载的药材（图片来源：民国版《松阳县志·卷六》）

　　松阳丰富的中草药物产甚至吸引了婺州（今金华市）、睦州（今建德市）等地药商来做生意。清嘉庆十六年（1811），药皇宫建造于松阳县城西侧，紧挨兰溪商人的会馆汤兰公所。药皇宫坐北朝南，共有三进两廊，门厅、前殿以及后殿，其中第一进院落设戏台。睦州药商在松阳建造了一座规模宏大、装饰精美的药皇宫，这体现了松阳曾经繁荣的医药业。（图 5-4）

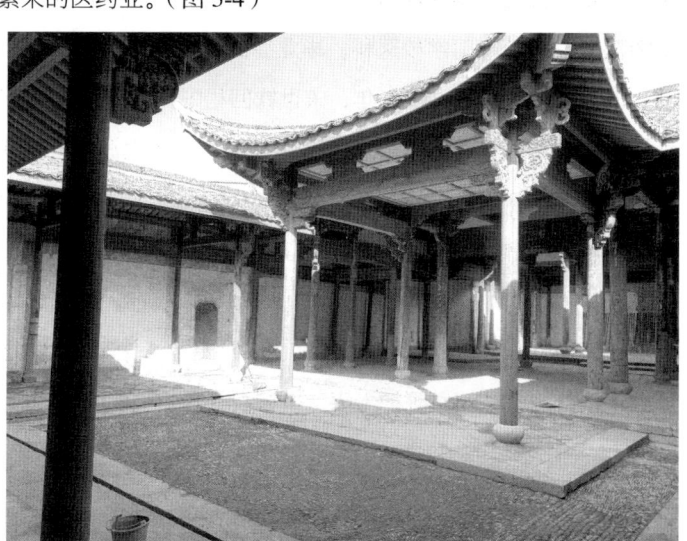

图 5-4　松阳药皇宫

5.3 成为教师

杨家堂的秀才大多积极参与教育事业，他们常兼做教师和医生。比如宋君恩（1842—1914），既是一位精通医理的医生，同时也为教育事业做出了很大贡献。宋君恩和堂兄宋君楣是迪德学堂的创始人。[1] 宋君恩的弟弟宋君朝，作为国学生也致力于教育事业。杨家堂科举成绩的延续，离不开数代人对于教育事业的投入。

清末，随着科举制度的废除和新式学堂的兴起，培养新学师资成为当务之急。1897 年上海南洋公学师范院创立，成为中国师范教育的鼻祖。1902 年创办京师大学堂师范馆（后升格为北京高等师范学堂，之后再分立为北平师范大学及北平女子师范大学）、湖北师范学堂（湖广总督张之洞创立于武昌）、通州师范学堂（张謇创设于江苏省通州直隶州）和山东大学堂师范馆（山东巡抚周馥奏请设立）。1903 年创办南京三江师范学堂（两江总督刘坤一、张之洞奏请设立），并颁布《奏定优级师范学堂章程》。此后各地纷纷效仿，创办了许多师范学校。

宋微封去杭州就读的师范学校，其前身是 1908 年成立的浙江官立两级师范学堂（浙江巡抚张曾敭奏请设立），后于 1912 年改名为浙江省立两级师范学校。1907 年，处州（即今丽水）创办处州师范学堂，1912 年改称处州师范学校，1913 年又改称浙江省立第十一师范学校。1913 年，松阳县也成立了自己的师范学校，名为师范传习所，并于 1916 年更名为师范讲习所。[2] 杭州的浙江两级师范学校培养的是中学教师和小学教师，松阳的师范传习所培养的是小学教师。

秀才在当时属于拥有较高文化素养和较高社会地位的群体。清末民初的师范学校处于初创时期，秀才往往成为师范学校的重要生源。很多秀才来自书香门第或士绅阶层，拥有一定的社会资源和人脉，因此也更容易获得进入师范学校学习的机会。

清末民初的杨家堂宋氏家族，除了宋微封去杭州就读师范学校之外，还有宋君选、宋世鋆、宋世豪等人。

宋君选（1886—1926），宋国刚第三子。《京兆宋氏宗谱》卷五记载："邑库生，本邑师范传习所业，曾任下田区第一国民学校校长兼教员，十二年褒奖七次，任松阳教育局第二区教育员。"宋国刚曾经是宗族领袖，其妻叶氏在族谱中也有 4 篇寿文。1902 年叶氏八十大寿时，16 岁的宋君选已经获得了秀才的身份。这应该是他在民国初期能进入松阳师范传习所学习的重要原因。

1　详见附录《杏庵公家传》。

2　松阳县地方志编纂委员会.松阳县志［M］.北京：方志出版社，2020：2444.

宋世鋆，宋起樵之长子。民国十三年（1924）潘萃湘《恭祝蔚然宋老先生六旬寿文》载："（宋起樵之）长嗣君思殷（即宋世鋆），高校学成，素觉瑶环誉擅，近邻传诵；伫看玉笋，声驰往年；负笈郡城，授书于师校。此日课徒小学，宏乐育于乡邦，大器将成，栋梁可卜。次嗣君世淦，幼负凤慧，亦肄业于郡城，胸抱奇才，仍策励于师范。"宋世鋆上的是浙江省立第十一师范学校，1924 年时已经是一名小学老师，他后来当过杨家堂的迪德小学当过校长。宋世鋆的弟弟宋世淦（1904—？），1924 年时正在浙江省立第十一师范学校读书。

根据《京兆宋氏宗谱》卷五的记载，民国初期毕业于浙江省立第十一师范学校的还有：宋世豪（1886—1918），曾任岗下小学校校长；宋世臣（1892—？），曾任古市导贞学校校长兼教员、下田区第二学校校长等职；宋世蕃（1894—？），历任松阳县视学（1920—1922）、松阳县劝学所所长（教育局长，1922—1923）、松阳县立第一小学校长、浙江第十一师范附小教员等职。

民国时期，教师是杨家堂大学生最主要的职业选择。杨家堂的大学生共 38 位，其中 16 人选择师范专业。

县志中记载的代表人物还有：宋昌辉（1926—？），从浙江省立湘湖乡村师范学校毕业后，一直从事教育工作，曾任杭州市教委教研室教研员、中学高级教师、浙江省义务教育小学语文教材编委，是杨家堂教师的重要代表；宋淑持（1920—2010），1949 年浙江大学教育系毕业后，曾任上海市中、小学教员、上海市教育局教研员、上海教育出版社编辑。

选择师范专业的大学生中，有 4 人是女生，外加考上福建音专，后来也成为教师的宋可荪，杨家堂民国时期从事教育的女大学生一共是 5 人。除前述宋微封之女宋淑持之外，还有以下 4 位：宋若琼（1920—？），毕业于江苏省镇江师范学校，抗战期间投考中央军校第十六期政治科受训，之后在第三战区三民主义青年团支团部、第九战区特别党部工作，抗战胜利后服务于江苏省政府民政厅，1949 年到台湾，在基隆市立国民小学执教至退休；宋松荪（1921—1980），毕业于浙江省湘湖师范，历任松阳一中、二中教师；宋可荪（1923—？），福建音专毕业，历任小学教师，抗日战争期间病逝于福建；宋又荪（1926—？），毕业于松阳师范，历任毓秀小学、西屏镇第二中心小学教师。[1]

杨家堂宋氏家族的教育实践，展现了传统宗族在科举废除后的现代转型历程。

1　宋若琼的信息取自：松阳县地方志编纂委员会.松阳县志［M］.北京：方志出版社，2020：3383。宋松荪、宋可荪、宋又荪的信息取自：2006 版杨家堂《宋氏宗谱》。

从清末至民国，38 名大学生从这片山乡走出，其专业选择、性别突破与文化传承，既折射出中国乡村社会的剧烈变迁，也彰显了家族在时代浪潮中的主动调适与价值坚守。杨家堂民国时期的大学生体现了以下四方面的特点：

其一，从"科举功名"到"专业专才"的范式重构。科举废除后，杨家堂宋氏迅速以教育重构家族的文化身份。38 名大学生中，16 人投身师范，17 人专攻医学，这一路径选择与地方需求深度契合。师范生如宋微封、宋世鎏等，成为新式教育的拓荒者，推动松阳从私塾向现代学堂转型；医学生如宋世钦、宋昌存，则将家族"悬壶济世"的传统升格为现代医学实践，从乡间义诊走向公共卫生研究。宋氏族人以"士商并举"的传统智慧，将儒家"耕读传家"精神转化为专业深耕，实现了从科举功名到学术专才的价值跨越。

其二，女性教育的突破与局限。家族教育的另一亮点是女性高等教育的超前发展。38 名大学生中，8 人为女性，占比 21.1%，远超同期全国平均水平。宋淑持、宋松荪等女性冲破"女子无才"的桎梏，在师范、医学领域崭露头角，其成就得益于家族对"才德兼备"理念的革新诠释。然而，她们的职业选择仍被规训于"师医护"等传统性别分工领域，暴露出新旧观念的交织。这种突破与局限并存的局面，既彰显了家族的进步性，也映射了民国女性解放的复杂进程。

其三，教育实践的社会根脉与地方互动。杨家堂宋氏教育转型的成功，根植于松阳的地域生态与家族传统。师范教育的兴盛呼应了乡村师资短缺的现实需求，医学专业的繁荣则与松阳药材产业密不可分。家族成员如宋德焕"行医济世"的事迹，既延续了"士绅责任"的公益传统，又为现代医学教育提供了实践土壤。此外，地理优势（毗邻沿海城市）与宗族网络（信息互通、资源支持），为学子获取教育机会提供了重要保障。

其四，乡村现代转型的微观样本。杨家堂的教育实践，是中国乡村现代转型的鲜活缩影。家族通过教育维系文化根脉，同时以专业能力融入国家建设——宋昌黎投身东北工业，宋昌存服务国际卫生组织，宋淑持参与教材编纂，皆展现了乡土人才与现代社会的深度互动。

第6章

垂之宗谱

经商致富的宋氏家族，在族谱中大量立传来展现文人形象，以此"垂之宗谱，昭示无涯"[1]。杨家堂立传的传统从宋宏堂开始，族谱共留有传记、记略、行叙、寿庆等文章56篇，其中男性传记48篇，女性传记9篇（涉及4人，其中一篇为夫妻合传）。族谱中留有传记者共37人，其中24人有秀才身份。部分秀才还留下多篇传记，比如十七世宋君恩有5篇，十八世宋起樵有3篇。

杨家堂宋氏族谱的传记，多由有秀才身份的人撰写，部分传记还是请当地官员（知县、教谕、训导等）来撰写或署名的。这既反映了杨家堂宋氏的经济实力，也体现了他们重视读书和教育的传统。

6.1 传记纵览

从文体上分，宋氏族谱中的56篇文章大致可以分为传记、寿文、赞这三大类。传记包括名称为传、赞传、记、序、记略、行序和行状的文章（箴表也可归入此类），这些占大多数。寿文包括名称为寿文、寿引、寿序的文章，计有6篇。赞有3篇（有的传记之中也附带有赞，不单独计算）。赞的文体比较特殊，多为四字骈文，内容也以歌颂人品为主，较少涉及事迹。寿文是为祝寿而写的文章，原本也是为了歌颂，但有时会连带着交代事迹，这就有了传记的意义。有的传记，虽然名称上叫传，但是篇幅很短，也以歌颂人品为主，较少涉及事迹，在内容上反而更像是赞。本书为行文方便，将56篇文章统称为传记。（表6-1）

表 6-1　宋氏族谱中的传记及撰写人（合计 56 篇）

	传记	传主姓名	传主身份	撰写人	撰写年份
1	《宏资公赞》	宋宏资	—	—	清嘉庆十年
2	《宏堂公传》	宋宏堂	国学生	松阳县教谕方协华	清嘉庆十年
3	《曾祖讳宏资公传》	宋宏资	—	曾孙宋学朱（宋君辅）	清道光十九年
4	《宏堂公讳如川号永起传》	宋宏堂	国学生	松阳县知县汤景和	清道光十九年
5	《伯祖父德永讳寿永传》	宋德永	—	侄孙宋学朱	清道光十九年
6	《先祖父德盛讳寿远公志略》	宋德盛	—	孙宋学朱	清道光十九年
7	《德焕先生记略》	宋德焕	贡生	松阳教谕宋京	清道光十九年
8	《国仁公传》	宋国仁	国学生	廪贡生蔡大全	清道光十九年
9	《国义公记略》	宋国义	—	姻弟叶以芳	清道光十九年
10	《国礼讳邦彦先生记略》	宋国礼	岁贡生	候选教谕詹岩	清道光十九年
11	《国智公传》	宋国智	国学生	廪生蔡大全	清道光十九年

1　清嘉庆十年（1805）松阳县教谕方协华撰《宏堂公传》，全文见附录。

续表

	传记	传主姓名	传主身份	撰写人	撰写年份
12	《国俊公序》	宋国俊	国学生	廪生蔡大全	清道光十九年
13	《君辅讳学朱贤契传》	宋君辅	庠生	廪生蔡大全	清道光十九年
14	《庠生国洪公传》	宋国洪	庠生	松阳县儒学正堂印均	清同治五年
15	《庠生国彦讳凤翔公传》	宋国彦	庠生	举人饶庆霖	清同治五年
16	《杨氏节传》	杨氏	—	廪贡生蔡毓贤	清同治五年
17	《国刚公传》	宋国刚	国学生	侄孙宋起聪	清同治五年
18	《君豪公传》	宋君豪	国学生	侄宋起芳	清同治五年
19	《君楣名企庠公传》	宋君楣	附贡生	贡生陈其福	清同治五年
20	《君恩公名企祁公传》	宋君恩	贡生	石门县训导叶大芳	清同治五年
21	《君朝名企璟公传》	宋君朝	国学生	增广生宋士心	清同治五年
22	《起芳公传》	宋起芳	庠生	王昌期	清同治五年
23	《起英公传》	宋起英	庠生	母舅、邑廪生詹伟	清同治五年
24	《宋母杨老孺人六旬寿序》	杨氏	—	候选训导、侄蔡育贤	清光绪七年
25	《叶孺人六旬寿文》	宋国刚之妻叶氏	—	陕西学政樊恭煦	清光绪八年
26	《祝宋门叶孺人六旬寿时并引》	宋国刚之妻叶氏	—	姻侄婿、郡庠生成圭	清光绪八年
27	《恭祝姑母叶孺人六旬寿庆并引》	宋国刚之妻叶氏	—	内侄叶庭槐	清光绪八年
28	《凤翔公暨杨孺人行述》	宋国彦与妻杨氏	—	增广生、女婿叶成圭	清光绪十一年
29	《君贤公传赞》	宋君贤	—	增广生、姻弟叶成圭	清光绪十一年
30	《君贤名玉麟公传》	宋君贤	—	弟宋君朝	清光绪十一年
31	《君纶公传》	宋君纶	—	郡庠生、侄周文源	清光绪十一年
32	《君恩公名企祁公赞》	宋君恩	贡生	郡庠生叶成圭	清光绪十一年
33	《君銮名企京公传》	宋君銮	庠生	增广生叶成圭	清光绪十一年
34	《企璜之妻许氏节孝传》	宋企璜之妻许氏	—	廪贡生蔡毓贤	清光绪十一年
35	《起敏公传》	宋起敏	国学生	庠生周文源	清光绪十一年
36	《起艺先生记略》	宋起艺	国学生	庠生周文源	清光绪十一年
37	《俊生公赞》	宋起艺	国学生	姻弟叶庭槐	清光绪十一年
38	《起海名万清先生传》	宋起海	—	郡庠生周文源	清光绪十一年
39	《起文仁兄传》	宋起文	—	廪贡生蔡育贤	清光绪十一年
40	《宋刘氏记》	宋起海之妻刘氏	—	郡庠生周文源	清光绪十一年
41	《企庠公行略》	宋君楣	贡生	候选训导舒桂芳	清光绪二十二年
42	《君恩公名企祁公孝行叙》	宋君恩	贡生	候选训导舒桂芳	清光绪二十二年

续表

	传记	传主姓名	传主身份	撰写人	撰写年份
43	《君銮公传》	宋君銮	庠生	邑庠生、生婿（内弟）蔡储澄	清光绪二十二年
44	《起杰名绍周公行状》	宋起杰	国学生	候选训导舒桂芳	清光绪二十二年
45	《赠起杰贤侄序》	宋起杰	国学生	从云（宋君朝）	清光绪二十二年
46	《起樵公传》	宋起樵	贡生	庠生蔡世澄	清光绪二十二年
47	《蔚然君箴表》	宋起樵	贡生	候选训导舒桂芳	清光绪二十二年
48	《起�名绍云奇艺传》	宋起�	贡生	候选训导舒桂芳	清光绪二十二年
49	《世绪名鼎元公传》	宋世绪	邑庠生	岁贡生潘益士	清光绪二十二年
50	《恭祝皇清例赠孺人晋赠安人宋母叶老安人八旬寿序》	宋国刚之妻叶氏	—	邑庠生、女婿叶嘉勋	清光绪二十八年
51	《杏庵先生七秩寿庆》	宋君恩	贡生	戚属蔡为霖、刘德怀等	1912 年
52	《恭祝蔚然宋老先生六旬寿文》	宋起樵	贡生	庠生潘萃湘	1924 年
53	《杏庵公家传》	宋君恩	贡生	同邑晚生刘德元	1925 年
54	《先大父国学公家传》	宋君朝	国学生	孙宋微封	1925 年
55	《起周翁行略》	宋起周	国学生	庠生、侄婿林桂馨	1925 年
56	《起裕公传》	宋起裕	—	庠生、婿林桂馨	1925 年

统计这些传记出现的年份，也能大致反映宋氏家族的发展脉络。撰写传记的时间跟编修族谱基本上是同步的，从清嘉庆十年（1805）到民国十四年（1925）的 120 年间，杨家堂宋氏宗族一共编修了 6 次族谱，分别是清嘉庆十年（1805）、清道光十九年（1839）、清同治五年（1866）、清光绪十一年（1885）、清光绪二十二年（1896）和民国十四年（1925）。

清嘉庆十年（1805）编修族谱的主导者显然是宋宏堂，他和宋宏资此时分别是 70 岁和 74 岁。在清嘉庆十年，宋氏宗族的人口已经呈现出良好的增长态势，但总数还不多，整体实力也不算强，所以此次族谱编修得比较简单。传记只有两篇，传主即宋宏资、宋宏堂兄弟二人。德字辈和国字辈的人，尽管 30 岁至 50 岁的已经不少，但没有传记。宋宏堂的传记有 200 多字，勉强算得上正式，并且作者是地位较高的松阳县教谕。宋宏资的传记是一篇赞，只有 32 个字，也没有作者落款。从传记的差别，也能看出两人在宗族中的地位差异。

34 年之后的清道光十九年（1839），传记达到了 11 篇。此次编修族谱的主导

者是宋宏堂之子宋德焕和宋宏资的曾孙宋君辅（宋学朱，1807—1852），两人各自代表了宋宏堂房派和宋宏资房派。和上次编修族谱的主编者已年过古稀不同，这次编修族谱的两个主编是正当壮年（分别是 48 岁和 32 岁）。显然，这是一次更为正式的族谱编修。11 篇传记中，宋宏堂和宋宏资还是各有 1 篇，但篇幅比上次要长得多（各有近 700 字和 300 多字），作者的身份和地位也更高，宋宏资也有了算得上正式的传记。德字辈、国字辈和君字辈的传记，各有 3 篇、5 篇和 1 篇。德字辈有传记的 3 人之中，宋德永和宋德盛已去世。国字辈有传记的 5 人，4 人在世。可见此时国字辈已经成长为家族主力，少数君字辈也已经进入青壮年，杨家堂宋氏进入了快速发展期。

27 年之后的清同治五年（1866）编修族谱，传记有 10 篇。国字辈、君字辈和起字辈，各有 4 篇、4 篇和 2 篇。国字辈的 4 篇传记中，1 篇是宋国彦之妻杨氏的，其余 3 篇的传主分别是宋国洪（1814—1862）、宋国彦（1820—1852）和宋国刚（1828—1890），均为宋德焕之子。此时宋国洪和宋国彦均已去世，唯宋国刚在世，时年 38 岁。《国刚公传》说宋国刚"兴产业，建华屋，修玉牒"，可见他是此次族谱编修的主编之一。君字辈有传记的 4 人是宋君豪（1807—1852）、宋君楣（1836—1901）、宋君恩（1843—1914）和宋君朝（1844—1916），此时分别是 65 岁、30 岁、23 岁和 22 岁。宋君豪年龄最长，又是宋宏资房派的长子长孙（祖父宋德永、父亲宋国仁和他本人，均为长子），《君豪公传》也说他"捐国学，建华屋，修玉牒"，可见他也是此次族谱编修的主编之一。上一次主持编修族谱的宋德焕和宋君辅，此时均已去世。君楣、君恩和君朝三人，以二三十岁的年龄就已在族谱中立传，尽管不是主编，也大有后浪追前浪之势。

起字辈的两名传主是宋起芳（1823—1884）和宋起英（1836—1883），此时分别是 43 岁和 30 岁，也正是宋宏资房派中的中坚人物。宋起芳在家族中的地位甚高，《京兆宋氏宗谱·卷二·起芳公像赞》载："（宋起芳）声蜚黉序，维德之馨；纂修宗谱，孝达幽冥。"可见他也是这次编修族谱的主编之一（图 6-1）。杨家堂宋氏在此时发展至鼎盛期。

清光绪十一年（1885）编修族谱，距离清同治五年（1866）仅 19 年。清光绪二十二年（1896）编修族谱，距离光绪十一年更是只有 11 年。三次编修族谱的间隔时间如此之短，原因可能有多方面，但无疑是杨家堂宋氏人口和实力处在鼎盛期的一个体现。

清光绪十一年的传记有 13 篇，其中国字辈、君字辈和起字辈各有 1 篇、6 篇和 6 篇。国字辈的 1 篇传记，其实是宋国彦夫妇的合传，此时宋国彦已去世多年，

妻子杨氏 63 岁，传记主要是写杨氏。君字辈和起字辈的传记中，也各有 1 篇是为妇女写的传记。君字辈男性的 5 篇，传主分别是宋君贤（1809—1891，2 篇）、宋君纶（1837—1909）、宋君恩和宋君銮。宋君贤和宋君纶属于宋宏资房派，他们都不是秀才，传记也都较为简短，因此在宗族中的地位应该不会很高。宋君恩和宋君銮（1847—1902）是亲兄弟，属于宋宏堂房派，此时分别是 42 岁和 38 岁，正值壮年。尤其是宋君恩，早在清同治五年（1866）就已经捐纳秀才并在族谱留有传记。他应该是本次族谱编修的组织者之一。宋君銮的传记，篇幅较长（700 多字），虽以歌颂人品为主，但也交代了一些事迹。从"何意鸡窗励志，迄今未步龙门，然而蛾术勤修[1]，俟后必登雁塔"的描述看，宋君銮此时尚未捐纳秀才，他的秀才身份应该是在晚年时捐纳的；再从"虽祖业丰隆，淡然处之，及身广置，毅然为之……当兵燹后，捐资复建括郡考棚，奉上宪奖结九品职员"的描述看，宋君銮的板业也做得颇为成功，还因为捐资复建处州府的考棚而被授予九品官衔。

　　起字辈男性的 5 篇，传主分别是宋起敏（1833—1897，宋君辅之长子）、宋起艺（1841—1889，2 篇）、宋起海（1836—1863）和宋起文（宋君贤长子，1832—1900）。四人之中，后二者不是秀才。宋起敏和宋起艺是秀才，时年分别为 52 岁和 44 岁。《起敏公传》《起艺先生记略》和《起海名万清先生传》均出自郡庠生周文源之手，但是都写得比较简短和笼统（周文源在清光绪十一年撰写了 5 篇传记，

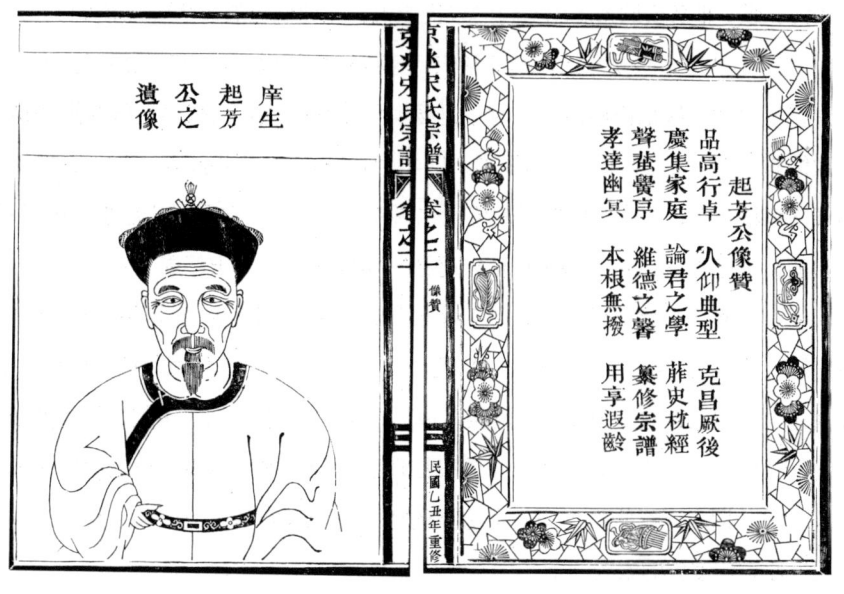

图 6-1　族谱中的宋起芳像和像赞（图片来源：《京兆宋氏宗谱·卷二》）

1　《礼记·学记》曰："蛾子时术之。"蛾，即蚁之古字。蛾术，比喻坚持不懈、勤勉不息的精神。

篇幅都比较短）。叶庭槐撰《俊生公赞》（宋起艺号俊生）载："适有俊生公者，同商谱务，每日辄把晤一堂。见其人，身虽纳粟成均，心却精通书史……即如予与公共事谱牒十有五次，合而分，分而合，一无猜嫌。"由此可见，宋起艺也是本次族谱编修的组织者之一，他的秀才身份是捐纳的。宋起艺是宋宏资的玄孙，他和宋君恩在本次编修族谱中应该是各自代表了宋宏资房派和宋宏堂房派。

清光绪二十二年(1896)的传记有9篇，其中君字辈、起字辈和世字辈各有3篇、5篇和1篇。君字辈三人是宋君楣、宋君恩和宋君銮，时年分别是60岁、53岁和49岁。起字辈有传记的也是3人，即宋君楣的三个儿子宋起杰（1859—1903，2篇）、宋起樵（1865—193?,2篇）和宋起燋（1867—193？），时年各是37岁、31岁和29岁。世字辈的1篇，传主为宋世绪（1843—1916），宋起芳之长子。他是宋宏资房派在本次编修族谱中唯一留下传记的人物，也是第十九世中唯一留下传记的人物。遗憾的是，这篇传记的内容较为笼统，看不出具体事迹。7个人物及其9篇传记，宋宏资房派只有1人和1篇。其余6个人物和8篇传记，宋宏堂房派之中的宋君楣父子又占据4人和6篇。9篇传记中，"岁进士候选训导"舒桂芳一人就包办了5篇，其中是给宋君楣父子四人各写一篇。从传记、传主和作者的分布看，这是一次规模不大、涉及范围有限的族谱编修，组织编修族谱的人应该是宋君楣，宋君恩也可能参与其中。两人的传记也都比较长，分别有700多字和1000余字。宋君銮也有较大贡献，他负责联系上山头村的宋氏族人，让他们也加入此次族谱编修。

也正是从这个时候开始，杨家堂宋氏家族编修族谱的行为就放缓了。清光绪二十二年之后再次编修族谱，同时也是杨家堂宋氏宗族在清代至民国时期的最后一次编修族谱，是29年之后的民国十四年（1925）。即便将此前一年宋起樵的一篇寿文包括在内，此次编修族谱的传记也只有5篇，传主分别是宋起樵、宋君恩、宋君朝、宋起周（1846—1926）和宋起裕（1854—1906，宋起周之弟）。宋君恩、宋君朝和宋起裕在此时已经去世，宋起樵和宋起周分别是60岁和79岁。林桂馨撰写的《起周翁行略》说："(宋起周)经理祠务，四十余年无伤廉之诮。整修祠宇，数代先令得凭依之欢。今又倡修谱牒，追远报本，功莫大焉。"宋起周是宋宏资的玄孙，年龄略小于宋君恩。从上面这段描述看，他是本次编修族谱的组织者，并且在一段时期内还可能作为宋宏资房派的代表，和宋宏堂房派的宋君楣、宋君恩一起担任宋氏家族的宗族领袖。

6.2 生人立传

"生不立传"在我国是一种史志传统；特别是在地方志的编纂中，强调对于在

世者，志书不以人物传记的形式收录，而是在人去世后做"盖棺定论"。然而，《京兆宋氏宗谱》的56篇传记中，真正为逝者写的传记只有12篇[1]，占比仅21.4%。其余44篇，即使去掉没有传记内容的3篇赞和3篇寿文，也还有38篇，占比高达67.9%。

为什么宋氏族谱中会出现如此多为生人立传的现象？可能有以下几个原因。

首先，方志传记和族谱传记的侧重点不一样。方志里的传记之所以讲究"盖棺定论"，是因为地方志作为反映当地地理、历史、经济、政治、文化的重要文献，其编纂需追求严谨。传记作为地方志的重要组成部分，更需确保内容的真实性和准确性。在人物去世前，由于其人生事迹尚未确定，难以对其一生进行全面、准确的评价，故不宜立传。"生不立传"的原则，也有助于避免在人物在世时因各种利益关系而对其事迹进行夸大或缩小，从而确保传记的公正性。

族谱中的传记，尽管也有客观性和公正性的追求，但是相对而言，还是更看重宗族凝聚力和认同感，并教育后代与激励奋进。在宗族社会，传记可以让宗族成员更加了解彼此，认识到自己在家族中的地位和作用，从而更加珍惜和维护家族的团结和和谐。通过阅读传记，后辈（人）可以学习到前辈（人）的智慧和品质，如勤劳、勇敢、诚实、守信等，从而树立积极的人生价值观。传记中的成功事迹和榜样力量，也可以激励后代奋发向上，努力成为家族的栋梁之才。传主在有生之年就在族谱中立传，无论是对传主本人，还是对所有族员，都会产生更直接的心理影响。对年轻人而言，能亲眼见到传主本人，甚至可以跟传主当面请教，无疑能产生更好的学习效果和模仿效应。

其次，编写方志和族谱的经费来源不同，也决定了它们在传记上的选择标准不一样。不管是编写方志还是编写族谱，都离不开经费，用于支付修志人员的薪酬、购置纸张笔墨等编纂材料、志书的刻印出版等费用。如果想把内容编得丰富，花费更是不菲。编写地方志的经费来源，有地方政府财政、地方官员捐俸、绅民乐输与劝捐等方式，其中地方财政经费是主要来源。编写族谱的经费，则主要来自祠堂公款、宗族成员平摊和部分族人捐款。编写地方志的经费主要来自地方政府财政，这是它在传记上能做到公正和客观的前提。而编写族谱的经费，族人捐款往往占有较大比重，尤其是在杨家堂这样工商业比较发达的村落。商人也确实有能力和意愿为编修族谱捐款，只要满足他们在族谱中留名的诉求。为了给编修族谱筹集更多的经费，允许捐款人在族谱中留下传记就成为必要。

1　包括宋国彦夫妇的合传，即清光绪十一年（1885）《凤翔公暨杨孺人行述》，其时宋国彦已去世多年，妻子杨氏63岁。

再次，方志之所以"生不立传"和族谱之所以"生人立传"，根本原因大概是陌生人社会和熟人社会之间的区别。村落宗族作为熟人社会，所有成员（不但包括在世者，还包括去世者和未来出生者）组成了一个内部紧密联系的共同体。只要为这个共同体做过较大贡献的人，都要被记录下来。记录下来的人越多，事迹越突出，就越有利于提升成员们的自豪感，从而强化共同体的内部凝聚力。如果一定要严守去世之后再"盖棺定论"的规则，那么到时候即便不出现"人死灯灭""人走茶凉"的结局，很多事迹也可能因为时间久远而被遗忘了。此外，允许在世者在族谱中立传，一方面确实存在筹集经费的现实考虑，另一方面也具有"锚定人设"的作用。在每一个人都认识每一个人的熟人社会，一旦某人在族谱中留下传记，那么他在获得巨大社会认可的同时，从此也将被定格为传记所描述的形象。我们当然不能认为这样的"定格"具备完全确定的意义，但是也不能否定它所带来的强大作用——不管是本人的心理暗示，还是旁人的眼神期盼。方志所"管辖"的范围，通常是以县域或更大地域为界，比一个宗族（村落）要大很多。生活在这个地域范围之内的人，大部分互相之间是不认识的，所以总体上属于陌生人社会。在一个陌生人社会，要想对某人的贡献和人品做出确定性的评价，确实只能等去世之后。

然后，具体到杨家堂宋氏族谱的传记，或许还有"人才梯队"的意义。这是方志的传记所不具备的作用。这一点在清同治五年（1866）的族谱编修中体现得最为明显。清同治五年的传记，"年轻化"可以说是最显著特征。10 个留下传记的人物，4 人在 35 岁以下，2 人是 35 岁至 50 岁之间，50 岁以上的只有 1 人；甚至连去世的 2 人，也只有 48 岁和 32 岁。如果只看在世的 8 人，妥妥就是一份"金字塔形人才名单"。35 岁以下的 4 人，有两位在后来都成长为宗族领袖（宋君恩和宋君楣），其余两位（宋君朝和宋起英）也是宗族骨干[1]。清同治五年编修族谱的时代背景比较特殊，正好赶上太平天国运动，这就让青壮年有了脱颖而出的机会。不过，杨家堂宋氏的六次编修族谱中，除了开头一次和最后一次是只有老人和去世者有传记之外，其余四次基本上都符合老中青三代皆有的分布（清光绪十一年族谱中最年轻的传主是 37 岁的宋君銮）。如果说这四次全都是巧合，未免难以置信。更有可能的情况，是宋氏宗族在选择何人立传的时候，也将年龄段的分布纳入了考虑范围。而宋氏宗族之所以要如此考虑，前提又是熟人社会中传记所具有的"锚定人设"的作用。（表 6-2）

1　宋君朝年轻有为，但意欲考取而不是捐纳秀才，结果连考了十次都没成功，这对他在宗族事务中发挥作用产生了很大影响。宋起英 30 岁时已经是秀才（应该是捐纳），他去世于 47 岁，寿命不长可能是他的地位不及前三位的原因之一。

表 6-2　传主年龄段统计

编修族谱年份	主编	35 岁以下	35~50 岁	50 岁以上	去世
清嘉庆十年 （1805）	**宋宏堂**	—	—	宋宏资、**宋宏堂**	—
清道光十九年 （1839）	**宋德焕** 宋君辅	宋君辅	**宋德焕**、宋国俊	宋国义、宋国礼、 宋国智	宋宏资、**宋宏堂**、 宋德永、宋德盛、 宋国仁
清同治五年 （1866）	**宋国刚** 宋君豪 宋起芳	**宋君恩**、**宋君朝**、 **宋君楣**、宋起英	**宋国刚**、宋起芳	宋君豪	**宋国洪**、**宋国彦**
清光绪十一年 （1885）	**宋君恩** 宋起艺	—	宋君纶、**宋君恩**、 **宋君銮**、宋起艺	宋君贤、宋起敏、 宋起文	**宋国彦**、宋起海
清光绪二十二年 （1896）	**宋君楣** **宋君恩**	**宋起樵**、**宋起櫃**	**宋君銮**、**宋起杰**	**宋君楣**、**宋君恩**、 宋世绪	—
民国十四年 （1925）	**宋起樵** 宋起周	—	—	**宋起樵**、宋起周	**宋君恩**、**宋君朝**、 宋起裕

注：字体加重者为宋宏堂房派，不加重者为宋宏资房派。

6.3　素人立传

族谱有传记但无秀才功名的人共 9 位，包括宋宏资、宋德永、宋德盛、宋国义、宋君贤、宋君纶、宋起海、宋起文和宋起裕，他们全部来自宋宏资房派。9 位"素人"，在有传记的 37 人之中占比为 24.3%。考虑到 39 名秀才中，有多达 15 名秀才是仅有名字而没留下传记（占比 38.5%），所以"素人立传"在宋氏族谱中也是一个值得关注的现象。

族谱中为何人立传，大概要综合考虑这几个因素。首先当然是对整个家族有贡献。像宋宏堂这样对杨家堂而言具有开创意义的角色，是一定要立传的；像宋德焕、宋君恩这样长期热心地方公益事业的，也一定要立传。其次是对编修族谱要有贡献，每次编修族谱都是相当费时费力，同时也花费不少资金的事业，需要宗族成员们摊派费用，也需要财力较厚者捐款资助。再次是个人品行，包括孝敬父母、团结兄弟、待人接物、修身养性等方面，尤其要符合儒家规范。由于传记在文字上可以做一定程度的美化，所以个人品行的重要性可能不及前面两个因素。15 名没留下传记的秀才，应该是因为对宗族的贡献不够大，同时在编修族谱时捐资也不够积极。

宋宏资房派在早期可能对秀才功名不关注，所以他本人和四个儿子之中，只有宋德桐捐纳了秀才。不过，宋宏堂所开启的家族板业，由于他本人是晚至 56 岁才生了儿子宋德焕，所以在初期阶段是由宋宏资和宋宏堂兄弟共同开展的。宋宏

资的曾孙宋君辅（宋学朱）形容当时的情形是"一心一德，合爨同居"[1]。这也是宋宏资、宋德永、宋德盛三人虽然不是秀才，但也留下传记的原因。

十六世国字辈中，不是秀才而留下传记的是宋国义（1785—1862），他是宋宏资之孙、宋德永之子。清道光十九年（1839）叶以芳撰写的《国义公记略》载："（宋国义）幼举儒业，博习经史，奈时穷运塞，屡应童试不售，乃不以科第撄心，弃而家居，尚朴实，黜浮华，克勤克俭，恢宏前业……德配蔡氏，生三子多孙，一庭之止，儿童绕膝，兰桂盈阶，福泽之隆，谓非忠厚之报哉？"宋国义年轻时考了几次秀才，都不成功，之后就放弃科举，专心从事板业了。他之所以能在族谱中立传，应该是板业经营得不错，在编修族谱时有所贡献。清道光十九年编修族谱时，宋国义54岁，有三子多孙，尽管不是秀才，但也算是人生圆满，可作为人生榜样。传记特意描述宋国义"幼举儒业，博习经史"，旨在强调他虽然不是秀才，但也有着跟秀才一样的理想和追求。

十七世的宋君贤（1809—1891）和宋君纶（1837—1909），也都不是秀才而留有传记。宋君贤，宋宏资之曾孙，宋国礼之长子。《京兆宋氏宗谱》卷五"宋君贤"载"左赐八品军功，兰邑杭省，商旅遥通"，可见他是一名板商，并且经营得颇为成功，在太平天国运动中捐资保卫家乡而被左宗棠赐以八品军功。宋君贤获得军功的时间，应该是在上次编修族谱的清同治五年（1866），那时他已经57岁。他没有像宋君恩、宋君朝等人一样，在清同治五年（1866）就留下传记，原因应该是在那次编修族谱中捐资不足。清光绪十一年（1885）编修族谱时，宋君贤已经76岁，在古代这属于相当高寿的年龄。这一次他留下了两篇传记，作者分别是他的外甥叶成圭和年龄比他小35岁的堂弟宋君朝。叶成圭在《君贤公传赞》说："（宋君贤）又经御寇有功，屡邀荣膺，而志若不足重轻，亦见豪情大处。迄今年逾古稀，康强如壮，凡一邑善事，一村美举，莫不挺身是倡，竭力而赴。况其息人争讼，劝人乐善，和人弟兄，调人琴瑟，犹之余绪。"宋君朝在《君贤名玉麟公传》则说："其居家也，内睦弟兄，外睦乡邻。其行事也，公而无私，敏而有成。其事亲也，色难而神欢。其立品也，行端而节高。故入乎其庭而训子以义，出游于里而处事能公……况克敌有功，而宠锡有荣，此岂片长薄技者所能比拟乎？……是以年近遐龄，气蔼而益壮；寿过古稀，力足而神充。"

从传记内容看，宋君贤之所以有两篇传记，一是因为品行良好和热心公益（这符合儒家规范），二是因为年长，三是因为有军功。三条理由中，后面两条是清晰

---

[1] 清道光十九年（1839）宋学朱撰《曾祖讳宏资公传》，全文见附录。

实在的，第一条就比较模糊而抽象。宋君贤的个人品行或许很好，但在宗族建设和地方公益上的建树应该不高，否则在传记中会说出具体事迹。作为一个没有秀才功名的商人，他能立传的最真实理由，应该是在此次编修族谱中贡献了足够的捐款。传记之所以特意突出他种种符合儒家规范的人品和德行，既是为了向外展示宋君贤的“人设”和宋氏宗族的“族设”，也是为了在编修族谱这样“高尚的事业”中尽量弱化、掩盖金钱交易的行为。

宋君纶，宋宏资之曾孙，宋国俊之子。宋君纶的传记是周文源写的五篇传记中最笼统的一篇，只有200字左右，除了泛泛地列举一些符合儒家规范的行为，看不出有何事迹。（图6-2）

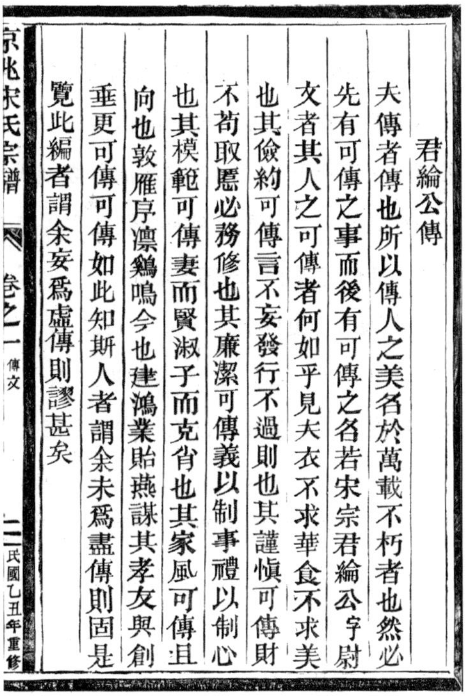
京兆宋氏宗譜 卷之一 傳文 二 民國乙丑年重修

君綸公傳

夫傳者傳也所以傳人之美名於萬載不朽者也然必先有可傳之事而後有可傳之名若宋宗君綸公字尉文者其人之可傳者何如乎見夫衣不求華食不求美也其儉約可傳言不妄發行不過則也其謹慎可傳財不苟取慝必務修也其廉潔可傳義以制事禮以制心也其模範可傳妻而賢淑子而克肖也其家風可傳且向也敦雁序凛鷄鳴今也建鴻業貽燕謀其孝友興創垂更可傳可傳如此知斯人者謂余未爲盡傳則固是覽此編者謂余妄爲虛傳則謬甚矣

图6-2　一篇“套路化”的传记（清光绪十一年周文源撰《君纶公传》，图片来源：《京兆宋氏宗谱·卷二》）

起字辈中有传记而不是秀才的三位，即宋起海、宋起文和宋起裕，他们都是宋宏资的玄孙。宋起海是宋君豪的三子。作为宗族领袖，宋君豪（1801—1875）本人是秀才，他的长子宋起明（1820—1867）和次子宋起聪（1823—1878）也都是秀才。宋起海出生于1836年，27岁去世。清光绪十一年周文源《起海名万清先生传》说宋起海“职居五品，名何如之显；产守先业，家何如之隆”，说明他是从事家族板业的，而且还曾经有过五品官衔。宋起海的五品官衔，可能跟宋君恩等人一样，也是在清同治五年编修族谱时因为捐资“御寇有功”而获得的军功。他的父亲宋君豪，是清同治五年编修族谱的主编之一。如果不是去世较早，宋起海

有可能也会跟父亲和两个哥哥一样，给自己捐纳秀才。

宋起文（1832—1900），传记较短，从"身虽务农而心实超出于农业者流……取财有道，见得而毋苟得……能创家业，积健为雄"[1]的描述看，他可能是青壮年时从事板业，晚年回家务农。

宋起裕（1854—1906），1925 年组织编修族谱者宋起周的弟弟。他的传记，可能是宋起周安排他的女婿林桂馨来撰写的。传记很简短，也看不出有何事迹。从"犁云锄雨，手足胼胝""忽尔仙游"的描述看，宋起裕主要是务农，去世得比较早。

6.4　妇女立传

56 篇传记中，有 9 篇是为杨家堂的妇女写的。16% 的占比不是很高，但也属于不小的分量。这 9 篇传记的传主一共是四位，分别是宋国彦之妻杨氏（3 篇）、宋国刚之妻叶氏（4 篇）、宋起海之妻刘氏和宋企璜之妻许氏。族谱之所以为这几位妇女立传，一方面是因为她们确实为家庭、为家族做出了大贡献，另一方面更是为了推行"节孝"的儒家规范。

宋国彦之妻杨氏，出生于 1822 年，于及笄之年（15 周岁）嫁到宋家。丈夫宋国彦（1820—1852），为宋德焕之次子，邑庠生。1843 年到 1847 年的几年间，杨氏接连生了三个儿子，长子为宋君恩，次子为宋君朝，三子为宋君銮。宋国彦去世时，杨氏 30 岁。杨氏之所以有三篇传记，跟她是宋君恩兄弟的母亲有很大关系，可以说是"母凭子贵"。宋君恩是宗族领袖，宋君朝和宋君銮也是在家族中有较高地位的秀才，三人的传记加起来有 9 篇之多（宋君恩 5 篇，宋君朝和宋君銮各 2 篇）。杨氏的三篇传记，分别是清同治五年（1866）蔡毓贤撰写的《杨氏节传》、清光绪七年（1881）蔡育贤[2]撰写的《宋母杨老孺人六旬寿序》和清光绪十一年（1885）叶成圭撰写的《凤翔公暨杨孺人行述》[3]。[4]

《杨氏节传》写于清同治五年，这一年杨氏 44 岁，此文的背景是恰逢宋氏宗族编修族谱，长子宋君恩在捐纳秀才的同时，又向省府申请了为杨氏"竖节孝坊

1　清光绪十一年蔡育贤撰《起文仁兄传》，全文见附录。

2　蔡毓贤为杨氏的同辈之人，蔡育贤为杨氏的侄子，不是同一人。

3　文中有"岳母寿近古稀"之语，结合杨氏出生于 1822 年和宋氏宗族于清光绪十一年编修族谱，故推测该文写于清光绪十一年。

4　三篇传记的全文见附录。

以旌妇道"。蔡毓贤称赞嫁到宋家的杨氏:"以彼十年乃字[1],中馈[2]称能,三日入厨,作羹早谙,诸姑有问,娌姒称和,如兹淑慎,宜其偕老,君子如琴如瑟者也。"这是传统时代一名模范妇女的画像。丈夫去世后,杨氏尽管有"哭倒杞妇之城,泪染湘君之竹"的悲痛,但是面对"子如桂肯慰母心,孙似兰常绕我膝[3]"的家庭责任,她选择了"发封不解[4],断臂奚辞,誓古井而为心,抚孤松而作节"。

《宋母杨老孺人六旬寿序》是为庆祝杨氏六十大寿而写,作者是姻侄蔡育贤,祝寿者包括举人叶廷芬、国学生周功扬,候选官员叶浩然、叶斐然、叶庭槐、邑庠生叶敦临、叶成圭等人。这份名单反映了姻亲家的实力。《寿序》概括了杨氏的成就:"孺人勤劳家务,凡事总以节俭为先。饶有赢余,则柘(拓)田园、广舍宇、乐施济,四德兼全。三子甫及成童,孺人督速课之于学,诚不愧于画荻以教子者。长子先能用母命,弱冠补弟子员。及诸弟俱已成立,亦皆授室。十余年间而桂子联芳、孙绕膝,而孺人冉冉迈矣。"杨氏在丈夫去世后,以一己之力将三个儿子都培养成才,并且为他们娶了媳妇,其中长子宋君恩还获得了秀才的功名,又让女儿嫁入了大户人家。在养育子女上,杨氏绝对算得上标杆。

《凤翔公暨杨孺人行述》成文最晚,作者是杨氏的女婿叶成圭。此文虽为宋国彦和杨氏夫妇的合传,但主要篇幅还是写杨氏(时年63岁)。这也是三篇传记中信息量最大的一篇,除了赞扬杨氏的品行,还颇为详细地记录了杨氏的人生轨迹。

叶成圭描述丈夫去世时的杨氏:"尔时最惨者岳母一人,内顾房帷寂寂无声之情景,泪血同流;下观儿女呱呱待哺之形容,肺肝几裂。"不过,杨氏并没有被悲痛打倒,"与其泥从夫之义,何如明爱子之情为尤正也;与之矢损躯之忱,何如操齐家之道为更切也"。此后,她"治剧理烦,事皆己任。行有余力,则训子以诗书,教女以锦绣""延至咸丰戊午(1858),发匪扰境,不无攖心,尤多费用,岳母措之裕如。来年寇退,旋里修其墙屋,兼之大舅授室,亦皆独力主持。及十一年(1861),兵燹复兴,家居茅蓬之下,复为二舅举行合卺之喜。非足智多谋者敢为之乎?自是同治三年(1864),大舅鹊桥重度矣。五年,雁塔初登矣。六年,三舅鸳枕谐音矣。九年,幼女茑萝有托矣。迭庆华堂,皆难节用。复兴厦屋,尤化多金"。

---

1 "十年女乃字",出自宋代方回的《大衍易吟四十首》,直面意思是"经过十年的岁月,女性展现出优秀品质"。这里用"十年乃字",可以理解为杨氏在家中经过十年的学习和规训,具备了优秀的女性品质(然后才嫁到宋家);也可以理解称赞杨氏的守节(杨氏从30岁守寡,到44岁时已有14年)。

2 中馈,指家中供膳诸事。

3 杨氏在丈夫去世时尚无孙儿,在44岁时应该已有。

4 即成语"束发封帛",意思是妇女忠贞不渝。出自《新唐书·列女传·贾直言妻董》。

根据叶成圭的叙述，从丈夫去世（1852 年）到长子宋君恩 16 岁结婚（即清咸丰九年，1859 年）的 7 年之间，杨氏在宋家所起的作用是"独立支持"。宋君恩结婚之后的若干年，尽管两个儿子陆续成年，可以逐渐分担家庭责任，杨氏也依然在扮演家长的角色。一直到清同治九年（1870）小女儿出嫁，杨氏才算完成她在宋家的人生使命。晚年时的杨氏，"桂子满庭，各家其事；兰孙绕膝，各衍其支"，她本人"寿近古稀，康强如故"，可谓是功德圆满。清光绪二十二年舒桂芳《君恩公名企祁公孝行叙》载："丙申（1896）初夏甫度五日，母氏杨猝然不豫，无疾而终于内寝。"杨氏去世时 74 岁，在古代这算是高寿了。

杨氏的三个儿子，对母亲也都有很深的感情。长子宋君恩，因为母亲教导他"学圣贤正心修身之学，毋糟粕，毋习俗，毋猎取功名，惟冀优游庭帏，聚顺一堂足矣，胡远游劳予倚门倚闾为？"，于是"决意不复进取"（即放弃科举考试）。三子宋君銮，也因为"老母年逾服官""遂退处家庭，不复操儒业"。尽管都是托词，但也说明宋君恩和宋君銮对母亲的孝顺和感恩之情。按舒桂芳的说法，宋君恩学习医术和堪舆术，甚至咸同年间组织民众自保，都是源于母亲交代或需要。[1] 次子宋君朝，"事母尽孝，冬日进饭先熘其案，曰'老人每食缓，恐易冷也'；夏日之夕，常至母室挥蚊；蚤生则捻纸预渍脂膏，母将寝乃烛之；衾裯褻褕，检括必遍；次晨问母安否，稍不适则以为亏疏，多吾咎也"[2]。母亲去世时，宋君恩"哭泣呼号，哀毁骨立，其悲戚非言语所能状者"[3]（舒桂芳《君恩公名企祁公孝行叙》），宋君朝"与伯兄杏庵公焚香讽诵佛经，益以近世销褆修愿之言"[4]。

宋起海之妻刘氏，出生于 1833 年，丈夫去世时她是 31 岁。族谱卷五"宋起海"条载，刘氏是"城东国学生刘永明公之女，名珠精"。清光绪十一年（1885）周文源撰写的《宋刘氏记》列举刘氏的功绩："知三从，娴四德，故当进田园，建房屋，纵蒙提携于昆玉；而其娶佳媳，嫁令女，实由裁制于心身。"[5]清光绪十一年时，刘氏 52 岁。她在丈夫去世后，在大伯的帮助之下，买了田地，建了新房；又将儿子和女儿抚养成人，并为儿子娶了媳妇，让女儿嫁了人家。周文源称赞刘氏的才干是"德虽秉于女柔，才实胜于男刚"，称赞她的品行是"矢志靡他，石之贞也可比；苦节自励，冰之清也奚殊？"

1　清光绪二十二年（1896）舒桂芳《君恩公名企祁公孝行叙》。

2　民国十四年（1925）宋微封《先大父国学公家传》。

3　清光绪二十二年（1896）舒桂芳《君恩公名企祁公孝行叙》。

4　民国十四年（1925）宋微封《先大父国学公家传》。

5　全文见附录。

宋企璜之妻许氏，传记只说是"青年守志"，未交代丈夫去世时她的年龄，也没列举子女情况。比起其他三位女性，许氏可能是更让人唏嘘的一位。我们不知道她的名字，也不知道她的生卒年，更不知道她从什么时候开始守寡，以及守寡了多少年。她应该是没有子女，否则传记里一定会记录下这份对夫家而言"最大的功劳"。传记的作者是"城东廪贡生"蔡毓贤，他的价值观也代表了传统时代对妇女的期望（和禁锢）。蔡毓贤称赞作为宋家媳妇的许氏："事舅姑而鸡鸣凛节，相夫子而蚕织攸宜。"他表扬为丈夫守节的许氏："与其波澜水起，徒偷一日之生，何如霜雪冰清，独全一身之节。"

宋国刚之妻叶氏，在族谱中有四篇寿文。以文章的数量论，叶氏仅次于宋君恩，可见其在宋氏家族中地位之高。叶氏之所以有此地位，是几个重要因素共同作用的结果。

第一个原因是她本人很高寿，去世时的年龄未见记载，但我们知道她是在1902 年过的八十大寿。

第二个原因是她的丈夫宋国刚在宋氏家族中也有相当高的地位。宋国刚（1828—1890），宋国彦之弟，也是一名国学生，因"御寇有功"而被赐以六品军功。宋国刚对宗族事务也极为热心，除了参与编修族谱，还"凡有造庙宇者，盖踊跃而乐助；有修桥路者，亦慨慷而喜捐"。杨家堂的舞龙队，也是在他"倡立灯祭"之下才成立的。[1] 叶氏比丈夫大 6 岁，她 60 岁时，宋国刚 54 岁，正是在家族中担当顶梁柱的时候。子辈们为叶氏祝寿，一半也是看宋国刚这位宗族领袖的面子。

第三个原因是娘家也很有实力。清光绪八年的寿文有三篇，其中两篇分别出自侄婿、郡庠生叶成圭和候选左堂[2]、内侄叶庭槐之手。叶成圭即宋国彦的女婿。从这里也能看出，宋、叶两家的关系非常紧密。第三篇寿文即《叶孺人六旬寿文》，作者是时任陕西学政的樊恭煦（1845—?），这是宋氏族谱的所有传记作者中官阶最高的一位（图 6-3）。能够请到这位樊大人亲自为一名山村老妪写寿文，足见宋国刚及其亲属的社会活动能力。出面邀请樊恭煦的，是叶氏的女婿叶嘉勋。据樊恭煦说，叶嘉勋是他父亲在松阳儒学任职时的故交。叶嘉勋也是一名邑庠生（图 6-4）。

1　清同治五年（1866）宋起聪撰写的《国刚公传》，全文见附录。

2　即候补县丞。

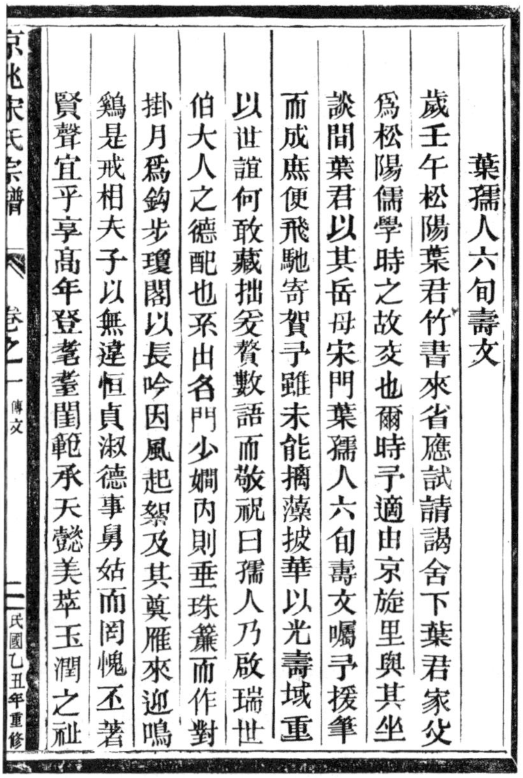

京兆宋氏宗譜　卷之一　傳文

葉孺人六旬壽文

歲壬午松陽葉君竹書來省應試請謁舍下葉君家父
為松陽儒學時之故交也爾時予適由京旋里與其坐
談間葉君以其岳母宋門葉孺人六旬壽文囑予援筆
而成庶便飛馳寄賀予雖未能摘藻披華以光壽域重
以世誼何敢藏拙贅數語而敬祝曰孺人乃啟瑞世
伯大人之德配也系出名門少嫻內則垂珠簾而作對
掛月為鈞步瓊閣以長吟因風起緊及其奠雁來迎鳴
鷄是戒相夫子以無違恒貞淑德事舅姑而閫愧丕著
賢聲宜乎享高年登耄耋閨範承天懿美萃玉潤之祉

民國乙丑年重修

图 6-3 陕西学政樊恭煦撰写的《叶孺人六旬寿文》局部（图片来源：《京兆宋氏宗谱·卷一》）

京兆宋氏宗譜　卷之一　壽文

恭祝

皇清例贈孺人晉贈安人宋母葉老安人八旬壽序

粵稽歌稱壽母魯頌之詞曲譜壽人唐山所製大抵表
著儀範祝嘏不尚乎浮詞闈揚德輝播光取諸實行
也惟我　岳母葉孺人秉善心而延壽樂晚景以永年
系原望族嬪於各門壺範鳳彰儀型素著有德象諸篇
之肄無幃房跬步之踰不特刺鳳描鸞博士稱堪宛若
抑且挽車提甕少君媲有由歸我　岳丈宋相公諱鳳
儀懷鷄窗而戒旦有善必師舉鴻案以齊眉如賓相敬
四德兼優儼湘君之再世三從是懷似敬姜之可風謹

民國乙丑年重修

龍飛光緒二十八年歲次壬寅仲秋月十有三日　穀旦

邑庠生門下塔　葉嘉勳頓首拜撰
拔貢生眷侄孫　許作舟頓首敬書
按察司照磨應貢生　蔡志和
授武義汎把總舉人姻愚弟葉廷蘭
候選訓導歲貢生　徐紹楨
國學生姻姪　蔡毓淮
國學生內侄　葉庭槐
邑庠生姪婿　葉成圭全拜祝

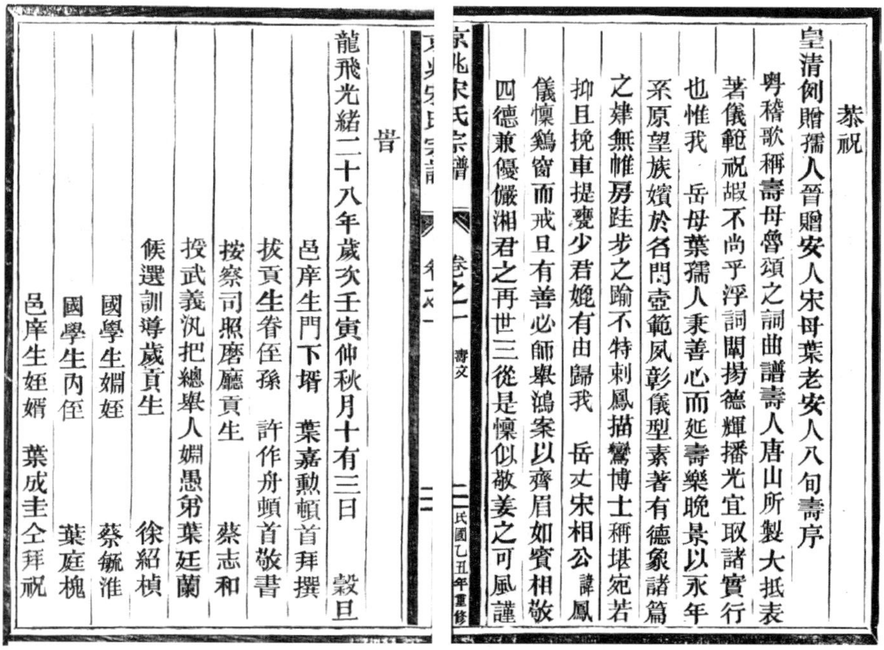

图 6-4 叶嘉勋撰写的《恭祝皇清例赠孺人晋赠安人宋母叶老安人八旬寿序》局部
（图片来源：《京兆宋氏宗谱·卷一》）

第四个原因是叶氏的"高风亮节"。叶氏庆祝八十大寿时，是叶嘉勋写的寿文。这篇寿文除了像前三篇寿文歌颂一样歌颂了叶氏的品行之外，还提供了一些关于叶氏人生的信息。寿文中说叶氏："始钟一鳞以衍庆，继毓二凤而增祥；子大求婚，迎淑女于巨族，勿计厚奁；女贤择配，选佳婿于寒门，勿索重聘。"叶氏生有一子二女，她为儿子娶了媳妇，让女儿嫁了人家。儿子名为宋君尧，"方期绥以眉寿，昌厥后嗣，无何子赴修文之召[1]"，英年早逝了。族谱记载，宋国刚有三个儿子，其中二子宋君庆出生于1881年，三子宋君选出生于1886年，他们都不是叶氏所生，而是出自宋国刚的妾室。宋国刚去世于1890年，其时宋君庆9岁，宋君选4岁。对这两个庶出之子，叶氏"提携抚养，竭尽劬劳，教育栽培，备尝辛苦，机织余闲，篝灯课读"。兄弟俩"得此慈训，蔚为英才""伯也企襄，身膺国学，树帜于桥门；仲也企均，名列黉宫，采芹于泮水"。叶氏八十大寿是在1902年，此时宋君庆21岁，宋君选16岁，都已经获得了秀才的身份。

为杨家堂妇女们撰写传记和寿文者，除了一人是陕西学政这样的高官之外，其余都是本县的秀才。这些文章堆砌了很多的华丽词藻，列举了很多的历史典故，以至于我们今天阅读起来都感觉有相当的困难。作为一个板商村，杨家堂的男人们大多要把主要精力和时间投放在外出经营上，此时家庭的重担（包括家务和农活，也包括养育子女）必定会更多地落在妇女们的身上。相比于一般的村落，杨家堂的妇女们一定是付出了更多的努力，也做出了更大的牺牲。这应该是杨家堂宋氏族谱之所以有9篇妇女传记（寿文）的原因。杨家堂的秀才兼板商们，有不少都是父亲早逝、由母亲养育长大的。在妇女的传记中，和在一些秀才自己的传记中，我们都不难读到他们对母亲舐犊之情的感激。不过，对于我们更为关心的、妇女们为家庭和村落做出了哪些具体的事迹和贡献，传记和寿文虽然也提供了部分信息，但总体说来是偏于笼统和模糊。杨家堂的秀才们最看重的，还是妇女们的"节孝"，而不是她们的具体事迹。

杨家堂宋氏宗谱的传记编纂，深刻体现了传统宗族社会在历史书写中的独特逻辑与文化策略。通过对族谱中传记的梳理，可归纳出四大显著特点：生人立传的实践突破、素人立传的价值重构、妇女立传的伦理叙事和传记编纂的代际传承。这些特点不仅反映了宋氏家族在特定历史情境下的生存智慧，也揭示了儒家伦理与宗族利益交织下的社会运行机制。

1　修文赴召，意指文人因才情出众而被上天召唤去撰写文章，多用来婉指文人英年早逝。

其一，生人立传的实践突破，打破了传统史志"盖棺定论"的惯例。宋氏族谱的传记大多为在世者所立，这一现象根植于熟人社会的运行逻辑。在宗族内部，传记不仅是记录功绩的工具，更是强化认同的纽带。通过为生者立传，家族得以"锚定"成员的社会角色，激发其责任感与荣誉感。比如清同治五年（1866）编修族谱时，年仅23岁的宋君恩便以军功和秀才身份立传，此举既是对其个人能力的肯定，也是对"人才梯队"的规划。此外，族谱编修依赖族人捐资的现实需求，也促使家族通过立传"回报"贡献者，形成一种隐性的利益交换机制。这种"生人立传"的灵活性与实用性，与官方方志的严谨性形成鲜明对比，凸显了民间社会在历史书写中的务实取向。

其二，素人立传的价值重构，体现了宗族对实际贡献的重视。族谱中约四分子易的传主并无秀才功名，他们或因经营板业积累财富，或因主持家族事务凝聚人心，从而获得立传资格。这种"素人立传"的现象，折射出宋氏家族在士商关系中的微妙平衡。尽管儒家文化标榜"士为四民之首"，但商业实践的实际效益与宗族发展的现实需求，使得商人阶层在族谱中占据一席之地。比如宋国义虽科举失利，却因"恢宏前业"被赞为"忠厚之报"，其传记通过强调"幼举儒业"来弥合士商身份的矛盾。这种书写策略在维护儒家伦理权威的基础上，也为商业活动给予了肯定，体现出宗族在文化认同与经济利益间的调和。

其三，妇女立传的伦理叙事，揭示了性别角色在宗族秩序中的复杂定位。族谱中9篇妇女传记虽占比不高，却集中体现了儒家"节孝"观念对女性的规训。如宋国彦之妻杨氏，因守寡育子、持家有方被塑造成"节妇典范"，其传记通过"母凭子贵"的逻辑，将女性价值依附于男性成就。又如宋国刚之妻叶氏，因高寿与夫家地位显赫，其寿文成为彰显家族社会网络的载体。值得注意的是，妇女的贡献多被简化为"勤俭持家""教子有方"等符号化表述，具体事迹则湮没于道德颂扬之中。这种书写方式，既是对女性实际劳动的文化遮蔽，也是宗族通过伦理叙事巩固父权结构的策略。然而，妇女立传本身仍具有一定的进步意义——它承认了女性在家庭延续中的不可或缺性，并在有限的框架内为其留下历史痕迹。

其四，杨家堂宋氏宗谱的传记编纂，展现出显著的代际传承与主题延续性。六次宗谱编修活动（1805—1925），从十四世宋宏堂开创板业到二十世子孙投身现代教育，时间跨度超过百年。传记始终围绕"恢宏前业""重教尚德"的核心主题展开，形成家族精神的连贯叙事。宋宏堂的经商智慧与公益精神被其子宋德焕以"持家有道"继承，后经国字辈、君字辈不断强化，至起字辈仍以"修谱建祠"延续

宗族使命。这种连续性不仅体现在传主身份的血脉相承上，更反映于编修者对儒家伦理的坚守与变通——从早期强调科举功名到后期兼容新式教育，传记始终服务于家族凝聚与社会声望的维系。尽管时代更迭导致板业式微，但宗谱通过选择性记录与道德包装，将家族记忆锚定于符合儒家观念的理想图景之中，最终构建起一部跨越封建与近代、兼具实用与象征意义的动态家族史。

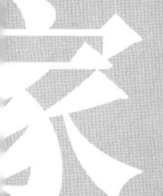

第 7 章

村落格局

杨家堂是松阳山地村的典型代表，自然条件是造就杨家堂村落格局的基础因素。位于山坳之中的杨家堂，被茂密树林所环抱。村落依山坡建造,形成阶梯式布局。(图 7-1)

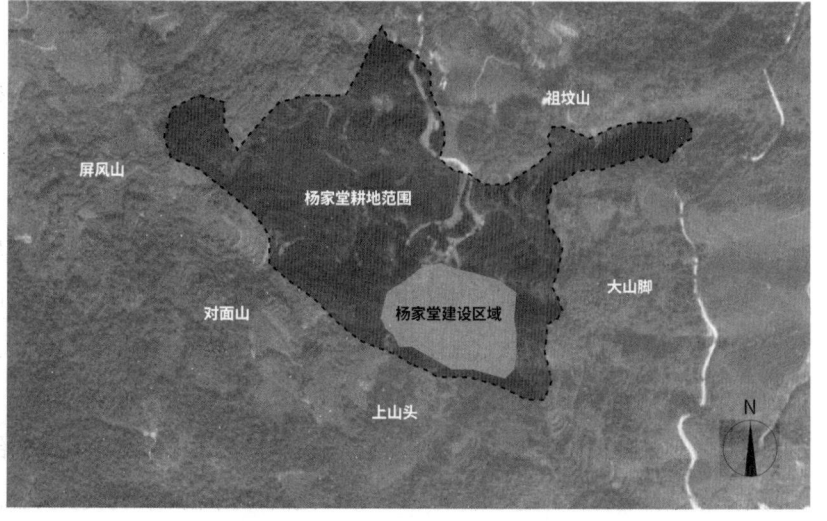

图 7-1 杨家堂被五座山包围

杨家堂的村落格局，是宋氏家族历经多代人持续建设而成的结果。前文列举了杨家堂历史发展的三个重要节点,即 18 世纪中后期、19 世纪 60 年代和 20 世纪初,分别对应的历史事件是宋宏堂从事板业发家、太平天国运动和废除科举。以此历史阶段划分为基础,结合建筑年代的分析、村民口述史的采集和宋氏族谱的整理,笔者将杨家堂的格局变迁分划为三个阶段。第一阶段是 17 世纪中期至 18 世纪中后期,此时的杨家堂与附近山村并无两样,甚至状况更差。第二阶段是 18 世纪中后期至 19 世纪中期,宋宏堂以经营板业发家,并率领族人建设了宋氏宗祠,几座主要的三合院大宅也在此阶段建成,由此初步奠定了杨家堂村的整体格局。第三个阶段是 19 世纪中期至 20 世纪初期,杨家堂的建设区趋于饱和,遵循了当初宋宏堂对于村落规划的设想,同时又建成了几座庙宇,最终使杨家堂的村落格局呈现出清晰的规整性和秩序感。

7.1 "五龙"和古樟

杨家堂位于松阳县东北侧三都乡的山区之中,距离县城约 8 千米。宋氏家族从三百多年前开始,陆续建设了民居、宗祠、庙宇及学堂等建筑,最终形成了今天的村落格局。

山坳是导致杨家堂村落格局形成的一个重要因素。杨家堂坐落在半山腰上，山坡向西，这也是村落的朝向。从杨家堂建设区的西侧最低处到东侧最高处，高差有30米。杨家堂被对面山、屏风山、祖坟山、大山脚和上山头这五座山所环绕，它们成为守护村落的天然屏障。村民也将五座山视若神明，称其为"五龙神"，并供奉在社庙之中。村子东、西两侧，各有一片相对平缓的坡地，被村民们开辟为梯田。农业是村落赖以存在的基础，这两片适合开辟为梯田的缓坡地，或许就是杨家堂先民选择在这里定居的原因。

古樟树是导致杨家堂村落格局形成的另一个重要因素。樟树在中国民间文化中有象征长寿、吉祥和繁荣的意义，常被视为"风水树"。在浙江金华、衢州、丽水一带，老百姓经常将两棵在一起的大樟树称为"樟树老爹""樟树娘"，而单独的一棵则称为"樟树娘"。[1]古人在建村择址之时，或是选择已有古樟树的地方聚居，又或在定居之后再栽下樟树。杨家堂建村350年，村中最古老的樟树已有500年的树龄，说明部分樟树在建村之时就已经是150年的大树。杨家堂宋氏的始迁祖，可能是有意选择在樟树林之处定居。在1949年之前，杨家堂的樟树又多又密。图7-2中的1号樟树和2号樟树，被村民称为"夫妻树"（1号是"樟树老爹"；2号樟树是全村最大的樟树，树龄约500年，为"樟树娘"）。

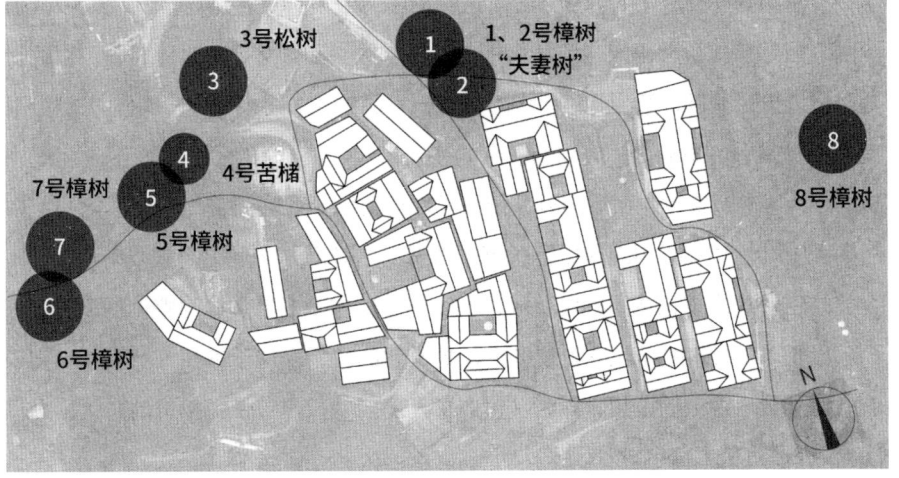

图7-2 杨家堂古树统计

3号古树是一棵松树，树龄未知，位于村礼堂旁边，20世纪70年代被村民砍伐、用于建设新小学。村民回忆，这棵松树的周围曾经有一片樟树林，也是在那

---

1 黄新华.浙、赣、闽民间樟树信仰风俗及其成因分析［J］.地方文化研究，2015（5）：93-99.

个时期被砍伐了，木材卖给了林业局，资金也用于建设新小学。4 号苦槠和 5 号樟树，位于西侧村口广场处，苦槠树龄约 100 年，樟树树龄约 300 年。5 号樟树下有一座四相公庙。杨家堂的西侧村口处（距离 5 号樟树以西约 30 米），曾经有两棵大樟树，即 6 号和 7 号古树。从西面山下进村，只见这两棵大樟树的枝叶交织在一起，风一吹就飒飒响，从外面完全看不到村庄。但这两棵古树大约也是在 20 世纪 70 年代倒塌。当时有一只野猫窜进树洞，有人丢了一把点燃的稻草进去，想把野猫熏出来，没想到树洞里堆满了枯叶，致使火苗变成大火，把两棵树各烧了一半。剩下的一半，不久也倒塌了。村东侧还有一棵大樟树，即 8 号古树，树龄也有大约 500 年。

杨家堂坐落于山坳，五座山从东北、西南、东南三个方向将村子围合，西北方向则有众多古树将村子遮蔽，由此形成一个相当封闭的环境。山和古树划定了村子的边界。边界之内，是村民居住的世界；边界之外，是田地、山林和庙宇。洪铁成总结杨家堂的选址："四灵齐备，十分妥实；坐东朝西，左青龙略长，林木葱茏，右白虎稍短，植被茂盛；后玄武高大坚实,，嫩山凸现，名木古树森然；前兑为金，明堂开阔，朝山尖尖可人，距离不远不近，尺度适中。"[1]

在五座山和古树界定的范围内，杨家堂人沿着山坡建设了 27 幢民居和 1 座宋氏宗祠。山坡东高西低，村口位于西侧。房屋建设地最高海拔 330.31 米，最低海拔 299.45 米，高差约 30 米。杨家堂的建筑用地，大体上可以分为七个阶层；相邻阶层之间的高差为 4~5 米，每个阶层有 2~5 幢民居，并在屋前留出南北向的道路。东侧最高层的路宽 1.8 米；从东数起第三层的道路是村内主路，宽 2.6 米。在落差大的地形下建造房屋，层层叠叠的效果十分明显（图 7-3）。祠堂作为村落最重要的公共建筑，修建在村子的靠西侧。从村口进入杨家堂，第一眼看到的建筑便是宋氏宗祠。

边界外有梯田、树林和 3 座庙宇。社庙位于杨家堂村北侧，供奉"五龙神"。在对面山的山腰处，修建有道观青云宫。在上山头靠近山顶的地方，修建了求雨的鹿龄寨殿。西北侧地势较低，且相对坡度较小，是杨家堂最主要的耕地区域。这样的布局符合山地村的建设需要，既将可耕种的土地最大化利用，又将房屋建造在距离耕地较近的山坡上。在村子的东南方向，大山脚和上山头之间有一块坡地，也被村民开发为梯田。这块梯田面积较小且形状不规则，耕种价值不如山下的梯田。

---

1 洪铁城 . 走进杨家堂［J］. 城乡建设，2014(6)：95-96.

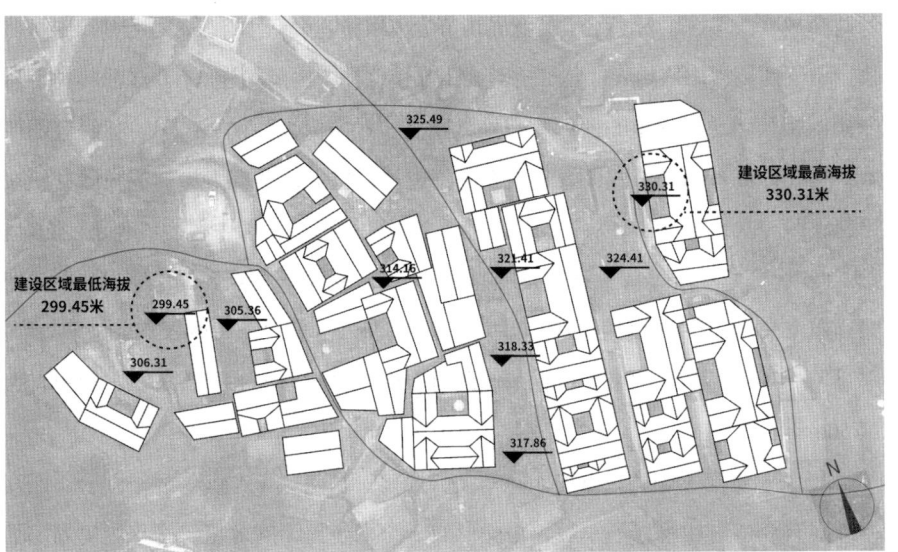

图 7-3　杨家堂建设高差

7.2　水系和水口

水系对村民的生产生活十分重要。有的山地村傍水而居，比如泉址村和后湾村，有较大的溪流穿村而过；有的村落建设有公共的大水池来蓄水，比如酉田村和半岭村，曾在村口修建水池。杨家堂没有沿溪流建房，也从未建设过公共大水池，而是修建水渠从山间溪流引水。

松阳山区降雨充沛，雨水在山间汇集为溪流。村民修建水渠，将溪水引入梯田和村庄，成为生产和生活用水。杨家堂的东南方有一条水渠，将溪水引入东侧山上梯田，再从东南角进入村内，沿村内主路向西，在西侧的水口流出，之后浇灌西侧山下的梯田。水流通过山地高差，逐级浇灌梯田；水流穿村而过时，村民可获取生活用水。流经村内的水渠，宽 80 厘米，深 90 厘米。"梯田—村落—梯田"所形成的三个层级，让水流得到充分利用。杨家堂的水系汇入泉址村的溪流，最终流进松阴溪。

为杨家堂提供生产和生活用水的溪流，属于山间小溪，水量较小。当溪水不充沛时，首先要满足东侧山上梯田灌溉，村内水渠可能会出现缺水的状态。杨家堂偶尔会出现旱情比较严重的情况，此时就需要从距离 700 米远的泉址村溪流人工提水浇灌西侧山下的梯田。村内还设有两口水井，东侧和西侧各一个。部分家庭在后院设置有收集雨水的水池。（图 7-4）

杨家堂的水口位于村西头，水口即溪流出村之处。在古时，村落的水口往往也是村口。水口常伴随有古树和公共建筑，还多有景观化处理。杨家堂村的水口以遮天

蔽日的两棵古樟树作为标识，它们和周围的山林构成村落的自然边界。水口西南方的山坡上有两棵笔直挺拔的松树，据说是象征着"文笔"。[1] 村民从山下回村时，沿着潺潺溪流上山，先经过梯田，再穿过一片古树，然后一下看到村落全貌，顿时产生豁然开朗之感。水口作为重要的空间节点，体现了水系与村落的紧密关系。（图7-5、图7-6）

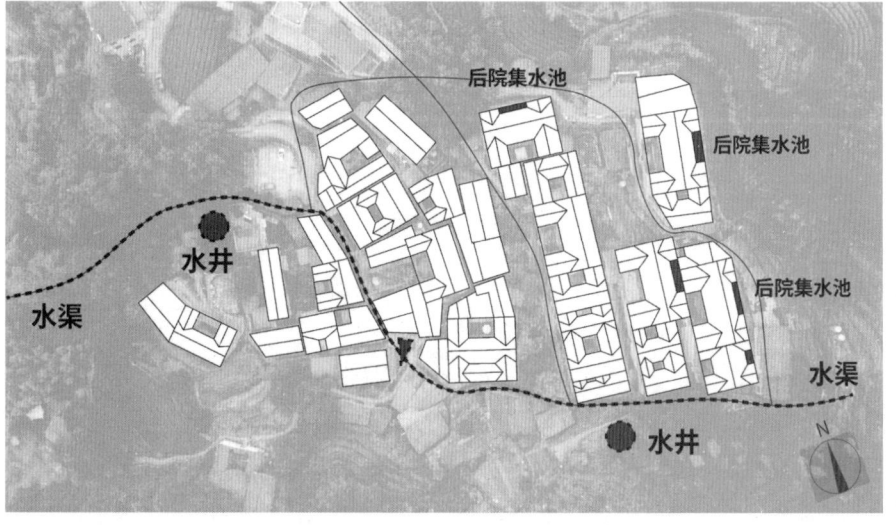

图7-4 杨家堂水系图

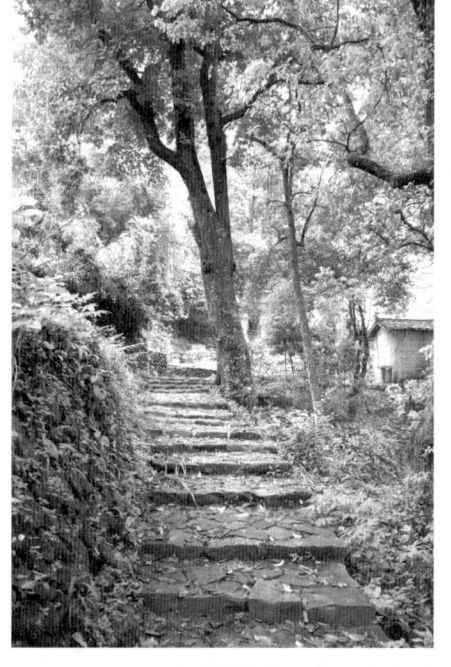

图7-5 杨家堂的水口（从西向东看）

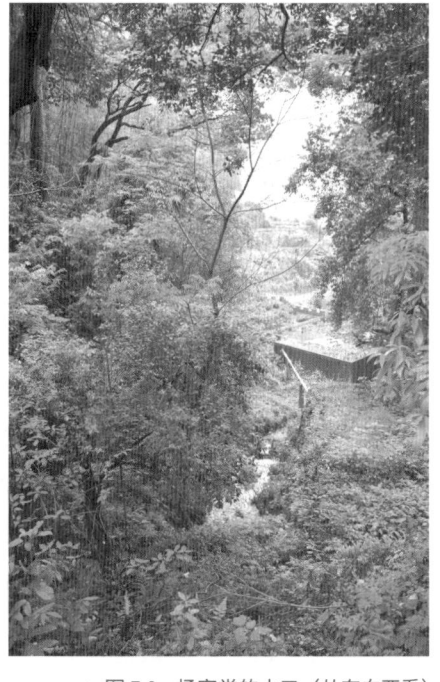

图7-6 杨家堂的水口（从东向西看）

---

1 水口的路边还有几棵栲树，有说法认为这是象征了"考科举"。但栲树在历史上并无科举的联系，故此说有待证实。

7.3 格局变迁

结合族谱解读、口述史收集及建筑风格比较，可以推测出杨家堂村落格局的形成过程。村落历史上的一些重点事件和重要人物，在族谱中有记载。通过村民口述访谈，可以了解近代以来部分房屋建造和居住者的信息。居住者与宗族谱系相结合，则可以反推部分房屋的建造人和建造时间。（图7-7）

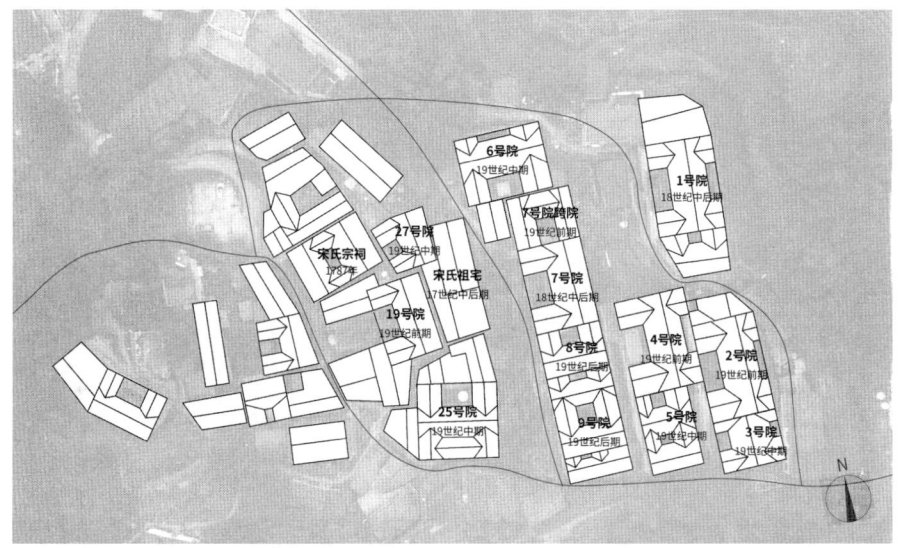

图7-7 杨家堂重点民居及其建造年代

在口述史采访中，杨家堂村老支书宋明重先生为我们提供了很多信息。宋明重先生居住在9号院，是宋宏堂的直系后代，他对民国以来杨家堂的房屋建设和居住情况十分了解。

建筑风格也能帮助我们区分建造年代。相同时代的建筑，往往风格相近。这一点尤其体现在三合院正立面的厢房山墙上。大致说来，18世纪中后期至19世纪中期的三合院，厢房多用阶梯式风火山墙加白灰抹面，比如1号院和7号院；19世纪中期的三合院，厢房山墙多用硬山起翘加白灰抹面，比如27号院；19世纪后期的三合院，厢房山墙多用硬山起翘加裸露黄土墙，比如8号院。

宋显昆是杨家堂村的始迁祖，他于1650年前后从三都乡深山区的呈回村迁居至浅山区的杨家堂村。建村的前百年间，杨家堂仅有寥寥数屋，这段时期宋氏的人口数量不增反降。宋显昆有五个儿子，到孙辈时仅有四人。再下一代的十四世，人口更少，仅有宋宏肃、宋宏资、宋宏堂三人。在这个阶段，宋氏也没有完全脱离呈回村，他们在祭祖时仍然要回到呈回村的宋氏宗祠。此时的杨家堂，只是松阳山区中一个很不起眼的居民点。

早期的民居，数量少而且形制简单。宋氏祖宅是杨家堂早期的民居代表，位于杨家堂村中部，为一字形平面的二层双坡顶民居，面阔约 10 米，进深约 5 米，没有院落或天井（图 7-8）。宋氏祖宅虽然没有拆除，但已经过多次改造。1750 年前后，杨家堂人口可能不到 20 人，大致有三四幢跟宋氏祖宅类似的房屋。（图 7-9）

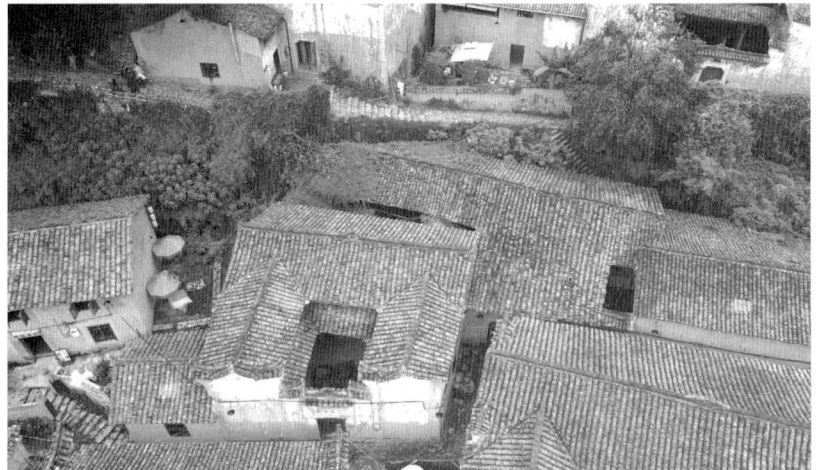

图 7-8　宋氏祖宅鸟瞰

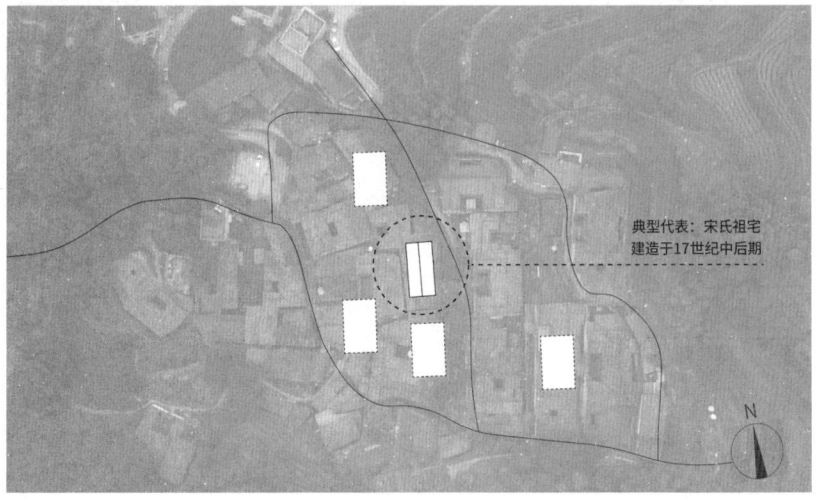

图 7-9　杨家堂 1750 年之前想象平面图

18 世纪中后期至 19 世纪初可谓是杨家堂的转折时期。宋宏堂经营板业，改变了个人和家族的经济状况。他为自己捐纳了秀才，还带领宋氏族人开展村庄建设。按照宋宏堂年龄推算，在 1780 年（宋宏堂 45 岁）左右，宋宏堂老宅即 7 号院已经建成。此宅院为杨家堂第一幢合院民居。7 号院位于宋氏祖宅东侧的上一阶，坐东朝西，朝向与原宋氏祖宅基本一致。建筑是标准的三合院，通面阔 19.5 米，通

进深 13.5 米，二层，厢房配有四阶风火山墙，墙面白灰彩画。比 7 号院稍晚的时候，宋宏资（1731—1809）和长子宋德永（1751—1832）建设了另一幢三合院民居，即 1 号院［清道光十九年（1839）宋学朱写有两篇传记，《曾祖讳宏资公传》说"（宋宏资）置田山，建屋宇，艰辛既已备尝"，《伯祖父德永讳寿永传》说"公与我祖父别爨后，屋宇及身而建"，应该都是指 1 号院］（图 7-10）。1 号院与 7 号院的建筑规模和形制相仿。1 号院建在东侧更高的山地上，在三合院的基础上厢房向后部伸出一小段，成为 H 型布局（图 7-11）。

在松阳的传统村落，祠堂是很重要的空间节点。根据宋氏族谱记载，到清乾隆丁未年（1787），宋氏十四世的三兄弟已经育有后代 9 人，两代人一起建设了宋氏宗祠（图 7-12）。宋宏堂主导了祠堂的修建，"鼎建宗祠，公首先倡率，卒成钜工"[1]。宋氏祠堂选址在村西侧靠近村口的位置，是人们从山下进入杨家堂村最先看到的建筑。宋氏宗祠的建成，代表着杨家堂正式成为独立的村落，宋氏家族自此不再作为依附于呈回村的分支。

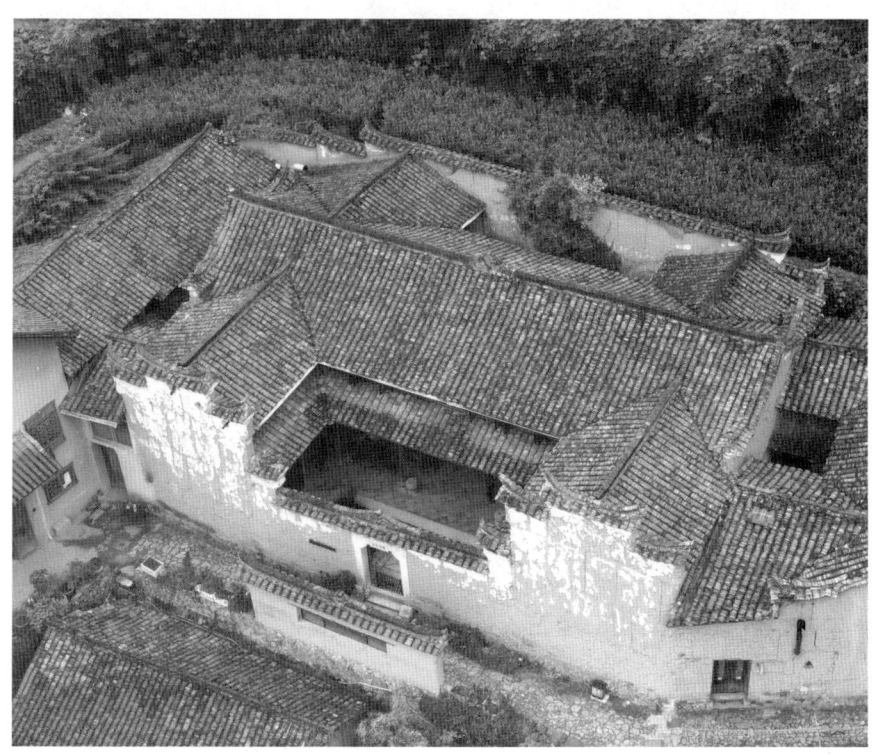

图 7-10　杨家堂 1 号院鸟瞰

1　方协华于清嘉庆十年（1805）撰写的《宏堂公传》，全文见附录。

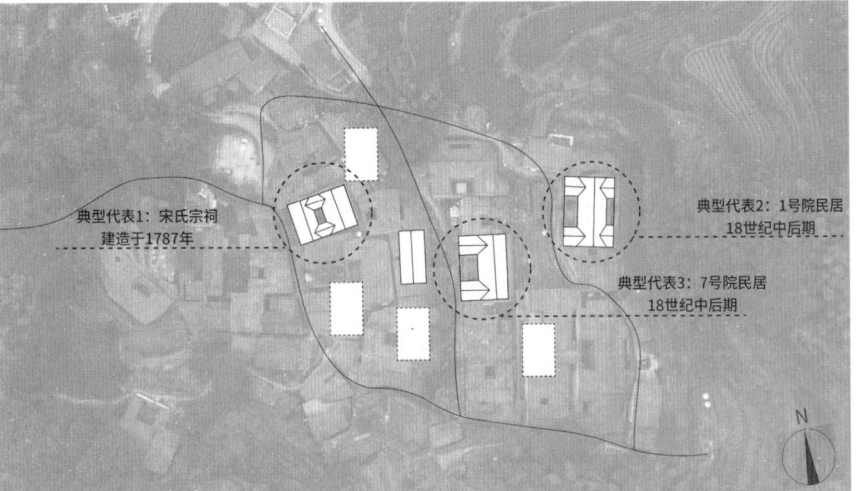

图 7-11　杨家堂 18 世纪中后期的建筑示意图

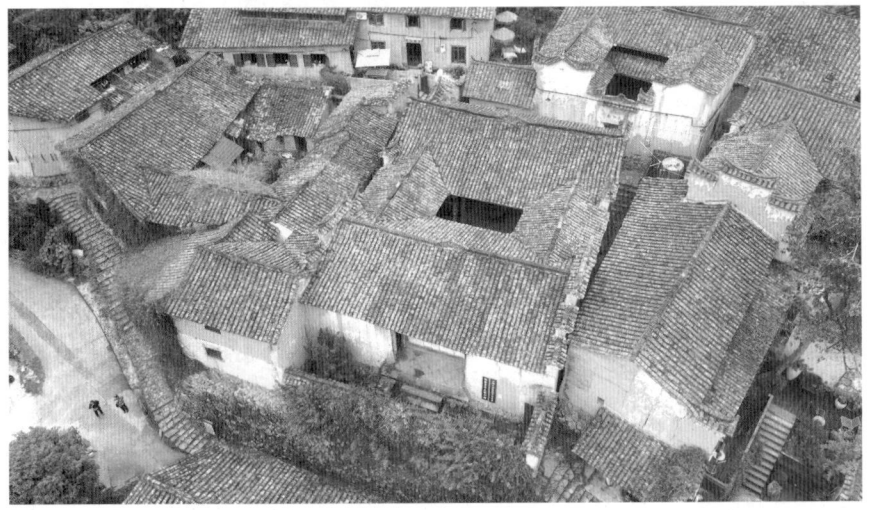

图 7-12　杨家堂宋氏宗祠及周边建筑

　　宋宏堂为杨家堂的村庄建设做出了大贡献。除了率领族人建成宋氏宗祠，杨家堂的道路、水渠等工程也是在宋宏堂的推动下建设完成的。宋宏堂还建起了可能是杨家堂最早的三合院大宅，由此奠定了杨家堂的民居建筑样式，使其从质量较低、舒适度较差的一字形房屋转变为规格较高的三合院大宅。

　　19 世纪初至 19 世纪中叶，是杨家堂稳定发展的时期。一方面，杨家堂人口稳步增加。宋氏十四世的男丁只有宋宏堂兄弟三人，十五、十六世和十七世的男丁则分别有 10 人、15 人和 32 人。人口的增加带动了房屋的建设。另一方面，这几十年间杨家堂的科举成绩也是代代延续，第十五世至十七世族谱记载共有 19 名秀才。这批秀才对村庄建设也起到了重要作用。

宋宏堂还曾为他的后代预留了建设用地。宋宏堂56岁才有儿子。他没有给自己建很多房屋,而是选择在7号宅院南侧和北侧各留下一块空地,作为后代的建设用地。宋宏堂此举,可以说是奠定了其房派宅院集中分布的基调。他的后代中财力较强的,就在附近选址、独立建房;财力稍次的,可以选择在7号院的南北两侧增建跨院(跨院的朝向垂直于主院)。(图7-13)

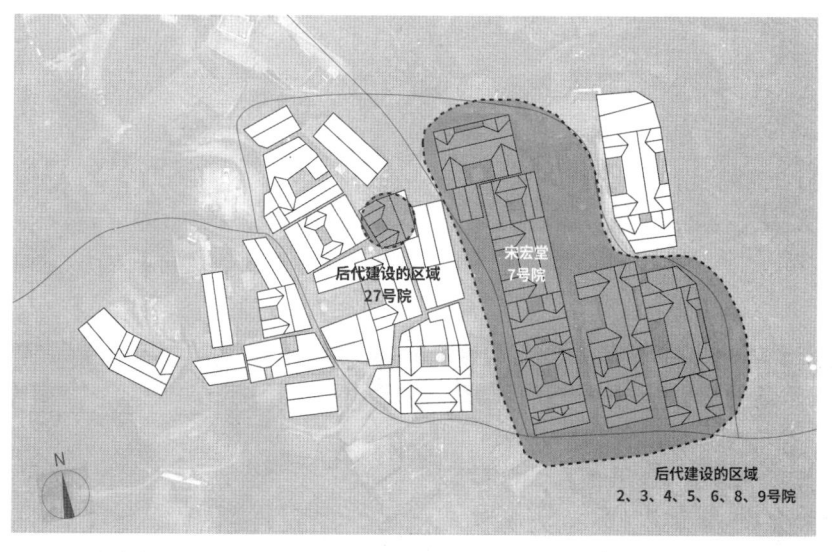

图7-13 宋宏堂后代建设区域范围

宋宏堂的独子宋德焕(1791—1851),大约于1820年前后在7号院主宅的北侧建造了跨院,以及跨院西侧的二层中医楼。19世纪中期,宋宏堂之孙宋国彦(1820—1852)和宋国刚(1828—1890)在7号院东南方更高位置的空地上,分别建造了2号院和4号院。2号院比4号院更高一阶(与1号院基本平行),4号院又比7号院高一阶,至此上三排的轮廓初显。后来宋国刚之子宋君选(1886—1926),又建了4号院的南跨院。

19世纪中后期,十七世宋君朝(1844—1916)建造了位于宋德焕宅北侧的民居6号院。6号院是杨家堂大宅院中唯一一幢坐北朝南朝向的。宋君朝在选择建设用地时,很可能是考虑到如果建在4号院或2号院的南侧,则会显得地位更低,恰巧宋德焕宅北侧还有一块场地,便选择在这里建房。这块场地的坡向已经变为南北向,不再适合建造坐东朝西的房屋,所以宋君朝宅便形成了坐北朝南、开门在东西两侧的独特布局。

19世纪后期,宋氏家族人口进一步增加。十八世和十九世的男丁分别有52人和94人。宋宏堂房派十八世的宋起杰(1859—1903)和宋起樵(1865—193?),分别建了8号院和9号院。这两处宅院从形制上看都不是独立的宅院,

而更像是附属于 7 号院的跨院。主房坐南朝北，厢房山墙朝向 7 号院。19 世纪末至 20 世纪初，同为宋宏堂房派十八世的宋起钰（1876—1930）在宋氏祖宅附近建了 27 号院。这是宋宏堂房派唯一未在上三排的房屋。民国初期，宋宏堂房派十九世的宋世臣（1892—？）在 2 号院的南侧建了 3 号院，作为 2 号院的跨院。至此，杨家堂上三排的房屋全部建成，形成了十分规整的空间格局。

宋宏资房派的住宅，则展现出随宜布置的特点。早期的 1 号院建成后，宋宏资房派仅建有两处大宅院。第一处建于 19 世纪早期，是十六世宋国礼（1786—1844）在宋氏祖宅西侧建的 19 号院，其朝向仍是坐东朝西。第二处建于 19 世纪中期，是十八世宋君纶（1837—1909）在 19 号院南侧建的 25 号宅院，朝向是坐南朝北。

五龙社殿和青云宫是杨家堂村比较重要的两座庙宇。族谱中的宋君恩传记说："至如村中之青云宫、五龙社庙，皆公苦心经营所建造者也。"[1]宋君恩出生于 1843 年，所以推测这两座庙宇都建于 19 世纪中后期。和建设祠堂一样，当村子繁荣时，人们就会重视庙宇的建设，作为拜神及祭祀活动的场所。五龙社殿位于村子西北侧，平面呈凸字形。青云宫位于村子西南侧，是一个三合院。两座庙宇如同门前的一对石狮，共同护卫着杨家堂村。在 20 世纪初，宋君恩还和堂兄宋君楣一起，在青云宫东侧增建了三层的迪德学堂。（图 7-14）

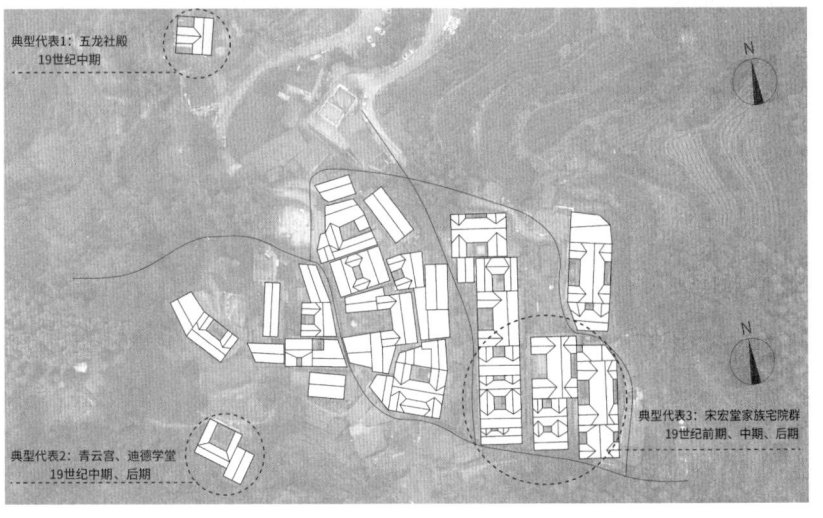

图 7-14　杨家堂 1900 年前后想象平面图

上三排民居是对杨家堂村落格局影响最大的区域。当 19 世纪后期上三排的房屋都建成时，杨家堂的村落格局也就基本确定了。上三排的规整性和秩序性，源

1　详见附录《杏庵公家传》。

于宋宏堂的儒家观念。20 世纪初，杨家堂的民居大宅全部建造完毕，村落格局形成，之后仅有部分小型民居的建造。以中部南北向主路为界，东侧上三排十分规整，主要为宋宏堂房派居住；西侧的建筑布置较为随意，主要为宋宏资房派居住。上三排的房屋均为合院式建筑，平面和立面都十分整齐，是宋宏堂房派五代人持续建设的成果。上三排的 2 号院到 9 号院也是互通的，房派共用的香火堂位于中心位置的老宅 7 号院内。这足以说明，宋宏堂对杨家堂的发展和规划起了奠基作用，而他的后代也有较高的文化水平和较强的家族凝聚力，遵循和延续了宋宏堂定下的规制。宋宏堂不仅是杨家堂走向繁荣的引领者，还是杨家堂的"规划师"。(图7-15)

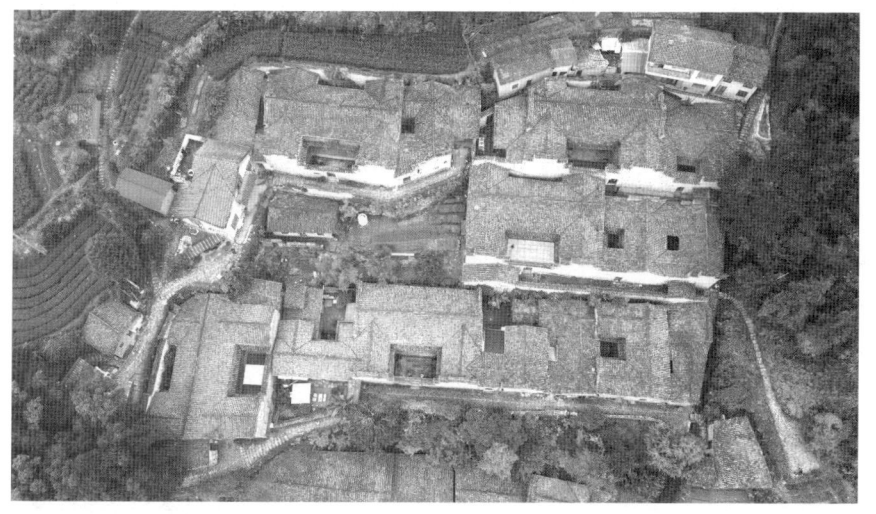

图 7-15　规整的上三排，互通的 2~9 号院

7.4 "金色布达拉宫"

杨家堂因其独特的村落格局，被誉为"金色布达拉宫"。这是自然因素和人为因素共同作用的结果。

第一个是地理因素。杨家堂建造在半山腰，房屋依山而建。相比于平地村，山地村的一大优势是能形成有层次感的立面外观。从对面山看杨家堂村，可以看到不同层级的建筑，这种视线上的层次感是平地村无法比拟的。即使是同样处于山区之中的后湾村，由于建设在溪流两侧较缓的坡地上，所以尽管规模更大，但是站在周围任何一个位置，都无法见到层层叠叠的效果。

杨家堂不仅建在山坡上，而且山坡的高差比较大。最低处和最高处的高差达到 30 米，每个阶层之间的高差也有 4~5 米。这意味着从对面山看过来时，上一阶层的房屋几乎完全不被下一阶层的房屋所遮挡，每一栋建筑都得到较为完整的展

现。村落选址通常是优先选择较为平坦的地形，杨家堂建村较晚，在当时可能是无奈地选择了一处坡度较大的山坡来建房，这反而成为杨家堂与众不同的一个重要因素。

杨家堂处在五座山包围的一个山坳，由此形成了围合感很强的村落立面。站在远处看，群山好似一个"画框"，将杨家堂包裹在其中。这种"画框感"，也强化了"布达拉宫"的视觉效应。（图 7-16）

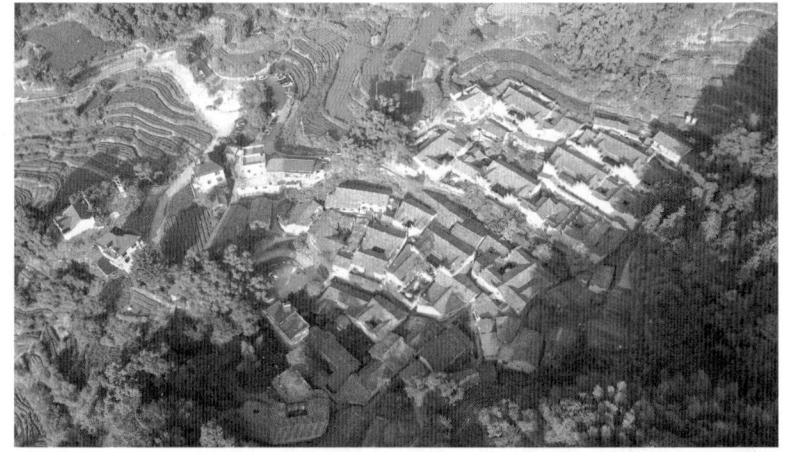

图 7-16 山坳中的杨家堂

造就"金色布达拉宫"的第二个因素，是杨家堂坐东朝西的朝向。夕阳西下时，阳光正好照射在村庄的主立面上。在建设时有的三合院山墙刷了白灰，有的裸露黄土；刷了白灰的，随时间推移，白灰逐渐褪去，也部分裸露出黄土墙，白色和黄色斑驳交错。在阳光的照射下，这些建筑呈现出"金色"的效果。（图 7-17）

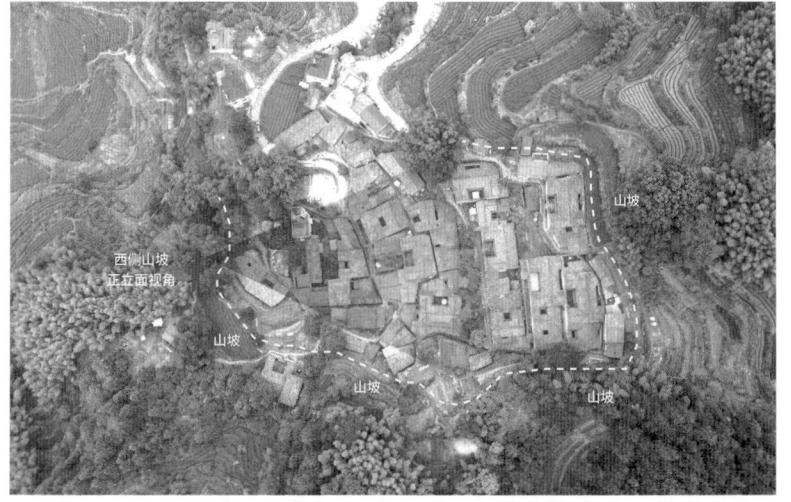

图 7-17 从西侧山坡可以看到杨家堂正立面

第三个因素，也是最重要的因素，是杨家堂拥有多而密集的三合院大宅。（图7-18）杨家堂宋氏家族从第十四世到第十九世，代代都有板商兼秀才的领袖人物。这些人有财力、有能力，不但给自己建造三合院大宅，对宗族建设和村落规划也很重视。在他们的带领下，杨家堂村民对村庄地形做了比较大程度的改造，最终在不规则的山地上营建出统一规整的村落布局。

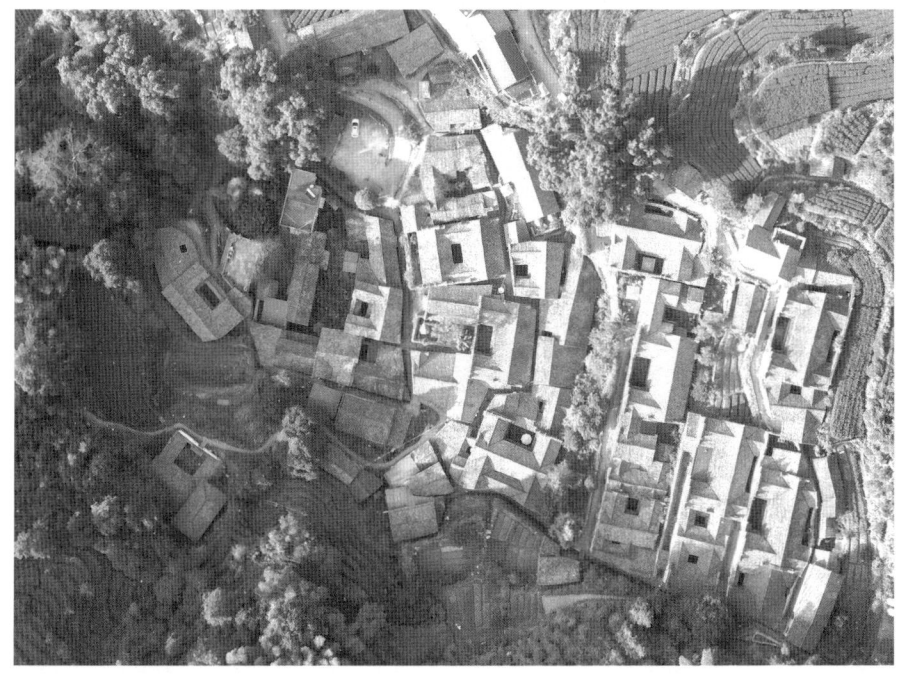

图7-18　密集的三合院大宅

在宋宏堂"规划"的基础上，宋氏家族连续六七代人都努力建造三合院大宅。住宅是村落建筑的主要构成部分，决定了村落的基本面貌。杨家堂民居以三合院为主（共有15幢），这跟其他山地村以一字形民居为主形成了反差。

杨家堂的三合院民居有四个特点。

一是数量占比高，三合院占比超过一半（如果按面积算，则占八成左右）。如果村落的合院建筑比较少，而是以一字形民居为主，就难以形成层层排布的整齐感。

二是密集布局，且平行建造跨院。平行建造跨院是杨家堂三合院民居的显著特点。比如3号院是2号院的跨院，5号院是4号院的跨院，8号院和9号院是7号院的跨院。这些跨院均平行于主院，这使得跨院和主院的正立面被完整地连在一起。平行建造跨院的原因，一方面是出于对祖先的尊重（跨院对主院形成"拥护"的姿态），另一方面是为了减少建设时的土方量（进深越大，土方量越大，而且是呈指数增加）。平行跨院中最典型的代表是6~9号院，形成了南北向长达64米的

连续立面。这一段连续立面处在杨家堂最中心的位置，对村落整体面貌的形成起到了关键作用。

三是进深大。杨家堂三合院大宅的进深均超过 10 米。一字形房屋的进深，多在 5 米左右。杨家堂每个阶层之间的高差达到 4~5 米，其原因就是要建三合院大宅。进深大意味着土方量大，这也导致相邻阶层之间的高差加大，从而强化了视觉上的层次感和秩序感。如果把三合院都改成一字形民居，则进深减少一半，前后台地的高差也要减少一半，视觉效果就完全不一样了。（图 7-19）

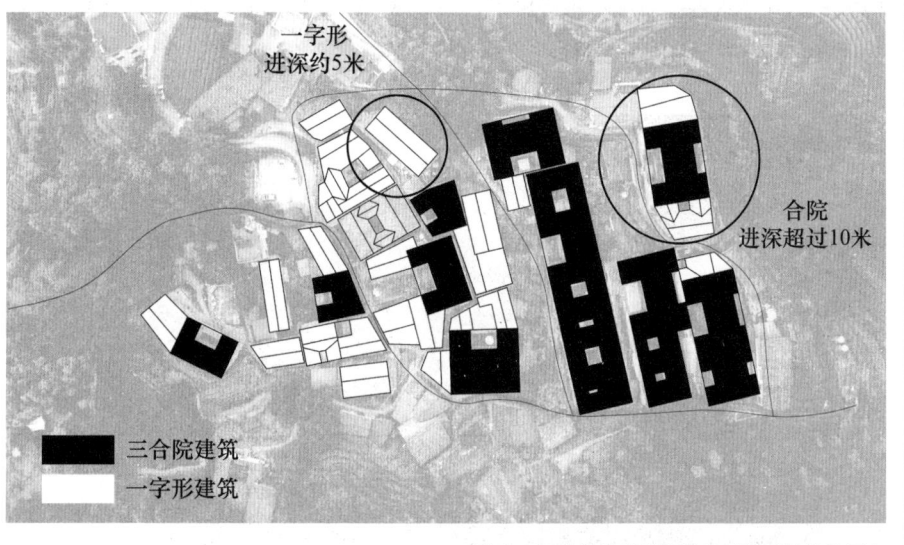

图 7-19　合院建筑进深大，对地形改造也更大

四是装饰性强。三合院的布局方式使得每个院子都有正房和左右两侧的厢房；厢房的山墙成为外立面的一部分，此时山墙作为建筑装饰的作用就被突显出来。尤其是马头墙式的风火山墙，其白色或裸露黄土的颜色跟黑色瓦顶的背景形成色彩对比，其高耸的造型又跟低矮水平的院墙构成形式反差。杨家堂村的三合院比例高且分布密集，形成了"山墙—大门—山墙—大门—山墙"连续排布的立面韵律，如同五线谱上的音符般上下跳跃。杨家堂的风火山墙很多，民居 1 号院、2 号院、4 号院、7 号院及 19 号院的两侧厢房均设置风火山墙，5 号院设置一处风火山墙，宋氏宗祠前厅两侧山墙设置风火山墙，合计 13 处。其中的典型代表是 1 号院和 7 号院，三合院两侧厢房做对称的四阶风火山墙。相比之下，无论是一字形还是四合院（可参考宋氏宗祠），山墙的装饰性都不如三合院突出，无法形成高低错落的节奏感。

"金色布达拉宫"指的是杨家堂西侧的正立面。这个正立面，只有当人们站在村西侧的山坡上，正对村落时才能看到。这个"最佳观景点"，其实是我们作为当

代游客才"发现"的特殊视点。对杨家堂古时的村民而言，他们不会刻意从这个视点出发来规划和设计村庄。西侧山坡并非村民日常生活常去的地方；村民更常经过或逗留之处，是西侧偏北的村口或者西南角的青云宫；从这两个地方看杨家堂，都是侧前方的视角，其画面效果跟正前方是有明显差别的，"布达拉宫"的感觉并不是很明显。（图 7-20）

　　杨家堂建于五座山包围的一个山坳，这个山坳正好坐东朝西，对面恰好有一个适合驻足观看村落正立面的观景点。这个观景点被当代游客"发现"，并对应到前些年已经深入人心的拉萨布达拉宫，杨家堂村的形象由此得以广泛传播，并成为代表松阳县的一张文化名片。

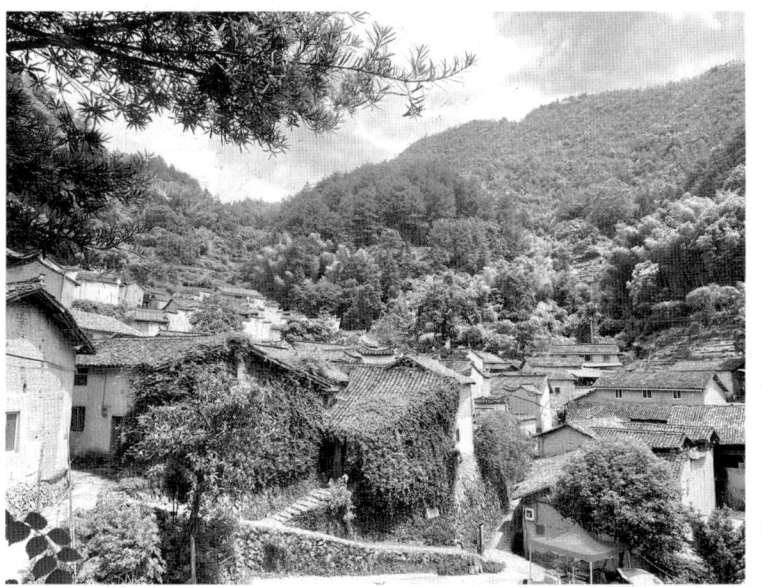

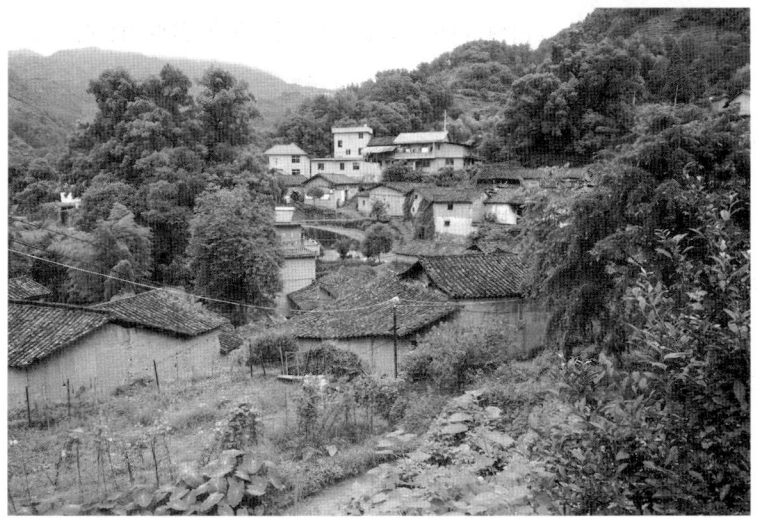

图 7-20　更符合村民日常视角的杨家堂

杨家堂作为松阳山地村的典范,其村落格局是自然地理与人文智慧交织的杰作。从选址营建到空间组织,从宗族发展到文化象征,杨家堂以"金色布达拉宫"的美誉展现出山地聚落的独特魅力。其特点可概括为以下四方面:

其一,自然与地理的共生。杨家堂坐落于山坳之中,五座山脉环抱形成天然屏障,古樟树群与山体共同界定村落边界,构建出封闭而自洽的生态空间。村落依山就势,采用阶梯式布局,高差达 30 米的地形被转化为七个建筑阶层,形成层层叠叠的立体景观。这种布局既顺应地形,又通过三合院大宅的纵深设计强化视觉秩序。水系引山泉穿村而过,形成"梯田—村落—梯田"三级灌溉体系,体现了对自然资源的合理利用。山坳的围合感与坐东朝西的朝向,使夕阳下的白墙黄泥立面呈现"金色"效果,赋予村落诗意般的视觉符号。

其二,宗族主导的规划与传承。宋宏堂作为杨家堂的关键人物,以经营板业积累财富,并推动祠堂、道路、水渠等公共设施建设,又开创三合院建筑范式。其儒家秩序观念深刻影响了村落规划:祠堂选址村口,彰显宗族权威;宅院以中轴线对称布局,跨院平行延伸,形成"拥护祖宅"的空间伦理;后代严格遵循高差与朝向,使建筑群在百余年间保持高度统一。宗族谱系与口述史的结合,不仅还原了建设时序,更揭示了"房派聚居"的社会结构——宋宏堂房派占据规整的"上三排",而宋宏资房派则散落西侧,映射出宗族内部的权力分化与文化传承。

其三,建筑形态的文化表达。杨家堂的建筑以三合院为核心,其密集布局与装饰性山墙构成村落美学的灵魂。三合院占比过半,厢房风火山墙的阶梯式造型与白灰彩画形成韵律感,如同"五线谱上的音符"。这种形制不仅是财富的象征,更是儒家礼制思想的物化:中轴线强调尊卑秩序,跨院设计体现家族凝聚力,而"朱子治家格言"等题刻则彰显文化认同。相较其他山地村以一字形民居为主,杨家堂通过大规模三合院群营造出规整的"画框"效应,将功能性居住空间升华为文化景观。

其四,自然人文的双重遗产价值。杨家堂的格局变迁是一部微缩的地方史。从清初的寥寥数屋到清末的规整村落,其建设始终与宗族兴衰、经济模式及科举文化紧密相连。19 世纪中后期,庙宇、学堂的增建标志着村落从生存空间向精神空间的拓展。当代"金色布达拉宫"的称誉,既是游客对视觉奇观的赞叹,亦是对宋氏数代人改造自然、践行儒家理想的致敬。作为松阳的文化名片,杨家堂不仅保留了浙南山地聚落的营建智慧,更以活态遗产的形式,为传统村落的保护与活化提供了范本。

第 8 章

民居建筑

民居建筑具有明显的地域性，与自然环境及生活方式是相辅相配的。松阳传统民居有三个要素，即版筑夯土墙、木构梁架和青瓦屋顶（图8-1）。建筑的外墙是以黄土为原材料的夯土墙，部分民居在夯土墙的表面刷白粉作装饰。内部为木结构，多为穿斗式。在木柱之间，用木板形成房间的隔墙，楼板也用木板。经济条件较好的人家，会用带有雕饰的窗扇和牛腿等建筑装饰。民居屋顶不使用望板，直接在椽子上铺青瓦，以蝴蝶瓦的形式排布。

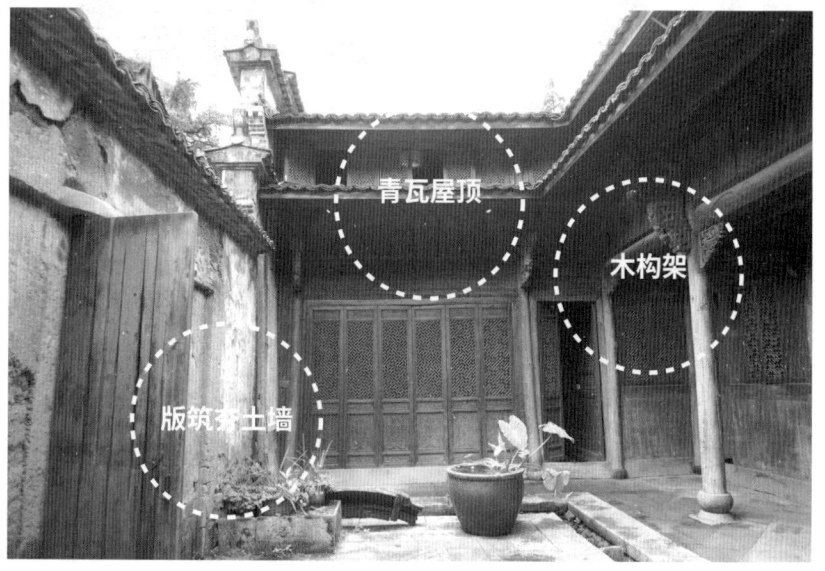

图 8-1　松阳传统民居建筑基本要素

8.1　民居类型

根据平面分类，杨家堂民居建筑有一字形和三合院。一字形民居是松阳山地村最普遍的民居类型。三合院民居的面积大，居住条件更舒适，数量较少。在大部分村落，同时存在这两种民居类型。三合院民居的数量，跟村落的经济情况有密切关系。经济条件好的村落，往往有更多的三合院。三合院的尺度也因经济水平而呈现较大差异。

杨家堂是山地村的特殊案例。杨家堂现有民居共27幢，其中三合院15幢，一字形民居12幢。三合院民居的数量占比超过半数，且规模较大。杨家堂东部上三排的房屋均为三合院，西部区域则是一字形和三合院夹杂。三合院民居占据主流，对村落格局和面貌产生了重大影响。（图8-2）

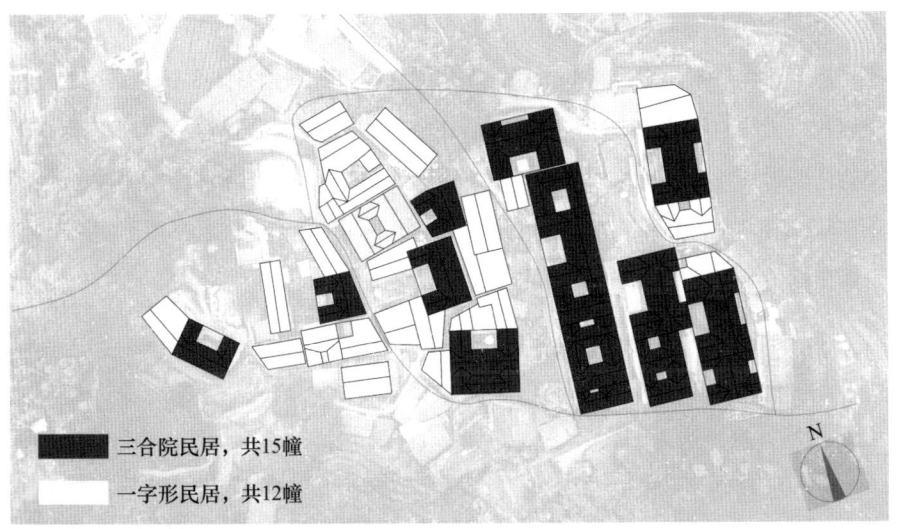

■ 三合院民居，共15幢

□ 一字形民居，共12幢

图 8-2　杨家堂两类民居分布

在农耕社会，村民改造自然条件的能力有限，建筑的形态在很大程度上受到地形的限制。一字形民居可以较好地顺应山区地形，具有形制简单、造价低的特点。一字形民居的进深小，无须配备庭院，通常开间的数量也不多，以满足基本的居住需求为主。立面上一般也不做过多处理，为四面夯土墙，搭配悬山或硬山式两坡屋顶；不做风火山墙，更不加雕饰和牛腿，尽可能降低建设成本。杨家堂村现存年代最早的建筑是初建于 17 世纪中期的一座宋氏老宅。那时杨家堂经济状况不佳，一字形民居是当时的主流。由于一字形民居的建筑质量较差，经常改建或拆除重建，族谱也无记载，因此建造年代大多无法确定。

一字形民居是独立的小型单体建筑，其朝向、布局、开门可以根据地形和功能做灵活处理。村民建设一字形民居，并没有特定的规制或样板，他们根据需要和成本来安排房屋面积和房间数量。最基础的一般是三开间平面，在此基础上可以向各个方向延伸，比如向两侧伸出扩大，变为四开间、五开间或更多。又或向前后扩建，在局部增加房间并增加披檐，形成凸字形或者 L 形的平面布局。不同的平面布局，是村民基于房屋周边用地限制和使用需要发展出来的。

杨家堂村一字形民居的常见样式为二层三开间。一层明间作为堂屋，两侧为主人的卧室。楼梯一般在堂屋的后侧，讲究点的人家会用木板将楼梯隔开，以保证堂屋是完整的空间，用于公共活动和祭祖。二层一般是子女居住的房间。一字形民居以穿斗式木构架为主，室内装饰较为简单，木构雕饰很少或没有木构雕饰。（图 8-3、图 8-4）

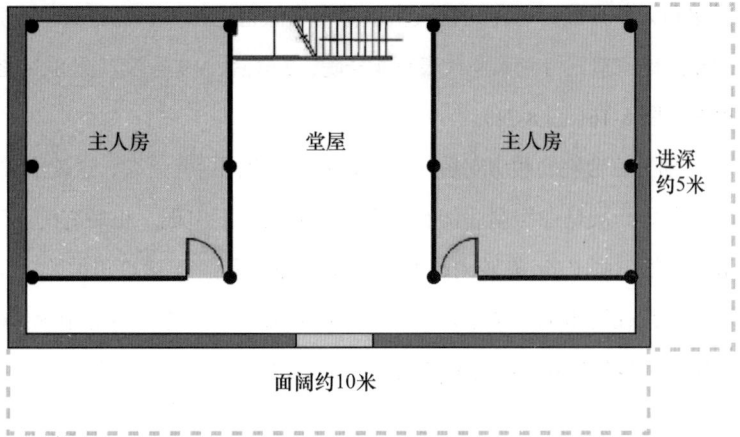

图 8-3　一字形民居平面示意图

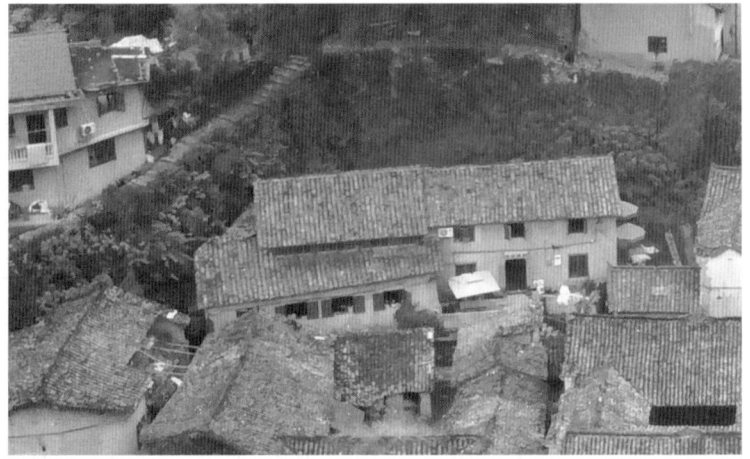

图 8-4　一字形民居照片

　　三合院是规格较高的民居形式，在杨家堂是主流。三合院占地面积大，进深也较大，更适宜在场地空旷的平地村建造。在山地村建三合院，需要对场地进行较大程度的改造，要在房屋建设地以岩石或泥土堆砌为墙基，来填补地势上的落差。杨家堂经济发展起来后，三合院民居逐步增加，取代一字形民居成为主要的民居类型。

　　杨家堂三合院民居的规制较为统一。正房、两侧的厢房及前院墙共同围出一个小天井。最小的三合院，平面为正房三间，两侧厢房各一间，当地称为"三间对合堂"。三合院一般为对称布局，因此正房在三间基础上，可以扩大为五间，当地称为"五间对合堂"。也有面宽七间的三合院，属于个别案例。[1] 正房明间为堂屋，

1　半岭村 21 号院是面宽七间的三合院案例。

堂屋向天井开敞，可作为香火堂供奉本房派祖先。如果有香火堂，则摆放供桌和壁龛。杨家堂三合院典型代表有 4 号院、7 号院、19 号院（图 8-5~图 8-15）和 27 号院（图 8-16~图 8-21）。

部分三合院的厢房向后伸出，加上后院墙围合为后院，这就形成了 H 形平面。这种布局一般是在房屋后侧有较高台地的情况下出现。小后院的出现是为了适应高差。松阳雨水多，有较大高差的房屋，就将后院作为建筑和护坡之间的缓冲空间，村民也常在这里加一个蓄水池，既能洗衣服，也能提供生活用水。H 形平面的三合院以 1 号和 6 号院为典型代表（图 8-22）。

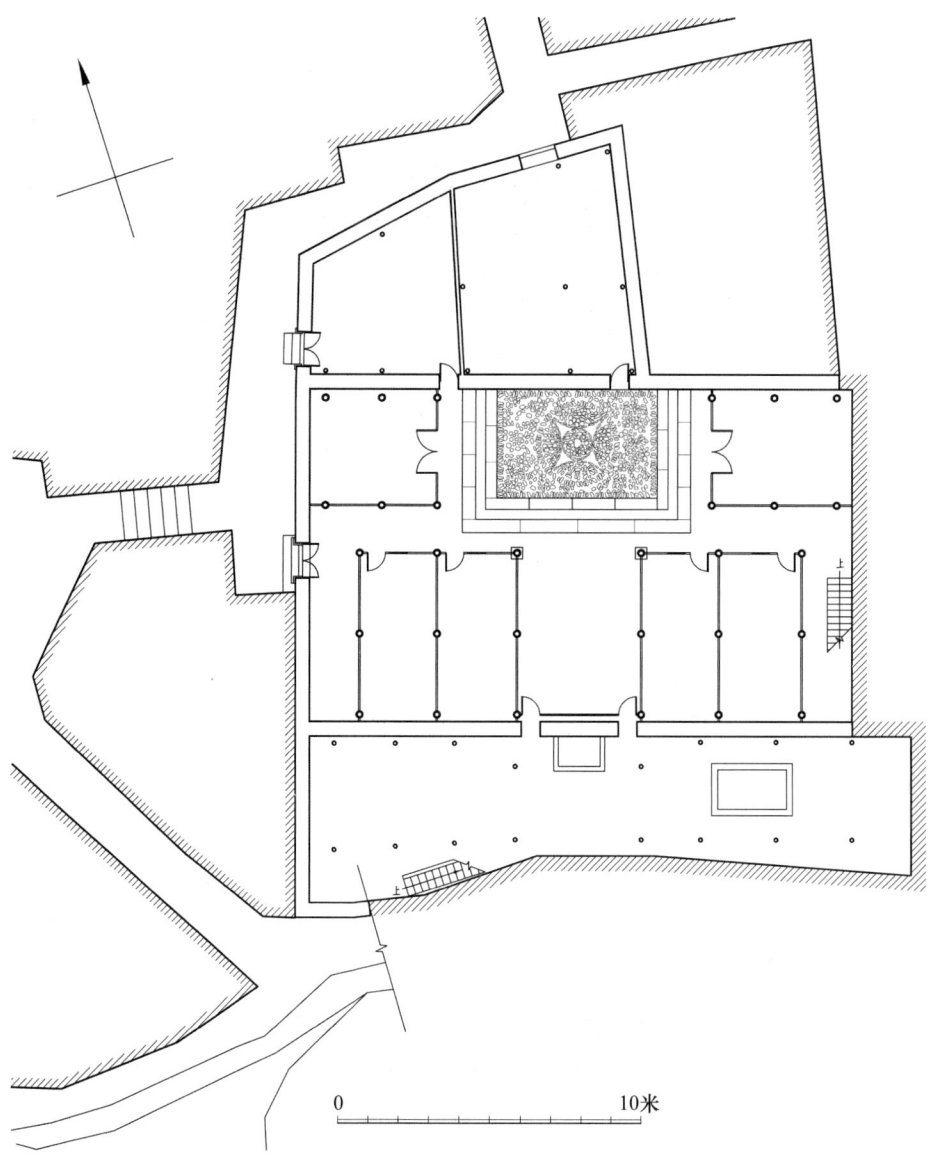

图 8-5 19 号院一层平面图（廖登峰、张敬雯测绘）

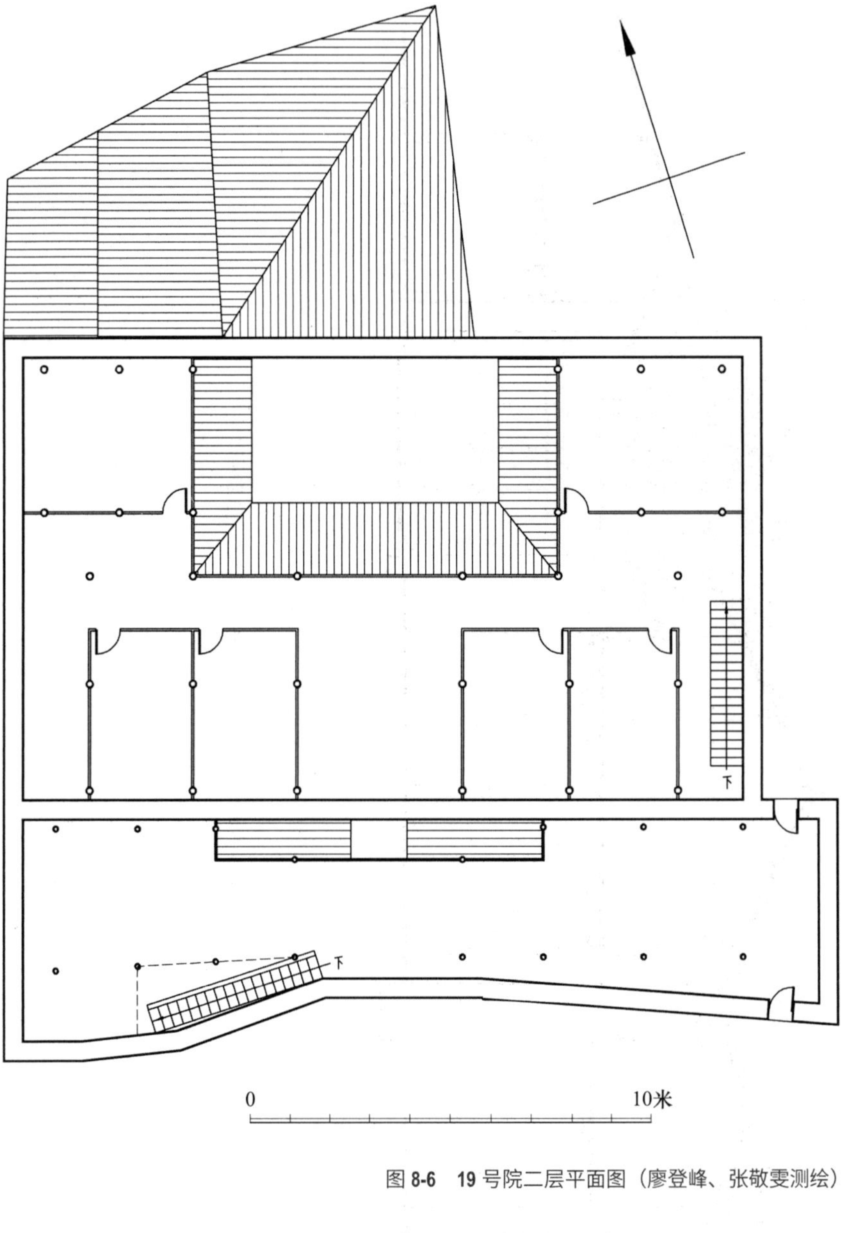

125

第
8
章

民
居
建
筑

图 8-6　19 号院二层平面图（廖登峰、张敬雯测绘）

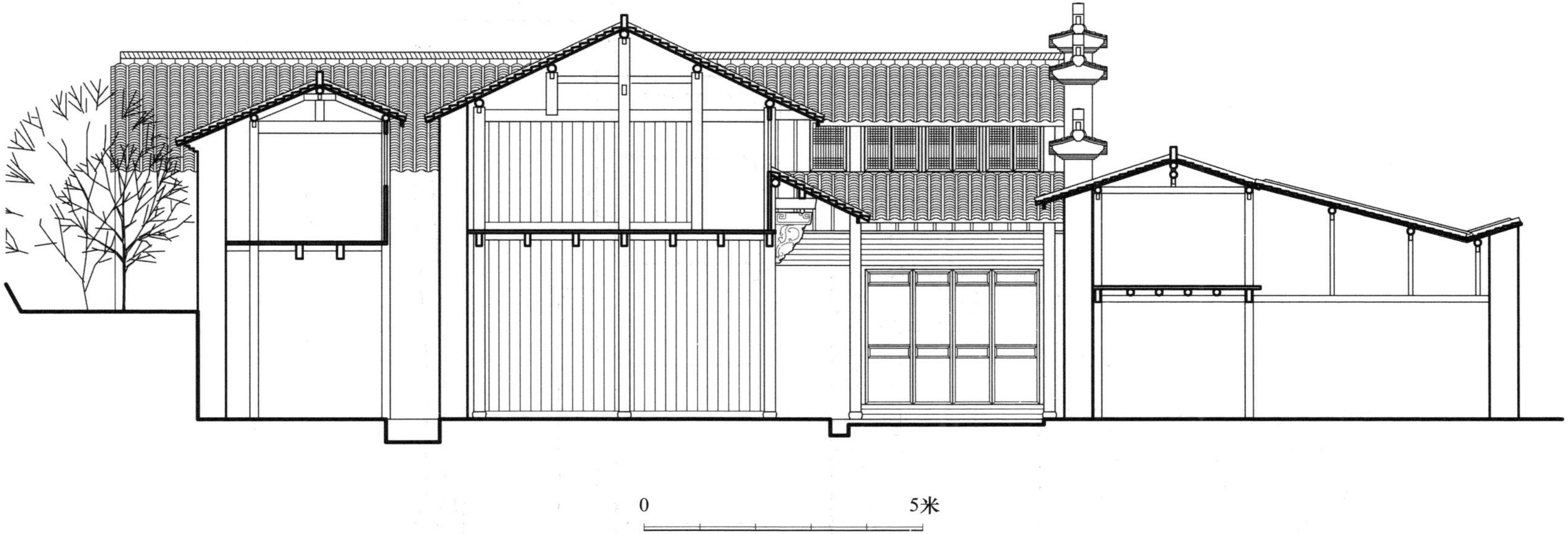

图 8-7 19号院纵剖面图（廖登峰、张敏雯测绘）

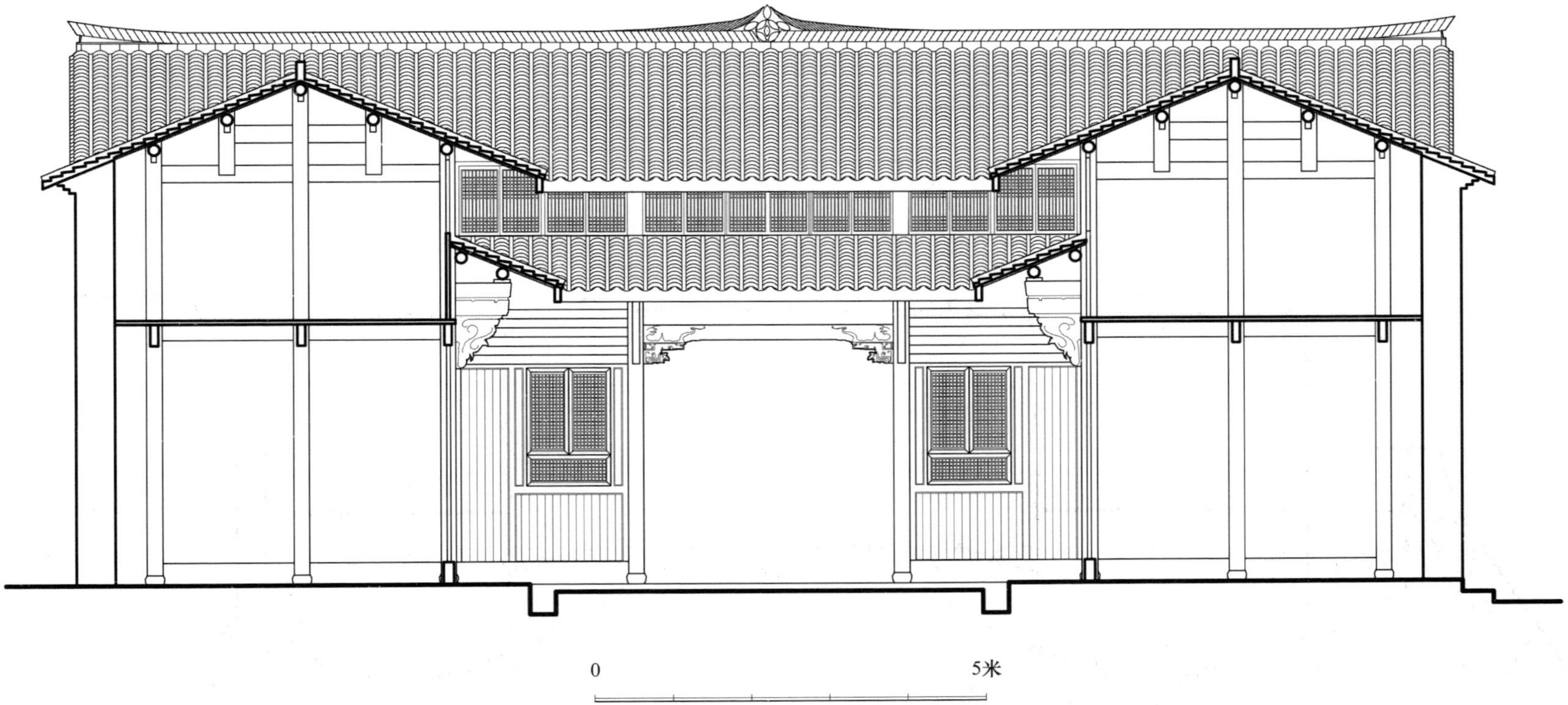

图 8-8 19号院横剖面图 1（廖翠峰、张敬雯测绘）

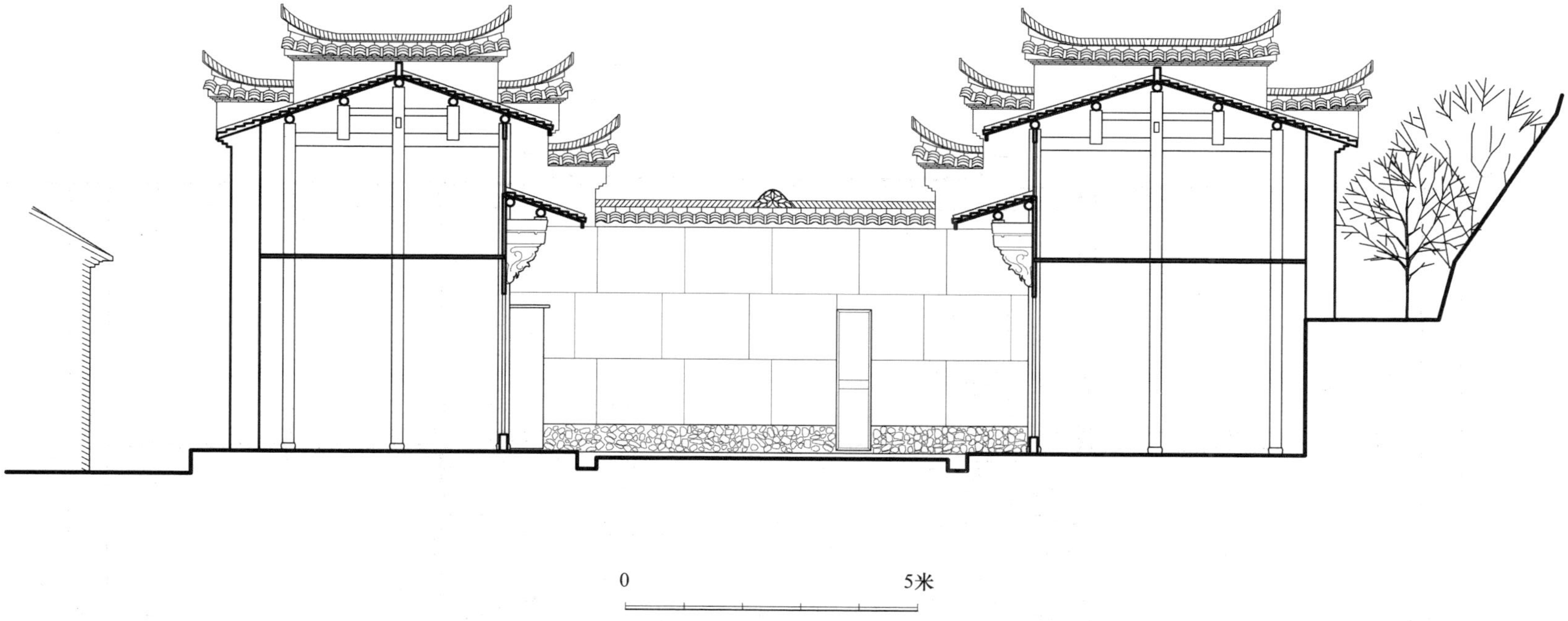

杨家堂——浙西南山村的儒家实践

128

图 8-9 19 号院横剖面图 2（廖登峰 张敬雯测绘）

0

5米

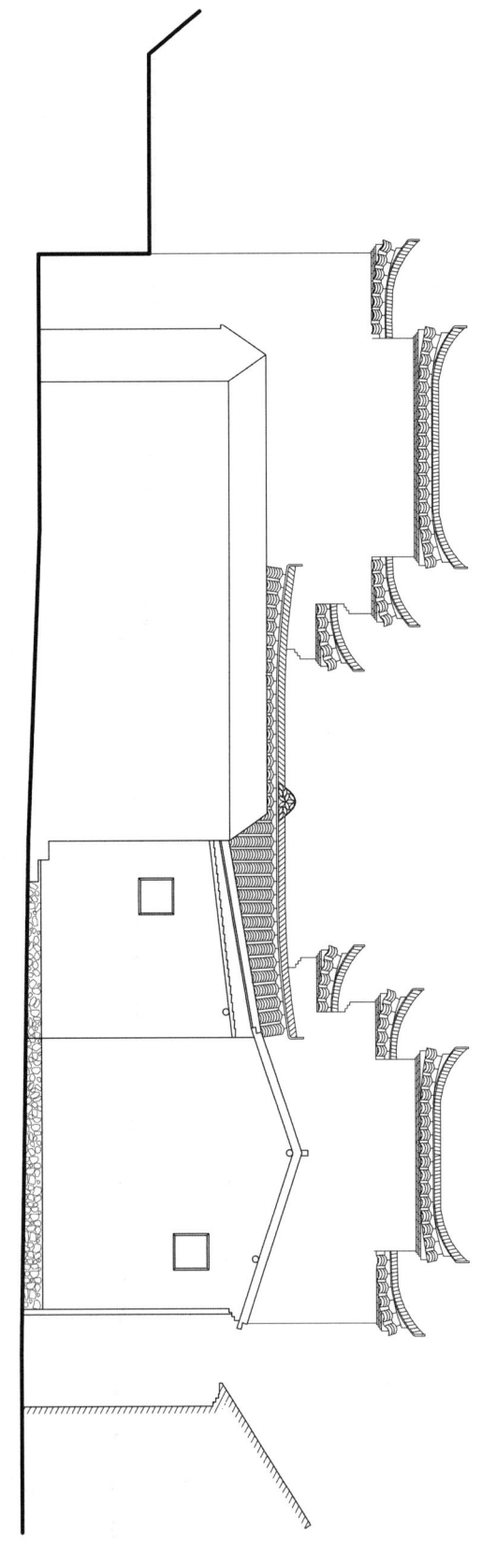

图 8-10　19号院北立面图（廖登峰、张敬雯测绘）

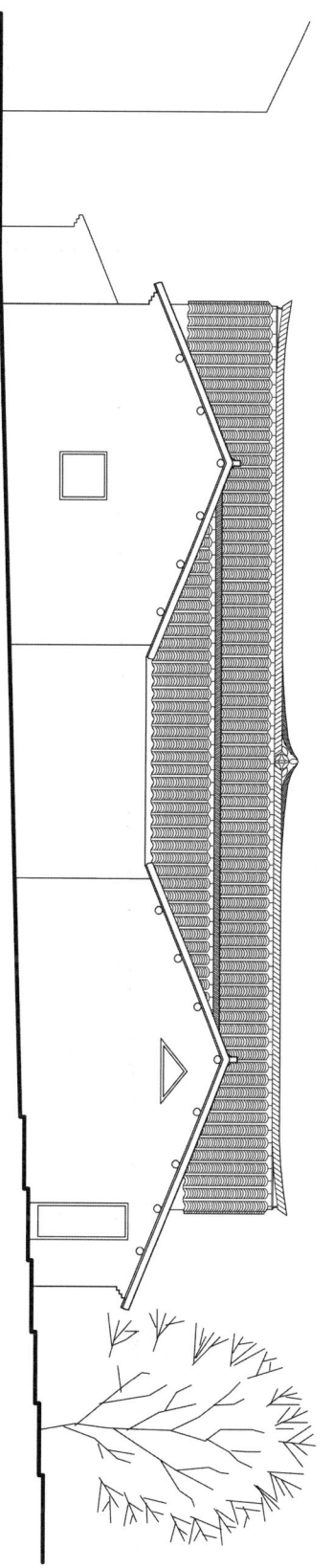

图 8-11　19 号院南立面图（廖碧峰、张敬雯测绘）

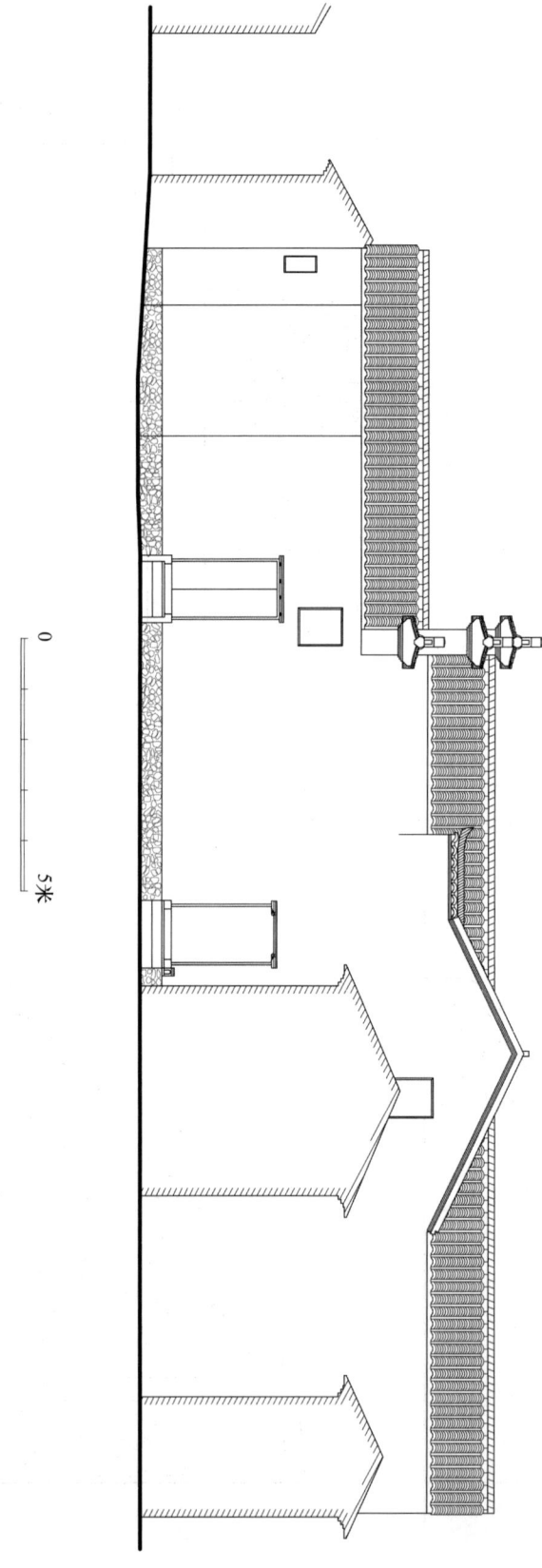

图 8-12　19号院西立面图（廖登峰、张敏雯测绘）

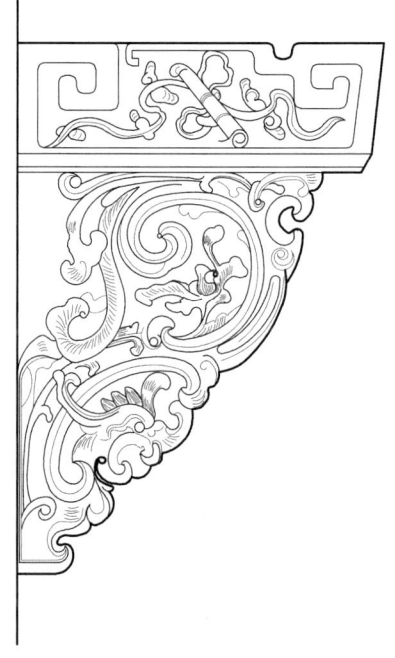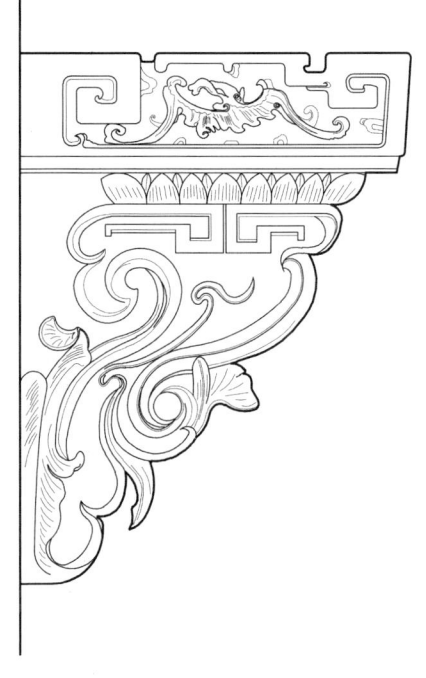

图 8-13　19 号院牛腿大样（廖登峰、张敬雯测绘）

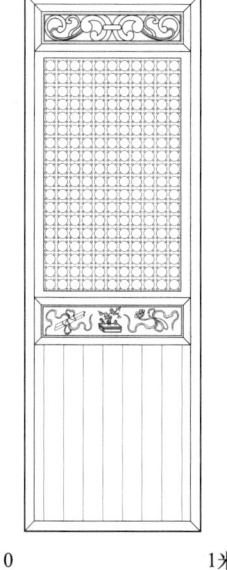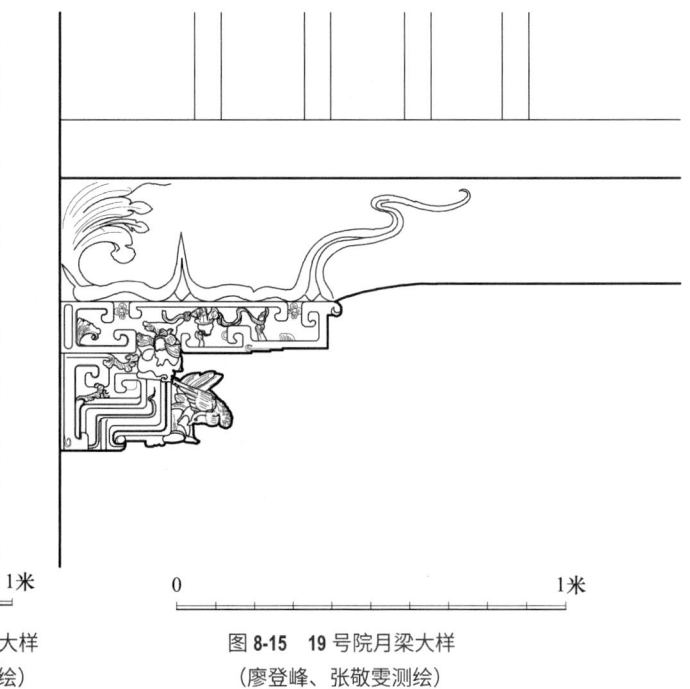

图 8-14　19 号院门扇大样
（廖登峰、张敬雯测绘）

图 8-15　19 号院月梁大样
（廖登峰、张敬雯测绘）

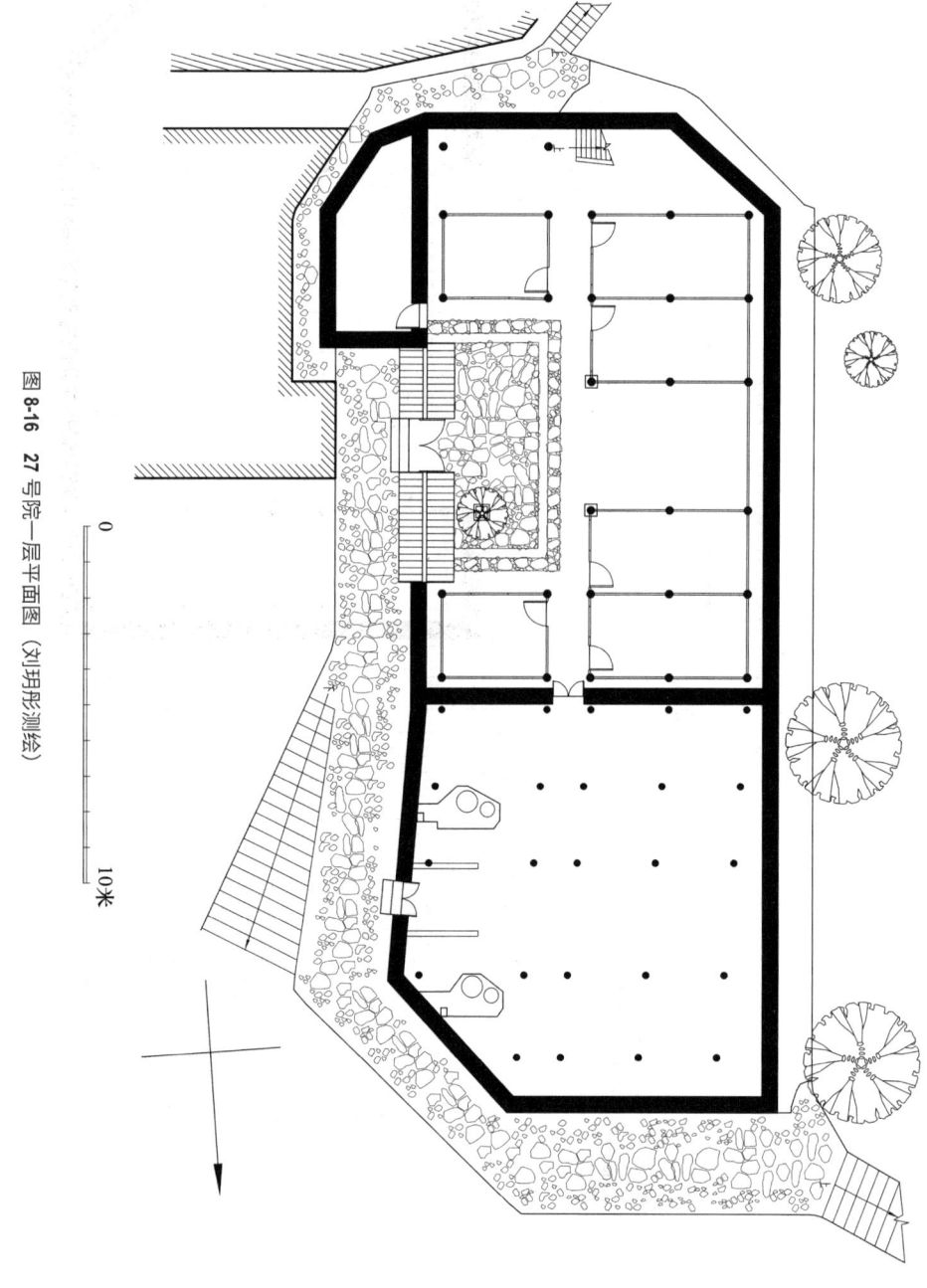

图 8-16 27 号院一层平面图（刘玥彤测绘）

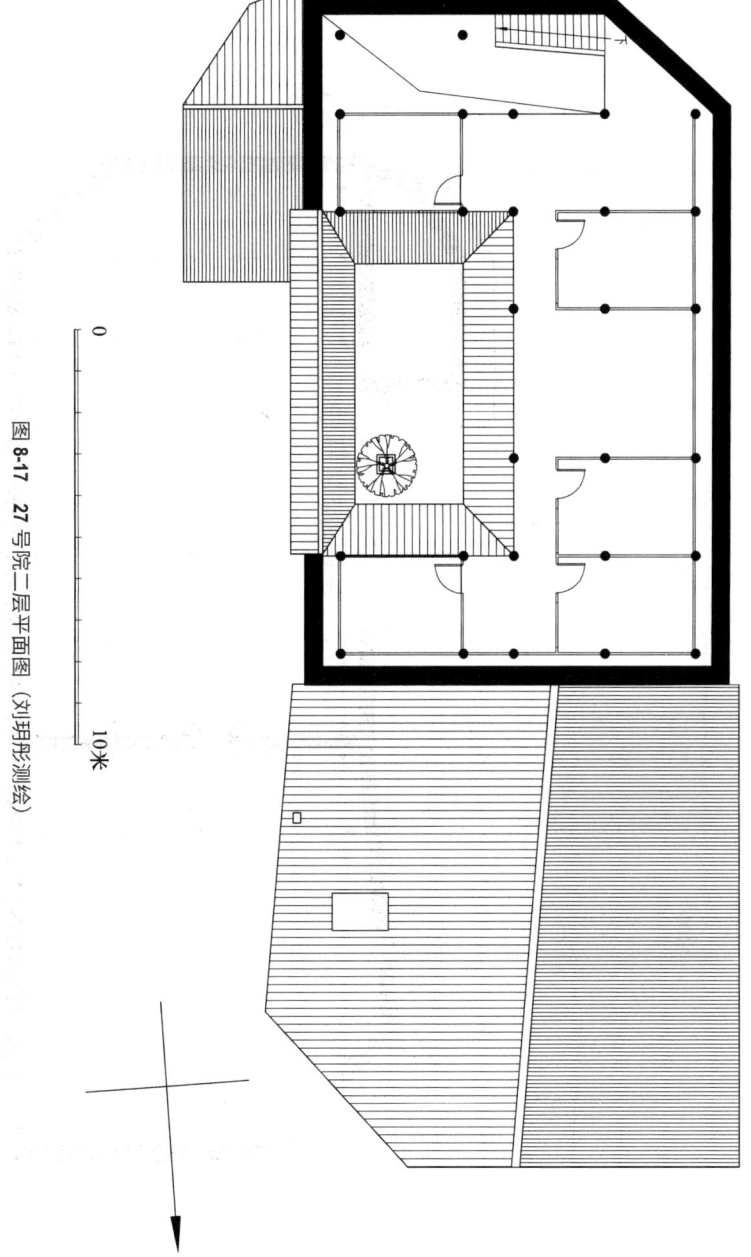

图 8-17　27 号院二层平面图（刘玥彤测绘）

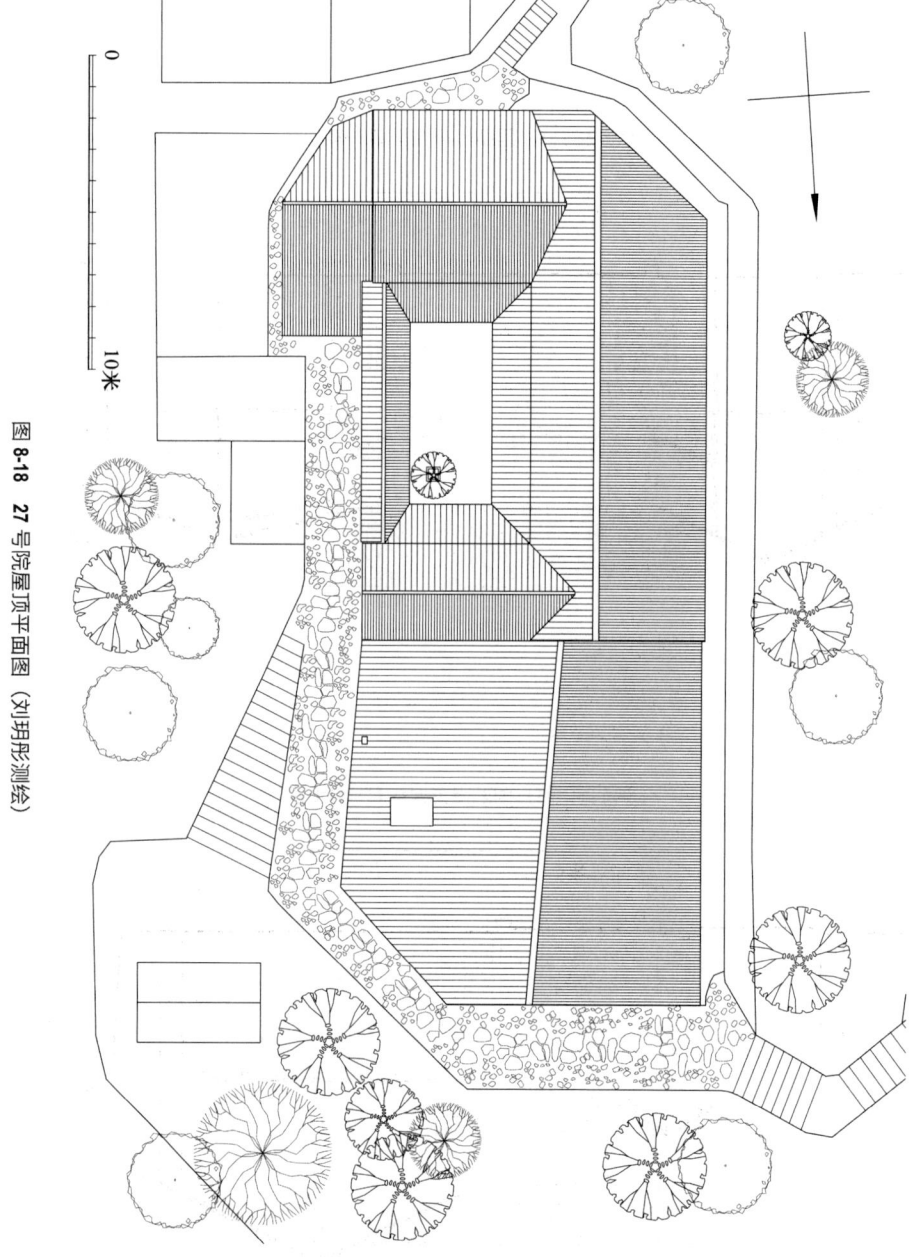

图 8-18 27号院屋顶平面图（刘玥彤测绘）

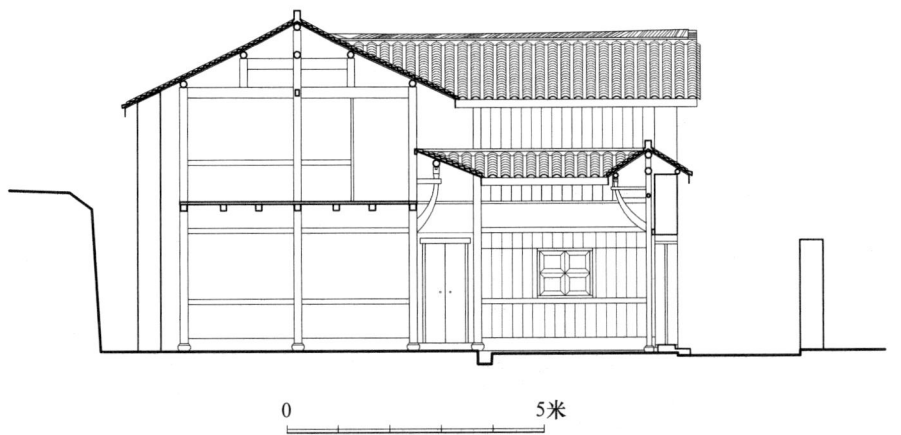

图 8-19　27 号院纵剖面图（刘玥彤测绘）

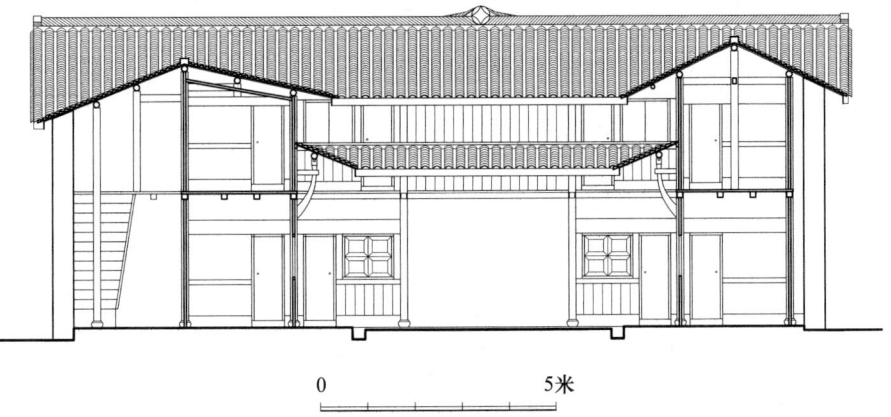

图 8-20　27 号院横剖面图（刘玥彤测绘）

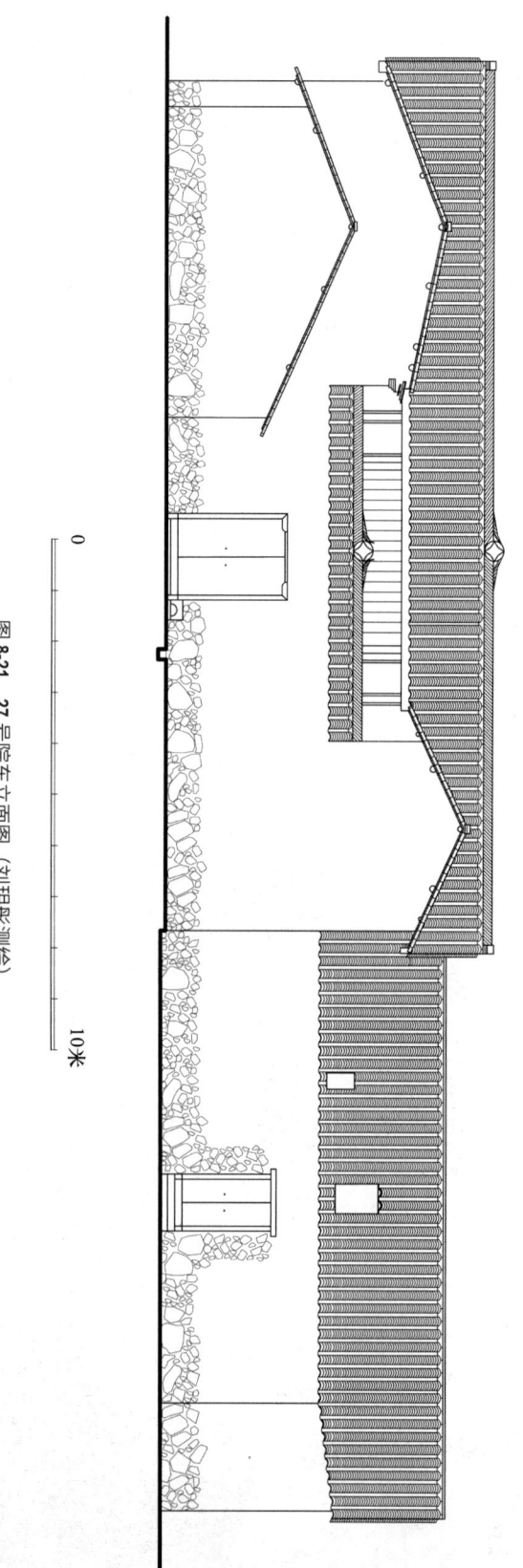

图 8-21 27 号院东立面图（刘玥彤测绘）

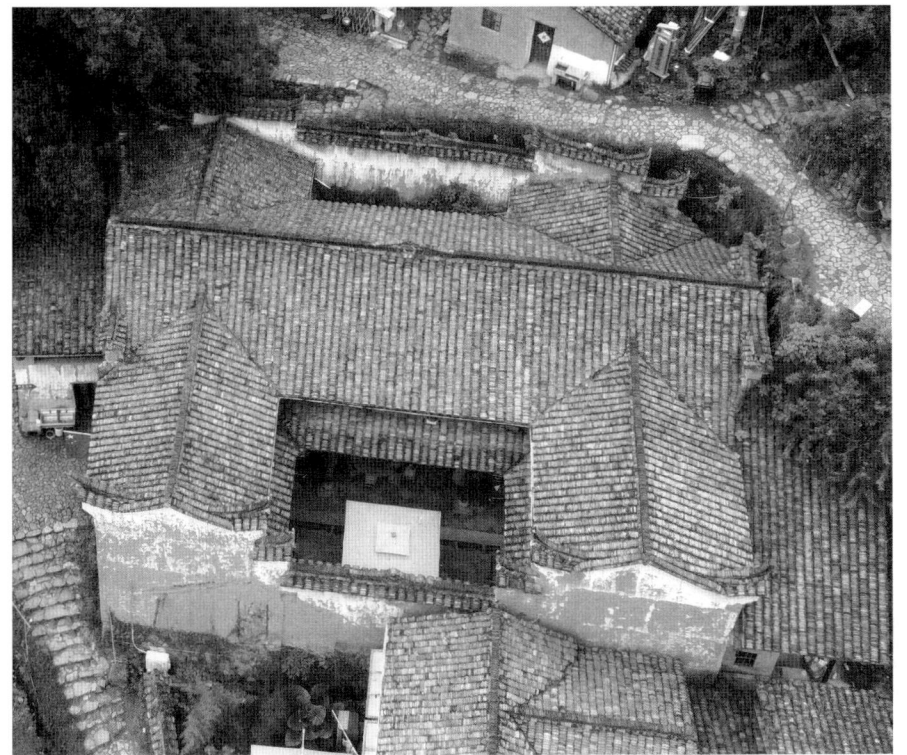

图 8-22　H 形三合院——6 号院

　　三合院的空间布局规整，空间功能重视等级秩序。一层正房的明间为堂屋，是家庭的公共空间，用于祭祖、待客，或者作为房派的香火堂等。堂屋两侧为主人卧室，一般左侧为家中长辈居住。主卧室的两侧是子女房或客房。更外侧，即正房左右末端，做一个楼梯通往二楼。一层的厢房多为辅助用房，如餐厅、客轩或仓库。正房二层的明间也是公共空间。如果一层堂屋为香火堂，二层空间便作为待客的堂屋。二层堂屋两侧一般为子女卧室或客房，根据各家子女数量决定。如果家庭人数较少，二层部分房间可作为谷仓或杂物间。一层和二层至少有四间卧室，最多可到十几间卧室。分家时，如果只有两兄弟，就从中轴线切分，两侧分别为两兄弟及其后代居住。比如 6 号院，东西两侧由宋昌存和宋昌几两兄弟平分。（图 8-23）

　　三合院民居常有较为华丽的装饰。门前有高差较大陡坎的，会设影壁，既是安全防护，也是入口标志。有的三合院会在夯土墙的表面刷白灰并绘制书画，在天井周围的木梁做雕饰并加上牛腿；立面上则将厢房山墙做成风火山墙或起翘。三合院的天井一般面积不大，为方形或长方形，天井周围往往放置最精细的牛腿、雀替等构件，有的还配置精美的门窗隔扇。天井阶沿和台明采用条石砌筑，四周留有沟渠排水。讲究的人家，会在天井里左右各放置一个石制高脚凳，高脚凳上再摆上花草，多以象征文人的兰花为主。（图 8-24）

139

第8章 民居建筑

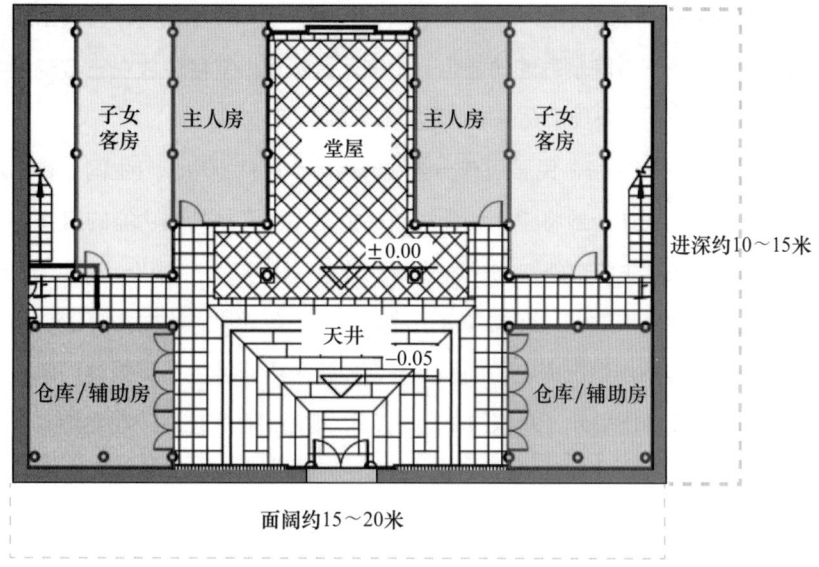

进深约10~15米

面阔约15~20米

图8-23 三合院标准平面示意图

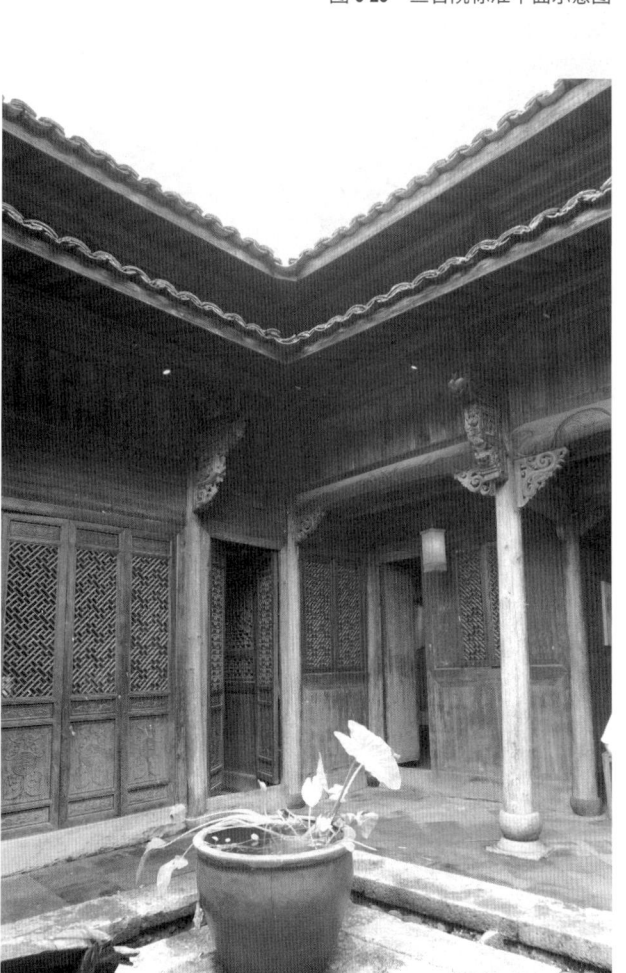

图8-24 三合院天井
装饰（杨家堂7号院）

三合院民居的面积比一字形民居大，天井与厅堂、廊相连，营造出较为舒适的活动空间。三合院承载的功能也更丰富，比如香火堂往往放在三合院大宅，三合院天井也曾作为宋氏子女读书、背诵家训的空间。

除了正房和厢房，民居还有一些附属用房，包括厨房、卫生间、猪栏及仓库等。杨家堂的民居一般将堂屋和卧室放在主屋内，而将其他功能的房间作为附属用房，放在民居主体之外独立建造（图8-25）。厨房和卫生间以一层为主，一般建造在民居的两侧或后侧，四周为夯土墙，仅开小窗通风。平面为矩形或梯形，根据地形和周边场地情况而定。面积不大，屋顶采用双坡或单侧披檐。如6号院的厨房，布置在西侧墙外，面积约30平方米。猪棚和仓库往往一起建造，一层做猪栏，二层做堆放稻草等杂物的仓库。一层层高约2米，二层层高更低，不足1米；因此从外观看，虽然是两层空间，却和民居一层高度相仿。

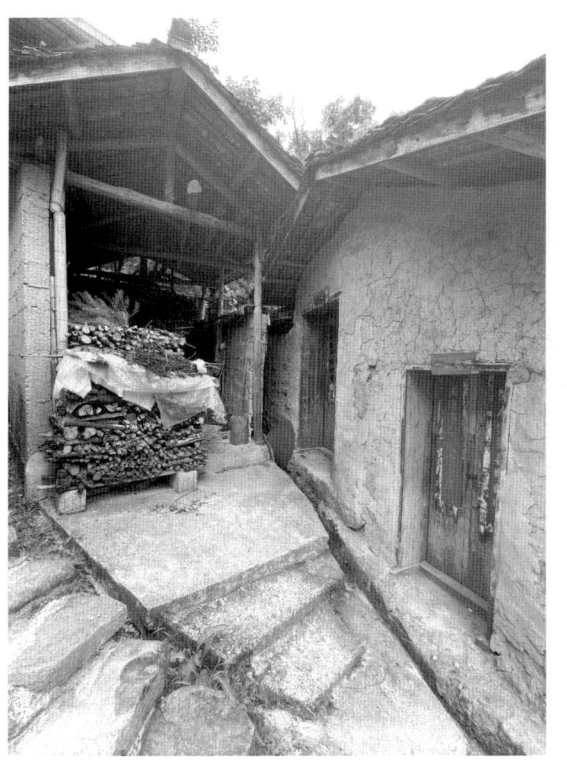

图 8-25 附属用房建造在民居外

附属用房的建设，顺应地形而呈现出差异性。由于地形限制与邻里用地协调，附属用房通常面积较小、形体不规整、朝向各异。三合院民居往往会在厢房两侧各加附属用房，一侧为厨房，另一侧为猪栏。比如6号院民居，主体为H形合院，房屋西侧为主入口，北侧为陡坎，因此在房屋的东西两侧各加附属用房，合院的西侧作为厨房，东侧作为猪栏和仓库，两侧均加单坡披檐作为屋顶。（图8-26）

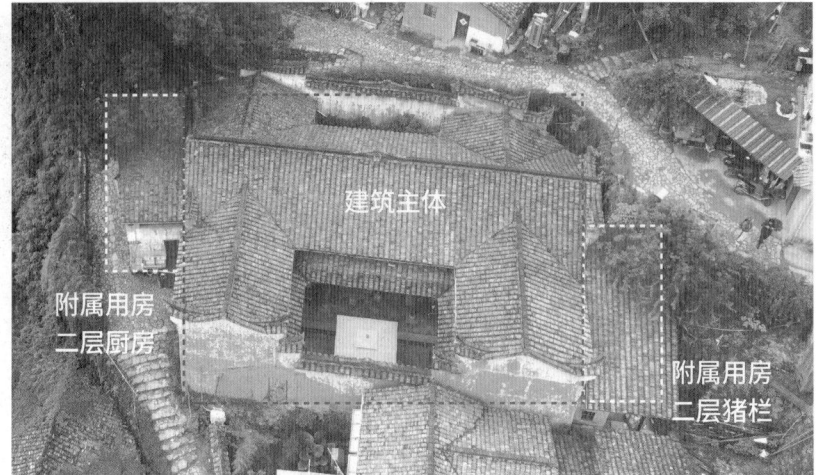

图 8-26　杨家堂 6 号院附属用房与主房的关系

8.2　典型民居：7~9 号院

7~9 号院是杨家堂最大的一组民居群，由宋宏堂房派的五代人在长达 100 余年的时间里接力建成。这组民居坐落在杨家堂的中间偏东侧，占据了村落的核心位置，形成了长达 64 米的连续立面。（图 8-27）

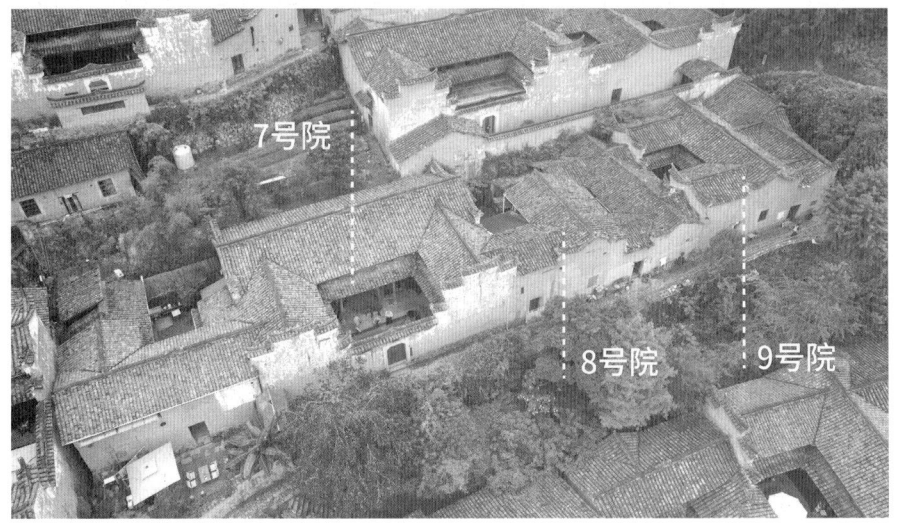

图 8-27　杨家堂 7~9 号院鸟瞰

7 号院是标准三合院民居的典型代表（图 8-28）。它可能是杨家堂最早的三合院民居，由宋宏堂建于 1780 年前后。7 号院的平面布局十分规整，左右完全对称，房屋通面阔 19.5 米，通进深 13.5 米。一层堂屋，为宋宏堂房派的香火堂。堂屋两

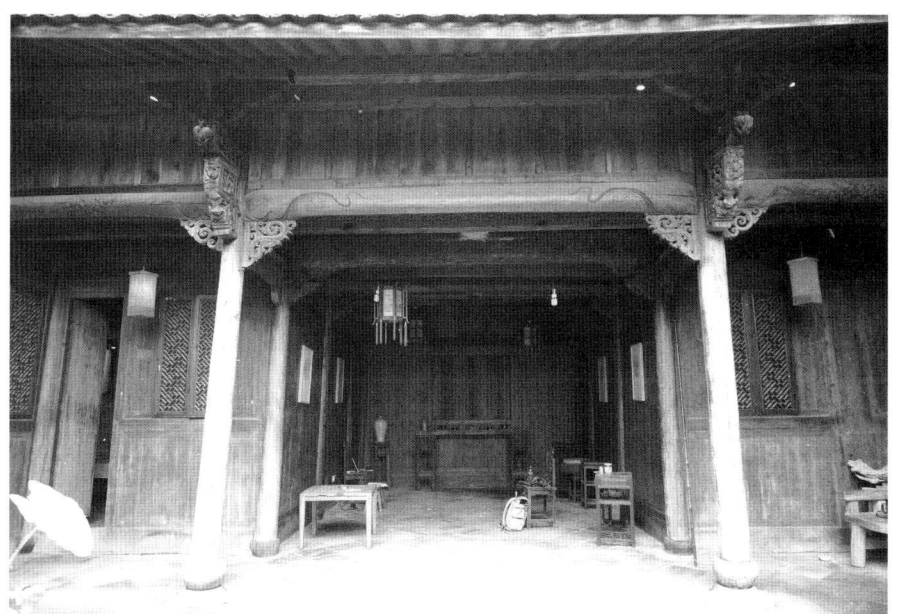

图 8-28　杨家堂 7 号院内部

侧为主人房。主人房两侧为子女卧房，刚好与厢房的进深对齐。正房的梁架体系为穿斗式。正房的两侧末端各建有一个木楼梯通往二楼。厢房为客轩。堂屋二楼为待客区，正房左右两间为子女卧室，厢房二楼同样为卧室。在人口较多的时候，7 号院最多可以有 12 间卧室。堂屋两侧主人房的前墙略向后退，其原因一方面是在正面留出入口空间，另一方面将两根檐柱露出来，成为分隔空间的要素。

7 号院的厢房两侧，采用了四阶风火山墙。这是杨家堂早期三合院民居的重要特征之一。正门开在院墙正中，并用条石作为门框和过梁。院墙顶部用青瓦紧密排布堆叠，并在正中间用青瓦做出铜钱形状的装饰。正房和厢房都采用青瓦。正房屋脊无生起，用青瓦密排堆叠而成。屋脊正中用青瓦做出铜钱和花瓣形状作为装饰。天井为长方形，长 6.5 米，宽 3.8 米，作为院门和堂屋中间的过渡空间。7 号院作为大宅院，大门外设置了高 2.4 米、长 9.5 米的照壁。7 号院门前与下一级台地有大约 5 米的高差。

在 1820 年前后，宋氏十五世宋德焕在 7 号院的北侧建造了跨院和中医楼。跨院同样采用了三合院形制，其正房朝向 7 号院（坐北朝南）。跨院的面阔与 7 号院的进深相同，为 13.5 米，进深约 12.3 米。正房为居住空间。西侧厢房向外开门，作为跨院的出入口。东侧厢房曾为仓库，大约在 20 世纪 50 年代因失火而倒塌。跨院的天井与 7 号院的厢房直接相连。西侧门外曾建造一座中医楼，现已塌毁。中医楼与跨院西厢房间隔 2 米，根据现场遗迹及村民描述推测，中医楼为两层建筑，

面阔约 8 米，进深约 3.5 米，双坡硬山顶。(图 8-29)

在 1890 年前后，宋宏堂房派十八世的人口激增，原有宅院已经不能满足居住需求，于是宋起杰、宋起樵两兄弟便在 7 号院的南侧修建了两个跨院，即 8 号院和 9 号院 (9 号院可能略晚于 8 号院)。8 号院和 9 号院都是三合院，其正房坐南朝北，面向 7 号院。8 号院面阔 13.5 米，进深 17.8 米，正房和南北厢房围合出天井，天井紧挨 7 号院南厢房，并与 7 号院直接相通。9 号院面阔 13.5 米，进深 10.5 米，其天井直通 8 号院（图 8-30、图 8-31）。

舒桂芳在清光绪二十二年（1896）撰写的《企庠公行略》中记载："偶于壬辰 (1892) 春偕周子彩游于松邑，出城东十五里至三都杨家堂庄。是庄习尚淳厚，宛乎古仁里之遗。值造一巨宅，居然簪缨门第。登其庭，洁雅辉光，华丽迎眸。顷刻间接一人焉。问其姓则宋氏也，请其名则企庠也。"宋企庠即宋君楣（1836—1901），为宋起杰、宋起樵兄弟的父亲，时年 56 岁。这里说的"巨宅"，可能是 8 号院，也可能是 8 号院和 9 号院。

主院旁边平行建造跨院的做法，在杨家堂及周边村落都存在。杨家堂村内还有 2 号院主体与 3 号院跨院、4 号院主体与 5 号院跨院。后湾村的 9 号院和 13 号院，都在南侧平行增建了跨院。主院屋主的后代选择平行建造跨院，一方面是出于对祖先的尊重，另一方面是因为横向拓展比纵深拓展能大大节省土方量。7 号院、7 号院北侧跨院、8 号院和 9 号院，既可以看作一个独立完整的合院，也可以看作是以 7 号院为核心的四个三合院。四个院落在交通上直接相通，是家族生活空间的延续与发展。宋宏堂后代在建造时有意与祖宅相接，由此造就一个在山地村中罕见的平行民居群，也证明了他们作为一个大家族的凝聚力。(图 8-32~图 8-43)

7~9 号院的建造时间从 1780 年延续至 1890 年左右，经历了五代人。因建造年代不同，建筑风格和建筑规模也存在差异。年代最早的 7 号院作为主院，规制最为标准，建筑装饰最为华丽（厢房用风火山墙，外墙刷白灰并绘制书画，屋内有牛腿等雕饰构件，屋脊和门口也用瓦片做出装饰，门口设置照壁）。7 号院北侧的跨院，仍然用白灰刷墙体，屋脊也有装饰。8 号院和 9 号院建造年代最晚，墙体不再刷白灰，厢房山墙以更简单的硬山起翘取代了风火山墙。7~9 号院显示出杨家堂一百年间建筑风格的变化。(图 8-44)

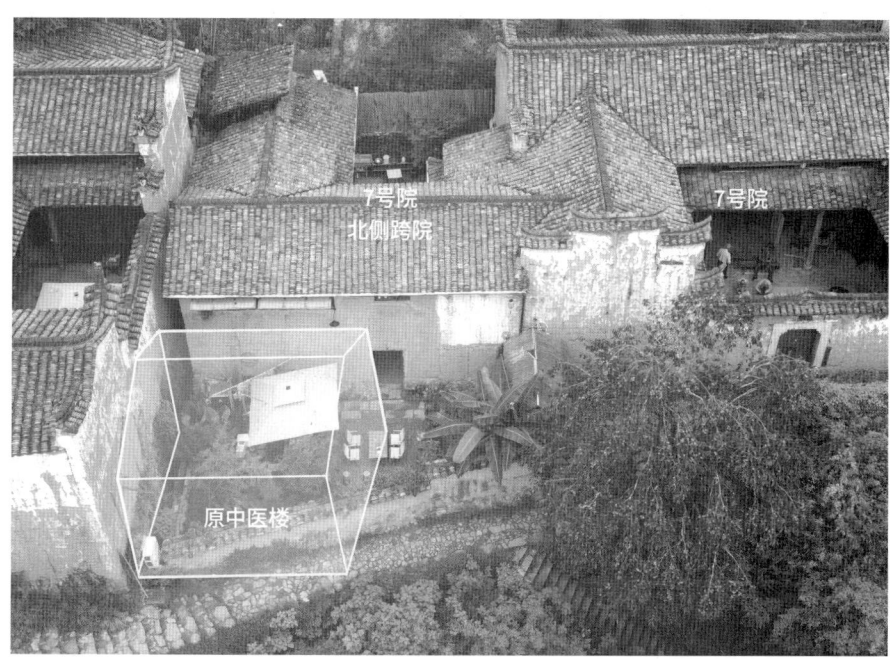

图 8-29　杨家堂 7 号院跨院和中医楼

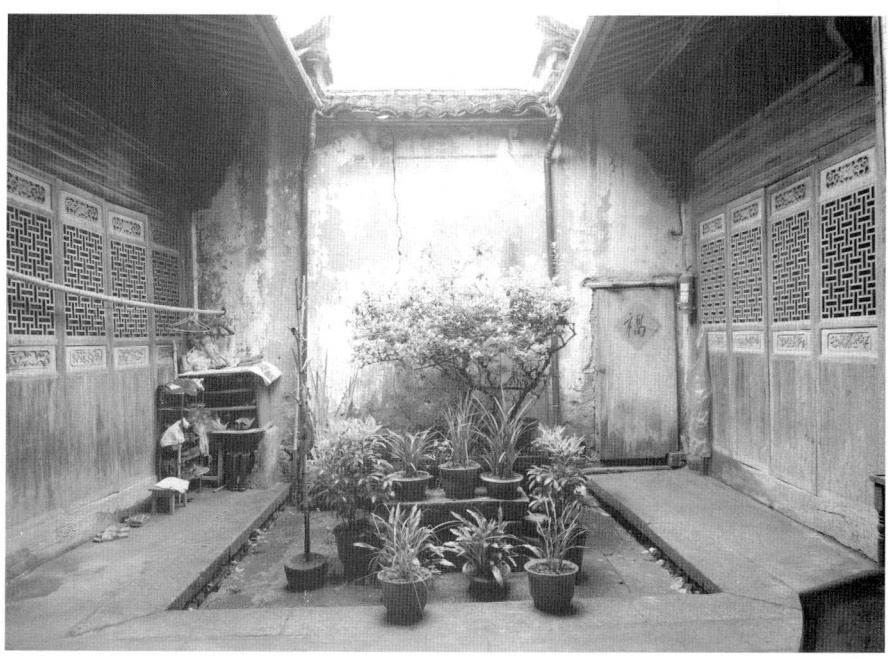

图 8-30　杨家堂 9 号院天井

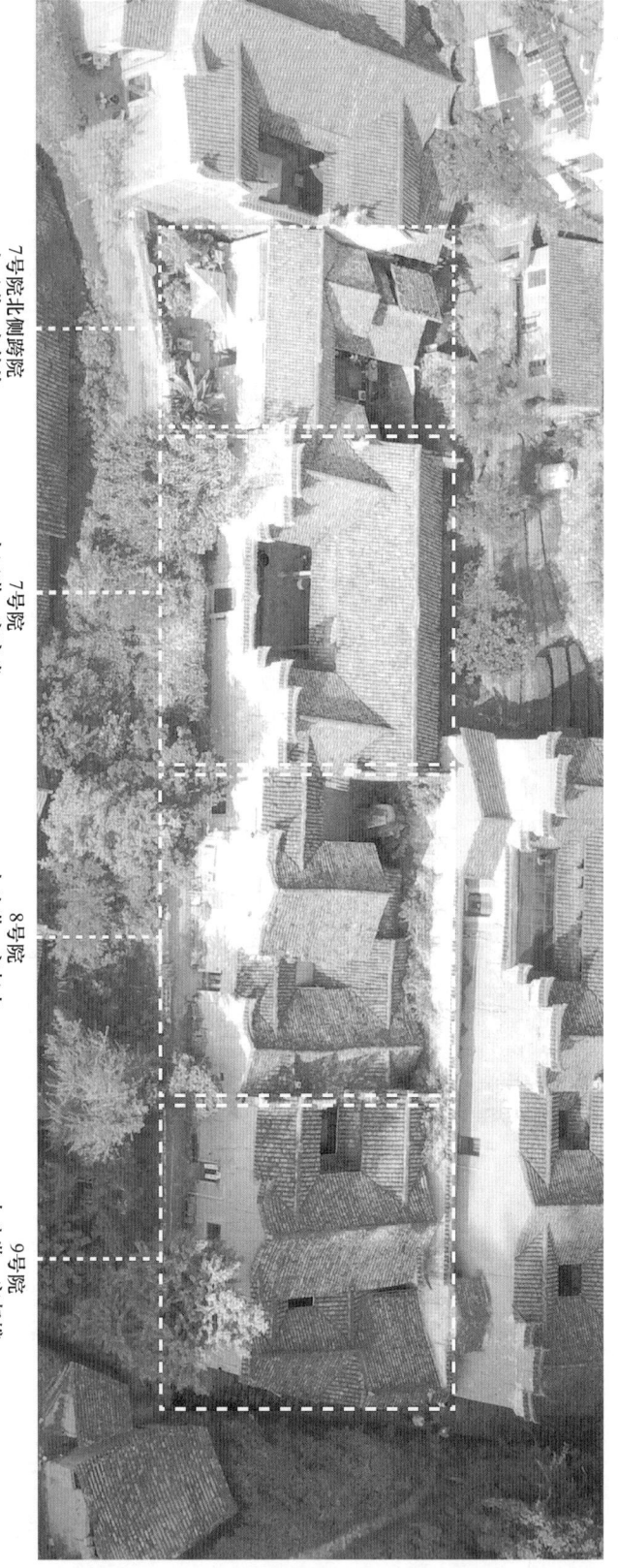

7号院北侧跨院
十五世·朱德焕
约建造于19世纪20年代

7号院
十四世·朱玄堂
约建造于18世纪80年代

8号院
十八世·朱起杰
约建造于1890年

9号院
十八世·朱起樵
约建造于1900年

图 8-31　建造年代分析

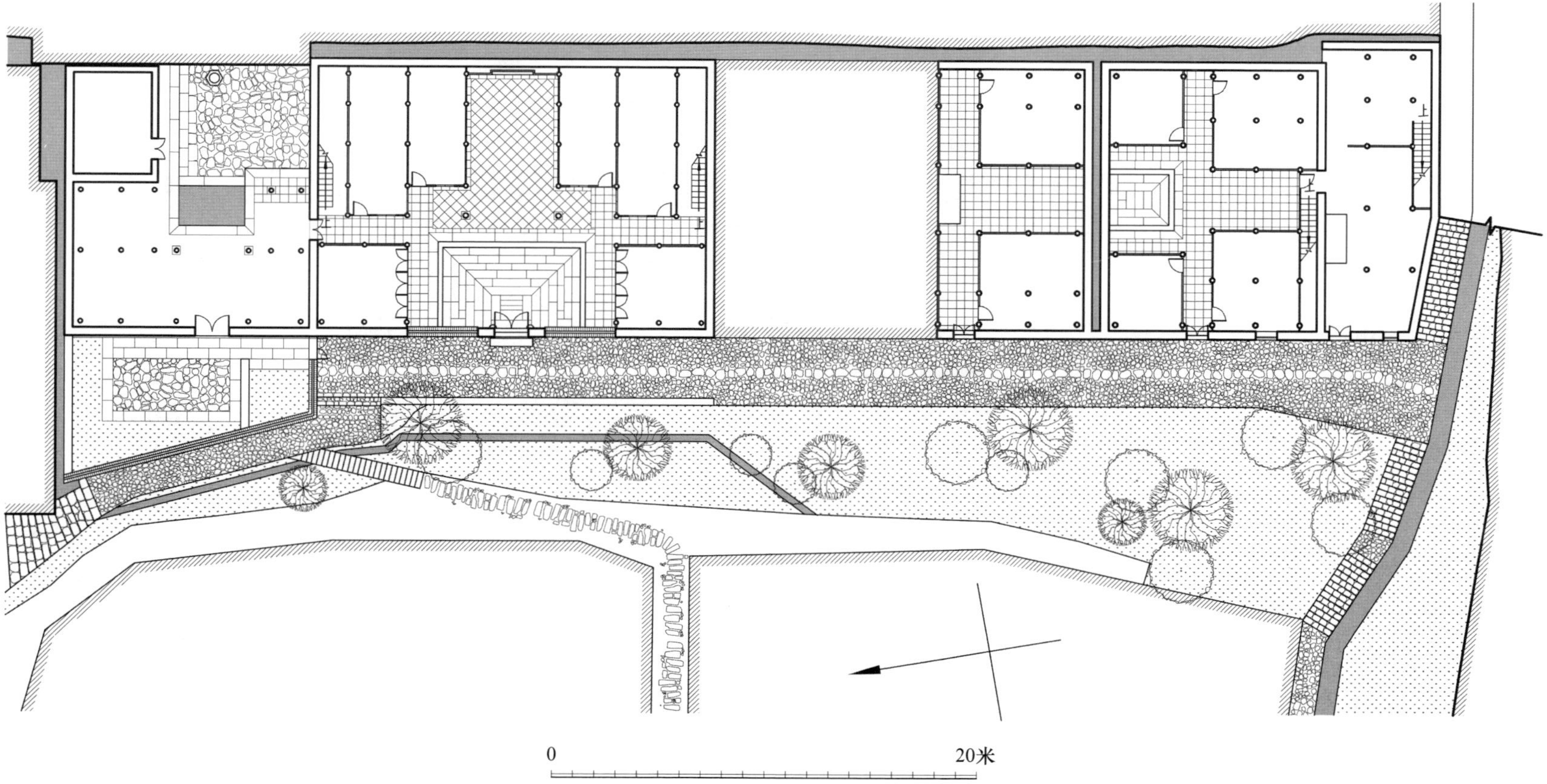

图 8-32 7-9号院一层平面图（梁鹏伟、张致锐、刘逸超测绘）

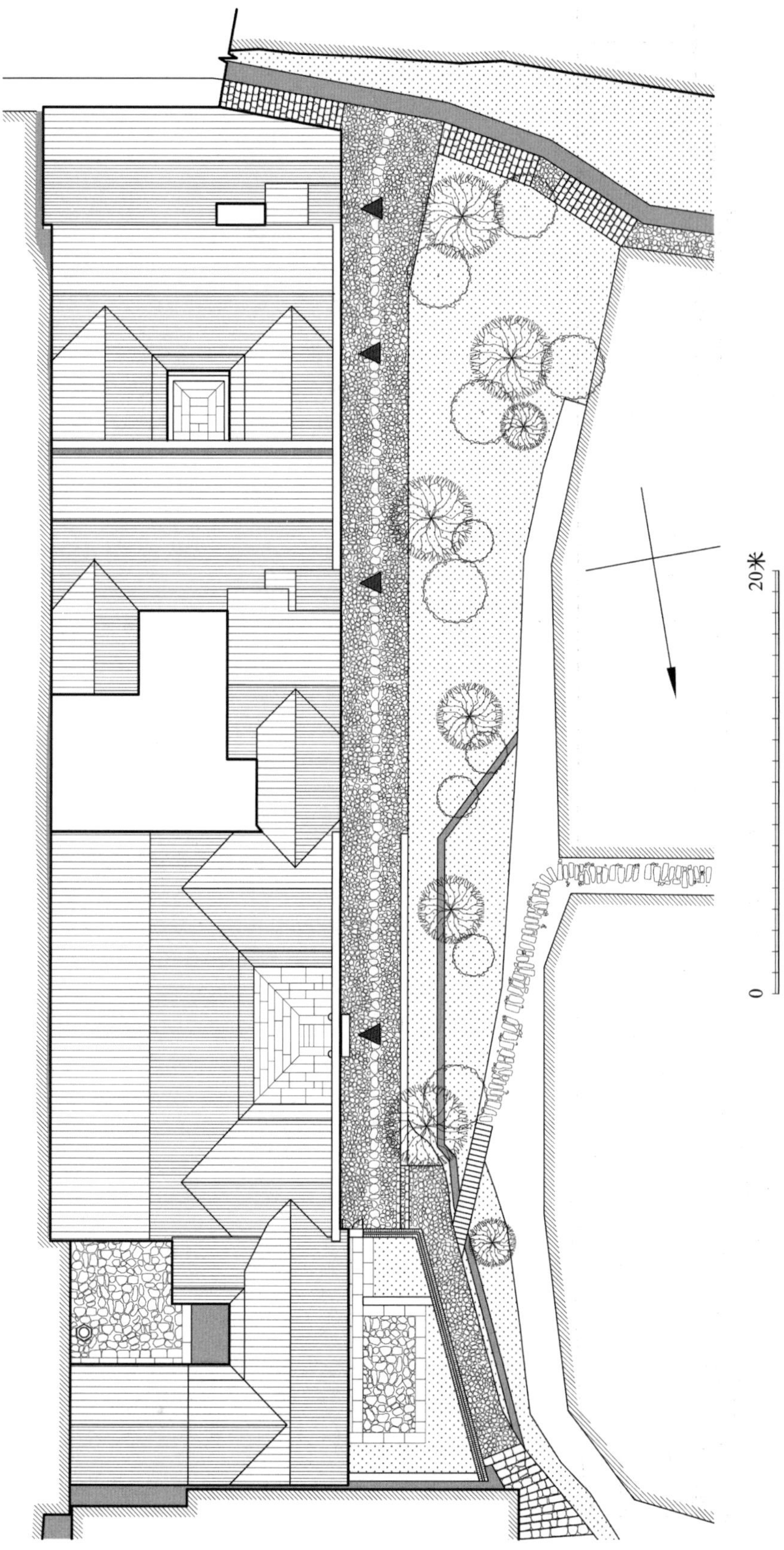

图 8-33 7~9 号院屋顶平面图（梁鹏伟、张致悦、刘逸超测绘）

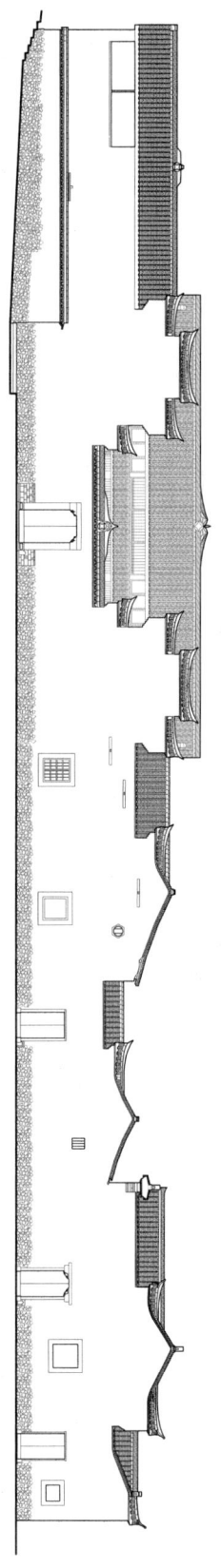

图 8-34 7~9号院正立面图（梁鹏伟、张致锐、刘逸超测绘）

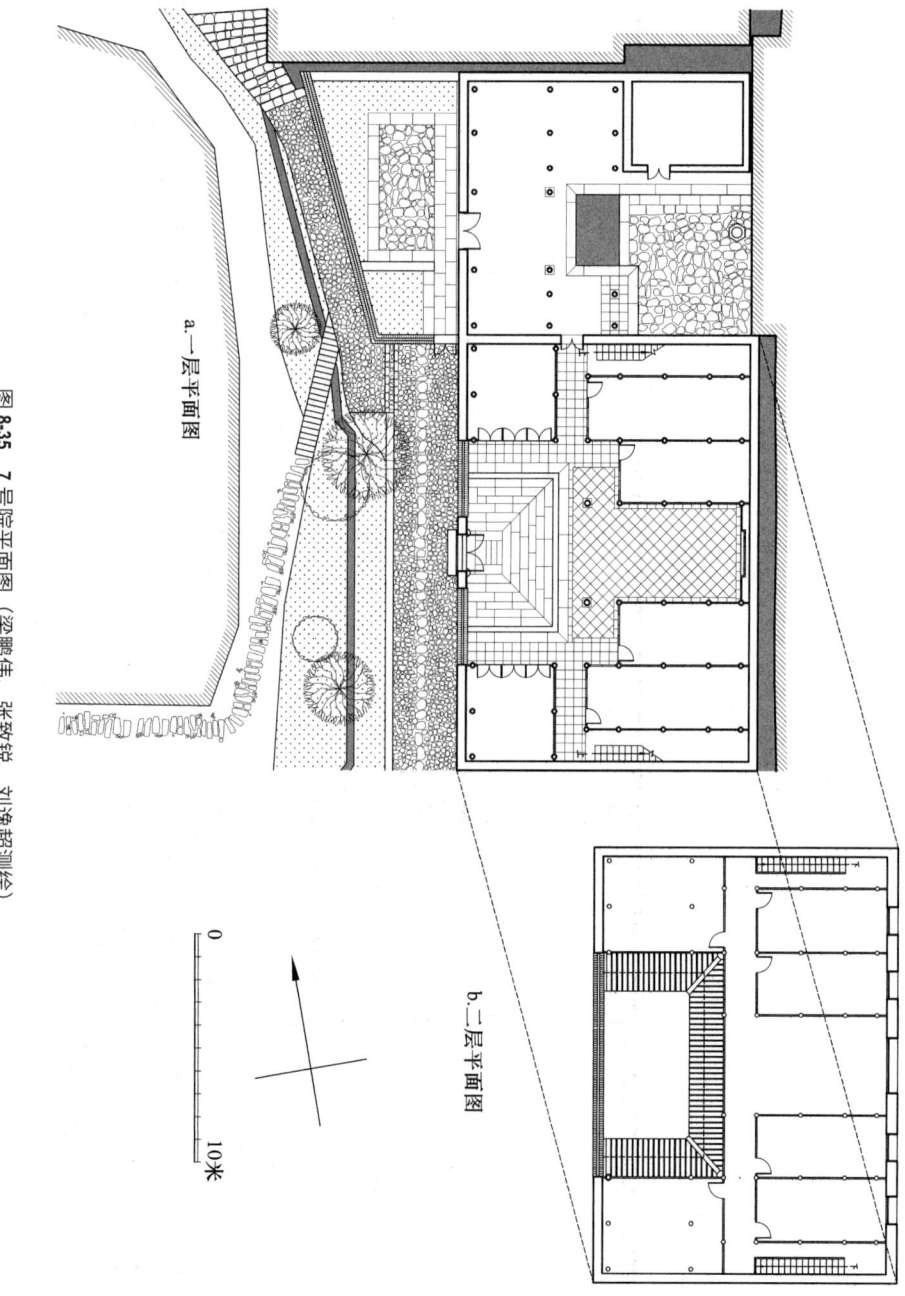

图 8-35 7号院平面图（梁鹏伟、张致锐、刘逸超测绘）

a. 一层平面图

b. 二层平面图

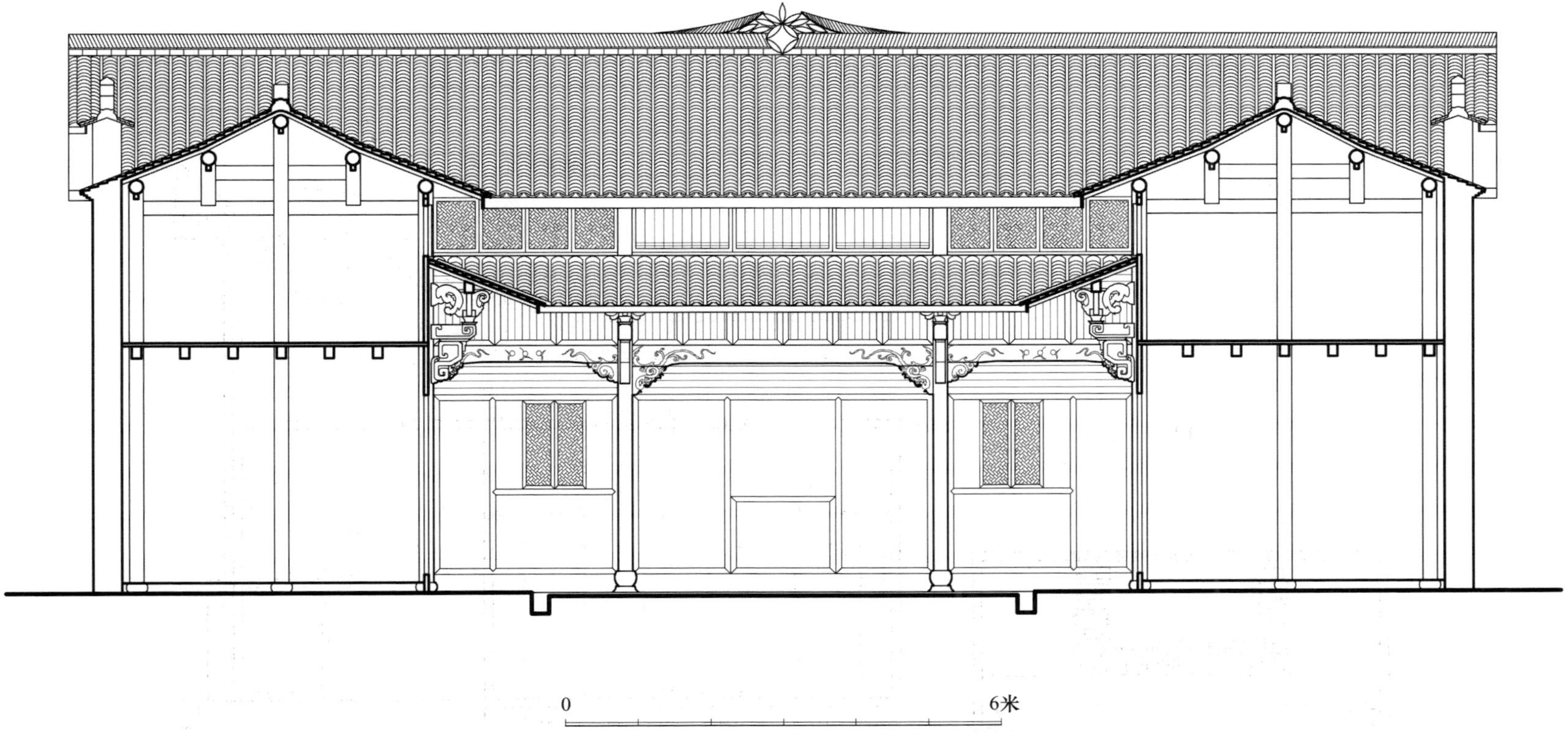

图 8-36 7号院主院横剖面图（梁鹏伟、张致锐、刘逸超测绘）

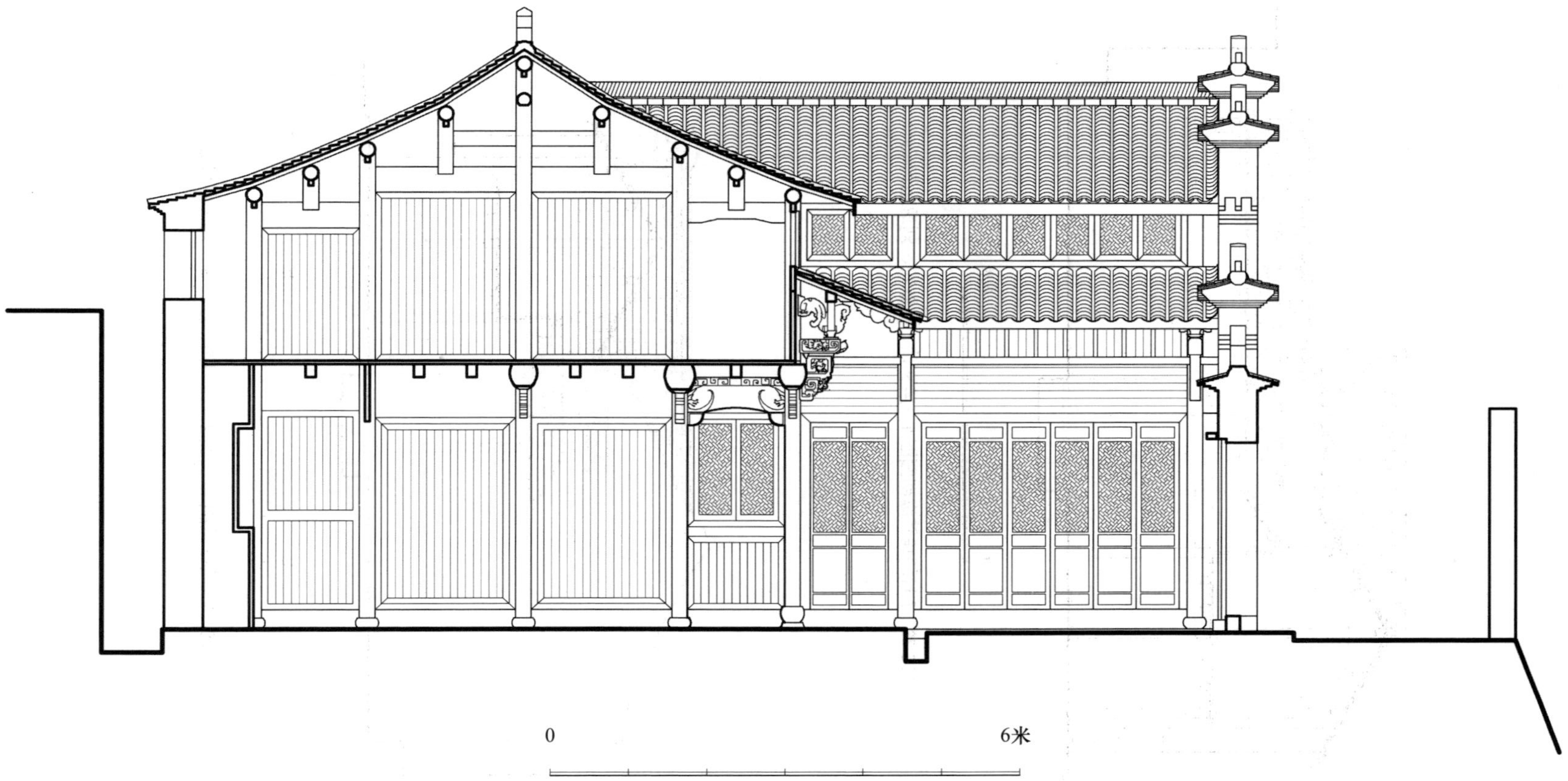

图 8-37 7号院主院纵剖面图（梁鹏伟、张致锐、刘逸超测绘）

0　　　　　　　6米

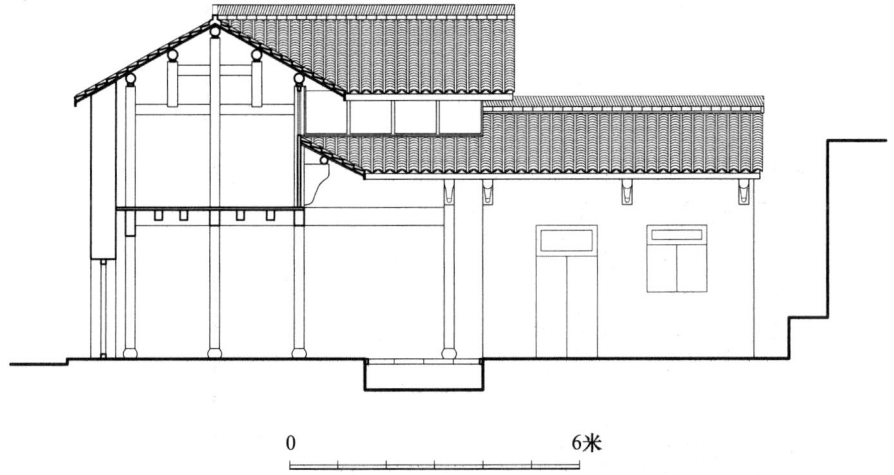

图 8-38　7 号院跨院纵剖面图 1（梁鹏伟、张致锐、刘逸超测绘）

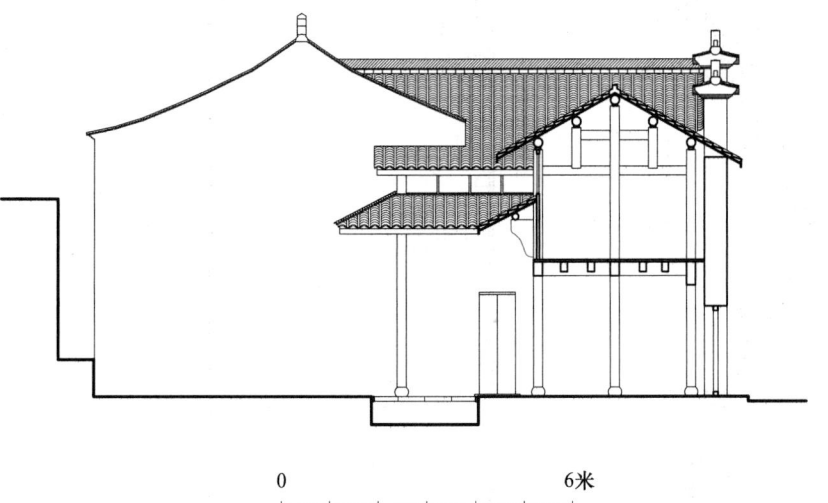

图 8-39　7 号院跨院纵剖面图 2（梁鹏伟、张致锐、刘逸超测绘）

153

第8章 民居建筑

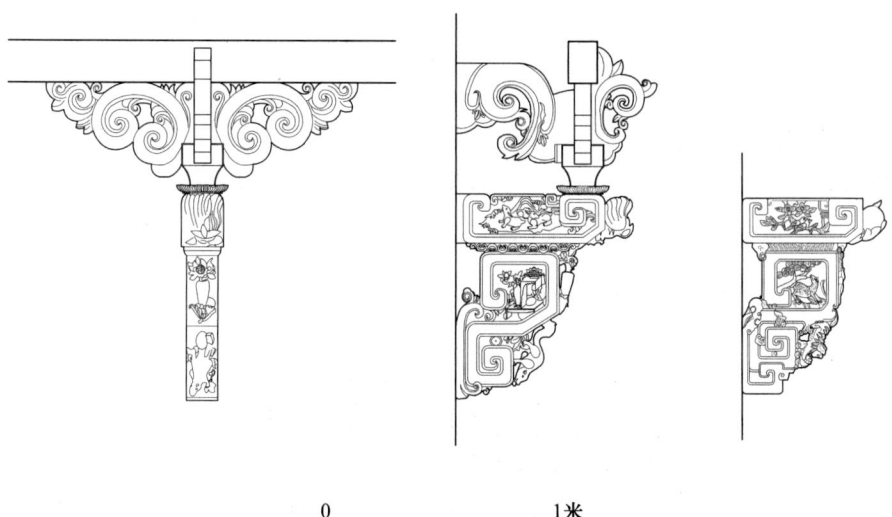

0   1米

图 8-40   7号院牛腿及雀替大样（梁鹏伟、张致锐、刘逸超测绘）

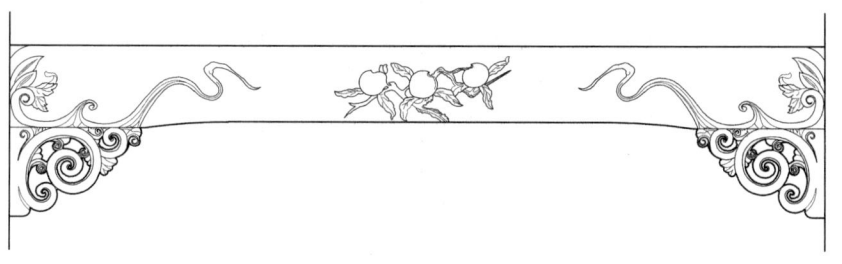

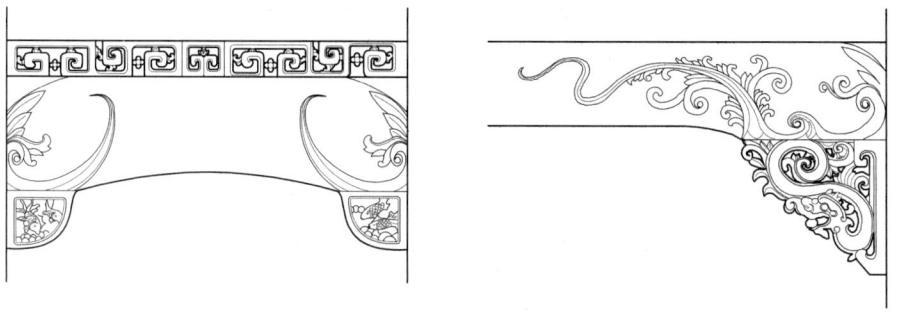

0   1米

图 8-41   7号院月梁大样（梁鹏伟、张致锐、刘逸超测绘）

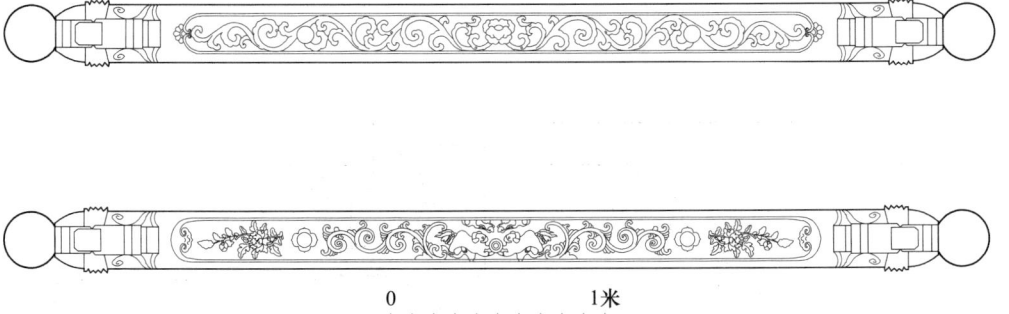

图 8-42　7 号院厢房月梁大样（梁鹏伟、张致锐、刘逸超测绘）

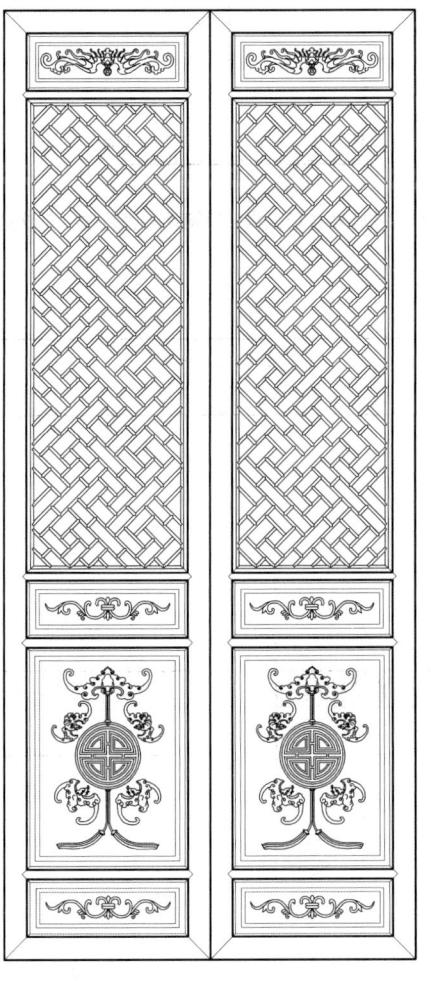

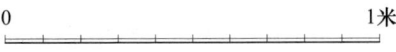

图 8-43　7 号院厢房木门大样（梁鹏伟、张致锐、刘逸超测绘）

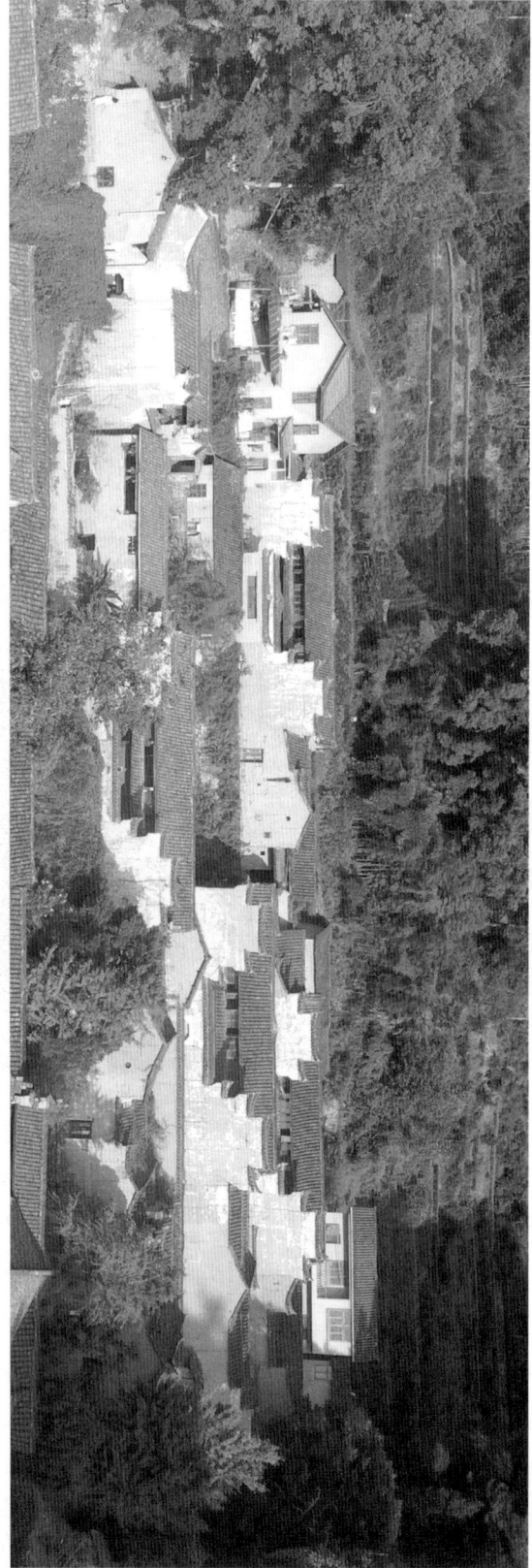

图 8-44 杨家堂上三排立面

8.3 典型民居：6 号院

　　6 号院是杨家堂最大的单体三合院民居，也是 H 形平面布局的代表。宋宏堂的后代之中，有财力的会独立建自己的宅院，比如上三排的 2 号院、4 号院和 6 号院。2 号院和 4 号院的建设年代较早，推测是 19 世纪中期宋宏堂之孙宋国彦和宋国刚所建，其平面较为规整。6 号院上三排房屋中唯一与 7 号院朝向不同的三合院，建造者是宋宏堂房派的十七世宋君朝（1844—1916），推测建于 19 世纪中后期。房屋平面为 H 形，坐北朝南。宋君朝在选择建设用地时，可能是在 7 号院北侧跨院（宋德焕宅）的北侧和 7 号院的南侧之间，选择了场地更大、地基也较高的前者。这块场地的南北方向较短，于是 6 号院调整方向为坐北朝南。（图 8-45~ 图 8-56）

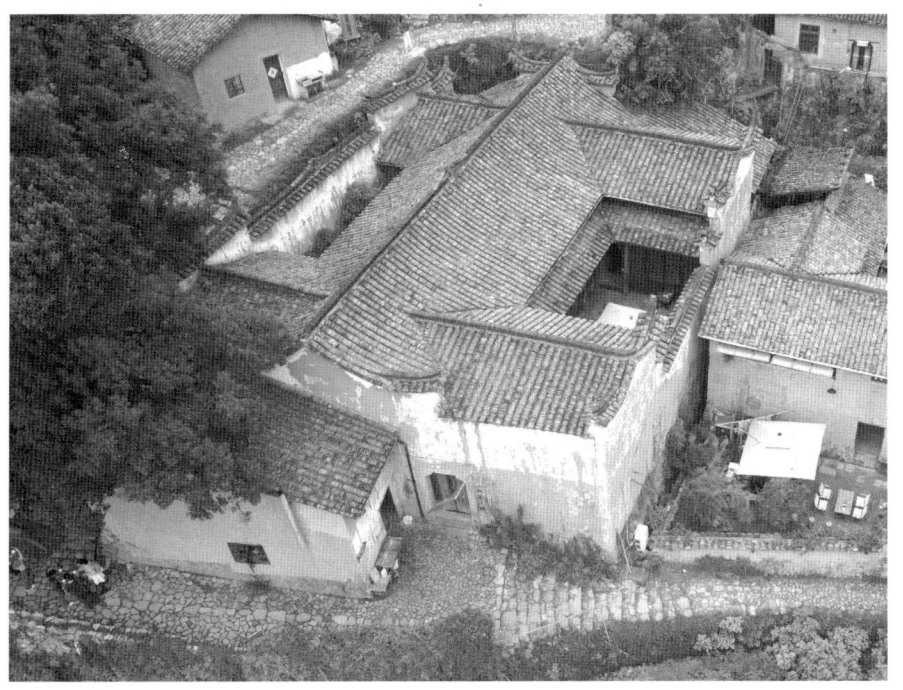

图 8-45　杨家堂 6 号院鸟瞰

　　6 号院北侧有高约 7 米的陡坎。为了防止雨天积水，房主在三合院的基础上增加了小后院（因此呈 H 形布局）。6 号院通面阔约 18 米，通进深约 13.5 米。正房一层层高 3.4 米，明间为堂屋，无香火堂，堂屋设木隔墙，隔墙两侧设门连接前后院。堂屋两侧为主人房，主人房两侧为子女卧室，正房东侧末端设楼梯通往二层。二层檐高 5.6 米，各房间均作为为子女卧室。除了多出一个小后院，6 号院的平面布局与 7 号院基本一致，梁架体系也为穿斗式。

157

第 8 章 民居建筑

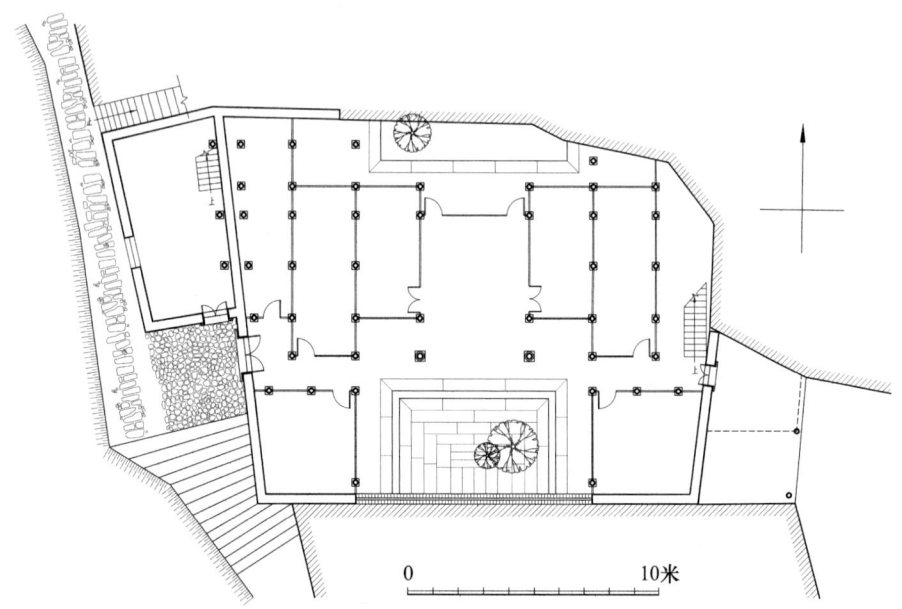

图 8-46　6 号院一层平面图（孙焕英、马贝妮测绘）

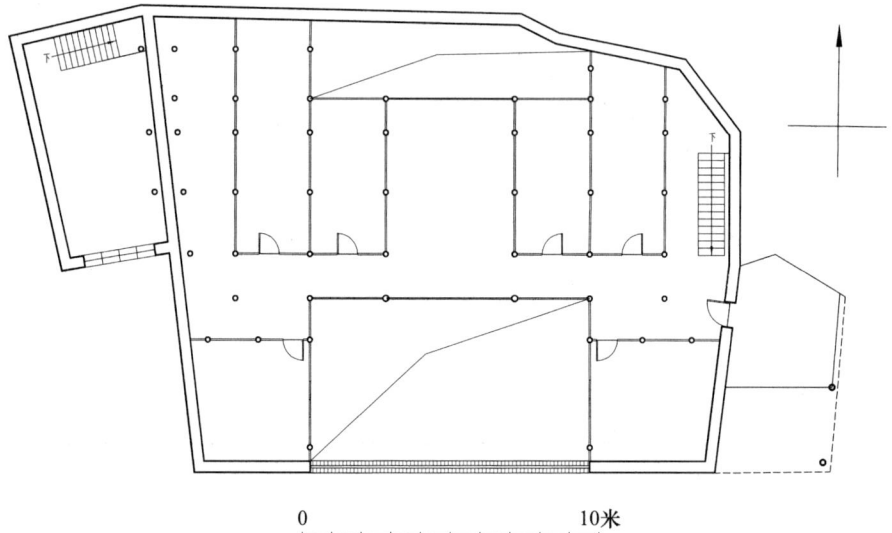

图 8-47　6 号院二层平面图（孙焕英、马贝妮测绘）

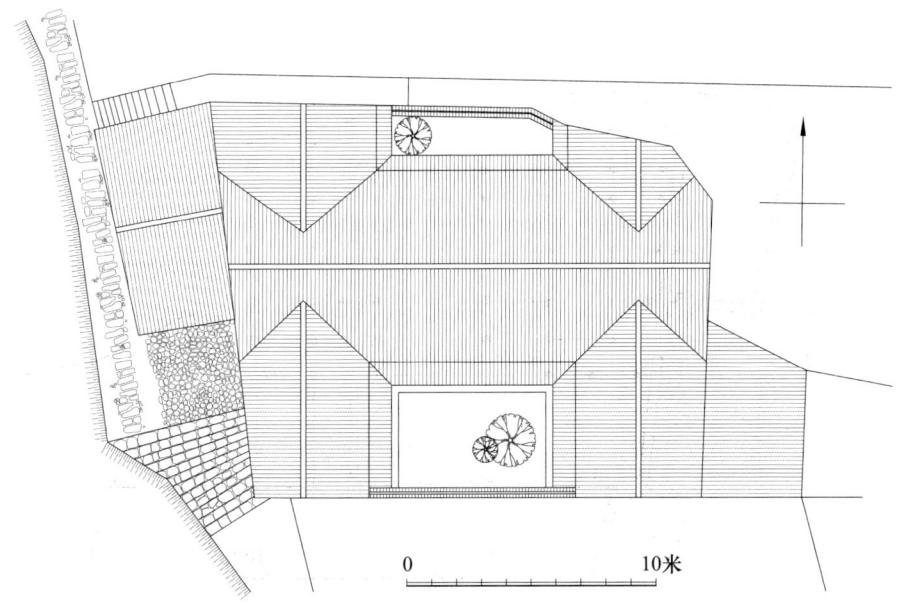

图 8-48　6 号院屋顶平面图（孙焕英、马贝妮测绘）

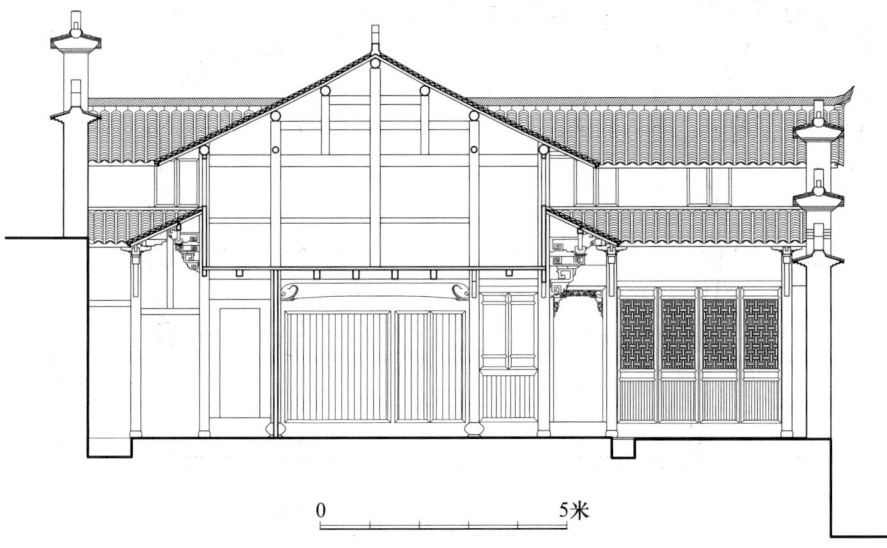

图 8-49　6 号院纵剖面图（孙焕英、马贝妮测绘）

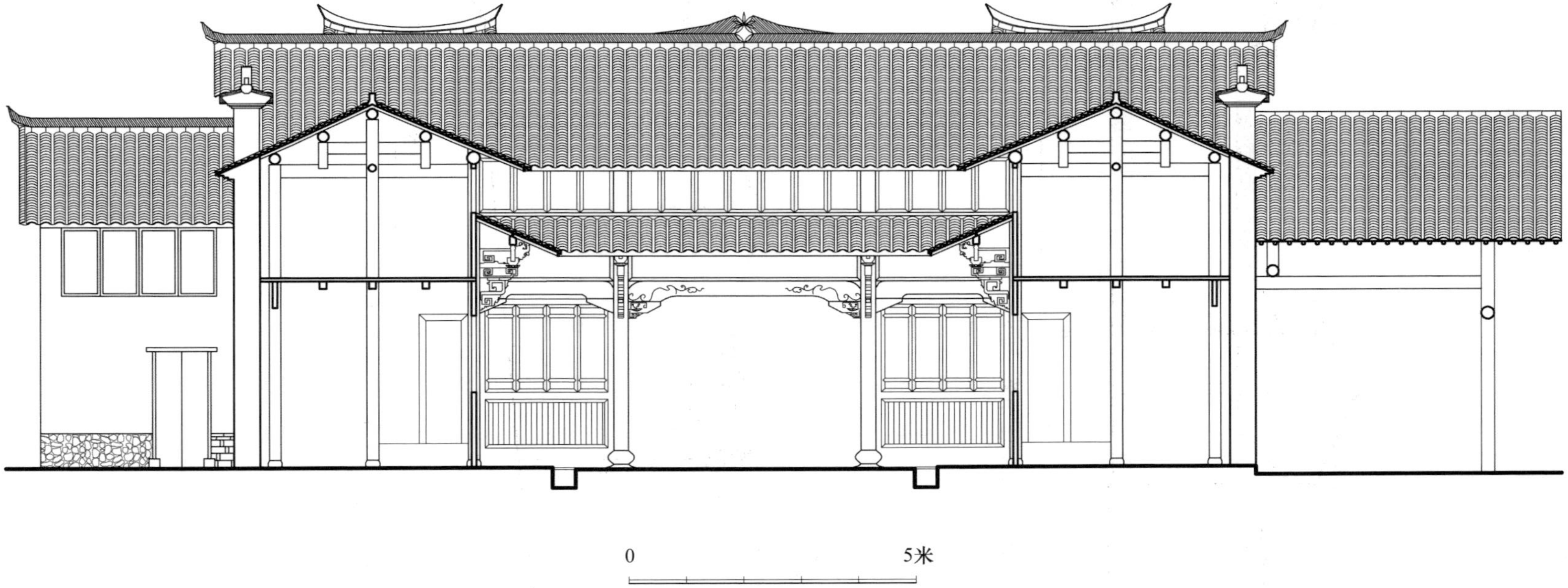

图 8-50 6号院横剖面图 1（孙焕英、马贝妮测绘）

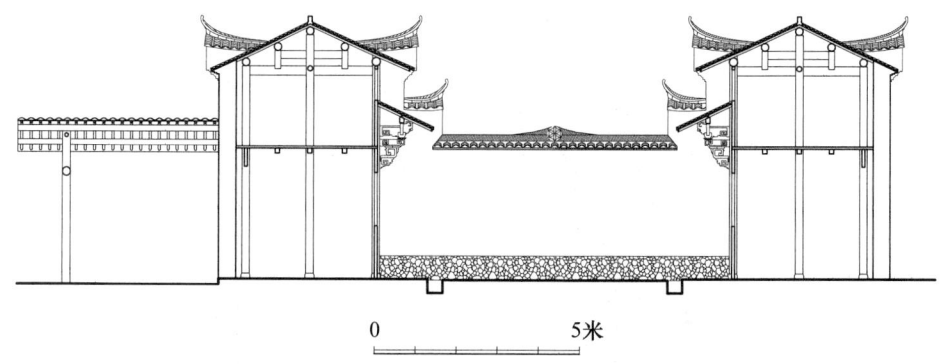

图 8-51 6号院横剖面图2（孙焕英、马贝妮测绘）

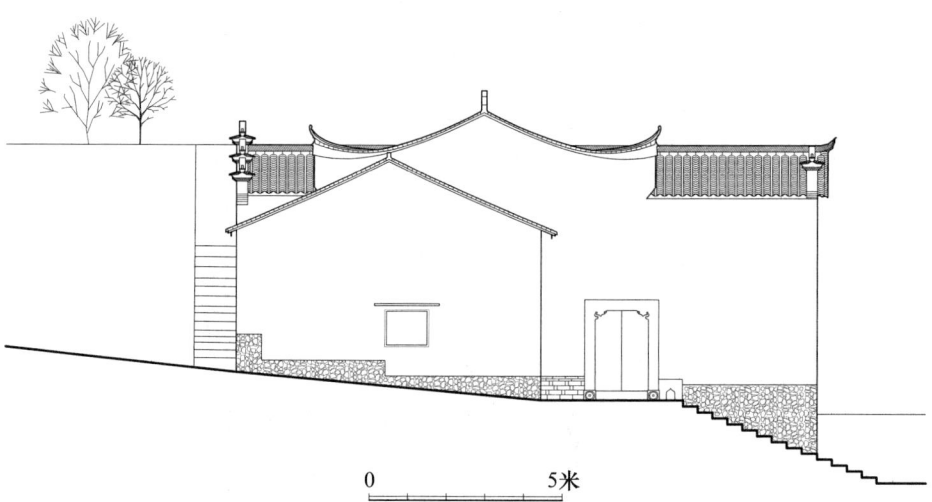

图 8-52 6号院西立面图（孙焕英、马贝妮测绘）

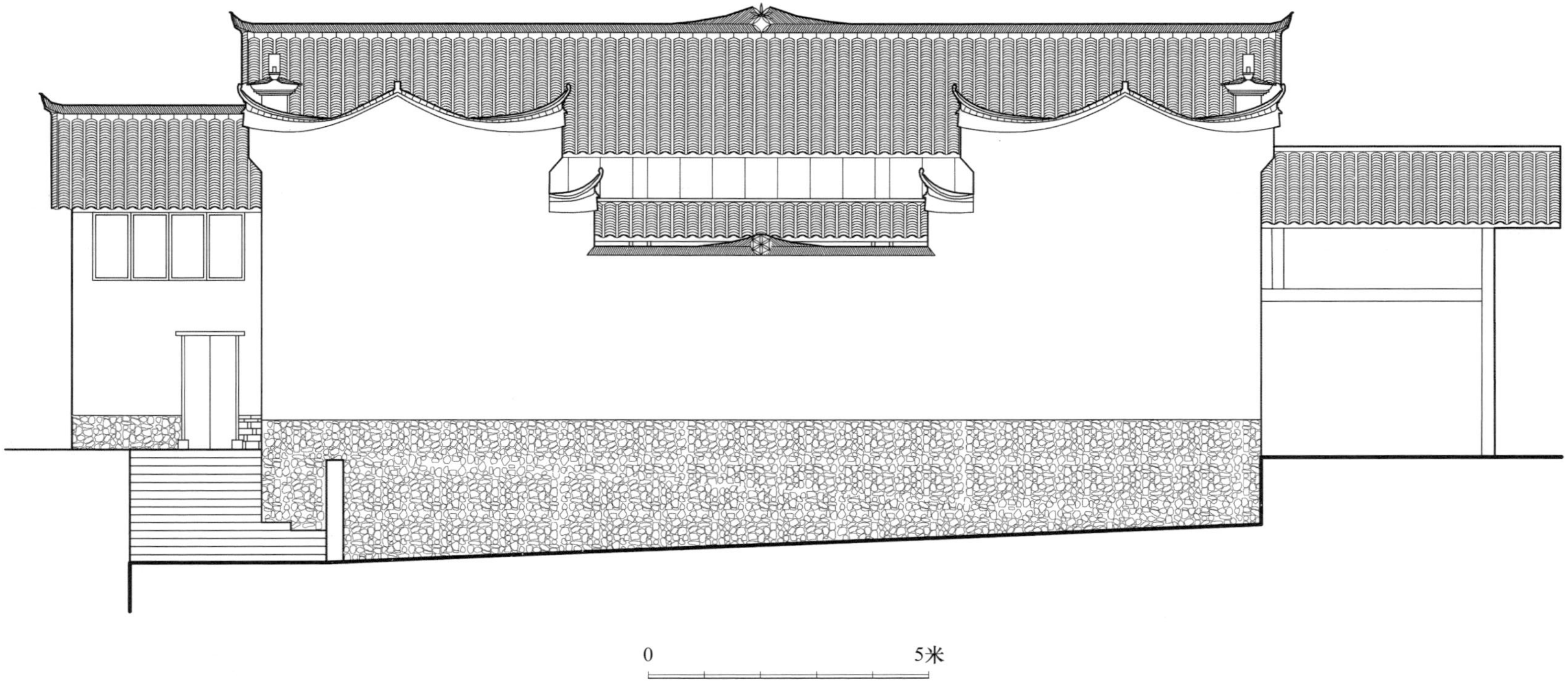

图 8-53 6 号院南立面图（孙焕英、马贝妮测绘）

0　　　5 米

杨家堂——浙西南山村的儒家实践

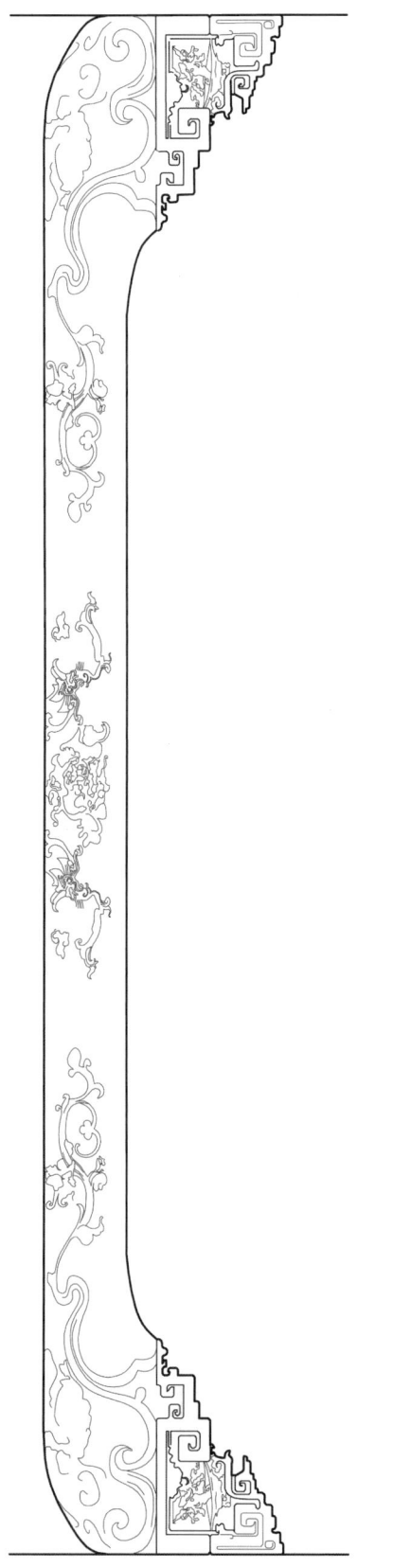
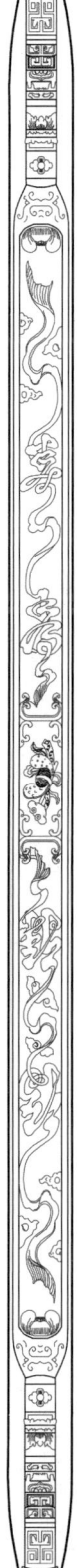

图 8-54　6 号院正房月梁大样（孙焕英、马贝妮测绘）

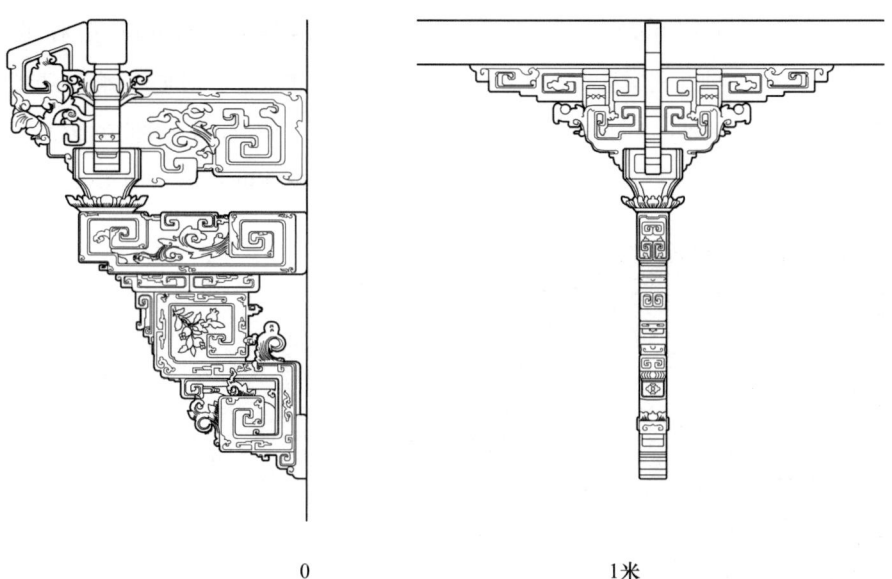

图 8-55　6 号院正房牛腿大样（孙焕英、马贝妮测绘）

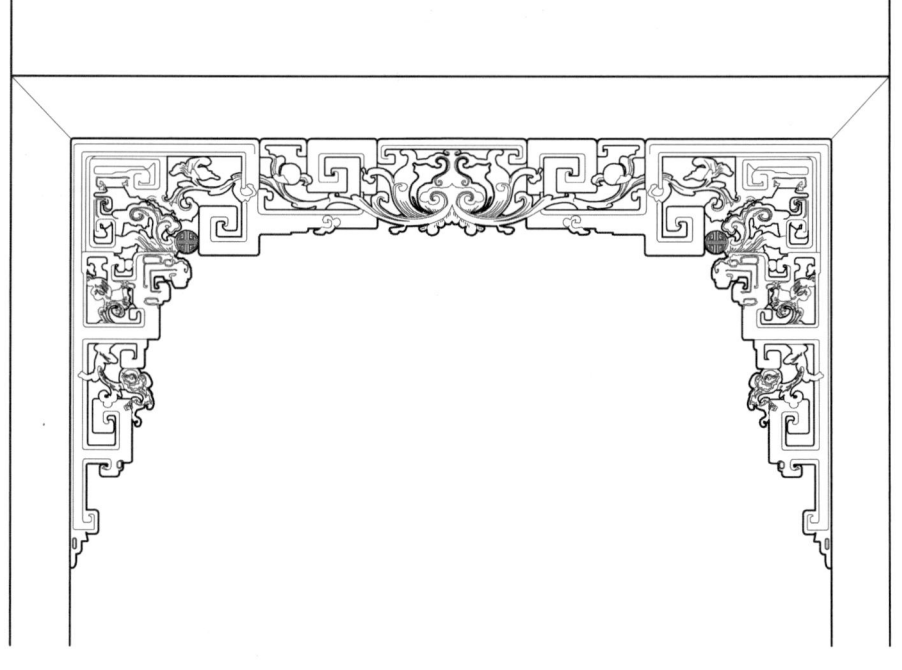

图 8-56　6 号院厢房门框大样（孙焕英、马贝妮测绘）

6 号院有前后两个天井。前天井长约 6 米，宽约 3.6 米，面积较大，是主要的户外活动空间，与堂屋直接相通，天井内摆放高脚凳等装饰物件。后天井长 6 米，

宽仅 1.5 米，与堂屋用隔墙隔开。后天井主要作为后山与房屋之间的缓冲空间，也作为蓄水空间，提供日常洗衣等生活用水。可以看出，前天井与其他三合院的功能没有差异，都是重要的活动空间，因此会作为装饰的重点区域；而后天井的功能简单，似乎是被藏到堂屋后面，不作为待人接客的门面空间，装饰也很少。（图 8-57）

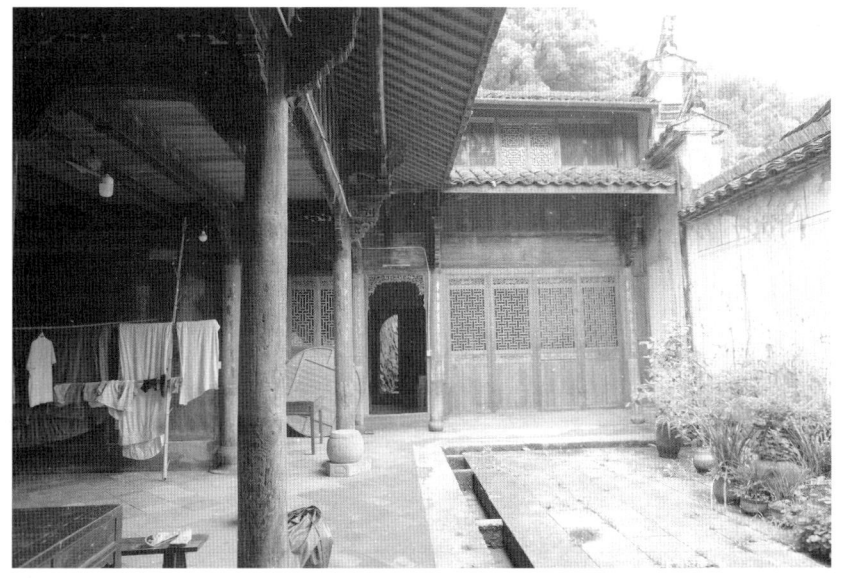

图 8-57　杨家堂 6 号院内部

6 号院的出入口也比较特殊。6 号院朝向与其他宅院不同，原本应该开门的前院墙与 7 号院的跨院贴在一起，因此只能选择在西侧外墙上开门，并且通过一段走廊才能到达中间的天井和堂屋。6 号院在大门外也设置了照壁，照壁之外与下一级阶层有 5 米的高差。屋主用照壁将门口的陡坎挡住，既是安全防护，也起到阻挡院外邪气、保护院内安全的作用。

8.4　民居建造与装饰

杨家堂的民居建造包括版筑夯土墙、木构架搭建、青瓦屋顶铺设等流程，部分三合院大宅还要进行木构和墙体的装饰，最终完成一幢具有松阳特色的传统民居。（图 8-58~ 图 8-60）

松阳山区民居多就地取材。用黄土做墙体，采杉树做木构。夯土墙常用村民集体合作的方式，经多层版筑和晾晒，耗时较长。根据季节不同，墙体的建造大约需要三个月至半年。木构则要请专业的木匠师傅来制作，并竖起木架主体。

165

第8章 民居建筑

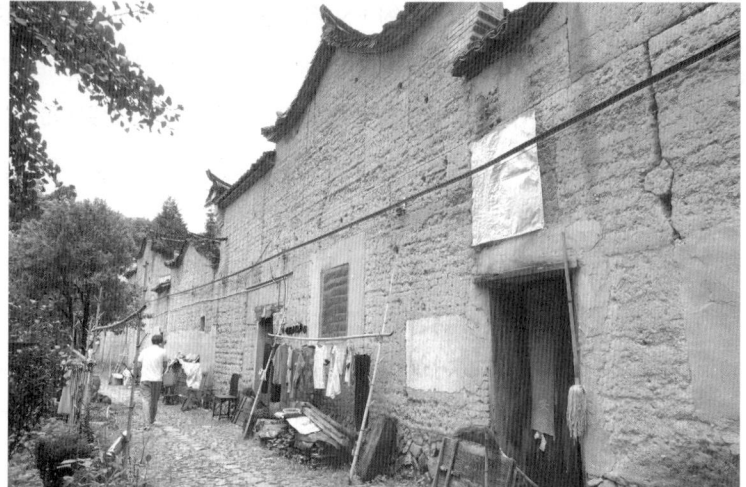

图 8-58　民居
版筑夯土墙

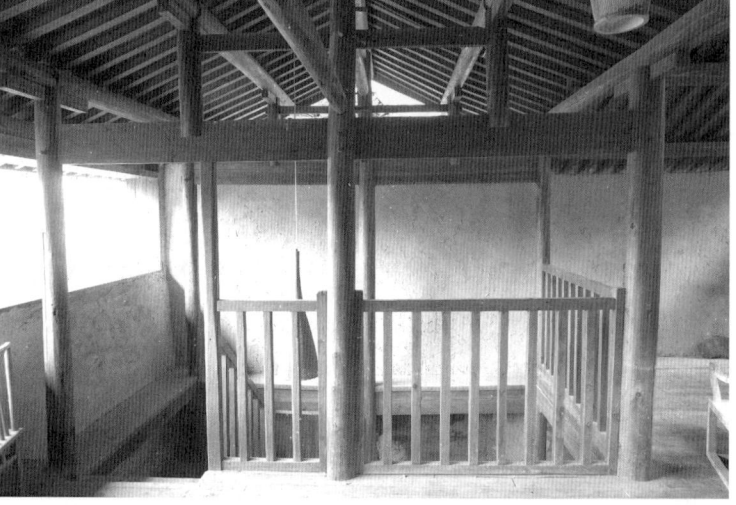

图 8-59　民居穿
斗式木构架

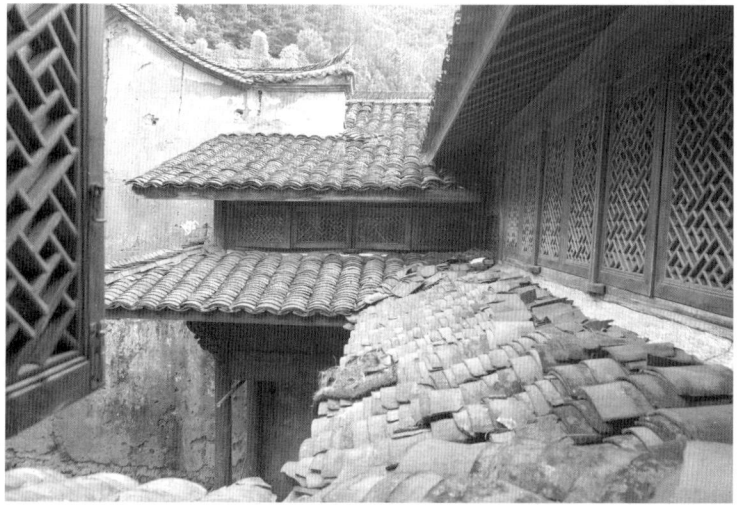

图 8-60　民居
青瓦屋顶

夯土墙是用厚约 0.4 米、高约 1.5 米的夯土块多次叠加而成。分块建造的好处有两点。第一是建造方便，将墙体拆分为三层、多个土块，每个土块的高度和宽度都大大缩减了，还有利于避免整面墙体倒塌。第二是作为民居的"变形缝"，土块从湿到干的过程中，分块建造可以避免夯土墙在气候原因下产生墙体的变形与开裂。

夯土墙取用当地黄土，并添加适量的砂石，搅拌形成结实的复合土。拌好的复合土，搬运到房屋的建设地，作为房屋墙体的材料。村民使用两块木板作为筑板，将泥土倒在两块筑板之间，并用石杵进行夯实，让土形成规整的砌块，再用砌块围绕出房屋的外墙。一般等待底层土块晾干 60%，便可以开始夯筑第二层。晾干过程需要半个月到一个月，视建房时的天气情况而定。等到第二层晾干 60% 的时候，此时第一层已经完全干透，便可以开始夯筑第三层。第二层和第三层的建造，需要搭建脚手架，一般以毛竹插接而成。杨家堂的民居多为二层，按照建筑高度叠加三层 1.5 米左右的土块便足够。在建造时，为增加房屋整体的稳定性，夯土墙转角处的各层夯土需交错放置。土墙建好后，稍作修平便可。一般民居会保留土墙块之间的缝隙和建造时搭架所留下的孔洞，作为墙体透气的空隙。部分房屋装饰性要求高，则将土墙缝隙和空洞填补修整。

木构架在土墙基本建好时开始准备。大木部分需要请专业的木匠，这些木匠多来自周边村落。有些房屋的木构比较复杂，比如三合院大宅，则会提前半年去邀请松阳当地知名的木匠。杨家堂近些年的建房，会从泉址村请木匠来搭建木构架。民居木构多为穿斗式，跨度小且对于木料的要求较低，建造速度也较快。木匠工作的第一步，是在夯土墙的范围内确定房屋的开间及高度，进而确定柱础位置。第二步是按照开间及高度，准备好梁和柱等木料，通常是选择直且不招蚊虫的杉木，并加工成各个构件。第三步是将加工好的木料组装成一榀梁架，并且将各榀梁架从地上拉起来，放置到柱础上，再用枋将各榀梁架连接在一起。至此，民居的木构架建造完成。

之后是加椽子和铺瓦。松阳传统民居的屋顶不使用望板，直接在椽子上铺瓦。一般采用青瓦，以蝴蝶瓦的形式排布。最后是房屋的室内装修，包括木隔墙以及牛腿、雀替等木构雕饰。木雕构件一般是从松阳县城或者东阳买来，尺寸要合适，安置在房屋的梁和枋上。

一幢民居从开始建造到建造完成，通常需要七八个月。为了不耽误农业生产，会选在冬天农闲的时候开工，到第二年秋收之前建好。建完房后，屋主要举行新房迁居仪式，请全村人吃饭，感谢大家帮忙。仪式上要杀猪做菜，并且要撒年糕

和糖果让大家抢，抢到的人被视为有好运降临。

　　杨家堂民居的建筑装饰分为两部分。一部分是墙体装饰，包括白灰和书画（图 8-61~ 图 8-63）。建造较早的大型民居及宋氏祠堂，都在黄色夯土墙的表面粉刷了白灰，并加以书画装饰。书画装饰一般是在院墙和房屋外侧的墙头，横条绘制或书写，图案有卷草、竹子、花鸟等，书法是诗词、家训等。比如 4 号院内部院墙，有十八世宋起芳书写的《朱子治家格言》（图 8-64）。门框多采用条石。杨家堂民居只有 27 号院的大门上方有门楣，上面刻"西屋拱秀"四个大字。4 号院大门上方的《朱子治家格言》和 2 号院大门上方的《程子四箴》，保存尚好。2 号院天井南北侧的诗文，则是清乾隆皇帝的七言古诗。

　　经过上百年时间的风化与磨损，杨家堂现在的墙体装饰大都是半残缺的。原本粉饰白灰的墙面，已经有一半显露出了黄色土墙。金黄色的土墙和残留的白灰形成了强烈对比，形成金色和白色叠加的斑驳效果。

　　另一部分是木构装饰，包括在梁柱上的牛腿和雀替，以及门窗的隔扇（图 8-65）。杨家堂建筑木构装饰有清中后期的风格，雕刻图案丰富多姿，有梅兰竹菊、岁寒三友、缠枝莲花、双狮戏球、双凤朝阳、喜鹊登梅、鹿含灵芝、松鹤、麒麟、牛、

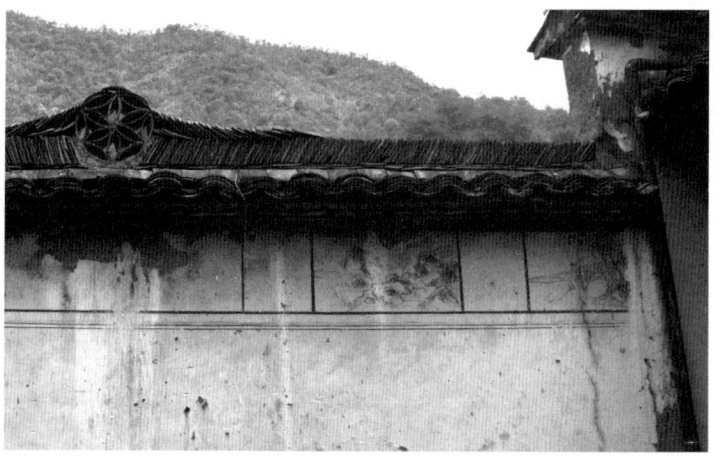

图 8-61　杨家堂
6 号院白灰彩画

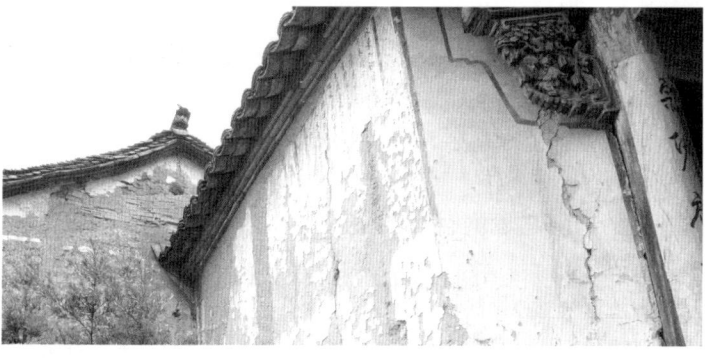

图 8-62　杨家堂宋
氏宗祠的白灰彩画

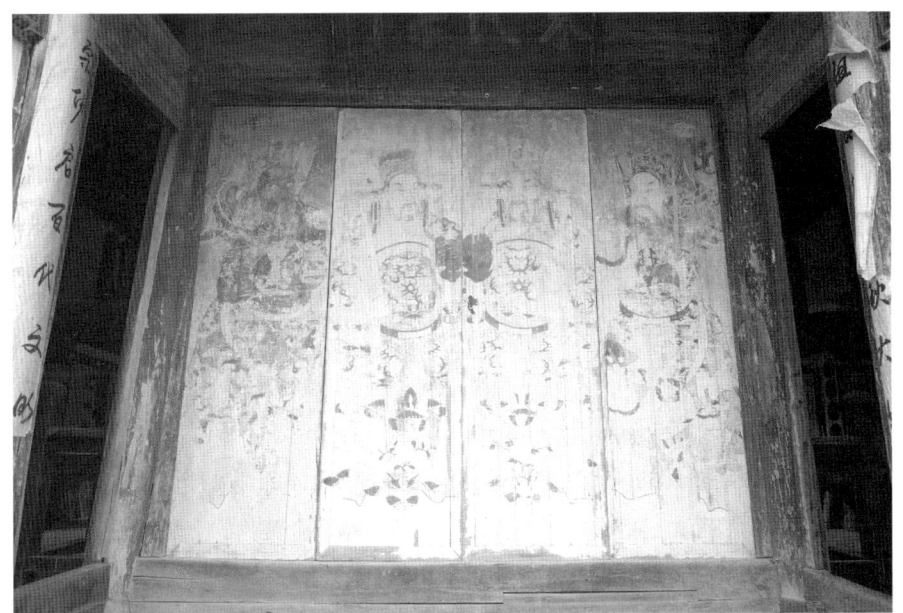

图 8-63　杨家堂宋氏宗祠的门扇彩画

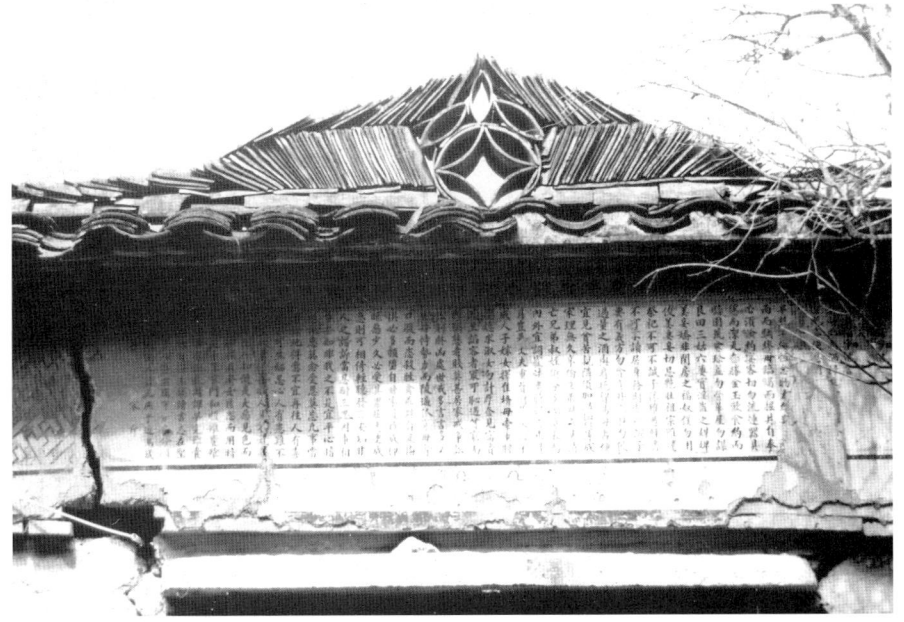

图 8-64　杨家堂 4 号院墙头书写的《朱子治家格言》（图片来源：三都乡政府提供）

马、羊、猴等图案[1]。一般只有建造资金较充沛的合院建筑，才有木构装饰。牛腿原本的功能是支撑挑檐，逐渐发展为重要的装饰构架。牛腿常用动植物的主

1　魏佳. 浙江松阳县传统村落及民居研究［D］. 北京：北京服装学院，2023.

题，有鸟兽、瑞鹤、狮子等造型。门窗的隔扇也是木构的重点装饰部分，一般以厢房面向天井的门扇最为华丽，门扇上半段往往做镂空花版。民居的木构装饰多集中在天井区域，天井周围的牛腿往往是最复杂、最漂亮的木雕构件。部分有香火堂的宅院，香火堂壁龛的隔扇也是装饰的重点；简单的壁龛为三段式，复杂的则有圆月花窗。木雕装饰价格昂贵，木雕的数量和华丽程度是一个家庭身份和财力的象征。杨家堂的木构部分，一般刷朱红色漆面，不做彩画。村内仅宋氏宗祠在木门板上有彩画，六扇大门均绘制了门神，20 世纪 60 年代曾被涂抹石灰，目前门神彩画仍依稀可见。

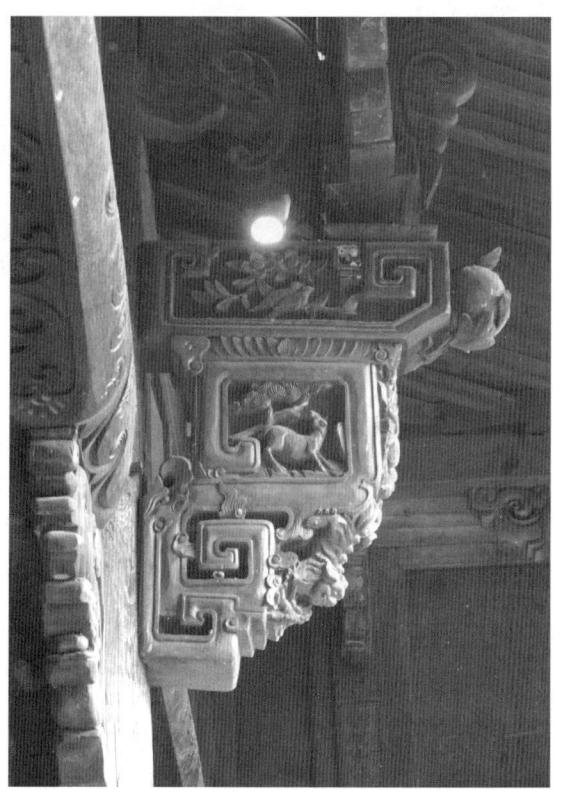

图 8-65　杨家堂 7 号院的牛腿装饰

　　松阳学者鲁晓敏认为，松阳现存的老房子大多建于清代中后期和民国时期，其中清代中晚期的很多木雕构件是东阳的木工师傅完成的，当时由于太平天国运动的影响，这些师傅在浙江北部没法存活，只能转到浙江西南一带谋生；松阳尽管也遭到很大的破坏，但是比起江南其他地方，损失还算小很多。[1]

1　鲁晓敏．再访鲁晓敏——谈松阳村落［J］．中华手工，2020(2)：78-85.

杨家堂的民居建筑，是自然条件、经济模式与儒家文化共同塑造的产物。独特的建筑形制、精湛的营造技艺与深厚的文化内涵，不仅体现了浙西南山地聚落的营建智慧，更成为传统村落物质与精神双重遗产的典范（图8-66）。其特点可总结为以下四方面：

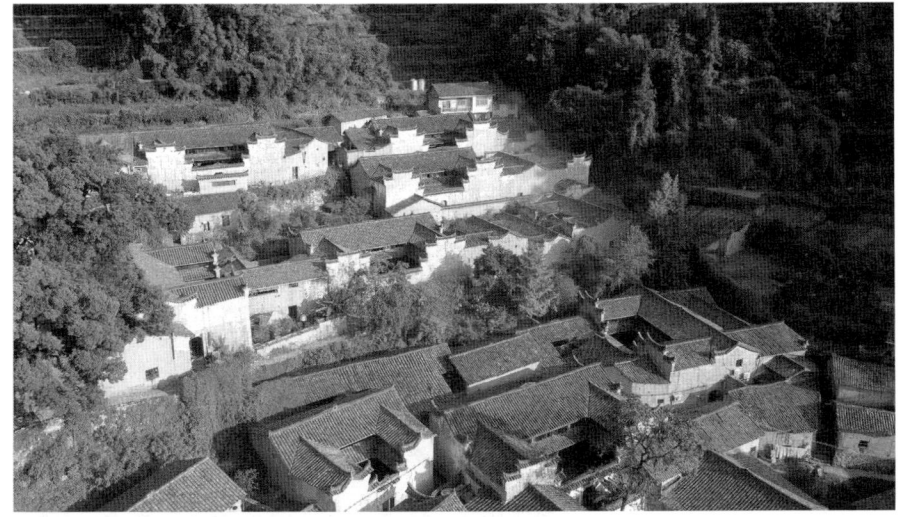

图 8-66　杨家堂民居鸟瞰

其一，民居类型的二元性与功能演进。杨家堂民居有"一字形"与"三合院"两种类型，形成鲜明的功能与等级差异。一字形民居以简朴实用为特征，顺应山地地形，开间少、进深浅，造价低廉，是早期经济匮乏时期的产物。而三合院则代表经济繁荣后的居住升级，其规整的天井布局、对称的厢房设计、丰富的功能分区，既满足家族聚居需求，又彰显社会地位。杨家堂三合院占比过半，远超普通山地村，印证了宋氏家族"板商＋秀才"群体的经济实力与文化追求。两类民居的并存与消长，映射出村落从生存需求向礼制秩序的历史演进。

其二，传统工艺的匠心传承。杨家堂民居以版筑夯土墙、穿斗木构架与青瓦屋顶为三大要素，展现了因地制宜的营造智慧。夯土墙采用分层版筑工艺，以黄土掺砂石夯实，分块晾晒避免开裂，既稳固又透气；木构架以杉木为材，穿斗结构与抬梁结构混合，兼顾跨度与承重；屋顶直接铺青瓦于椽上，适应多雨气候。建造过程凝聚集体协作，从冬季夯墙到次年秋收前落成，体现农时与工期的巧妙平衡。装饰工艺上，白灰彩绘、木雕牛腿、诗词题刻等细节，将实用构件转化为文化载体。

其三，儒家礼制的空间表达。三合院民居是儒家伦理的物化呈现。其空间布局强调轴线对称与尊卑秩序：正房明间为堂屋，供奉祖先或待客，两侧主卧依长幼分配；厢房作辅助用房，天井成为家族活动与教育的公共空间。跨院平行延伸

的独特设计，既减少土方量，又以"拥护祖宅"的姿态强化宗族凝聚力。建筑装饰亦渗透礼制观念，风火山墙的阶梯造型象征等级，门楣题刻传递家训，木雕图案（梅兰竹菊、瑞兽祥云）寄托文人雅趣。这种"礼制主导营建"的模式，使杨家堂突破山地随形就势的常态，形成规整有序的村落面貌。

其四，家族脉络与建筑演变。民居建设与宋氏宗族发展紧密交织。7—9 号院从 1780 年宋宏堂始建主院，到 1890 年前后五代人接力增建跨院，百余年间形成长达 64 米的连续立面，见证家族财力与文化的代际传承。建筑风格的变迁（如早期风火山墙向晚期硬山起翘的简化）反映经济波动与审美流变，而 H 形三合院的因地制宜，则凸显山地营建的灵活性。民居不仅是居住空间，更是家族历史与集体记忆的载体。

第 9 章

宗祠建筑

陈志华先生在《中国乡土建筑的世界意义》一文中指出："造成中国乡土建筑在社会历史意义上和品类的数量上大大超乎欧洲之上的，主要是由于在中国农村生活中影响极其深刻的宗法制度、科举制度和实用主义的泛神崇拜，这三项都是世界其他国家根本没有的，而恰恰是这三项催生了中国农村中大量的公用建筑类型。"[1]

陈先生所说的"公用建筑类型"，主要是宗祠建筑、庙宇建筑和文教建筑。杨家堂的公共建筑也主要是这三类（图9-1）。作为一个血缘村落，杨家堂的村民以宋氏族人为主，宋氏宗祠是村内最重要的公共建筑，在空间上和规模上都对村落起到主导作用。

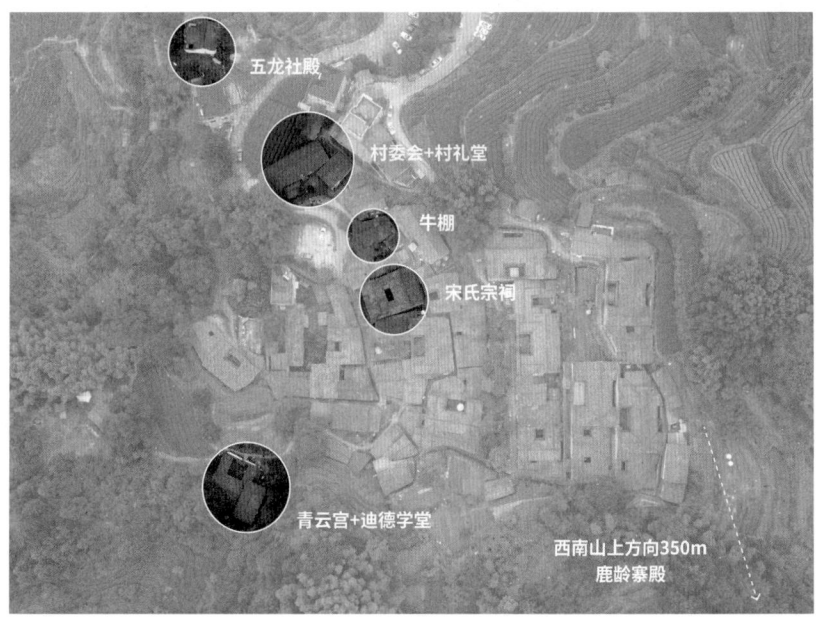

图 9-1　杨家堂的公共建筑

宋氏宗祠建于清乾隆时期，至今保留完整（图9-2）。它是村民祭祖和节庆活动的举办地，也是村民日常交往的活动场所。除宋氏宗祠外，杨家堂还曾经有四个香火堂。香火堂无须单独建房，而是选在祖先居住的老宅的一层堂屋摆放祖先牌位。宋氏宗祠供奉的是杨家堂所有宋氏族员的共同祖先，香火堂供奉的是各个房派的祖先。

宋氏宗祠的西北方约50米，有一座宋伯玉墓。这是唯一存在于杨家堂村内的坟墓，墓主宋伯玉是宋宏堂的父亲。这座墓前的空地在平时是晒谷场，新年时则

1　该文收录于：陈志华.文物建筑保护文集［M］.南昌：江西教育出版社，2008.

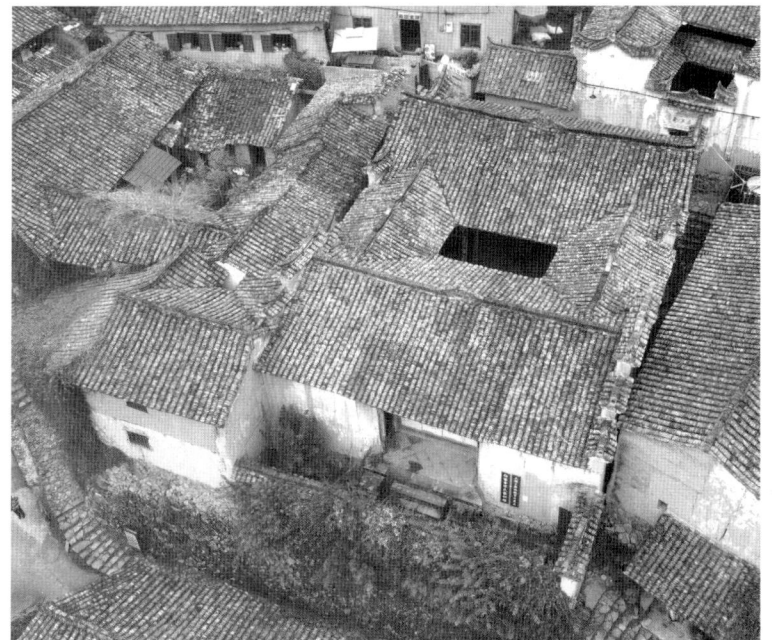

图 9-2 杨家堂宋氏宗祠鸟瞰

是举办舞龙活动的重要场地。宋伯玉墓及其前广场还是连接村落水口和宋氏宗祠的空间节点，已经成为宗祠建筑空间体系的一个组成部分。

杨家堂宋氏家族还有一部《京兆宋氏宗谱》，流传至今。族谱是记录家族世系繁衍及重要人物事迹的文献，主要作用包括记录家族历史、区分家族成员的血缘关系、增强家族成员的家族认同和归属感等。族谱提供了丰富的历史资料，有助于研究者了解家族和社会的发展变化。《京兆宋氏宗谱》是杨家堂、呈回和上山头三个村的宋氏族人共同编修的族谱，最早的编修记录是清康熙五十六年（1717），后分别于清嘉庆十年（1805）、道光十九年（1839）、同治五年（1866）、光绪十一年（1885）、光绪二十二年（1896）和民国十四年（1925）重修。最近一次重修是2005 年。

9.1 宋氏宗祠

杨家堂宋氏宗祠建于 1787 年。建村的前一百年里，杨家堂只有寥寥几处民居，没有祠堂。村民们日常在家祭祖，遇到重要的宗族节庆时，就要回到几十里山路之外的呈回村，参加呈回村宋氏族人组织的宗祠祭祖活动（图 9-3）。18 世纪中后期，板商宋宏堂让杨家堂村的经济实现了转型和发展。随着家族人口增多，他率领族人建造了杨家堂的宋氏宗祠。《杨家堂宋氏宗谱》中的《宏堂公传》载："乾隆

丁未（1787），鼎建宗祠，公首先倡率，卒成钜工。"[1]这座祠堂的建成，象征着杨家堂正式成为独立的村落，村民将始迁祖宋显昆（宗福公）供奉于祠堂内。

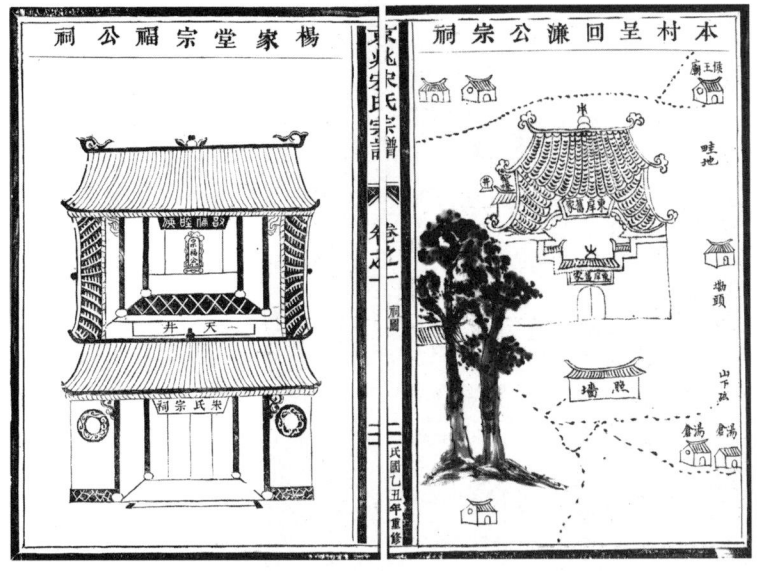

图 9-3 族谱记载的杨家堂宋氏宗祠和呈回村宋氏宗祠（图片来源:《京兆宋氏宗谱·卷一》）

宋氏宗祠是杨家堂规格最高的建筑。杨家堂宋氏宗祠坐落在村西侧靠近村口处，这里也是杨家堂村的水口，水系从祠堂前蜿蜒经过，再流出村外。从村口进入杨家堂，第一眼看到的建筑便是宋氏宗祠(图9-4)。宋氏宗祠建造在山坡上，东、西两侧的高差较大，因此在西侧修筑了约3米高的台地，用泥土夯实，并用卵石砌面。从西南角的一段楼梯登上高台，穿过一个拱门，才能到达宗祠的前院（图9-5）。

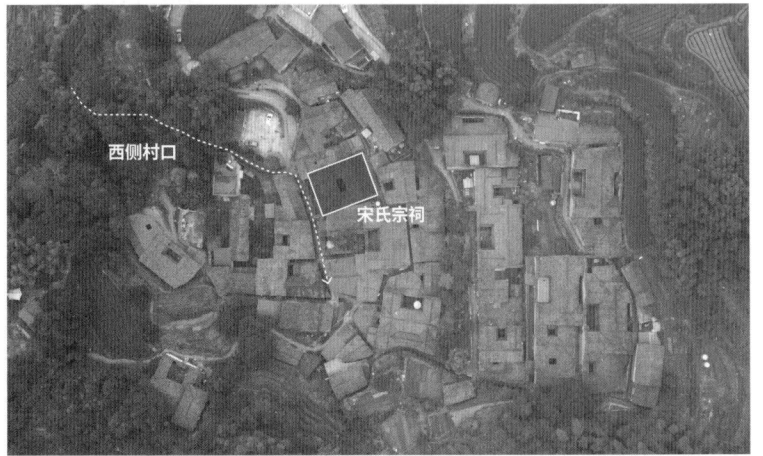

图 9-4 宋氏宗祠在杨家堂的区位

---

1 详见附录《宏堂公传》。

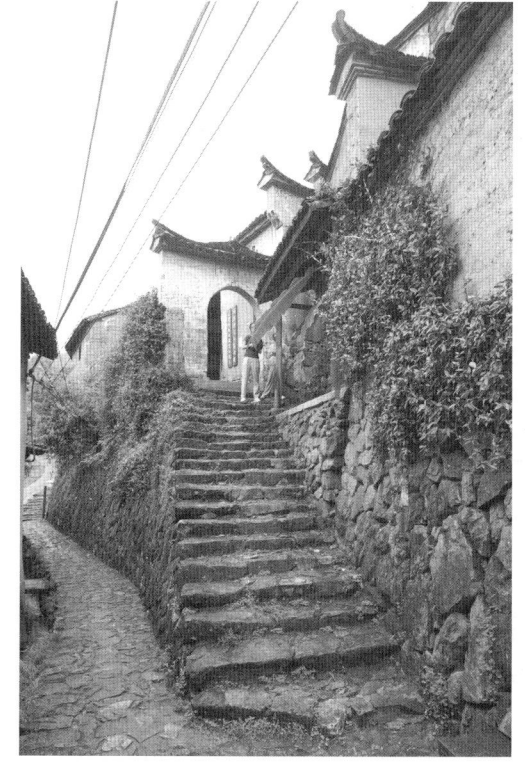

图 9-5　宋氏宗祠门口的台阶

　　宋氏宗祠坐东朝西，为标准的四合院建筑。这也是松阳地区乡村祠堂的典型形式。平面为二进三开间二厢房，面阔 12.85 米，进深 18.82 米，建筑面积 223 平方米。天井面积不大，长 4.85 米，宽 3.85 米，阶沿和台明采用条石砌筑，四周留有沟渠排水。宗祠西侧有进深 2.4 米的前院（图 9-6）。前院东侧为祠堂大门（亦是前厅），门前设三级台阶，并有一块荷花石碑。前院南侧拱门，上书四字郡号"京兆旧家"，作为宗祠前院的入口。院墙刷白灰，高 2.4 米。院内采用块石铺地。宗祠大门外摆放一对须弥座式桅杆座，证明杨家堂宋氏家族曾有人获得科举功名。

　　宗祠内部宽敞开放，前厅面阔三间，八字门墙，明间柱距 3.85 米，正面开四门，两侧另各开一门。六个门扇均彩绘门神。"文化大革命"时期六扇被涂抹白灰，两侧门扇丢失。前厅进深 6.3 米，前廊檐高 3.9 米，后檐高 4.5 米。前厅梁架采用抬梁和穿斗混合式结构。明间为保证内部空间开阔，采用抬梁式，柱径 0.3 米，五架梁前单步梁，不设后廊，明间采用月梁形式。次间靠墙梁架采用穿斗式，所用木料较细。檐柱的牛腿雕饰精细，有松柏、人物和曲线纹含花卉等图案。宗祠后厅作为祭祖的正殿，面阔三间，明间柱距 4.65 米；进深 7.7 米，前檐高 4.5 米，后檐高 4.78 米。后厅同样采用抬梁和穿斗混合式结构，明间五架梁带前双步梁后单步梁。后厅为祭祀祖先的重要空间，设神龛，彩绘祖宗像，立祖宗排位祭祀祖先。后厅

的进深和高度均高于前厅，梁柱用料也比前厅大，明间柱径达 0.4 米。祠堂最华丽的建筑装饰多用在后厅。除牛腿、雀替外，瓜柱也有精细的祥云图案。厢房面阔一间 4.85 米，檐高 4.5 米。两厢房均设有夹层，在前厅设楼梯可上至夹层。夹层空间为辅助用房，平日以堆放杂物为主。祠堂内原有 6 块匾额，前厅明间挂一块，后厅三间各挂一块，后厅两侧山墙也各挂一块。"文化大革命"时期 5 块匾额被毁，目前仅留 1 块挂在后厅明间。这块匾额在当时被一位村民拿回家当床板，后来重新找到，挂回宗祠。此匾额上书四个大字"垂裕后昆"，右侧题款为"赐进士出身署理处州府松阳县正堂加三级纪录十二次张为"，左侧题款为"贡生宋宗福立，宣统元年九月吉旦"。宋宗福即宋显昆，为杨家堂宋氏之始迁祖。这块匾额，是清宣统元年（1909）的松阳知县张纲为宋显昆所书[1]。他称宋显昆为"贡生"，属于刻意抬高其身份了。张纲赠匾的背景，是宋君恩、宋君楣等人筹建了杨家堂的新式小学——迪德学堂，张纲听说此事后大加赞赏，于是赐予杨家堂 3 块匾。除了挂在祠堂后厅的"垂裕后昆"外，他还赠宋君楣"泽流桑梓"匾额（现挂于 9 号院），赠宋君恩"化启文明"匾额。（图 9-7~ 图 9-23）

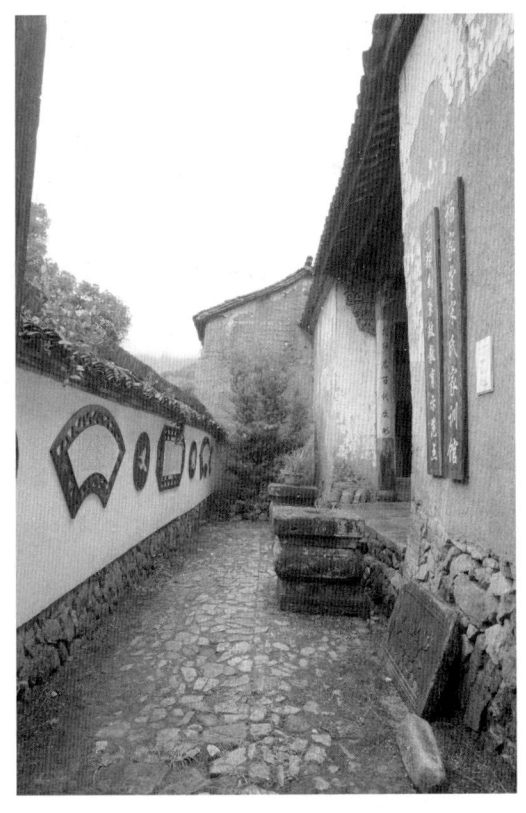

图 9-6 宋氏宗祠的前院

---

1 松阳县志编纂委员会 . 松阳县志 [M]. 杭州：浙江人民出版社，1996：373.

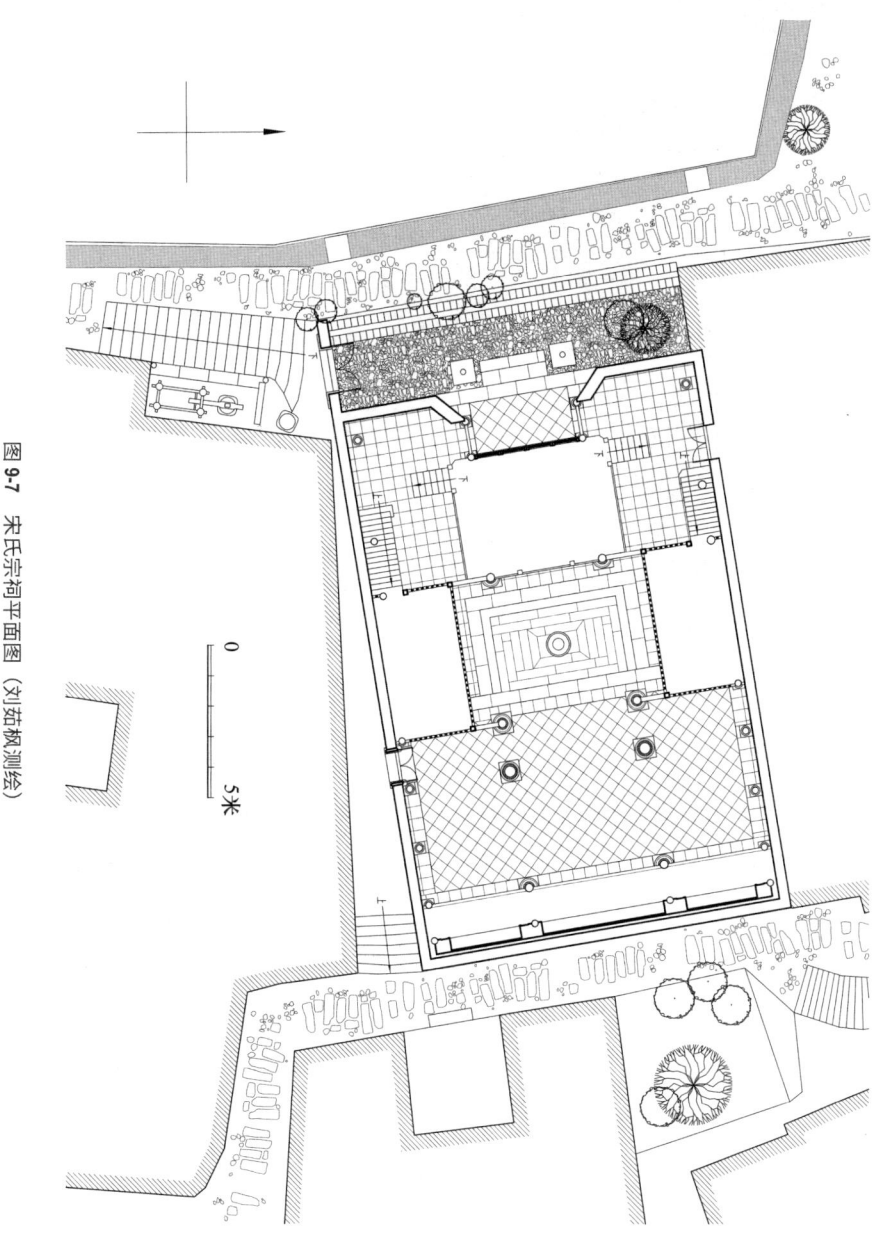

图 9-7 宋氏宗祠平面图（刘茹枫测绘）

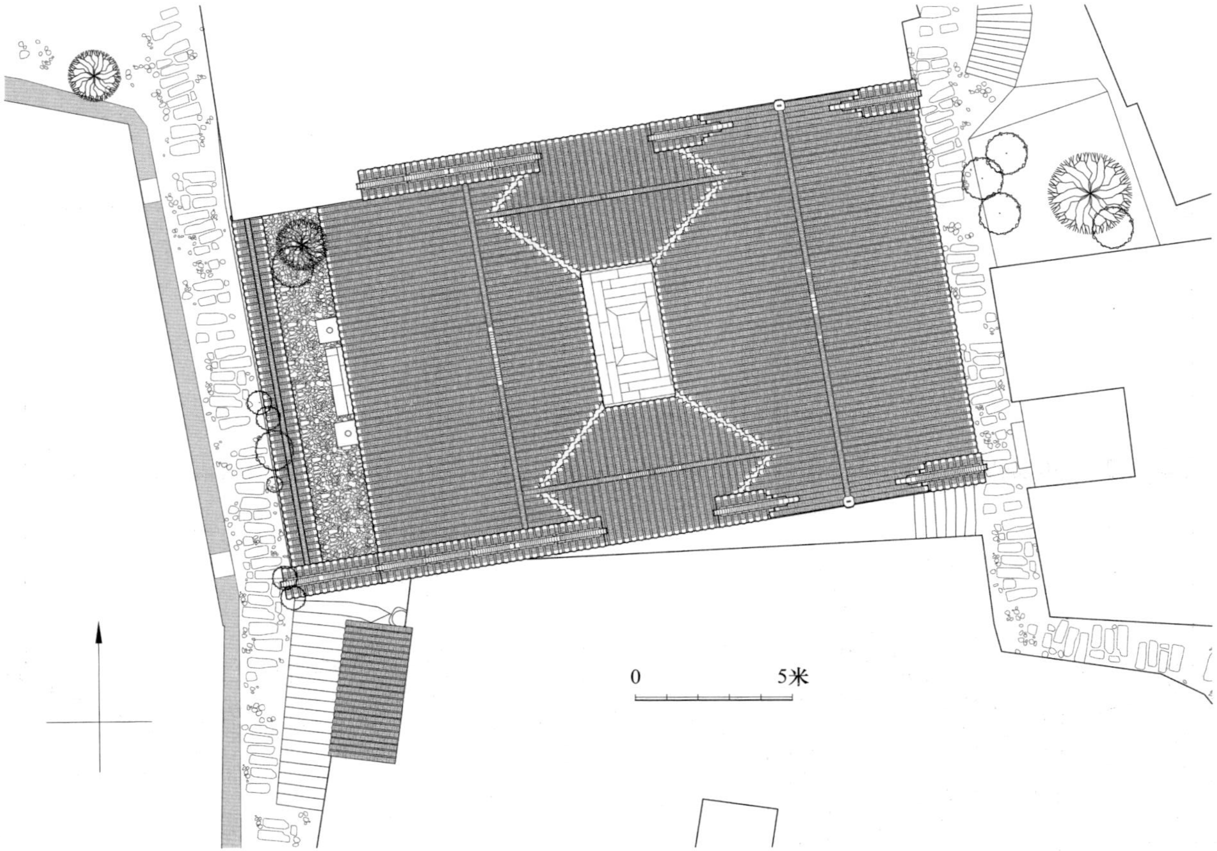

图 9-8 宋氏宗祠屋顶平面图（刘茹枫测绘）

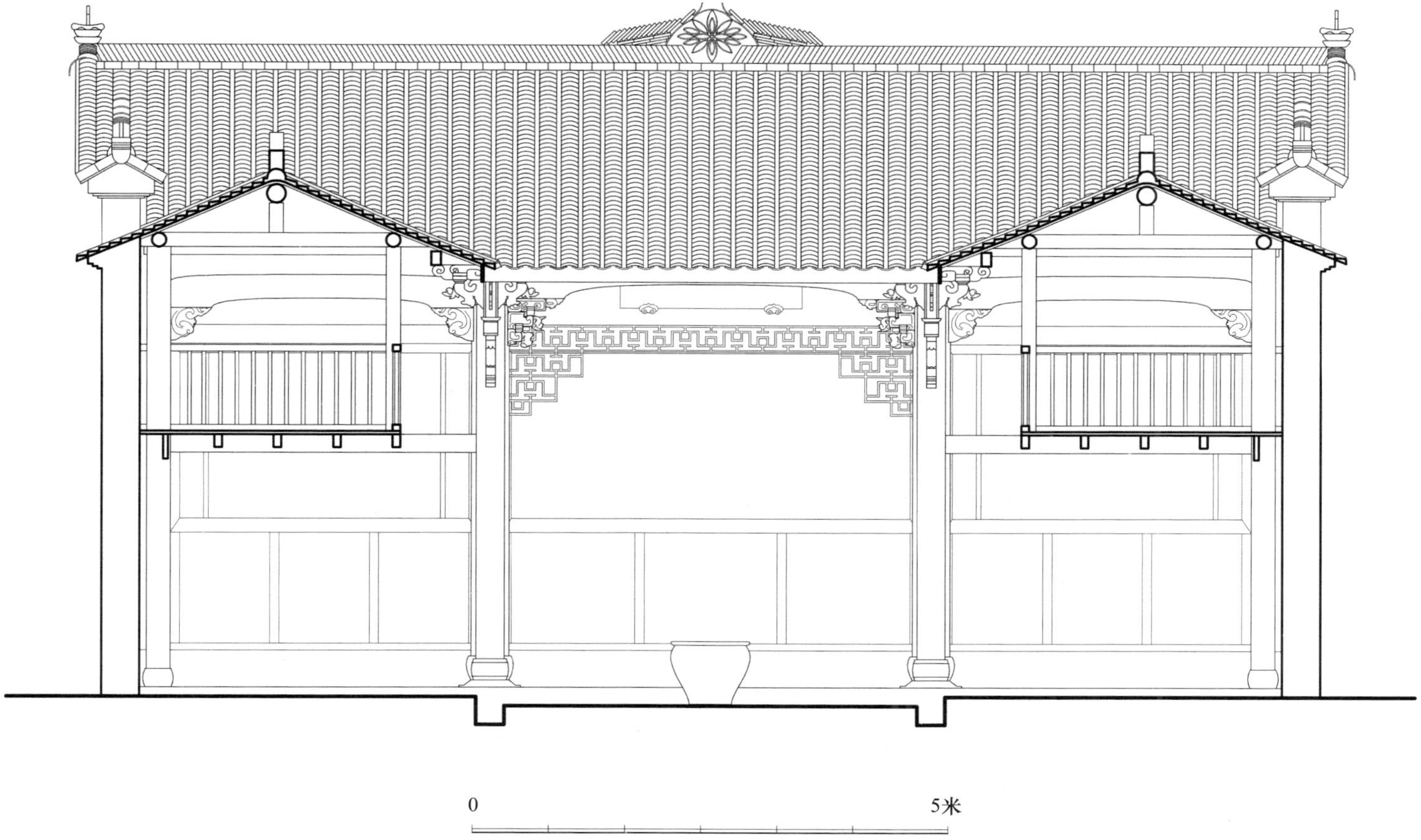

图 9-9 宋氏宗祠横剖面图 1（刘茹枫测绘）

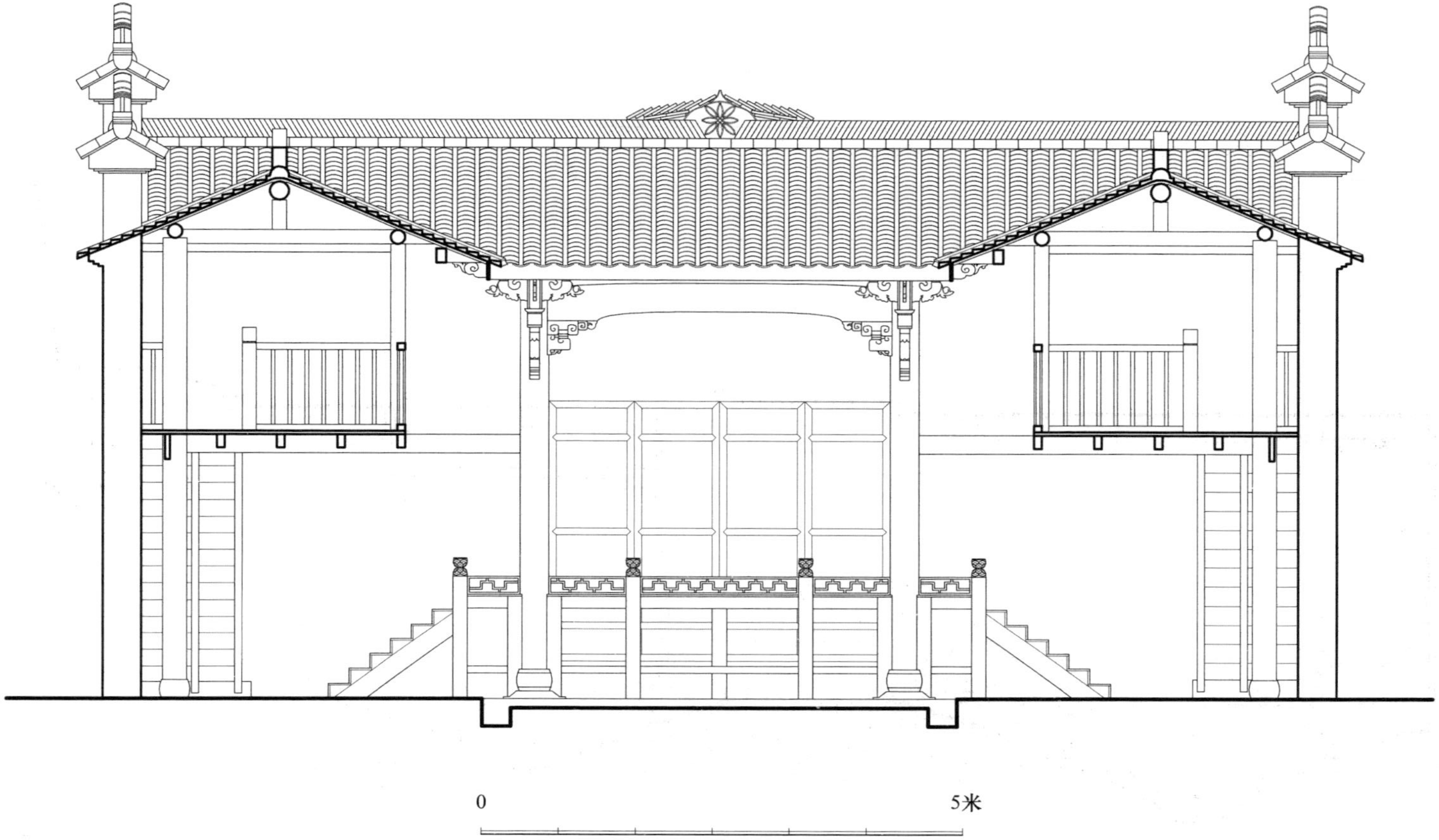

图 9-10 宋氏宗祠横剖面图 2（刘茹枫测绘）

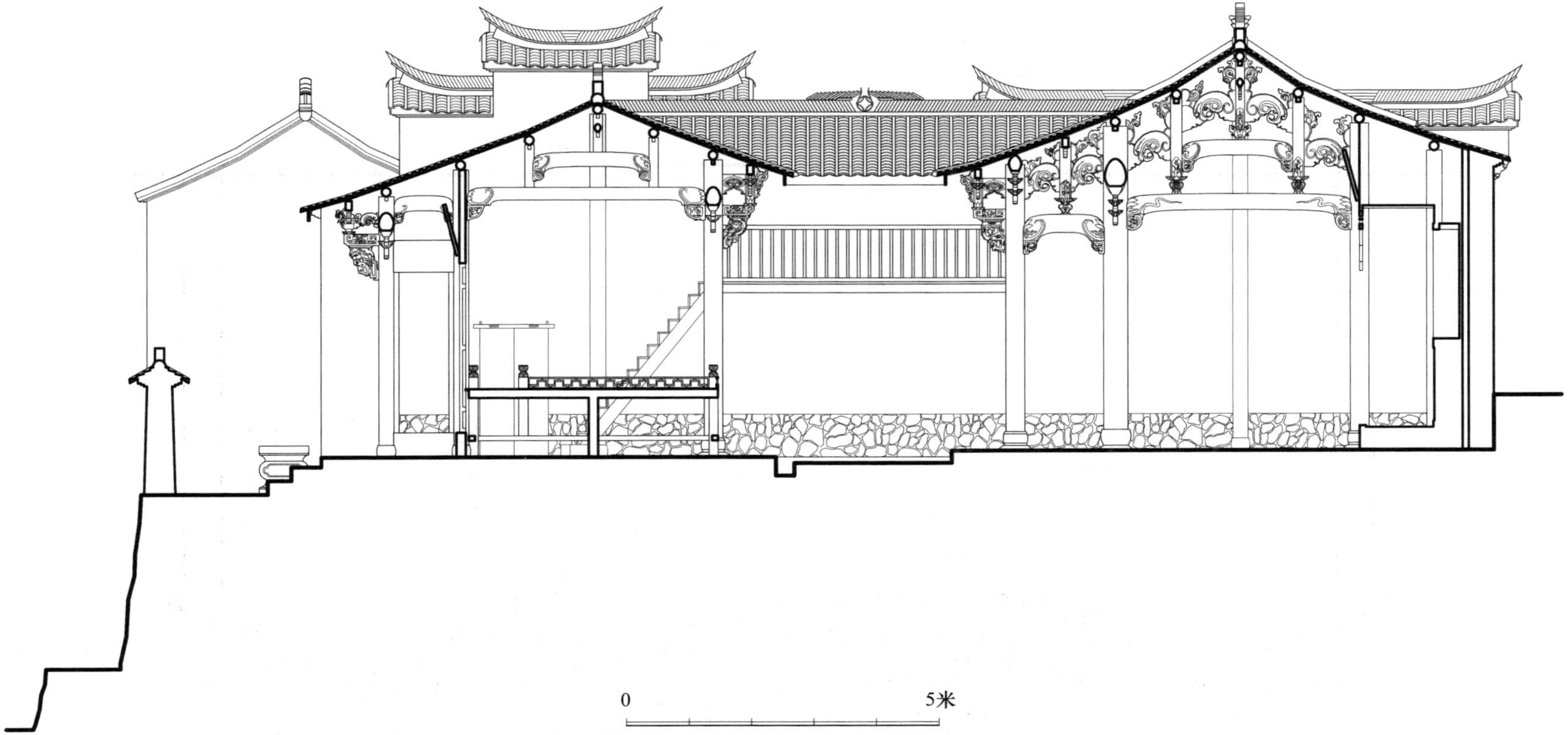

图 9-11 宋氏宗祠纵剖面图（刘茹枫测绘）

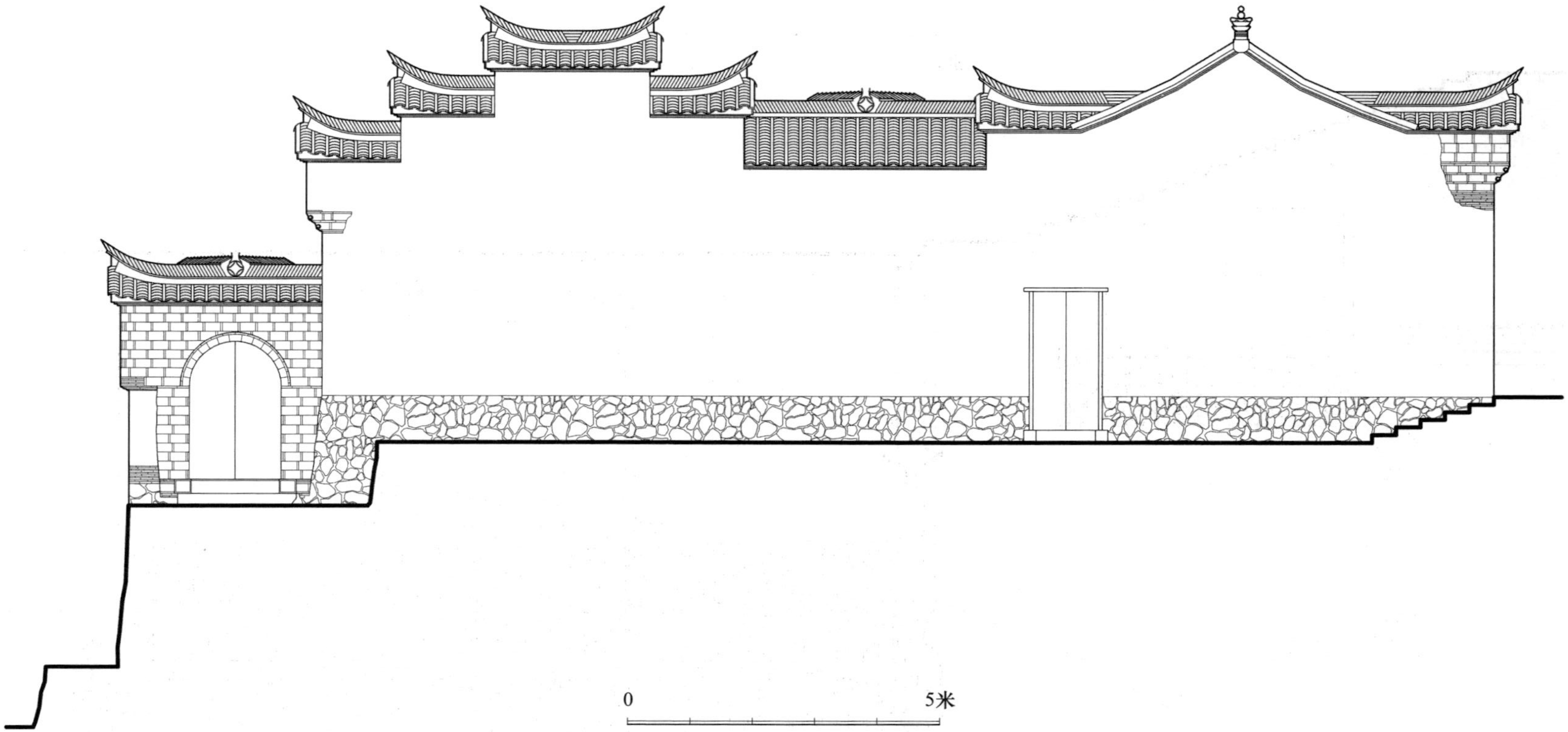

图 9-12 宋氏宗祠南立面图（刘茹枞测绘）

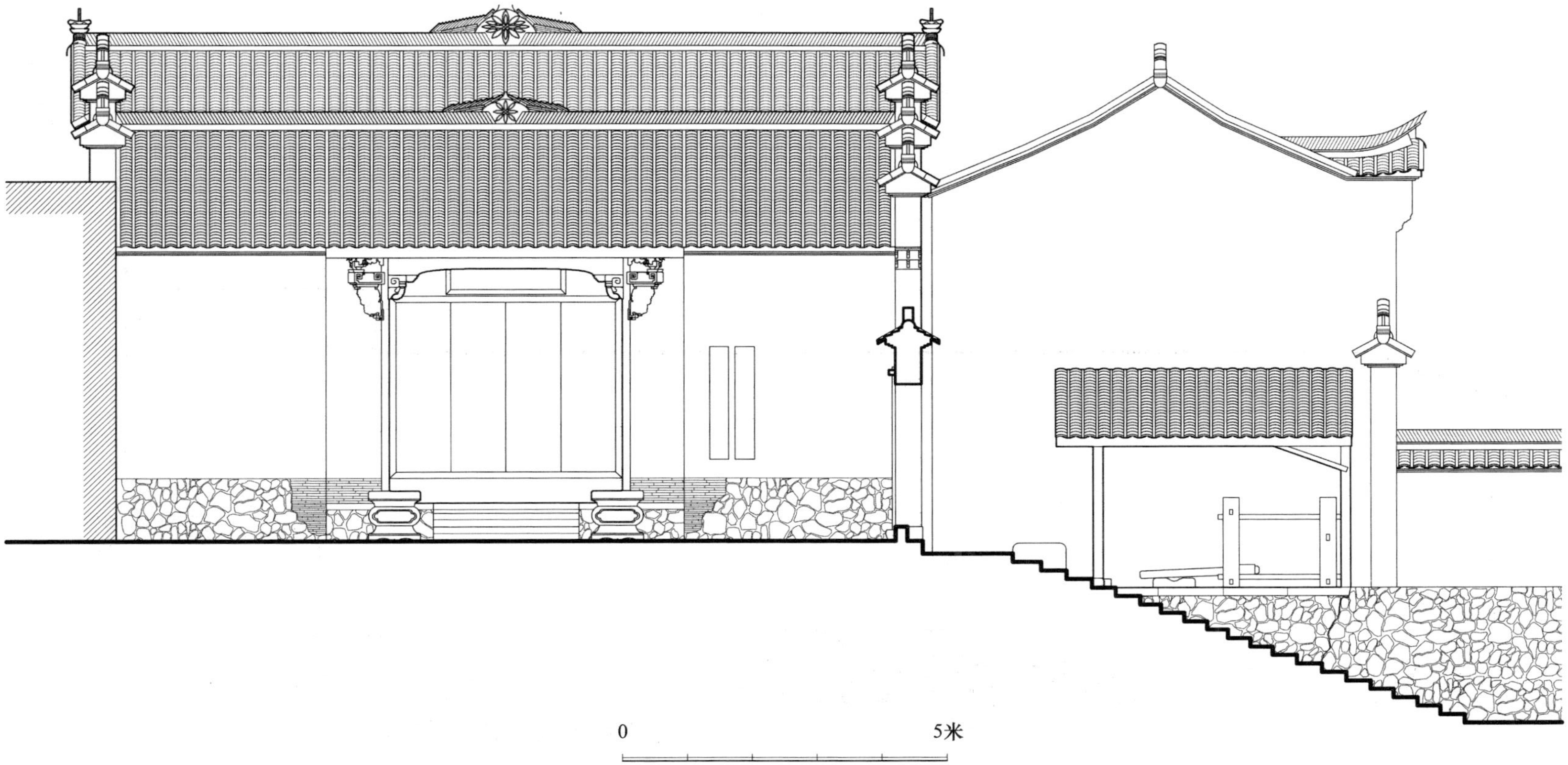

图 9-13 宋氏宗祠西立面图（刘茹枫测绘）

0　　5米

185

第9章　宗祠建筑

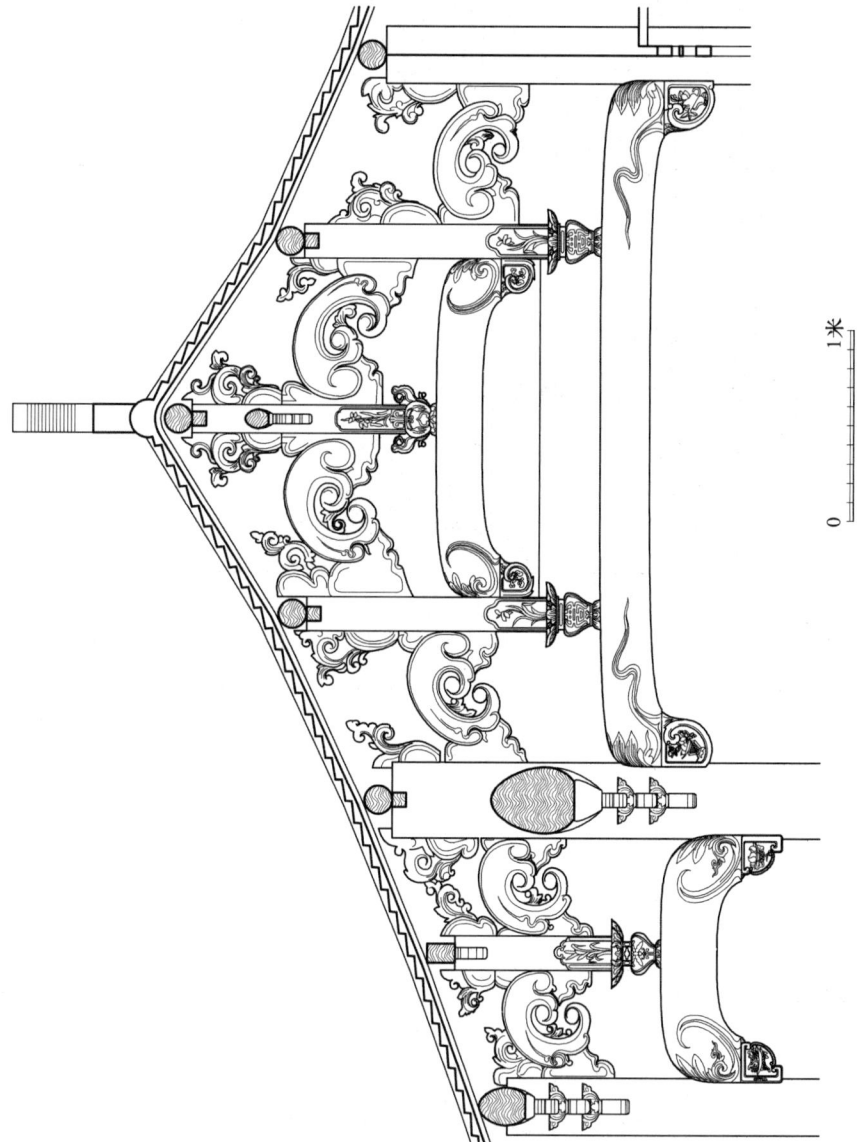

图 9-14　宋氏宗祠梁架大样（刘茹枫测绘）

186

杨家堂——浙西南山村的儒家实践

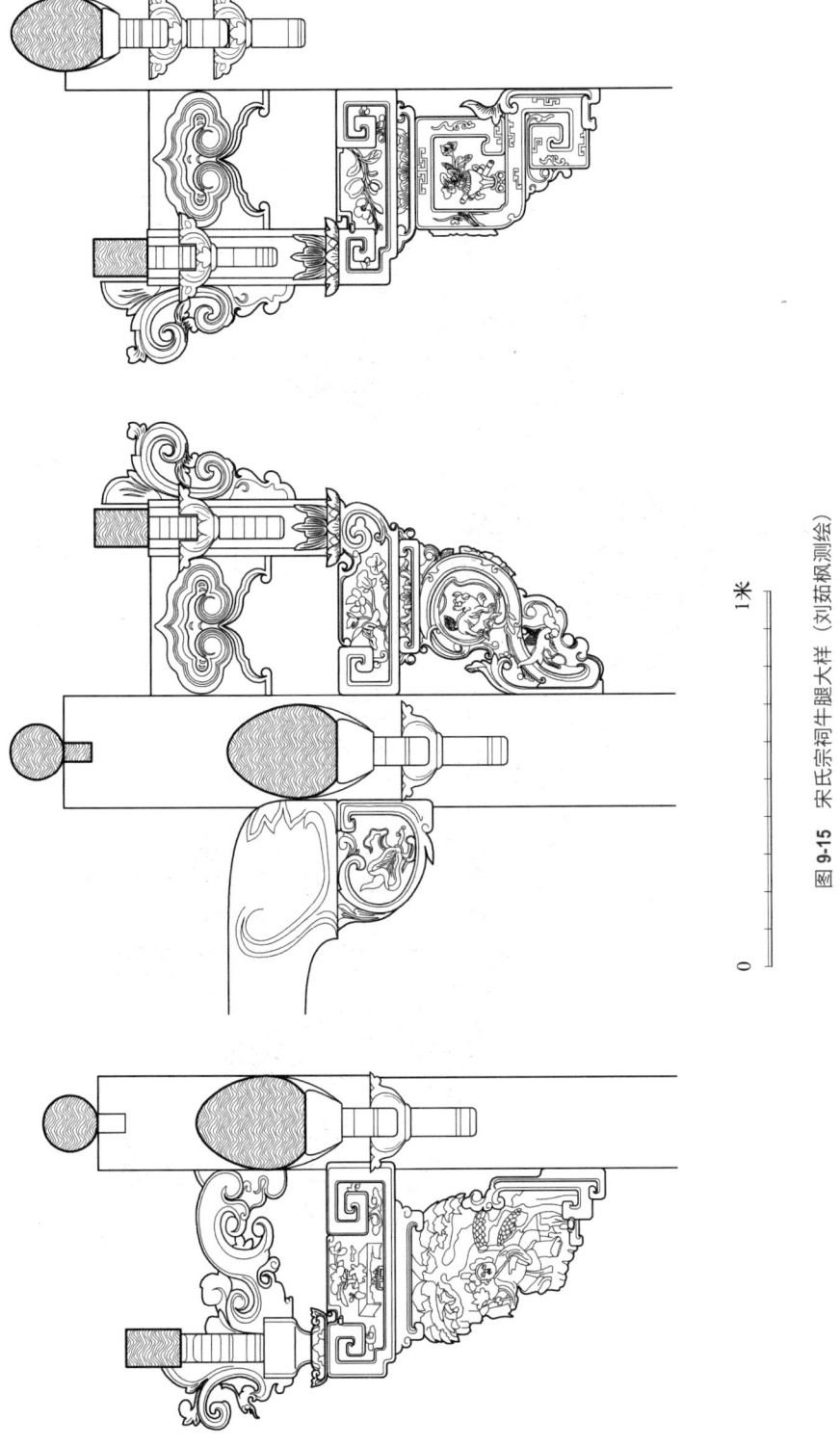

图 9-15 宋氏宗祠牛腿大样（刘茹枫测绘）

187

第9章 宗祠建筑

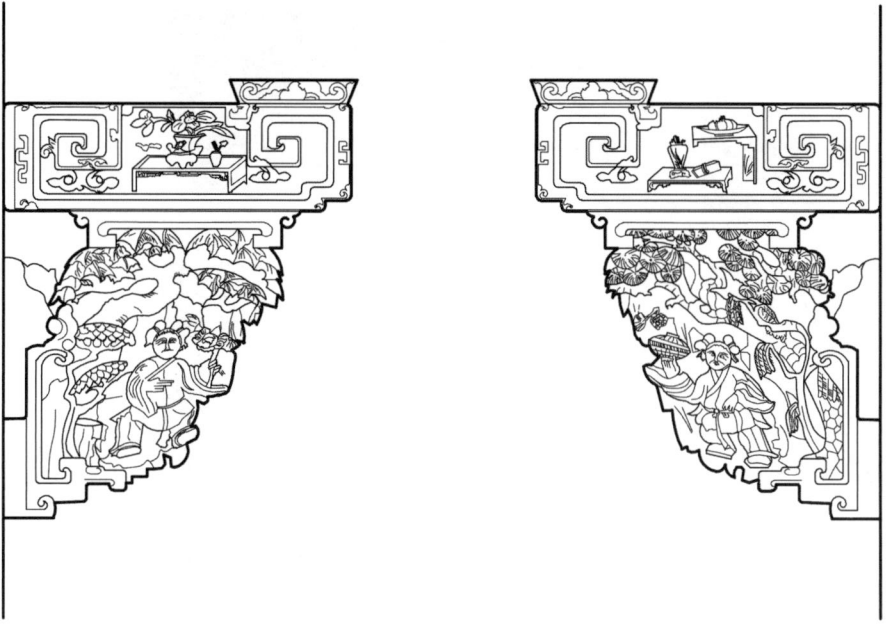

图9-16 宋氏宗祠门口牛腿大样（刘玥彤测绘）

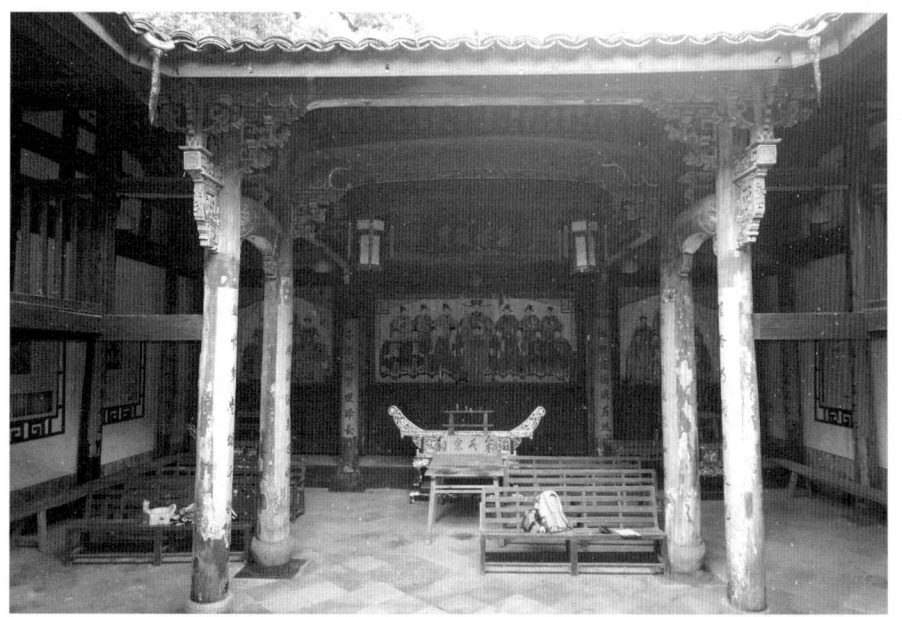

图9-17 宋氏宗祠内部

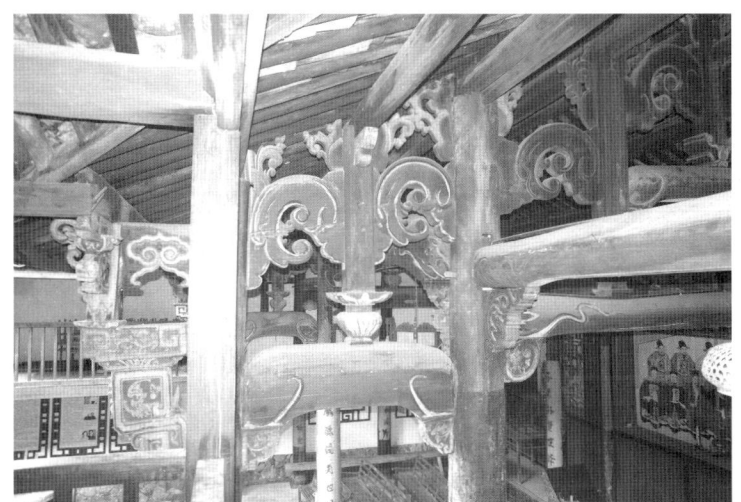

图 9-18 宋氏宗祠梁架装饰

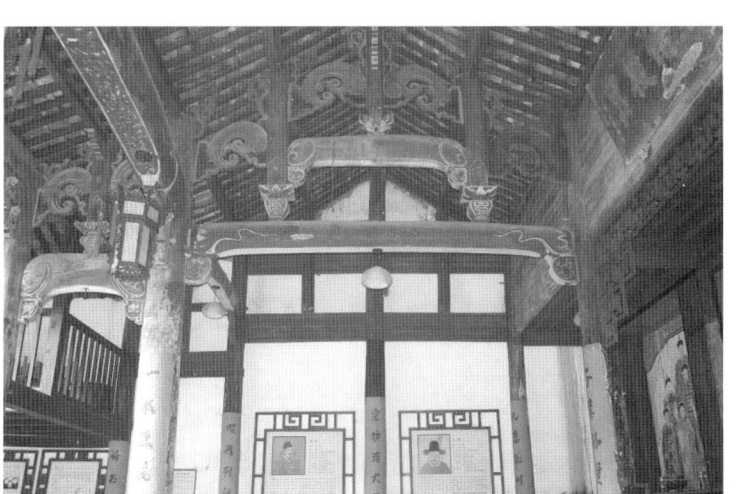

图 9-19 宋氏宗祠后厅明间梁架

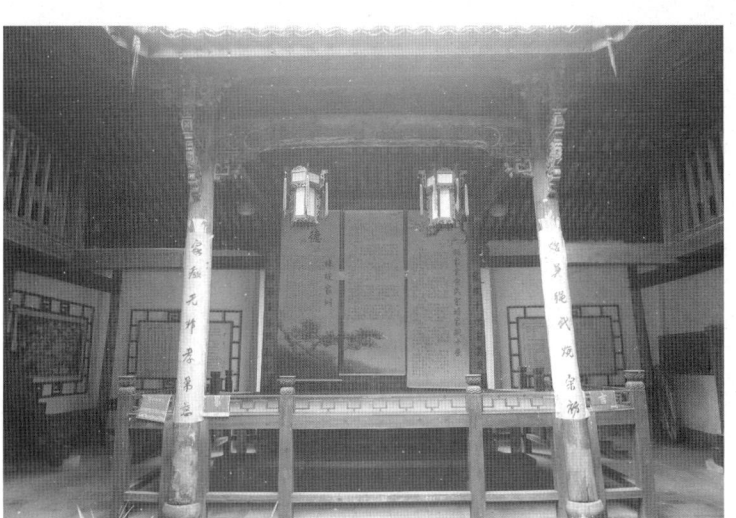

图 9-20 宋氏宗祠前厅戏台

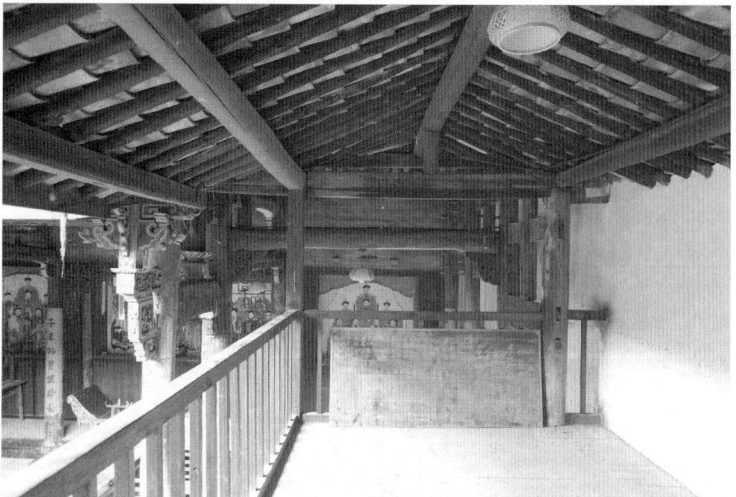

图 9-21　宋氏
宗祠厢房

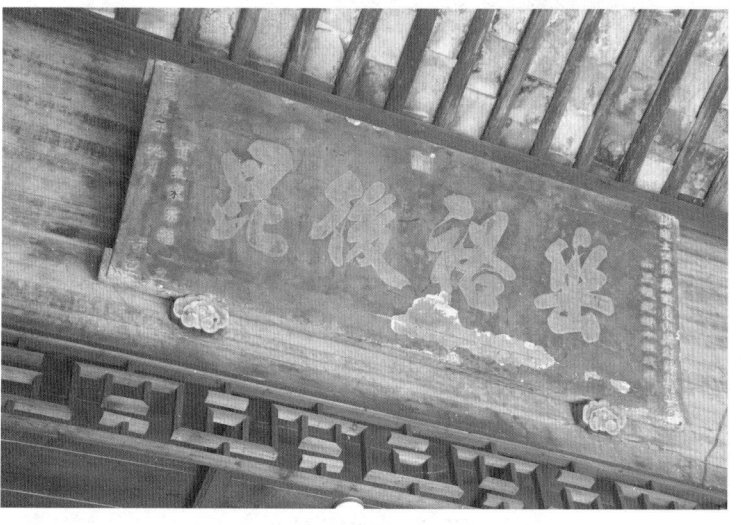

图 9-22　宋
氏宗祠匾额

　　宗祠前厅是戏台空间，杨家堂村并未建造单独的戏台，而是在宗祠前厅采用临时搭建的方式，于明间门后至后檐柱之间用木板搭设戏台。在新年演戏期间，戏台由全村人一起搭建，在平日则被拆成若干木板存放在祠堂内。演戏时，厢房夹层作为戏班使用的附属空间；戏班在祠堂过夜时，一侧厢房给男演员使用，另一侧给女演员使用。戏台搭建后，祠堂正门中间便无法通行，人们只能通过侧门进入宗祠之内。近年祠堂重修，已经将戏台改为固定式，无法拆卸。

　　宗祠和民居的外观相似，都采用了版筑夯土墙、木构架、青瓦顶。宋氏宗祠仅在前厅两侧设风火山墙，这导致它的正立面不如三合院的风火山墙灵巧。内部空间上，祠堂和民居有明显差别。民居以木板墙相互分隔开的房间为主，只有正房明间是开敞的，一、二层之间有楼板，在一层抬头只能看见楼板、看不到梁架；

而祠堂内部则很少甚至没有封闭起来的房间，以开敞、流动的大空间为主，抬头即见裸露的雕花梁架。从平面上看，宗祠比民居规格高。宗祠有前厅和后厅，建筑的进深更大，通进深为18.82米，而杨家堂最大的民居6号院进深也只有13.5米。进深大意味着对地形的改造程度更大，建造成本也更高。宗祠的内部空间较高，一层檐下通常有4.5米，而民居的檐下多为3米左右。（图9-23）

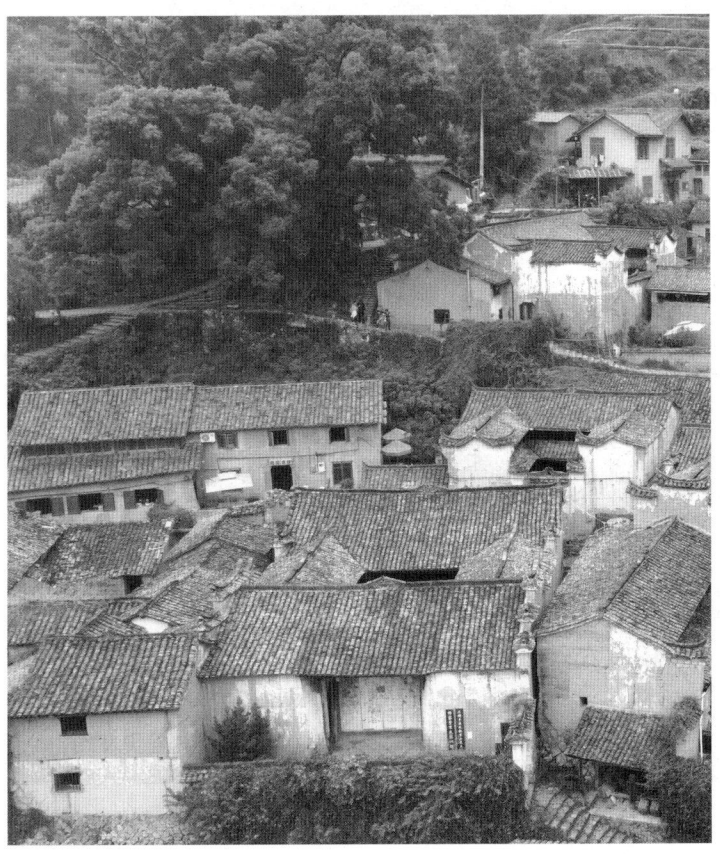

图9-23　宋氏宗祠与背后的民居

　　杨家堂村宋氏宗祠虽晚于呈回村宗祠建造，但其规格更高，面积也更大。呈回宋氏宗祠位于呈回村北部村口，坐北朝南，为三合院式，由正殿及东、西两侧厢房组成[1]。建筑通面阔11.7米，进深11.6米，占地面积135.7平方米。后厅明间设立祖宗牌位祭祀，祭祀宋氏祖先宋濂。呈回村为汤、宋两姓聚居的村落，戏台仅设在面积更大、仅一墙之隔的汤氏宗祠内。杨家堂宋氏宗祠建造时间晚，规模却比呈回宋氏宗祠大，这也从一个侧面证明杨家堂的经济发展水平更高。

————————

1　浙江省丽水市三都乡政府.世外桃花源——呈回村［J］.小城镇建设，2014(7)：20-21.

9.2 香火堂

宗祠是一个大家族共同祭祀祖先的场所，而香火堂则是家族内某个房派的祭祀空间。建造香火堂是源于某一个支系实力较强、可以独立发展为房派，子孙后代为纪念和彰显该支系祖先的功绩，将其故居（或子孙合力建造一处大宅院）的堂屋作为祭祀空间使用。

杨家堂曾经有四个宅院设置香火堂（图9-24）。一处在7号院，为宋宏堂老宅，后作为宋宏堂房派的香火堂，供奉宋宏堂牌位（图9-25）。宋宏堂房派的住宅包括2—9号院和27号院，除后者外均以7号院为中心，密集分布。一处在宋宏资老宅1号院，供奉宋宏资的牌位。一处在19号院，供奉的可能是十五世宋德桐。最后一处在20号院，供奉的可能是十六世宋国俊。

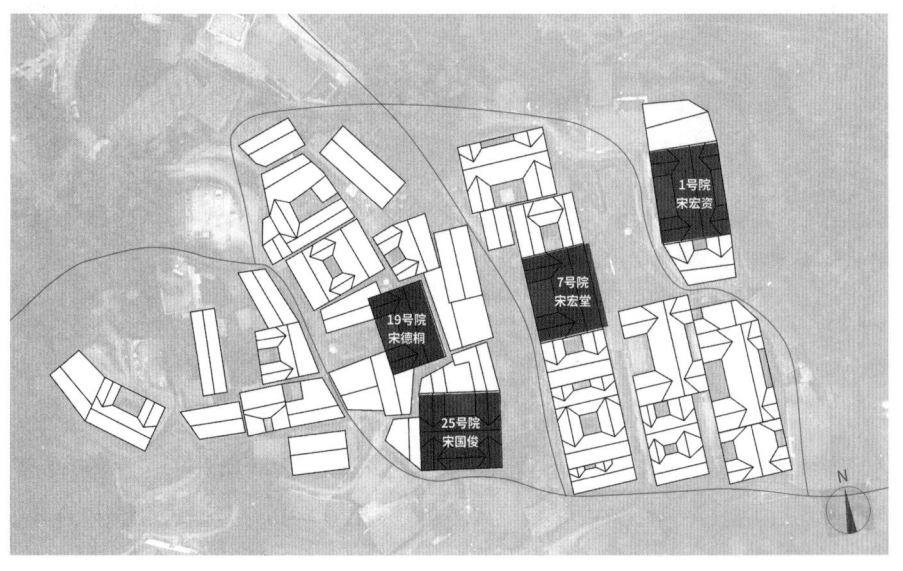

图 **9-24** 杨家堂香火堂分布

香火堂的设立，意味着房派的建立。从香火堂的空间分布看，宋氏家族大概在宋宏堂和宋宏资之后，又分出两个小房派。宋宏堂一派围绕老宅陆续建房，后续并未再拆分房派。而宋宏资后代的房屋则散落在村内不同区域，十五世和十六世出现两位财力较强的人之后，再次拆分为不同房派。住宅和香火堂的空间分布，似乎也说明宋宏堂一派有着更强的凝聚力。

香火堂包括壁龛和供桌。以现存的宋宏堂老宅7号院为例，一层堂屋为香火堂，堂屋里侧设壁龛，壁龛上写三行字，中间为"本家寅奉香火圣众之神位"，左侧为"京兆郡派下一祀宗亲之位"，右侧为"敕封陈林李夫人圣母之位"。壁龛内原有神

牌和雕饰精细的格扇，均已不存。松阳有的香火堂还会开圆月花窗。壁龛前设有方桌，用于摆放香烛和贡品。杨家堂村的香火堂在"文化大革命"时期遭毁坏，7号院的香火堂尽管不完整，却是唯一留存至今的。

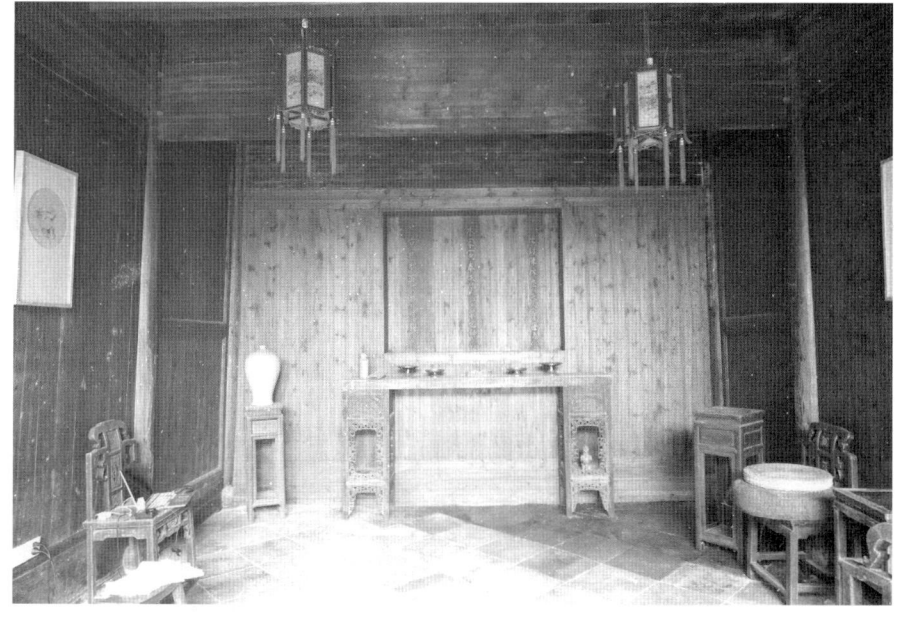

图 **9-25** 杨家堂 7 号院香火堂

9.3 宋伯玉墓

宋伯玉，族名宋承宾，伯玉为其号，是宋宏资、宋宏堂兄弟的父亲，杨家堂宋氏始迁祖宋显昆之孙。根据族谱记载，宋伯玉出生于 1657 年，去世于 1739 年，享年 83 虚岁[1]。

村民传说，宋伯玉去世后，族人抬着他的棺材，准备去村外下葬。走到村口大樟树下时，棺材的木杠突然断裂，族人只好把棺材暂时停放下来。古人对葬礼很重视，包括抬棺材的木杠，也有专用名称，叫"子孙杠"或"龙杠"。"龙杠"断裂，有人认为是宋伯玉本人希望留在此处。众人认为有理，于是就地修建了坟墓。（图 9-26）

---

1 按此计算，宋伯玉是在 79 虚岁时生的宋宏堂。此事让人怀疑族谱记载的准确性，但由于没有其他史料，本文暂且采用。

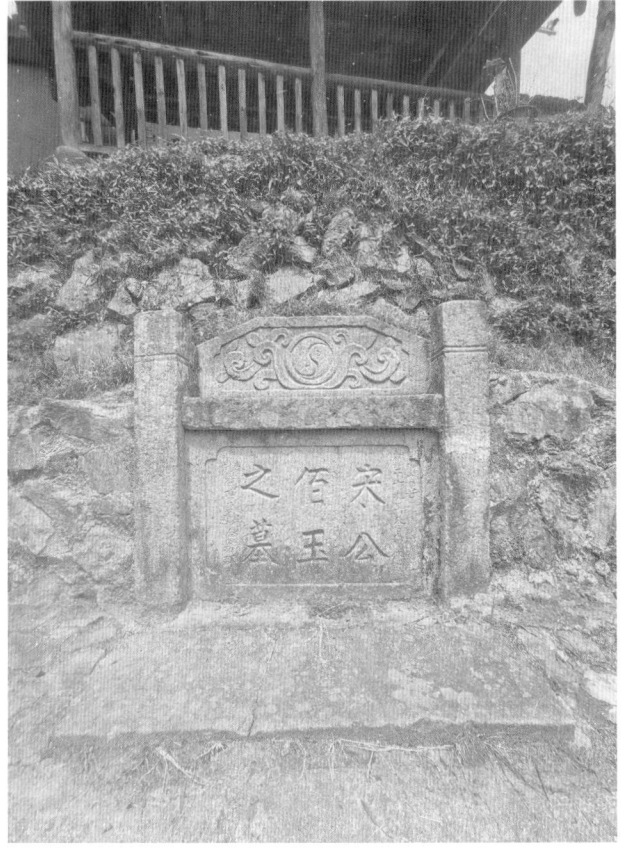

图 9-26　宋伯玉墓

如前所述，宋伯玉墓及其墓前场地已经成为杨家堂宋氏的宗祠空间体系的一部分。不过，这些空间上的意义并不是修建坟墓之时的考虑。在宋伯玉去世的 1739 年，宋宏资和宋宏堂分别只有 9 虚岁和 5 虚岁，整个宋氏家族的男丁加起来也就 10 人左右。也就是说，当时的杨家堂只是一个规模小得连村子都称不上的居民点。墓地之所以选在这里，最大的原因应该是这里就已经属于村外。

宋伯玉去世的 48 年之后，其子宋宏堂率领族人在其墓地东南方距离约 50 米处，修建了宋氏宗祠。此时，杨家堂宋氏的经济实力已今非昔比，人口也已经有一定规模。宋氏宗祠大致确定了杨家堂村居住区的西侧边界，在它之后建造的房屋，大多位于其东侧。少数在其西侧的房屋，也都让开了宋伯玉墓及其墓前空地，建在了祠堂的西南方。

在中国古人的观念中，墓地属于"阴宅"，要跟生人居住的"阳宅"分开。杨家堂村的早期，可能在村子近处有不止宋伯玉墓这一处墓地。当时村子小，如此选址已经可以将"阴宅"和"阳宅"分开。后来随着村子规模不断扩大，"阴宅"

和"阳宅"就逐渐相连了，于是墓地就陆续被迁到更远的地方。宋伯玉墓为什么没有被迁走，而是留下来几乎跟"阳宅"混居了呢？

按村民的传说，这是宋伯玉本人的意愿，后代不便违反。但实际上我们都知道，所谓传说其实是村民后来的创作，是为了给既定事实找个可以接受、便于理解的理由。宋伯玉墓之所以没被迁走，根本原因还是宋宏堂在杨家堂的地位极高，所以连带他父亲的墓地也"没人敢动"，于是就编了一个"棺材杠断裂"的故事，让它的留下有合理性，并以此对冲"阴宅阳宅"之说。另外，村民们建房也都跟墓地保持了起码的距离，基本上符合了"阴宅""阳宅"分开的传统（紧临宋伯玉墓北侧的建筑，是 1949 年之后才修建的村委会和礼堂）。

现存的宋伯玉墓碑，上书"宋公伯玉之墓"六个大字。大字的旁边写了一行小字："族 / 房裔孙君纶、君恩合房拜"。这个墓碑，是宋君纶、宋君恩等人大约在 19 世纪后期重新树立的。宋君纶是宋宏资的曾孙，宋君恩是宋宏堂的曾孙，两人各代表一个房派（宋宏肃房派此时的人口已很少）。

宋伯玉墓的位置特殊而重要，而宋伯玉本人在宗族中也有特殊地位，按说在清明节等重要节日时应该有祭祀活动。不过据老支书宋明重说，在他本人的印象里是一直没有关于宋伯玉墓的祭祀活动的。可能是由于年代久远，又或者是在村内搞墓祭不符合惯例，这座墓地在如今的村民生活中已基本上被淡忘了。

9.4　宗祠和公共活动

祠堂和香火堂共同构建起杨家堂宋氏的祖先祭祀体系。在庆祝新年时，全族人都要到祠堂祭祖，各房派也要回香火堂祭祖。在中元节、清明节和祖先忌日，要在香火堂祭祖。在 1949 年之前，祠堂兼有家族管理和公产存放的功能。添丁的家庭都向祠堂捐资作为公产，日后用于祠堂的管理和维护。

香火堂位于宅院的堂屋内，空间较小，使用者仅限于本房派的若干家庭，其公共性比祠堂弱。新年、中元节和清明节要在香火堂举行祭祖仪式，本房派的红白喜事也在香火堂举办。

在松阳的传统村落，祠堂通常是最重要的公共活动空间，不仅承担祖先祭祀功能，还是村民日常交流和节庆活动的场所。[1] 祠堂建筑的空间，也比普通民居更大、更通透。春节时村民聚集在祠堂看戏，这里还是舞龙活动最重要的场地。（图 9-27）

1　罗德胤, 唐文. 从村中小路到公共空间——松阳平田村三角地的空间演变[J]. 新建筑, 2022(4)：130-135.

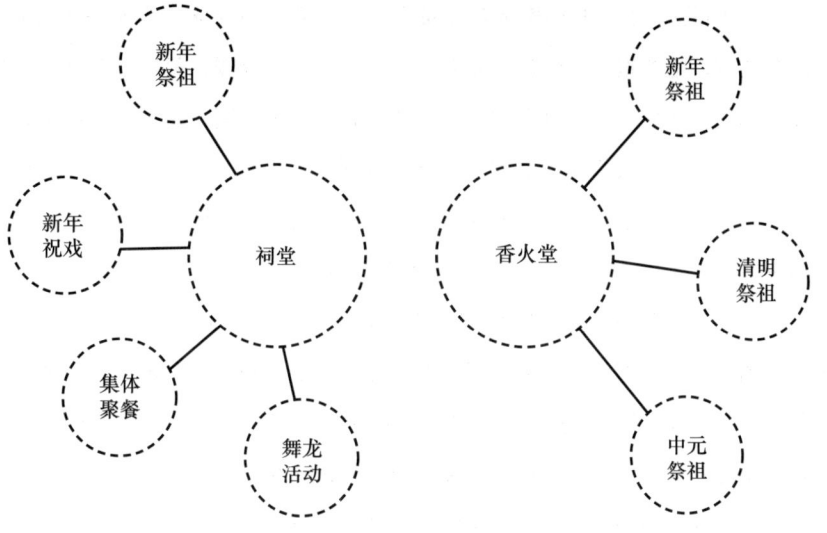

图 9-27　祠堂和香火堂活动统计

1949 年之前，宋氏祠堂每年举办三次宗族聚餐。春季、夏季、秋季各一次，由祠堂出资，村里年龄大且辈分高的老人轮流坐上位。男性结婚后，便可独立算作一个家庭，每个家庭出一位男性代表参加聚餐。一般是家主，也就是父亲参与；如果父亲不方便参与，儿子可代为参加。长辈会给每家分两片猪肉，参与者将猪肉带回家里分给家人。祠堂聚餐是重要的宗族集体活动，意义重大。如果家庭之间出现了矛盾，祠堂聚餐也是解决矛盾的好时机。

旧时的松阳乡村，看戏是人们重要的娱乐活动。很多村子在新年期间会请戏班来演戏，经常也由祠堂出资。杨家堂的祠堂演戏在每年的正月十六之后举办。演戏持续两到三天，每天从早演到晚。这段时间也是全村人最高兴的时候，男女老少都会聚集到祠堂观看。

戏班会辗转在多个村子演出，因此各村的演戏时间要错开。杨家堂村演戏时，附近泉址、上田等村的村民也会来观看。同样，杨家堂人也会去其他村子看戏。20 世纪 70 年代之后，除了演戏，宋氏祠堂偶尔也会放电影，本村和附近村的村民都会来看。

杨家堂的宗祠建筑是宗族制度、儒家伦理与乡土记忆交织的载体。以宋氏宗祠为核心，加上四个香火堂和村口的宋伯玉墓，构建出层次分明的宗族祭祀体系，展现了血缘村落中"家国同构"的文化逻辑。其特点可概括为以下四方面：

其一，宗法制度的空间映射。宗祠建筑是宗族权力的具象表达。宋氏宗祠建于 1787 年，选址村西水口，坐东朝西，以四合院形制矗立于村落入口，成为杨家

堂独立成村的标志。其规格远超普通民居：进深达 20 余米，梁架采用抬梁与穿斗混合结构，雕饰繁复的牛腿、雀替与"垂裕后昆"匾额，彰显宗族地位。祠堂前厅兼具戏台功能，年节时全村聚集观戏，强化集体认同；后厅神龛供奉始迁祖宋显昆，以祭祀仪式延续宗法权威。香火堂则嵌入民居，形成"总祠—房祠"的层级网络，既维系全族团结，又凸显房派分化。这种"大祠统摄、小祠分支"的格局，是中国乡土社会"宗族 - 房派"结构的空间缩影。

其二，建筑技艺与礼制美学的交融。宋氏宗祠以"版筑夯土墙、穿斗木构架、青瓦蝴蝶顶"为基底，融合实用与礼制需求。前厅戏台可拆卸设计，兼顾日常通行与节庆功能；后厅高敞通透，裸露的雕花月梁与神龛彩绘，将祭祀空间神圣化。香火堂壁龛书写"京兆郡派"，以郡望强化血缘正统；宋伯玉墓传说中"龙杠断裂"的叙事，则以神秘化手段巩固墓地合法性。这些细节将建筑从物质实体升华为文化符号，承载"敬天法祖"的礼制内核。

其三，公共空间与集体记忆的共生。宗祠是村落的精神核心，兼具祭祀、治理、娱乐三重功能。每年三次祠堂聚餐，以"分猪肉"仪式维系家族纽带；正月戏班演出，打破村落界限，吸引外村参与，构建地域文化共同体。香火堂则聚焦房派内部，红白喜事、忌日祭拜在此举行，成为家族微观历史的见证。宋伯玉墓虽祭祀活动式微，但其"阴宅阳宅混居"的特殊性，通过传说转化为宗族集体记忆，隐喻宋宏堂一脉的权威延续。这些空间不仅是活动的容器，更是情感与记忆的载体，使宗族历史在代际传递中保持鲜活。

其四，经济勃兴与文化自觉的互动。宗祠的兴盛与村落经济紧密相连。18 世纪中后期，板商宋宏堂推动杨家堂从贫弱山村转向商贸繁荣，宗祠建设正是经济实力的外化。祠堂匾额由知县题赠，彰显士绅阶层"以商养文、以文彰商"的路径。香火堂的分布亦映射房派财力差异：宋宏堂一脉宅院规整密集，而宋宏资后代散居西侧，体现宗族内部资源分配与文化话语权的分野。这种"经济—文化"的互哺模式，使杨家堂突破封闭山地村的局限，成为松阳宗族文化的标杆。

第 10 章
庙宇建筑

在松阳的乡村，庙宇和祠堂一起组成村落的精神场所。祠堂是宗族的专属空间，庙宇则在为村民提供精神安抚的同时，构建了跨越宗族的精神信仰。依托于庙宇的信仰体系，全体村民实现在精神层面的联结。

杨家堂村的庙宇有五龙社殿、青云宫、鹿龄寨殿、四相公庙和孤魂庙，外围庙宇有众济堂和山苍殿。五龙社殿是杨家堂的社庙，在庙宇系统中处于最核心的地位，在村民心中地位最高，同时也是使用频率最高的庙宇。青云宫和鹿龄寨殿属于杨家堂村规模较大的庙宇。鹿龄寨殿有特定功能，即求雨，而且它是杨家堂村和桐溪村共建的庙宇。青云宫作为一座道观，功能相对模糊，在精神上具有一定程度的超越性。四相公庙和孤魂庙是神龛型的小庙，前者掌管农业琐事，后者祭死于非命、孤独无依的魂灵，人们只能在庙前祭祀。（图10-1、图10-2）

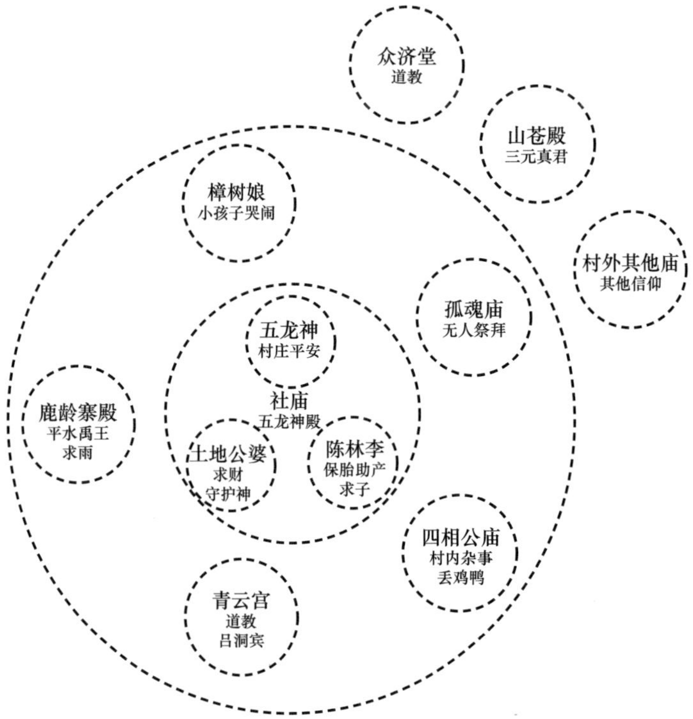

图10-1 杨家堂神灵信仰体系

外围的两座庙宇，即山苍殿和众济堂，对杨家堂村也有一定的影响。这两座庙宇规格颇高，影响范围包括三都乡及周边的村落。每逢开光等大事，杨家堂人也会参与活动或者捐献善款。山苍殿位于山苍殿村，南距杨家堂1.6千米，供奉的是三元真君，主要是山苍殿村、半岭村和上田村的村民祭拜，杨家堂部分村民在新年等重要节日也会去祭拜[1]（图10-3）。众济堂位于泉址村的水口，属于道观，相

---

1 山苍殿的建筑形式，详见第13章。

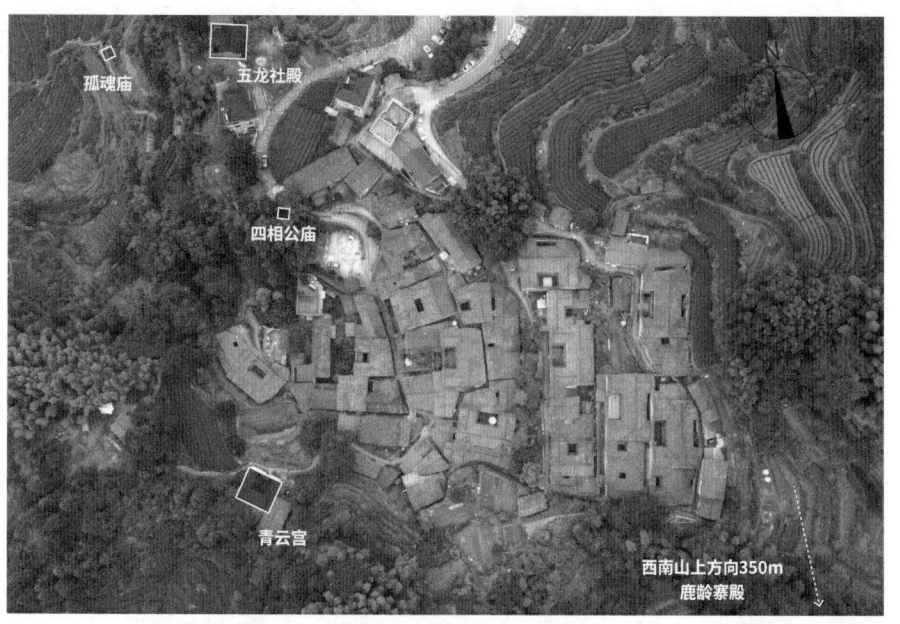

图 10-2　杨家堂庙宇分布图

传曾经有几座塑像，20世纪70年代被改为村委会，再后则改为住房。众济堂距离杨家堂很近，但因为不处在杨家堂下山去县城的路上，仅少部分村民会去祭拜。相反，众济堂处在上田、下田、酉田和里庄等村前往县城的必经之路上，村民常在这里休息歇脚，因此对这几个村产生了更大的影响（图10-4）。

儒家对民间信仰持"敬鬼神而远之"的态度。杨家堂宋氏宗族的秀才作为生活在基层村落的文人，对民间庙宇的态度是将其视为社区公共事业而积极参与。如清道光十九年（1839）候选教谕詹岩《国礼讳邦彦先生记略》载："然凡邑有兴举善事，先生无不竭力乐施，若建寺庙、造桥渡、砌道路，咸躬承其任。"再如清同治五年宋起芳《君豪公传》说："举凡有寺庙之当造，桥路之当修者，（宋君豪）无不踊跃输捐，挺身乐助者也。"又如民国十四年（1925）刘德元《杏庵公家传》载："至如村中之青云宫、五龙社庙，皆公苦心经营所建造者也。"再如宋国刚，不但"凡有造庙宇者，盖踊跃而乐助"，还"倡立灯祭，诚敬昭夫五龙社庙"（清同治五年宋起聪《国刚公传》）。[1]

1　所谓灯祭，就是后来成为杨家堂最重要公共活动的舞龙灯。

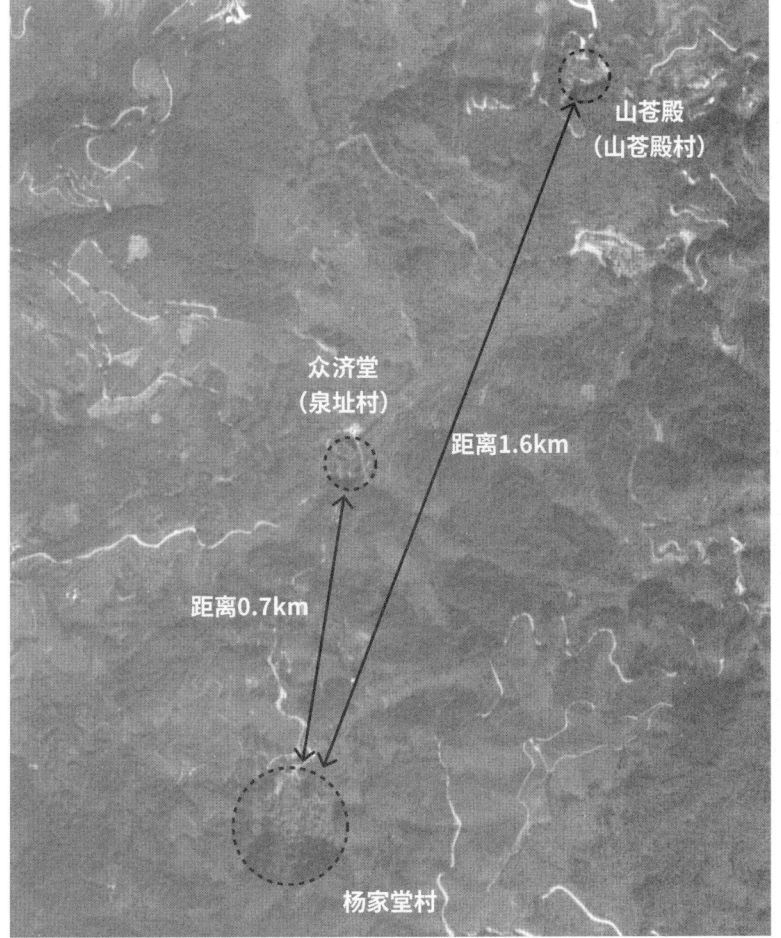

图 10-3　山苍殿、众济堂与杨家堂的位置关系

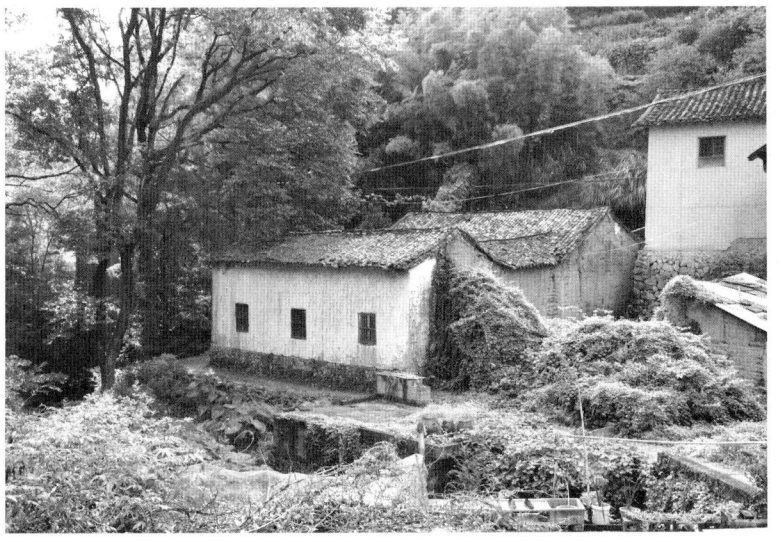

图 10-4　众济堂

10.1 五龙社殿

在松阳的传统村落中，社庙常是全村最重要的庙宇。社神信仰涵盖了乡村社会生活的方方面面，村民不仅在社庙祈求免受灾害，平安健康，还可以祈求农业生产稳定，甚至求雨、求财。可以说，村里几乎一切事务都在社神的护佑之下。村民遇到比较重要的事件，无论好事坏事，都需要一份社神给予的心灵寄托。社神信仰广泛而深入地植根于松阳的传统村落。

社神是村落的保护神。有的村落将常见的民间神灵供奉为社神，有的村落则会根据本村的一些传说或名人典故来"创造"社神，并以此命名社庙，如酉田村的社庙称为"张业上社"，呈回村的社庙称为"唐胜社庙"，上田村的社庙称为"进益社"，松庄村的社庙称为"龙安新社"。杨家堂五龙社殿供奉的社神"五龙神"，是基于杨家堂的自然环境而诞生的。杨家堂地处五个山头围合的山坳之中，村民将五山视为守护神，便将五山称为五龙神，并供奉在社庙。村民将五山加社庙所形成的空间格局称为"五龙戏珠"，五座山是五龙，中间围合的"珠"便是社庙，取名为"五龙社殿"，又称"五龙百福殿"。（图 10-5~图 10-7）

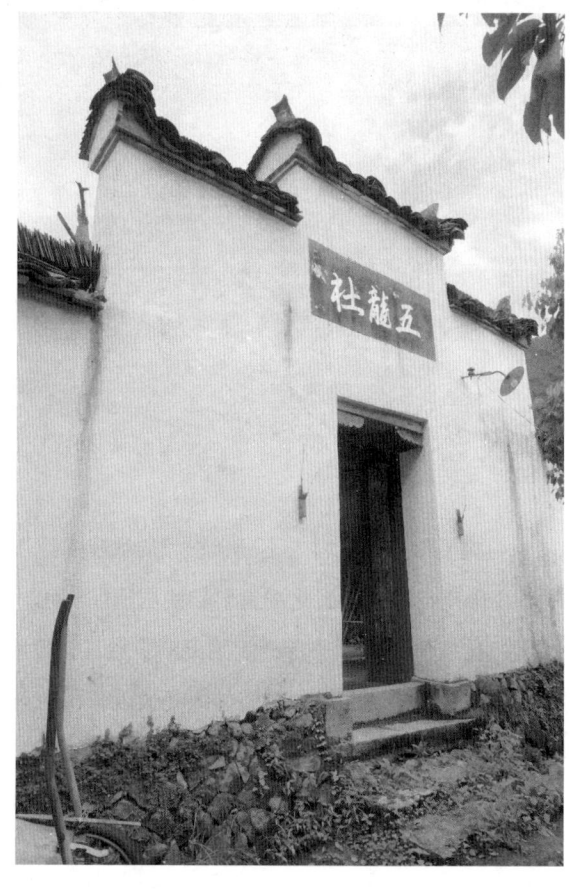

图 **10-5** 杨家堂五龙社殿

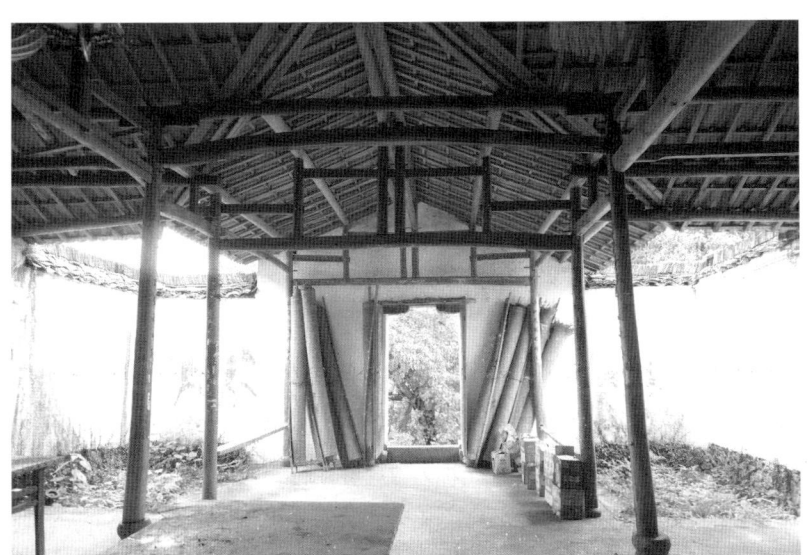

图 10-6　五龙社殿内部

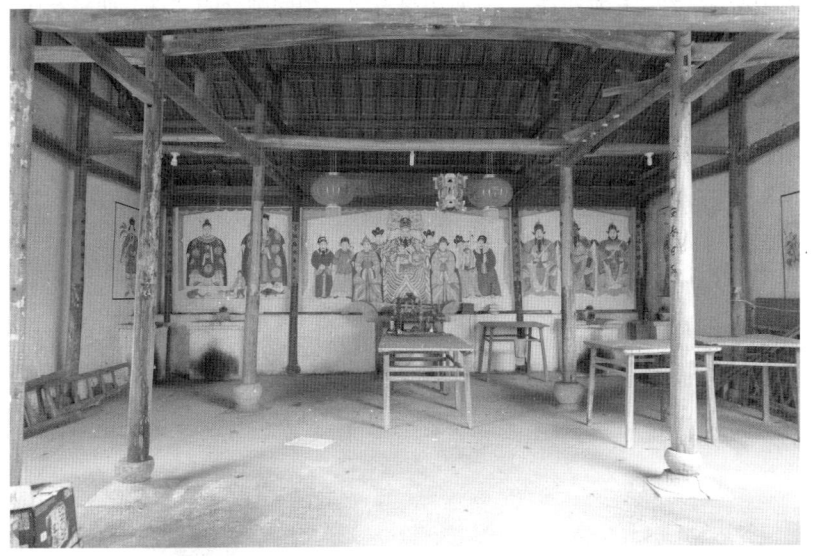

图 10-7　五龙社殿的社神

与祠堂常选址于村内不同，松阳的社庙多建造在村外。祠堂供奉祖先，在村民的心中是自家人，因此祠堂要和民居建在一起。而社庙供奉保护神，村民更倾向于把社庙建在和村子有一定距离的位置。杨家堂及其附近的村落也都是如此，例如后湾村的社庙在南侧村口，距离最近的民居有 150 米；且居民区和社庙分别位于溪流两岸，居民区在溪流东侧，社庙位于溪流西侧。酉田村的社庙"张业上社"也位于南侧村口，北侧居民区和社庙之间有公共的大水池相隔。杨家堂五龙社殿位于村落西北侧，与村内居住区相距约 100 米。

在建村之初通常就建造社庙，初期可能规模较小，而后随村落发展而扩建。族谱记载宋君恩对建造五龙社殿做出了较大贡献，说明五龙社殿曾于19世纪中后期扩建或重建。[1]五龙社殿的扩建晚于宋氏宗祠的建造，规格也低于宋氏宗祠，说明在村落发展的初期，村民优先将资源放在祠堂建设上。以血缘为纽带的单姓家族村，祠堂在村民的心中比社庙地位高。五龙社殿的扩建，也从侧面证明了杨家堂的经济和人口持续发展，村民已经有相应的能力和意愿。

五龙社殿在20世纪60年代已无人使用，变为堆放柴火的仓库。村里一位老婆婆生火时不小心将社殿烧毁。如今的五龙社殿为20世纪70年代重修，位置及形制基本与旧殿相同。建筑向西侧开门，村民从南侧过来，需绕到西侧才能进入。建筑通面阔约9米，通进深10米，平面呈凸字形。主厅三间进深约6米，在明间凸出3米进深的抱厦，抱厦两侧用院墙围合出左右各4平方米左右的小天井。抱厦有三阶风火山墙，作为社庙的入口，门上书写"五龙社"三字。（图10-8~图10-13）

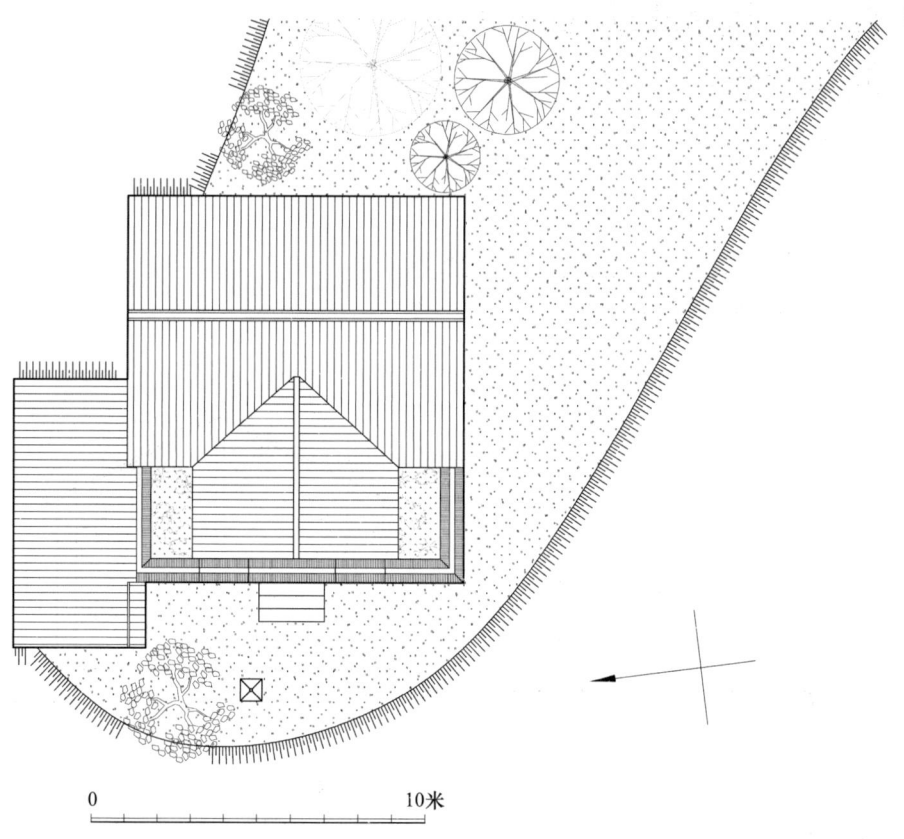

0　　　　　　　　　　　　10米

图 10-8　五龙社殿总平面图（王玉强测绘）

1　"至如村中之青云宫、五龙社庙，皆公苦心经营所建造者也。"详见附录《杏庵公家传》。

杨家堂——浙西南山村的儒家实践

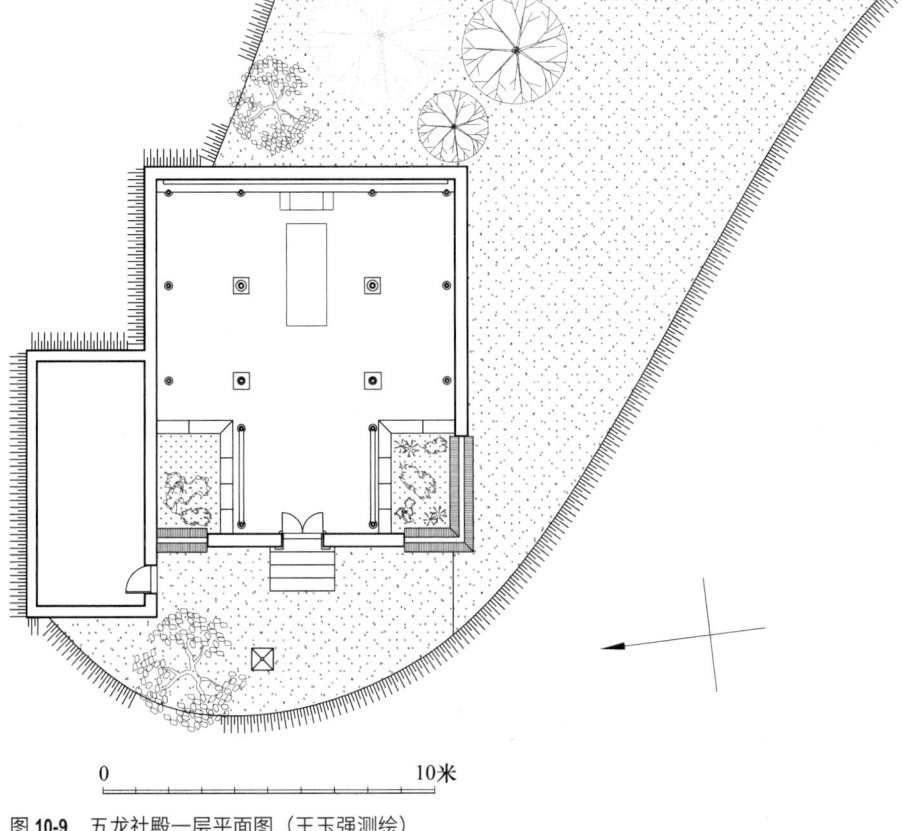

0　　　　　　　　　10米

图 **10-9**　五龙社殿一层平面图（王玉强测绘）

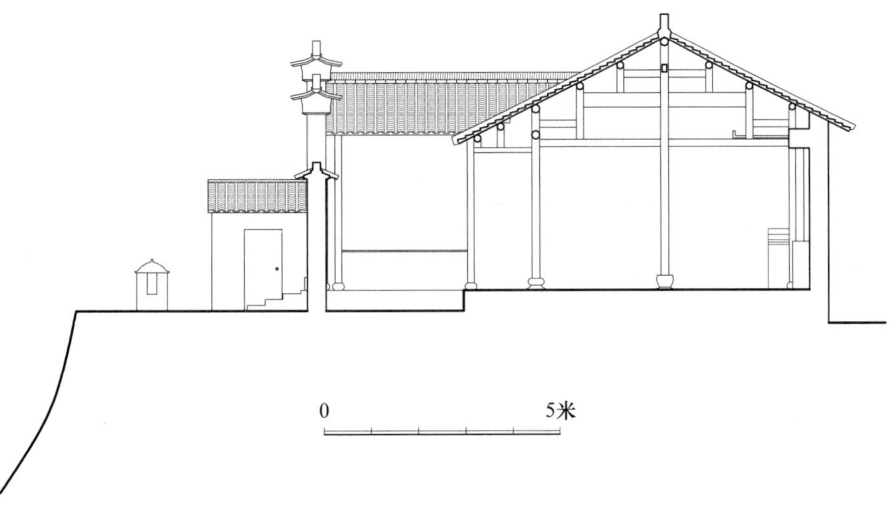

0　　　　　5米

图 **10-10**　五龙社殿纵剖面图（王玉强测绘）

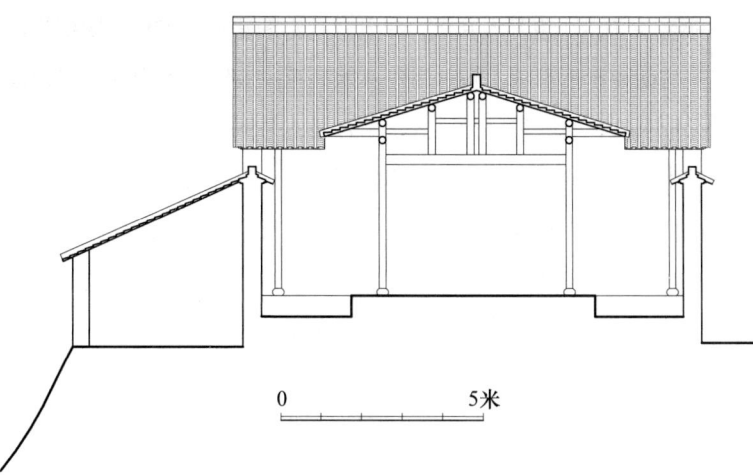

图 **10-11** 五龙社殿横剖面图（王玉强测绘）

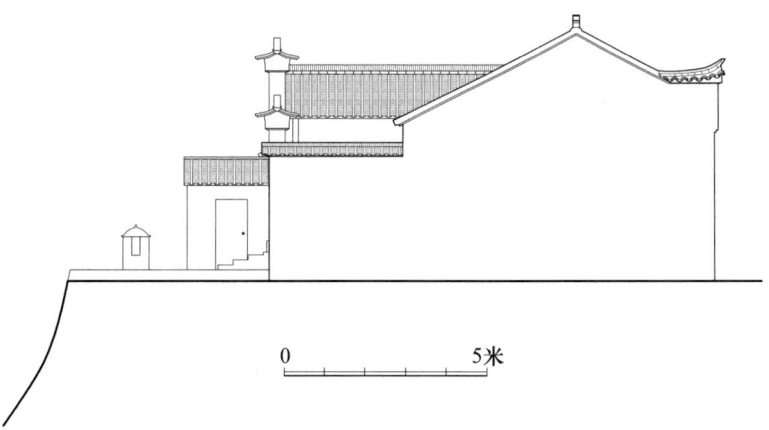

图 **10-12** 五龙社殿南立面图（王玉强测绘）

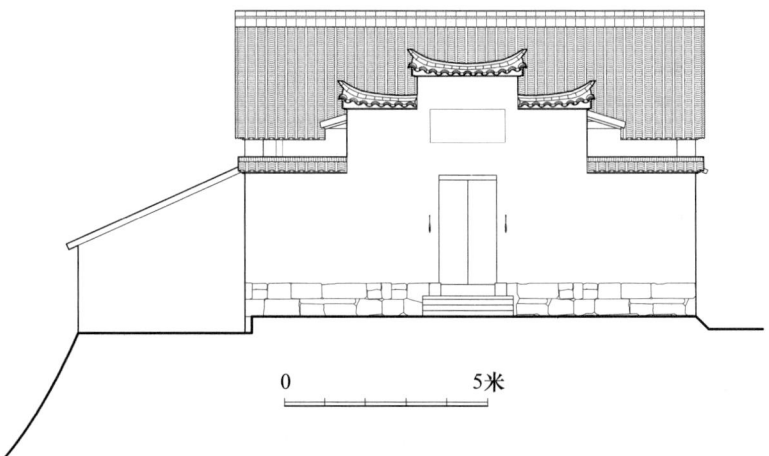

图 **10-13** 五龙社殿西立面图（王玉强测绘）

据老支书宋明重等人回忆，原五龙社殿的建造方式和民居相同，采用版筑土墙、木构架和青瓦屋顶，同时用白灰绘制花纹装饰。木构架则与祠堂类似，为穿斗抬梁混合式，明间采用抬梁式，用月梁、牛腿、雀替增强装饰性。重建社庙时因缺乏木料，新建筑的木构架远不如原建筑。村民当年为重建社庙，还在夜间去丁旺山林业站找来一些木料，这些木料又细又弯曲，只能将就使用。重建的社庙也未设置牛腿、雀替等雕饰。尽管新社庙用料较差，建造和装饰都很粗糙，但在物资匮乏的年代，杨家堂村民依然设法重修，说明它在村民心中具有很高的地位，是村落不可缺失的重要部分。

五龙社殿主厅三间，供奉多位神灵。明间供奉社神，即杨家堂本村的五龙神，保佑村庄平安顺利。左侧一间供奉土地公和土地婆，以求财为主要功能。殿内同时供奉陈、林、李三位娘娘夫人，即陈十四（原名陈靖姑，又称陈大奶）、李三娘（又称李三奶）和林纱娘（又称林九娘）。她们是保佑女性得子、保胎、顺产的神灵。陈十四信仰起源于福建地区，由于文化交往和福建移民的影响，松阳民间将陈十四奉为求子保胎的女神[1]。这种多位神灵组合的供奉模式，在三都乡的社庙中十分常见。社庙集合了不同的神灵，村民的各种诉求都可以在这里祈祷。

10.2 青云宫

青云宫是记载于清光绪版《松阳县志》的一座道观（"在县东十五里"）。族谱记载，青云宫由宋君恩参与修建，推测建造于19世纪中后期。[2] 青云宫位于村西南侧的半山腰，与居住区有一定距离。建筑为三合院布局，坐南朝北，面向杨家堂村。建筑通面阔11.35米，通进深13.6米。正房三间，曾被称为"至仙殿"或"芝仙殿"。原有数座塑像，村民回忆称殿内曾供奉吕洞宾。[3] 吕洞宾是民间传说中流传最广、故事最多的神灵之一，在民间信仰中具有很高的知名度和影响力，被赋予了祈福、求财、保平安等多种功能。吕洞宾常被描绘为风趣幽默、善于用智慧化解纷争的人物。他常常化身乞丐或医生，四处游历，用自己的道术救治病人，帮助穷苦百姓。（图10-14、图10-15）

1　田中娟.陈十四夫人信仰及其艺术演绎形式之松阳高腔《夫人戏》[J].丽水学院学报，2020，42(6)：70-77.

2　"至如村中之青云宫、五龙社庙，皆公苦心经营所建造者也。"详见附录《杏庵公家传》。

3　杨家堂村民宋群林（约出生于20世纪40年代）回忆，殿内有多座塑像，最中间的是吕洞宾。

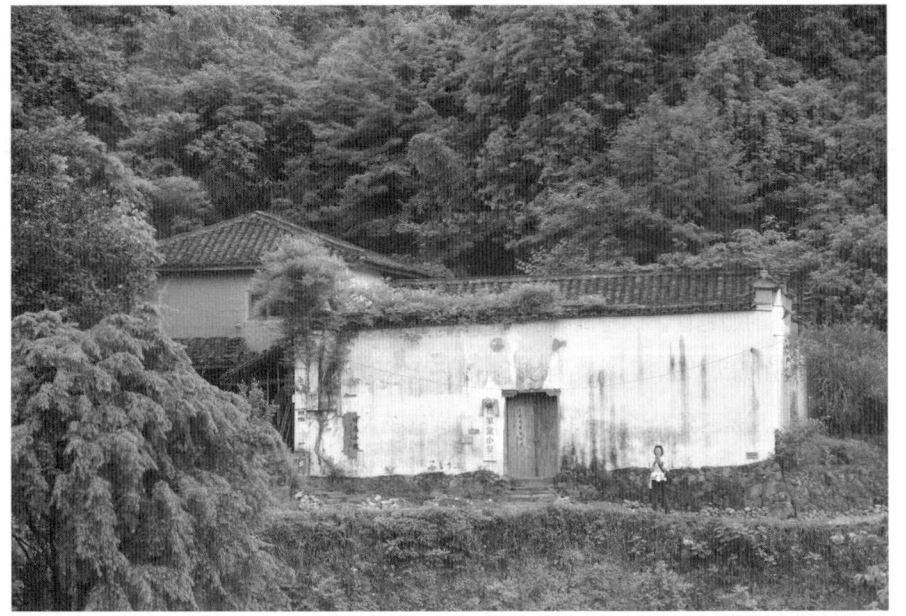

图 **10-14** 青云宫外观

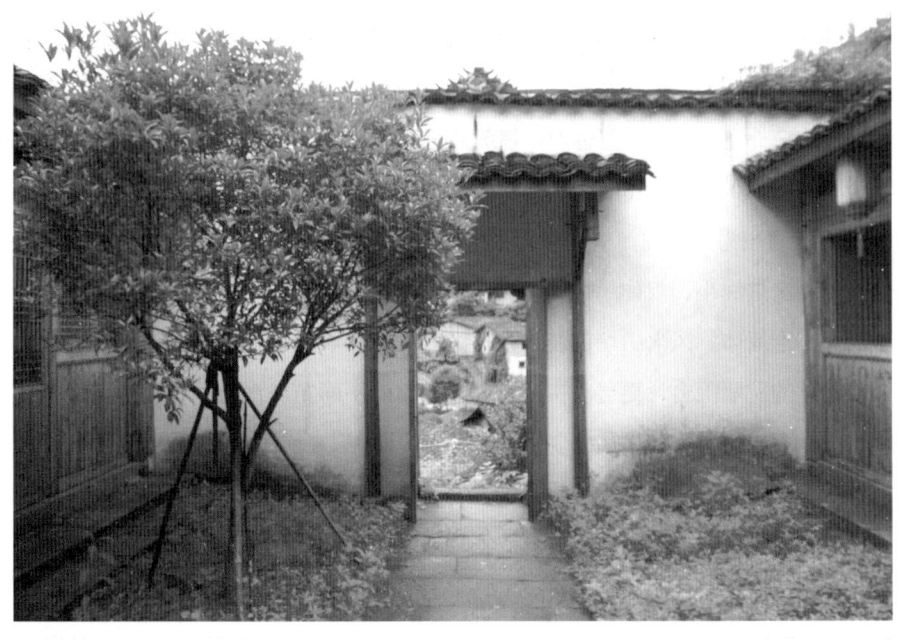

图 **10-15** 青云宫院落

　　在讲究实用性和功能主义的乡土庙宇中，青云宫可以说是略显特殊的存在。青云宫作为一座道观，功能是比较模糊的。吕洞宾的形象多样，正是这种模糊性的体现。看似都能管一管，但是都管不彻底，假如结果不理想，也不能怪罪到"吕祖"头上。道观的功能之所以有模糊性，是源于道教作为一种宗教，本身要有

超越性。人们在现实生活中遇到难以解决的困难，需要求助于某种超越现实的力量，于是神灵诞生。世人要和神灵沟通，就需要祭祀场所，于是庙宇诞生。很多困难最终得以解决，可能纯属偶然，也可能是人们在相信了神灵之后，有了更大的信心和决心，又或者相信的人多了之后，产生了更大的合作力。然而，有些困难终究是无法解决的，于是那些职能很具体神灵，就可能被人们冷落，甚至遗弃。为了避免被冷落或遗弃，宗教就需要发展出不服务于具体功能的，从而不直接被现实所验证的超越性。这是高级宗教和普通泛神信仰的一大区别。

正规道观以"三清"为主神。"三清"即玉清元始天尊、上清灵宝天尊和太清道德天尊，这是三位神态庄严的尊神。这样的神灵放到基层乡土社会，跟普通民众的距离就过于遥远了，无法获得足够的经济支撑。而吕洞宾这样的神灵，在道教仙班中有着较高的地位，在民间又有很多动人的故事，作为道教和乡土民众之间的"桥梁角色"就再合适不过。青云宫于19世纪中后期由宋氏十七世宋君恩等人发起修建，这个时间点距离杨家堂村出现第一位秀才——十四世宋宏堂约50岁（即1785年前后），已有将近100年。在这期间，杨家堂宋氏家族连续四代有秀才，并且人数一代比一代多。青云宫的建造，在一定程度上也是杨家堂文化层次逐渐提高的体现。

青云宫内的牌匾和塑像均毁于20世纪70年代。正房为穿斗式构架，未作牛腿雀替等装饰。两侧厢房各一间，单坡顶，作为守庙人休息的附属用房。院落作为拜神的户外空间，曾放置香炉，院落平面近正方形，长7.3米，宽6.8米，由块石铺地。（图10-16~图10-22）

青云宫虽为三合院，从外观上看却与杨家堂三合院民居存在较大差异。青云宫两侧厢房进深小，仅作单坡，厢房并未做风火山墙，入口处院墙加高形成了完整的长方形墙体。风火山墙的装饰性使得三合院民居显得轻巧华丽，而青云宫四面被完整的院墙围合，更显朴实庄重。青云宫的平面布局跟五龙社庙也正好形成对比，后者是尽量把露天的空间减小（凸字形平面，只在前厅两侧各留一个小天井），前者则通过缩减厢房的进深来增加院落面积，以留出更大的空间作为露天的拜神祭祀场地。两种平面布局，也造就了完全不同的采光效果，五龙社殿偏于幽暗深邃，青云宫则开敞明亮。之所以形成这样的差别，可能根源在于两座庙宇各自的功能定位。青云宫是道观，讲究"天人合一"，空间氛围上也追求与自然相融合。五龙社殿是使用最频繁的庙宇，常年有大小活动，所以需要较大的遮雨空间。

青云宫的院内种植有小型树木，并放置香炉等祭祀用具。20世纪70年代后，废弃的青云宫被改为小学。建筑主体未改变，正殿作为教室，厢房用作办公及教师宿舍，门口院墙书写上"遂昌县三都乡杨家堂小学"。

209

第10章 庙宇建筑

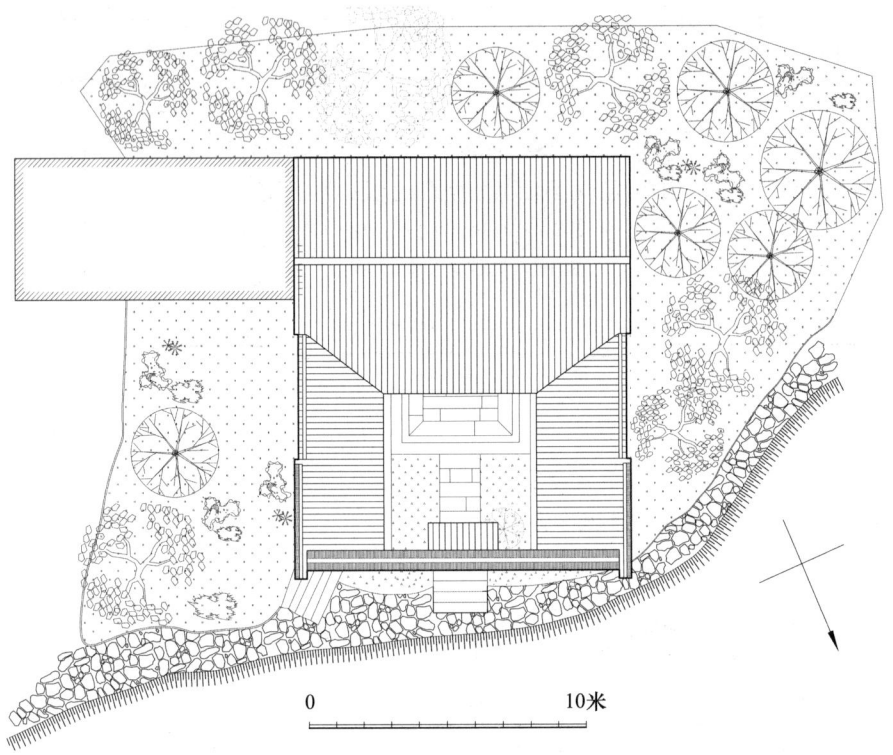

0   10米

图 10-16 青云宫总平面图（王玉强测绘）

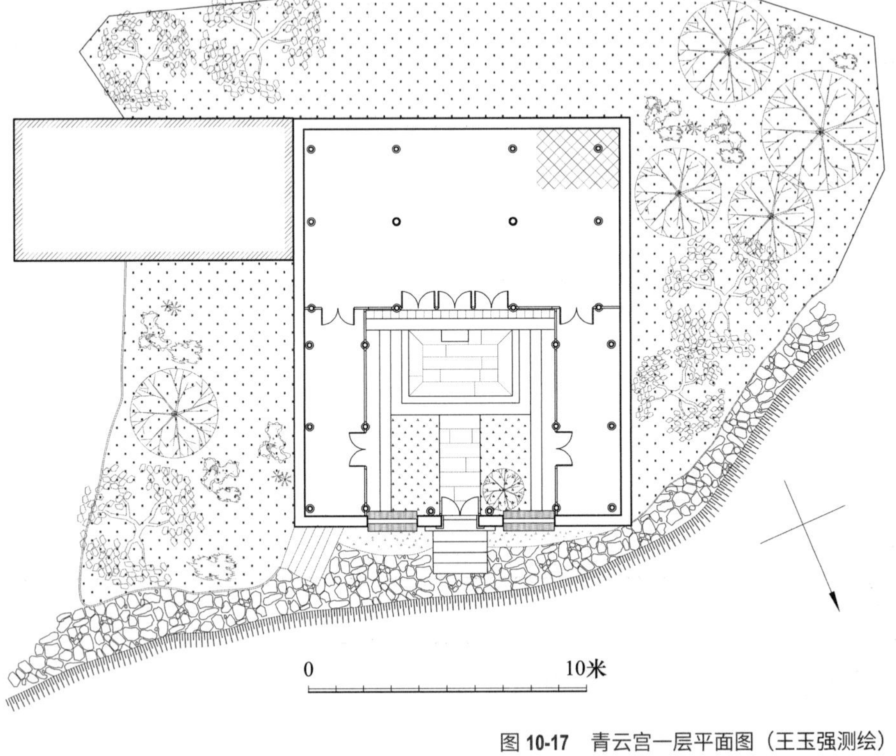

0   10米

图 10-17 青云宫一层平面图（王玉强测绘）

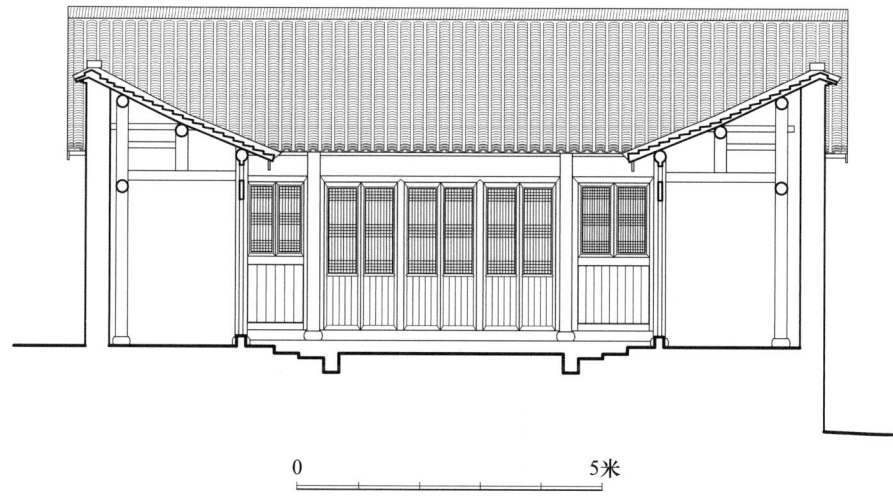

图 10-18　青云宫横剖面图（王玉强测绘）

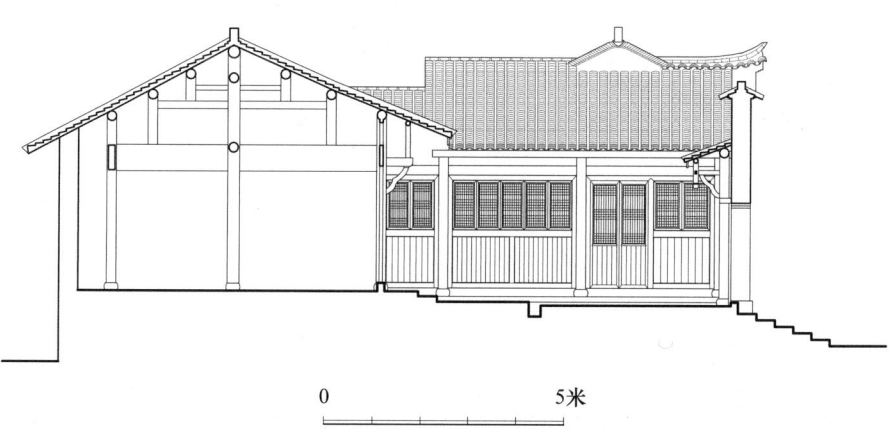

图 10-19　青云宫纵剖面图（王玉强测绘）

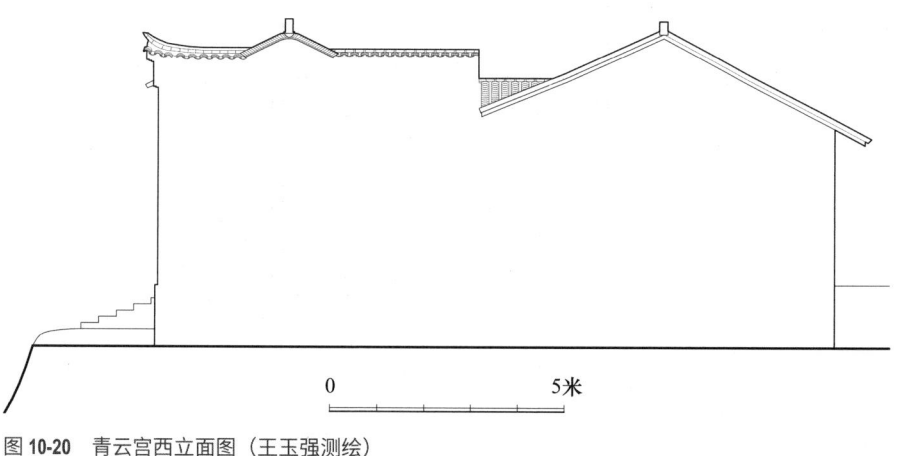

图 10-20　青云宫西立面图（王玉强测绘）

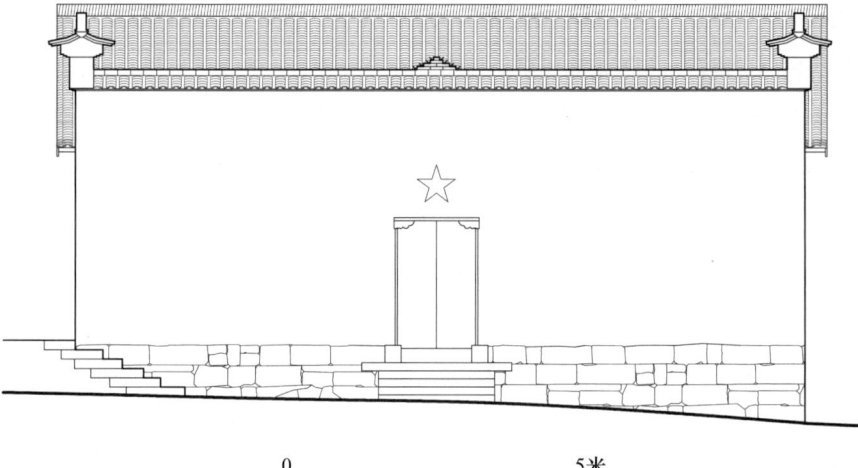

图 **10-21** 青云宫北立面图（王玉强测绘）

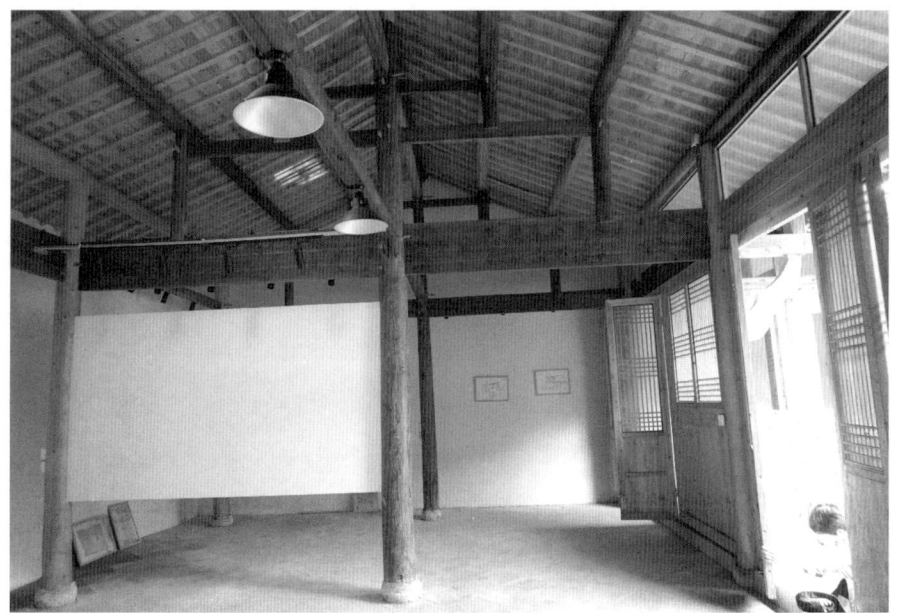

图 **10-22** 青云宫正殿室内

10.3 鹿龄寨殿

鹿龄寨殿位于杨家堂东南侧上山头的山顶处，初建于民国时期，具体年份在族谱中无记载。鹿龄寨殿供奉的主神是禹王和平水王这两位雨神[1]，主要功能是求雨，由杨家堂和桐溪村共建，祭拜者主要是两村的村民。20世纪60年代，废弃的鹿龄

---

1 松阳其他的水神庙中，平水王就是大禹。鹿龄寨殿的平水王和大禹是两尊神，原因待查。

寨殿被大火烧毁，村民在原址搭建棚子来供奉神灵。2000年左右，杨家堂与桐溪村的村民再次集资，在原址建设了新鹿龄寨殿。

杨家堂有一个关于鹿龄寨殿的传说。曾经有位菩萨骑马到了桐溪村，看到田地里的小麦，便摘了麦苗吃。恰巧桐溪村一位妇女在喂猪，泼粪的勺子不小心打到了菩萨。菩萨受了惊吓，骑马逃到了上山头的山顶。当时的菩萨身上都是猪粪，嘴里还叼着麦苗。因为上山头的山顶属于杨家堂村，桐溪村人为求得菩萨原谅，便与杨家堂村人商量，经后者同意后，在此建造了一座庙宇。据村民描述，原鹿龄寨殿内曾有菩萨塑像，嘴里还叼着麦苗。如今鹿龄寨殿的外墙上仍绘制了跑马，与村里的传说相呼应。从地理位置分析，鹿龄寨殿位于上山头山顶，距离杨家堂村建设区约350米，距离桐溪村则有2.1千米。上山头地处杨家堂和桐溪村的水系上游，这两个山地村的用水主要都来源于此，两村有求雨的共同诉求。选择在山上共建庙宇，也是鹿龄寨殿由来的合理解释。

鹿龄寨殿坐南朝北，原建筑仅为三间主厅，2000年重建时在主厅前增加了前厅。主厅三间，明间供奉平水王和禹王。禹王即大禹，在松阳民间常被作为雨神供奉。松阳属于亚热带季风气候，平均年降水量1500毫米左右，降水丰沛。不过，这些降雨的时间分布不均匀，而流经杨家堂的溪流水量又比较小，因此在降雨偏少时还是会出现旱情，导致水稻灌溉或生活用水短缺。村民们为此建了祭祀水神的鹿龄寨殿。（图10-23、图10-24）

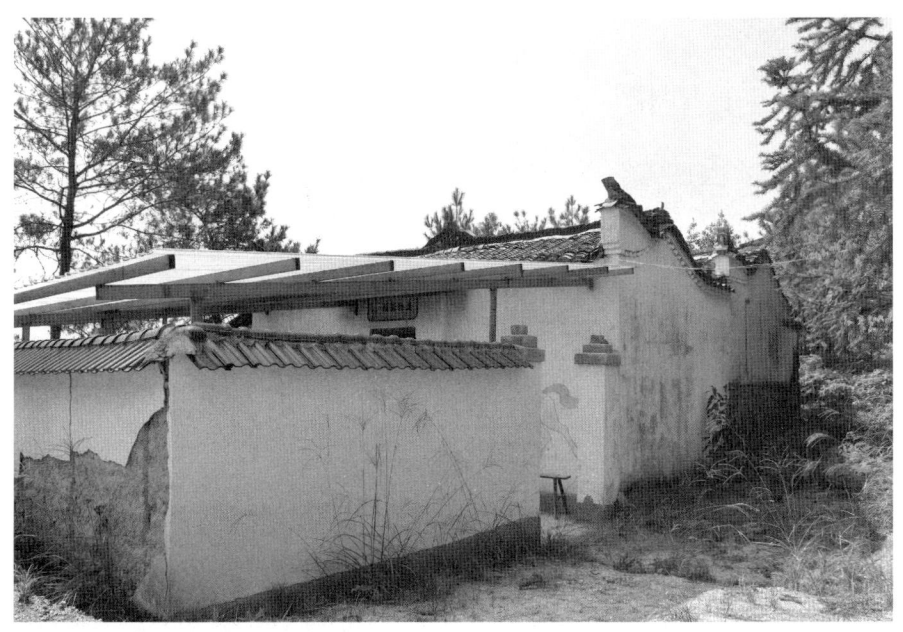

图 **10-23** 杨家堂鹿龄寨殿

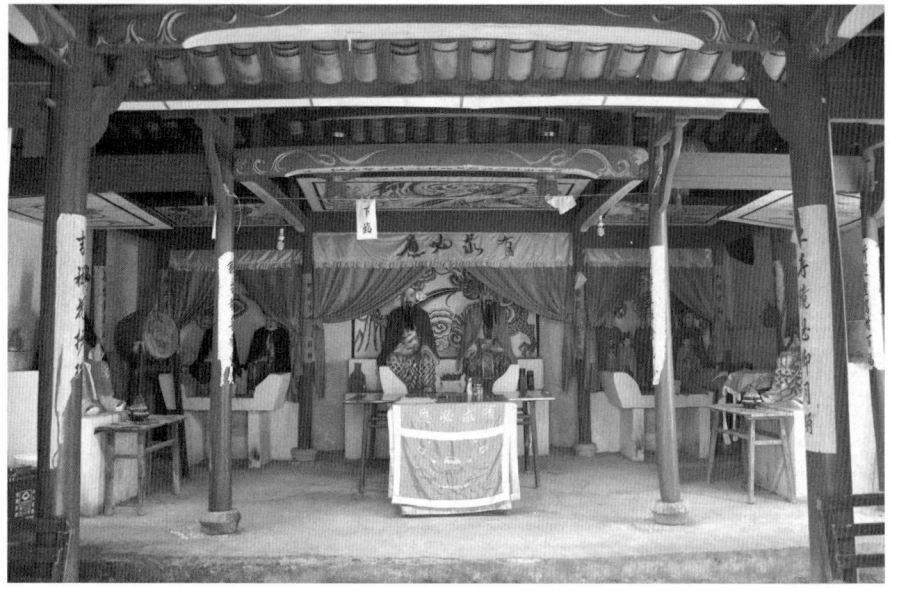

图 10-24　鹿龄寨殿内部

除了平水王和禹王，鹿龄寨殿的主厅右侧还供奉了陈、林、李三位娘娘夫人，其主要功能为送子、保胎；左侧供奉土地公和土地婆，祈求其保佑一方平安。

10.4　四相公庙与孤魂庙

四相公庙是掌管农业琐事的庙宇，在松阳较为常见。这类庙宇的尺度往往很小，只有一间小屋或仅设立神龛，人们只能在庙前祭拜，无法进到内部。松阳民间有传说，玉帝曾让四相公管天下，而四相公听成了"管千瓦"，即管理各种琐事，于是就成了地位不高的"小神"。四相公生性调皮，爱捉弄人，村里出现丢鸡丢狗之类的小事故，常被认为是四相公在捣乱。这时候村民会摆碗饭到四相公的神像前，相信就可以解决问题。因为四相公仅掌管村里的杂事，村民为四相公建造的庙宇也是最小的。杨家堂的四相公庙设立在西侧村口的樟树下，长、宽各约 1 米，高约 0.8 米，内部未设神像，仅书写"四相公庙"几个字。（图 10-25）

孤魂庙，顾名思义是祭祀死于非命、孤独无依的魂灵的庙宇，它兼有驱邪的目的。从杨家堂村口往山下走的路边，有一座孤魂庙。相传曾有一个乞丐死在杨家堂村外的路边，村民为安抚游魂，不让他打扰村子，就在这里建了一座小庙。这座庙从未有过塑像，也没有任何题字。孤魂庙于 2020 年倒塌，2023 年原址重建。新建筑面阔约 3 米，进深 2.5 米，檐高 1.8 米，两坡屋顶。（图 10-26）

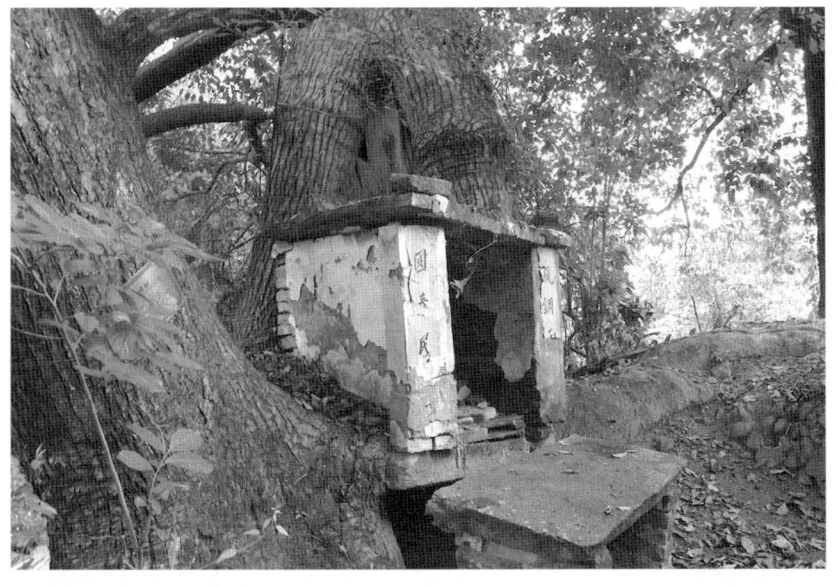

图 **10-25** 杨家堂四相公庙

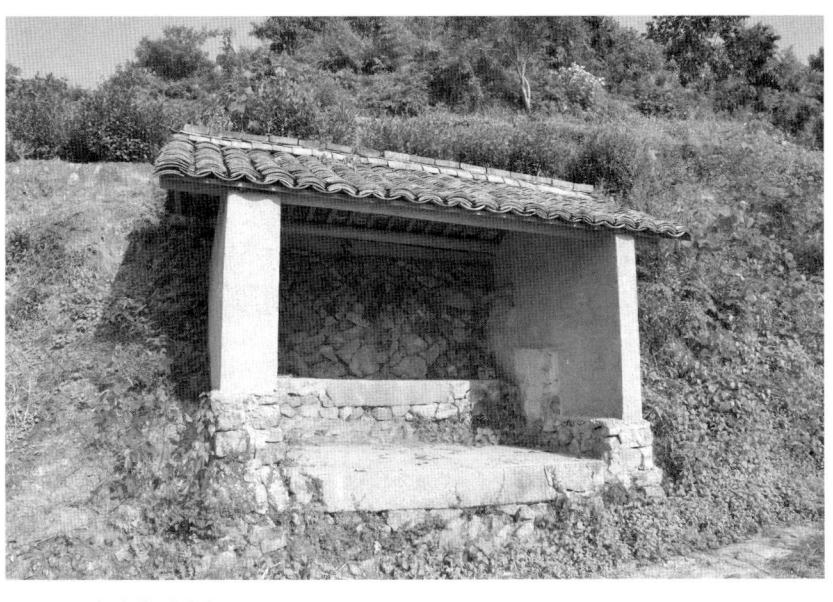

图 **10-26** 杨家堂孤魂庙

10.5 庙宇和公共活动

庙宇承载了村民的精神信仰，还具有跨越血缘关系的公共性。

多数庙宇都有固定的节日拜神活动。五龙社殿的拜神活动最多。正月初一，杨家堂所有村民都会来祭拜五龙神。在二十四节气中的一些日子，比如立春、春分、

立夏、夏至、立秋、秋分、立冬、冬至等，村民们也会来五龙社殿祈求社神保佑。鹿龄寨殿的拜神以求雨为主要目的。每年的正月初一和六月初六，村民们前往鹿岭寨殿求雨，祈祷风调雨顺。六月初六是民间祭祀雨神、祈求降雨的日子，民间有农谚"雨打六月六，吃水如吃油"的说法。四相公庙的拜神也在正月初一进行。青云宫的神像毁坏较早，拜神活动的形式和节日已无法考证。节日拜神作为全村的集体活动，既满足了村民的信仰，也有利于维系村落秩序、培养村民的公共意识。

村民日常有诉求时，也会去庙宇拜神。五龙社殿是杨家堂的保护神，村内有大事发生，村民便会祈求五龙神的保佑。五龙社殿在村民心中是"有求必应"的宝地，凡有求财、求子、祛病等诉求，都会到此祭拜。鹿龄寨殿起初为求雨所建，遇到干旱或洪涝之时，村民便来祭拜平水王和禹王。随着时间推移，鹿龄寨殿也逐渐变为"有求必应"的庙宇。

庙宇同时也是村民交往的公共空间。尤其是五龙社庙，建筑空间较大，可以容纳人数较多的公共活动，如村民结婚、生子等，便会去社庙放鞭炮庆祝。五龙社殿还供奉陈、林、李三位娘娘夫人（又以陈十四娘娘为主），她们既是女神，又是妇幼保护神和生命之神[1]。杨家堂村还发展了"十四夫人会"的女性集体活动，是村里影响范围最广、参与人数最多的公共活动之一。

杨家堂十四夫人会是以陈十四信仰为中心创立的活动，活动举办地在供奉陈十四的五龙社殿。十四夫人会每年举办一次，在正月十四。这一天，外村嫁进杨家堂的全部女性都要来参加，本村未出嫁的女性可以自愿选择参加。早上，所有参与者来到五龙社殿，拜夫人娘娘并请香。拜完夫人娘娘后，把各自从家里带来的餐食合到一起，摆桌设宴。十四夫人会是村内女性专属的活动，男性全程不参与。这一天不仅是为陈十四娘娘庆祝，更是全村女性集体交流的节日。外村嫁到杨家堂来的妇女们通过这样的公共活动，增进感情，加深了解，也促进她们对杨家堂村的认同感。

10.6 樟树信仰

如前文所述，樟树在中国民间文化中有象征长寿、吉祥和繁荣的意义，常被视为风水树。松阳人将较为高大且树龄较老的樟树称为"樟树娘"；如果有两棵长在一起的大樟树，则称为"夫妻树"，大一点的为"樟树娘"，小一点的为"樟树老爹"。

1　田中娟.陈十四夫人信仰及其艺术演绎形式之松阳高腔《夫人戏》[J].丽水学院学报，2020，42（6）：70-77.

樟树多独立生长，因此多为"樟树娘"。杨家堂北侧的两棵樟树，是较为少见的"夫妻树"。（图 10-27）

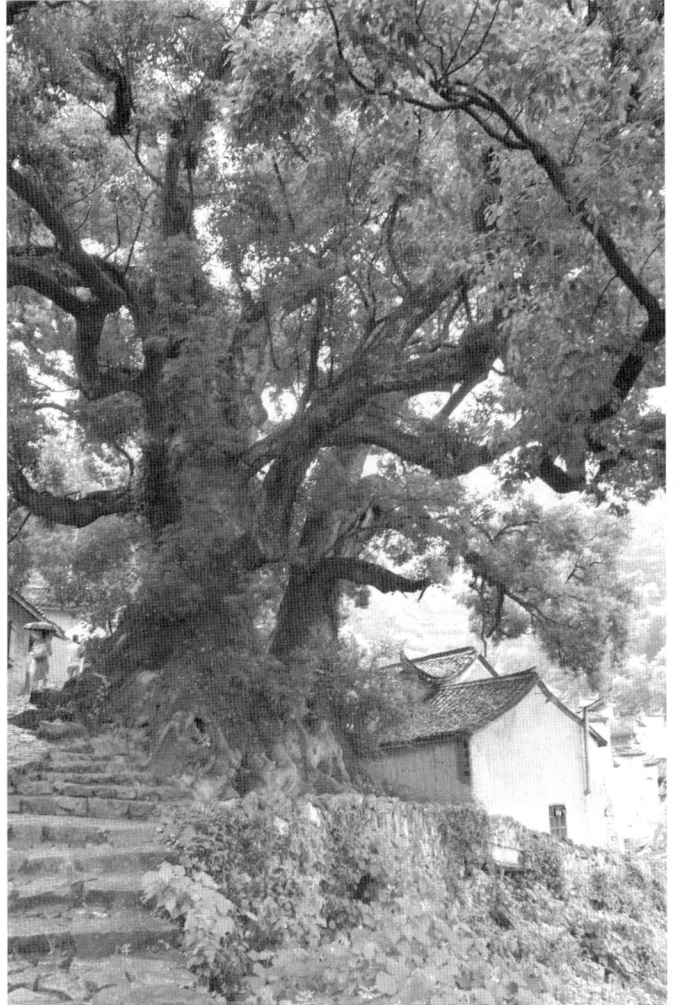

图 **10-27**　杨家堂的"夫妻树"

　　樟树是村民建村选址的重要因素之一，也是村里重要的公共空间节点。杨家堂宋氏的始迁祖，可能是有意选择在樟树林之处定居。基于樟树信仰，杨家堂形成了三处以樟树为核心的公共空间，分别在村子北侧的一处高台上、村子西侧水口之内和水口之外。

　　杨家堂有个传说，体现了村民对古樟树的崇拜。相传多年以前，夫妻树中南侧的"樟树老爹"，有一根树枝枯萎了，垂挂在 6 号院的屋檐上。6 号院的屋主就让长工爬上去，将枯枝砍掉了。不料，被砍掉的地方竟然不断流出红色的汁液。村民认为，这是砍树枝伤到了"樟树老爹"，导致其"流血"。最后是 6 号院的屋

主杀鸡在树下祭祀，才平息了"樟树老爹受伤"一事。

杨家堂村民有"认樟树娘"的习俗。村民认为"樟树娘"能保佑孩子平安顺利成长，因此让自己刚出生的孩子认樟树为"干娘"[1]。"认樟树娘"时，孩子的父母带着鸡肉来祭拜"樟树娘"，告诉"樟树娘"孩子是哪家的，叫什么名字，并说好每年都会来祭拜，直至成年。孩子十六岁之前，父母每年端午带着粽子，新年带着年糕，来祭拜"樟树娘"。孩子成年的当年新年，孩子本人要和父母一起，带着鸡肉来祭拜，感谢"樟树娘"这些年的保佑。杨家堂村民对这两棵樟树十分尊重，每逢新年，无论是否有孩子需要樟树保佑，家家户户都来祭拜樟树，并鸣放鞭炮。

杨家堂这对"夫妻树"不仅受到本村村民的尊敬，周边村的村民也会来祭拜。松阳的很多村落种有樟树，有的村落没有樟树或樟树倒塌不在了，就到附近的村落拜"樟树娘"。例如，后湾村和半岭村的村口原本都有古樟树，在 20 世纪倒塌了；为了保佑村里孩子成长，这两个村的村民会到杨家堂来祭拜这对"夫妻树"。

古樟树下一般没有建筑，而是留出一片空地。在参天古树的遮挡下，这里便成了舒适的、适合村民休闲和交流的场所。

杨家堂的庙宇建筑群，是民间信仰、宗族伦理与乡土生活的多维映射。它以五龙社殿为核心，加上青云宫和鹿龄寨殿等庙宇，辅以樟树信仰与小型神龛，构建起一套层次分明、功能互补的信仰体系。这些庙宇不仅是村民心灵的寄托，更是村落公共生活的枢纽，展现出山地聚落独特的精神图景。其特点可概括为以下四方面：

其一，多元信仰的功能分化与共生。杨家堂的庙宇系统以"实用性"为内核，不同庙宇承载差异化功能：五龙社殿作为社庙，供奉五山化身的"五龙神"，是村落保护神，承担祈福、避灾、求子等综合职能；青云宫以吕洞宾为主神，依托道教超越性，满足村民对未知力量的敬畏与想象，鹿龄寨殿专司求雨，回应山地农耕对水源的依赖；四相公庙与孤魂庙则分别掌管琐事与安抚孤魂，填补日常生活的精神缝隙。这种功能分化既体现信仰的精准性，又通过"有求必应"的包容性，形成神灵共生的信仰生态，满足村民多元化的精神需求。

其二，自然与建筑的互构共生。庙宇选址与自然要素深度绑定，形成"山—水—树—庙"的生态格局。五龙社殿坐镇西北山坳，呼应"五龙戏珠"的地理意

---

1 黄新华 . 浙、赣、闽民间樟树信仰风俗及其成因分析［J］. 地方文化研究，2015（5）：93-99.

象；鹿龄寨殿踞于山顶水系源头，象征对雨水的掌控；村口樟树被神化为"夫妻树"，树下空地成为祭祀与社交的天然场所。建筑形制亦顺应自然：五龙社殿采用凸字形平面，压缩露天空间以应对频繁活动；青云宫三合院留出开阔院落，追求"天人合一"的道教意境；孤魂庙依托路边地形，以简朴形制化解阴邪。自然不仅是庙宇的背景，更是信仰叙事的一部分。

其三，宗族性与公共性的张力平衡。庙宇在宗族村落中扮演"超血缘"的公共角色。与宗祠的"排他性"不同，庙宇向全体村民乃至外村开放：五龙社殿的年节祭拜、鹿龄寨的跨村共建、"樟树娘"的邻村共祀，均打破宗族边界，构建地域信仰共同体。同时，庙宇活动嵌入宗族网络：宋氏秀才积极参与庙宇建设，如宋君恩主持修建五龙社殿，板商捐资支持祭祀，体现士绅阶层"以文导俗、以商养庙"的文化策略。这种"宗族主导"与"公共开放"的平衡，既维系村落内部秩序，又促进跨村落的文化互动。

其四，信仰与日常的深度交织。庙宇超越祭祀功能，成为村落生活的活力节点。五龙社殿的"十四夫人会"凝聚女性社群，通过共祭陈十四娘娘强化婚姻移民的归属感；年节戏台演出、祠堂聚餐延伸至庙前空地，娱乐与信仰交融；樟树下的"认干娘"仪式，将自然崇拜转化为生命礼俗，贯穿个人成长周期。庙宇还是危机应对的空间：旱灾时鹿龄寨的求雨仪式、琐事纠纷时四相公庙的献祭，皆体现信仰对现实困境的调解功能。这种"神圣—世俗"的一体化，使庙宇成为村民情感联结与社会整合的核心场域。

第 11 章

文教和其他

文教建筑有学堂、字库、文峰塔、文昌阁、藏书楼、书院等类型。文教发达的村落，常同时有上述文教建筑中的几个类型。杨家堂村虽然有着重视教育的传统，却不是一个文教建筑很丰富的村落。跟文教相关的建筑，包括一座迪德学堂，以及历史上曾经存在的私塾。迪德学堂在松阳县有不小的名声，是松阳最早建设的一批新式学堂之一。

杨家堂村重视教育而文教建筑不丰富，大概有几个原因。第一，秀才虽多，大部分却是捐纳得来的，说"文风发达"就显得底气不足，因此没有文峰塔、文昌阁之类的建筑。第二，杨家堂的教育传统形成较晚。第三，杨家堂毕竟是规模不大的山地村，实力有限，松阳山区的村落也普遍不配置学校以外的文教建筑。

除了宗祠、庙宇和学校之外，杨家堂还有一类服务于农业生产的公共空间，比如牛棚和晒谷场等。

11.1 延师设教

杨家堂宋氏宗族从宋宏资、宋宏堂兄弟开始，就有请教师来教育宗族子弟的传统。清嘉庆十年（1805）方协华《宏堂公传》载："（宋宏堂）年逾古稀，齐眉之敬愈隆，壤籚之爱弥笃，且延名儒教子侄。"清道光十九年（1839）知县汤景和撰写的《宏堂公讳如川号永起传》则说："（宋宏堂）又念村中子弟幼少失学，则延师设教，歌诵之声彻于山谷。"清道光十九年（1839）宋学朱撰写的《曾祖讳宏资公传》也说："（宋宏资）延师传，训子孙，劳苦悉皆亲历。"延师设教的场地，可能是在宋氏宗祠，也可能是在某个民居宅院的堂屋。

此时的私塾教育，可能还比较粗糙。清道光十九年（1839）詹岩在《国礼讳邦彦先生记略》中形容1800年前后的杨家堂教育："其地浑噩，自来无弦诵声。先生于大父创业后，亦循乡俗，延村学究以资训迪，大抵学求足记姓名而已。"[1] 即便如此，宋氏家族也培养出了像宋国礼这样凭考试成为秀才的人。宋国礼（1786—1844），宋宏资之孙，宋德桐之长子，"舞勺入塾、试读经书……韶龄执笔学为文，斐然可观。弱冠应童试，即补博士弟子员"（詹岩《国礼讳邦彦先生记略》）。

宋国礼考中秀才是在1806年，此后一边"食饩入棘闱者数矣"，一边"兼事先人板业"，于丙申年（1836）"补岁贡，入太学"。詹岩认为，杨家堂的读书风气是在宋国礼的影响下才变得浓厚的，"先生虽未登仕籍，而一村之中多博经史、精制艺、前后试辄有名者，皆先生之力导其路也。嗣是蜚声庠序翰范间，群相辉耀

1　全文见附录。

寰宇者，莫不首溯先生之创始书香也"。

比宋国礼小一岁的宋国智（1787—1854），也是一名"国学生"（晚年捐纳所得）。清道光十九年（1839），蔡大全在其传记《国智公传》中说："矧又勤于燕翼，善为贻谋，故子列胶庠，孙肄黉舍，将来兰桂绵绵，后先辉映，门庭济济，闾里争光，福之所绥，何莫非德之所基哉？"胶庠和黉舍都是学校，在当时的杨家堂就是指私塾。宋国智对儿子和孙子的教育都很重视。

清同治五年（1866）叶大芳《君恩公名企祁公传》载："（宋君恩）雁序联芳，建胶庠以立学。"宋君恩出生于1843年，他在20岁左右就建了私塾。宋君恩的父亲去世较早，他还有两个弟弟，即宋君朝和宋君銮，分别比他小1岁和4岁。宋君恩之所以建私塾，就是为了让弟弟们读书。

宋君恩的弟弟宋君朝（1844—1916），"入塾读书，程功计日，同学莫及其锐。师器而称之，以为异日必能取功名，荣显其父母也。弱冠，应童子试不售，退而课徒于乡。教学相资，益自刻督"（1925年宋微封《先大父国学公家传》）。宋君朝年幼时读书的私塾，和考秀才失利后回家乡教书的私塾，可能就是宋君恩所建。

宋氏族谱的56篇传记中，有13篇写于清光绪十一年（1885），其中5篇出自同一人之手。此人即"郡庠生周文源"，他曾经在杨家堂当过私塾先生。周文源在为宋起艺（1841—1889）撰写的《起艺先生记略》中说："余设教斯土，见其致敬尽礼，则知尊师之诚，见其秉公不比，则知持身之正。"周文源在杨家堂"设教"的时间，应该就是在宋氏编修族谱的清光绪十一年(1885)前后。这也能解释为什么由他撰写的传记有5篇之多。

11.2 迪德学堂

在20世纪初，在各地开始建设新式学堂的背景下，松阳县也出现了第一批学堂。杨家堂迪德学堂就是其中之一。民国十四年(1925)刘德元撰写的《杏庵公家传》载："（宋君恩）晚年居乡，专讲公益事务，村故有社仓积谷六石，公力任收放，积至四十余石，复以其余羡置田产为合社公共之用。自科举改为学校，所在各姓多以旧日学租而致争。公先将祖遗学租提拨，创办迪德初等小学校一所。管理教授，悉遵部章。知县张公考验成绩，奖给匾额曰'化启文明'。"宋君恩将他的商业才能应用于家乡公益，让原本只有六石的社仓累积至四十余石，又用其盈余资金购置田产，作为宗族公共财产。科举废除之后，各地兴办新式学堂，附近很多宗族都因为以前的学租问题而导致争端。宋君恩则利用祖先遗留下来的学租资金（所谓"提拨"，可能是指将学租与社仓合并），创办了迪德初等小学校。宋君恩把学

校管理得井井有条，成效显著，还受到知县的表彰。

据民国《松阳县志》记载，杨家堂迪德初级小学初建于清光绪三十三年（1907）一月，位于青云宫旁边，学校曾称为"厦田区立第一学堂"。杨家堂人称此学堂为"迪德学堂"。（图11-1、表11-1）

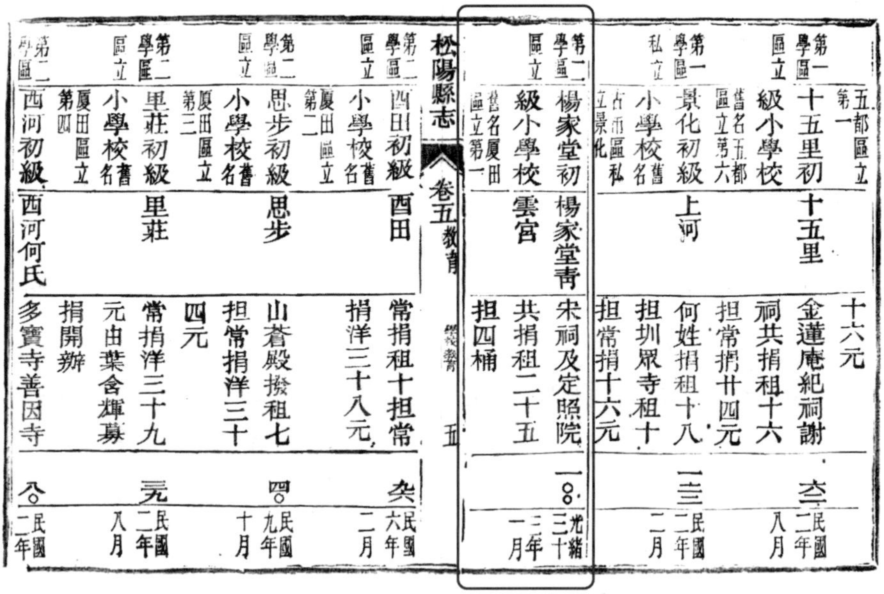

图11-1　县志记载迪德学堂（图片来源：民国版《松阳县志·卷五》）

表11-1　县志记载建立于民国前的学堂

建设时间	学校	所在地	位置
清光绪三十一年三月（1905）	毓秀小学	县城	城北明善书院
清光绪三十一年三月（1905）	育英小学	县城	城东朱文公祠
清光绪三十一年三月（1905）	玉岩小学	玉岩	白岩白云观
清光绪三十二年一月（1906）	贯一小学	古市	古市永宁观
清光绪三十二年三月（1906）	古市小学	古市	古市朱子祠
清光绪三十二年三月（1906）	赤岸小学	赤岸	赤岸村
清光绪三十三年一月（1907）	迪德小学	杨家堂	杨家堂青云宫
清光绪三十三年一月（1907）	世珍小学	县城	城北毛氏宗祠
清光绪三十三年四月（1907）	东阁垄小学	东阁垄	东阁垄
清光绪三十四年三月（1908）	尼宗小学	县城	城西东琳宫
清光绪三十四年四月（1908）	桐榔小学	桐榔	桐榔村
清光绪三十四年七月（1908）	崙西小学	山下阳	山下阳张氏宗祠
清宣统元年七月（1909）	南州小学	南州	南州福安寺
清宣统二年二月（1910）	启明小学	呈回	呈回汤氏宗祠

关于迪德学堂，村民中流传甚广的一个说法是，清宣统元年（1909）知县张纲闻知宋君楣、宋君恩兄弟致力于地方教育之事，赠宋君楣"泽流桑梓"的匾额，赠宋君恩"化启文明"的匾额，以示嘉奖（图11-2）。1907年，宋君楣去世已有6年，不可能为修建迪德学堂而捐款。此说的来源，是《杨家堂宋氏宗谱》卷五"宋国洪"条下有记载："子莒封（即宋君楣），附贡生，亦有父风。光绪间，本村兴学，慨捐巨款，知县张以'泽流桑梓'额奖之。"实际上，和宋君恩一起捐资修建迪德学堂的人应该是宋君楣的次子宋起樵（1865—193?）。民国十三年（1924）潘萃湘为宋起樵撰写的传记《恭祝蔚然宋老先生六旬寿文》中说："清宣统间，（宋起樵）热心公益，创立迪德学校。"[1]宋起樵为了纪念父亲，在捐资时用了宋君楣的名义。等到宋起樵的晚辈为其写传记时，又将此功劳"还给"宋起樵。

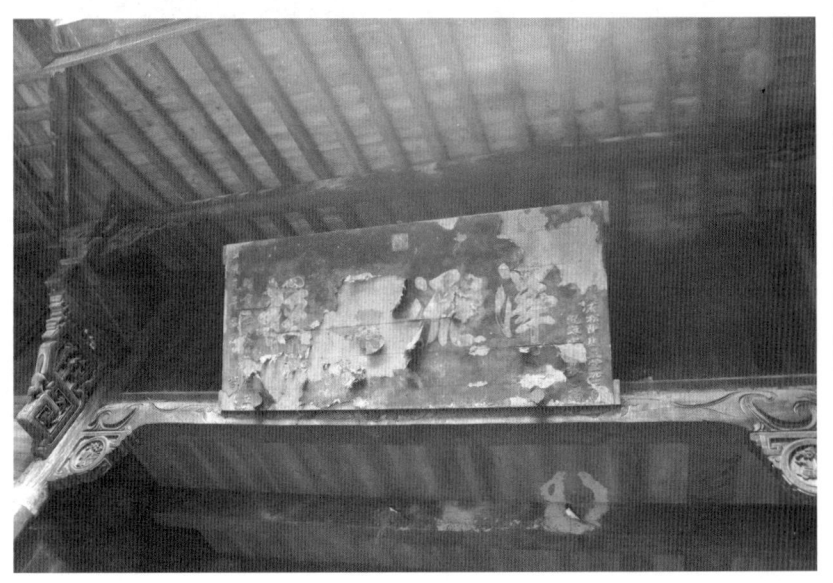

图11-2 "泽流桑梓"匾额悬挂在9号院天井

根据《松阳县志》记载，迪德学堂的建设资金一部分来自宋氏宗祠，另一部分来自定照院，共捐租二十五担四桶。宋氏宗祠捐租，说明杨家堂宋氏对于教育事业的重视，族人希望通过学堂建设来延续教育传统。定照院是松阳南宋进士项安世曾经读书学习的地方，位于西屏镇项桥下村。学堂建设一般由本村的祠堂或寺庙捐租，在清末学堂建设初期，仅杨家堂宋氏祠堂可能无法独立负担学堂建设资金，因此在定照院的帮助下完成了迪德学堂的建设。

迪德学堂选址在杨家堂村南侧半山腰，紧邻青云宫（图11-3）。迪德学堂的建

1　全文见附录。

筑为三层，四坡屋顶。面阔约5.6米，进深约7.6米。一层为堂屋，大门位于北侧，木楼梯位于最内侧；二层分割为两间，分别作为不同年级的教室；三层为教师办公和休息用房。建筑做法与民居相同，外墙为版筑夯土墙，内为木构架。迪德学堂面积不大，每层可使用面积约30平方米，是杨家堂唯一的三层建筑。周边上田、泉址等村的部分村民，也将孩子送到杨家堂读书。民国时村里有两位教师，均为外村人，三层就是教师居住空间。迪德学堂于20世纪60年代改作生产队的粮仓，在20世纪80年代改成民居；三层部分因破损而拆除，改为二层建筑。（图11-4）

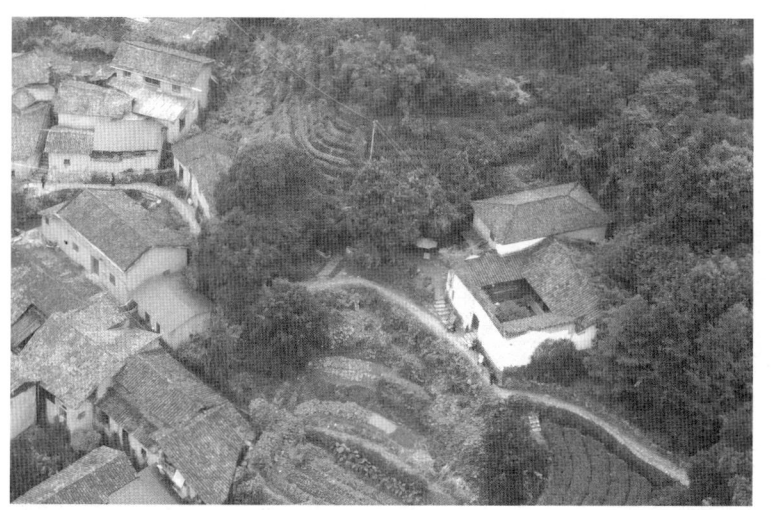

图11-3 迪德学堂（右上）和青云宫（右下）

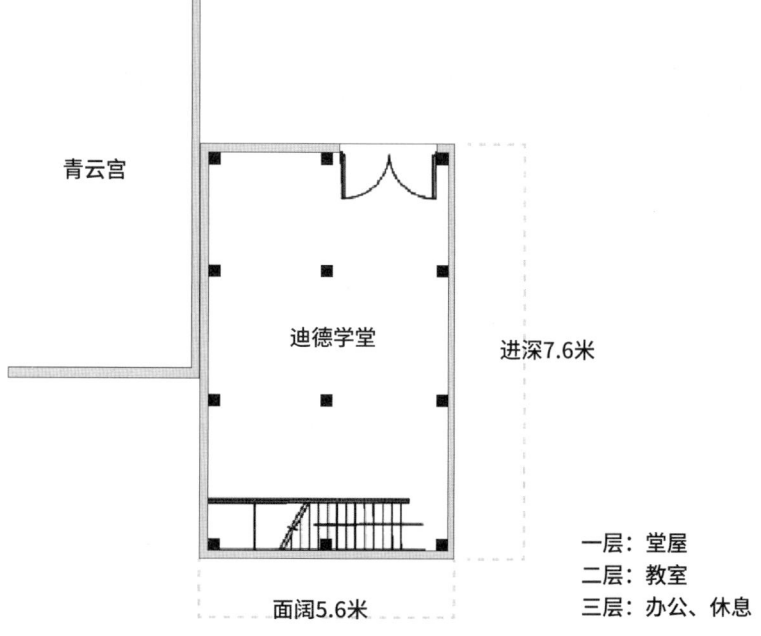

图11-4 迪德学堂平面示意图

11.3 学校变迁

杨家堂的学校经历了几次变迁。第一次是从私塾改为迪德学堂；第二次是从迪德学堂迁到泉址村；第三次是迁回杨家堂，将青云宫改造为新的小学；第四次是建设新的杨家堂小学。2010 年前后，杨家堂小学停办。

私塾及迪德学堂的兴办如前所述。20 世纪 60 年代，泉址、上田、杨家堂的学生要合到一处上课，于是将泉址村宋氏宗祠作为共用的学校。此时迪德学堂被改为生产队粮仓。泉址村宋氏祠堂祭祀祖先的功能取消，后厅作为教室，两侧厢房为办公室，教师们住在农户家中。

20 世纪 70 年代，青云宫被改造为新的杨家堂小学。杨家堂的学生再次回到本村上课。因老学堂已破损，不堪使用，村民便将废弃的青云宫清理出来，作为新学校。这个时期，仅杨家堂本村的学生在此上课，教师数量也减少到只有一名。正房作为教室，两侧厢房用于教师办公和居住。建设之初的第一位教师是来自呈回村的汤姓男教师，大约出生于 20 世纪 30 年代，曾在青云宫的外墙上写下"遂昌县三都乡杨家堂小学"十一个大字。汤老师在杨家堂教书三年后，调往县城的小学，而后换了第二位教师。因青云宫距离村落有一定距离，新来的教师害怕独居于此，于是选择去农户家居住。如今，青云宫的梁架上仍书写有诗词，门口院墙上也依稀可见"遂昌县三都……"的大字。（图 11-5）

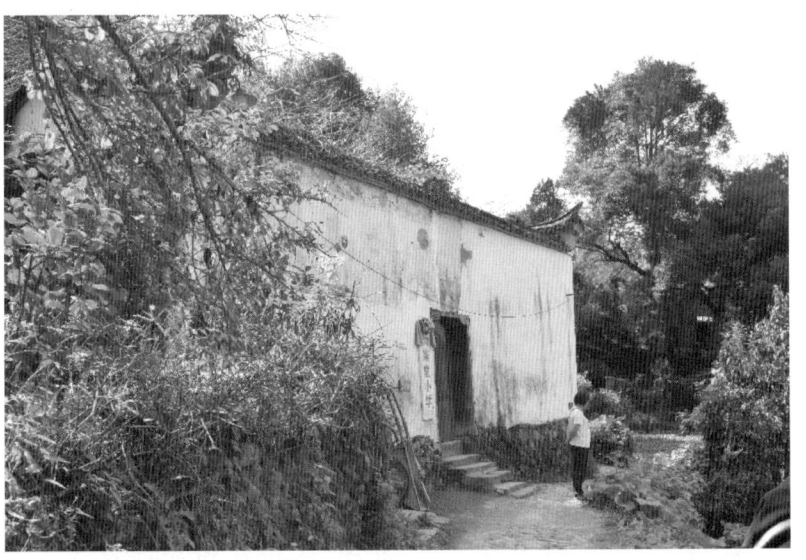

图 11-5 青云宫外墙依稀可见"遂昌县三都"字样

1980 年前后，随着杨家堂村内经济改善，村民们决定砍掉村委会北侧的一批松树和樟树，在这里建起了新的小学。砍伐的树木被卖到林业站，所获资金用于

兴建学校。新学校的建筑平面为一字形，通面阔21米，进深8米。西侧一间为教师办公居住，东侧分为两间教室，依然保留了版筑土墙和木构架的做法。2010年前后，杨家堂小学停办，原址改造为村礼堂。（图11-6、图11-7）

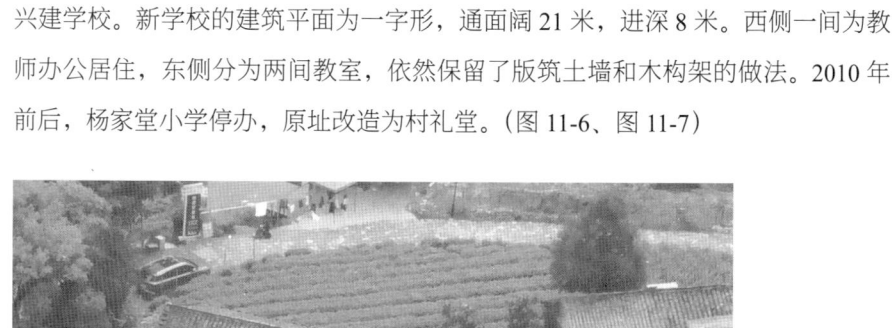

图 11-6　新小学建设在村委会北侧

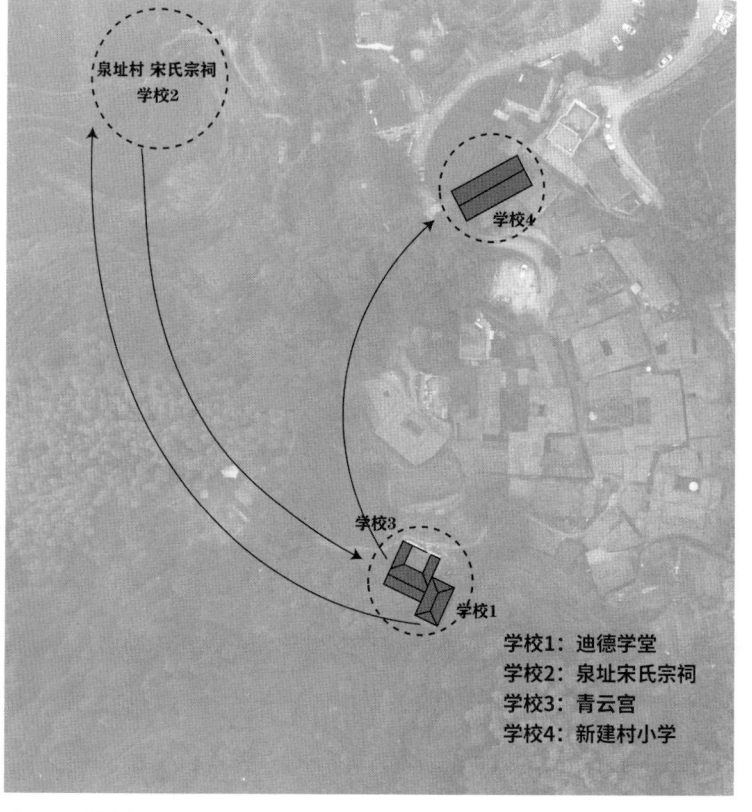

图 11-7　学校变迁示意图

文教建筑伴随着杨家堂教育事业的兴盛与衰落。杨家堂的教育事业大约开始于 18 世纪中后期，在民国时期达到顶峰。如今随着小学的停办，村里的孩子们需要去上田村或者县城的学校上学。

11.4 晒谷场和牛棚

松阳自古有"处州粮仓"之称，是浙西南地区重要的农业生产地，村民对农业生产十分重视。山地村用地紧张，房屋建设密集，村民在建设村庄时，会将相对平坦的土地留作耕地。杨家堂村的东侧山上和西侧山下各有一块坡度较缓的土地，被村民们开辟为梯田，种植水稻。围绕梯田稻作，杨家堂村还有一处牛棚和三处晒谷场。它们和水系一起，共同形成了农业生产空间。（图 11-8）

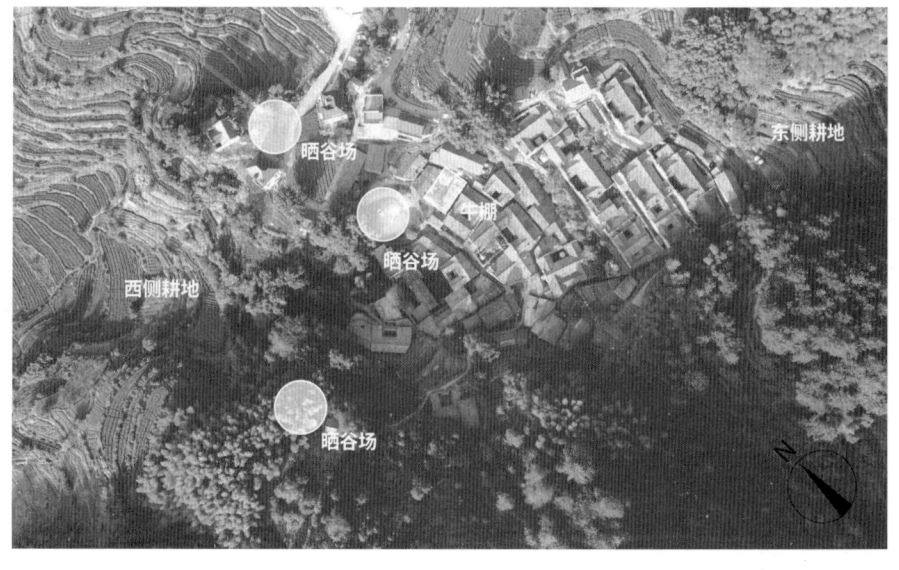

图 11-8 牛棚和晒谷场的分布

晒谷是水稻加工的必要环节。杨家堂村民在村落内外留出三块面积 300~500 平方米的平地，作为晒谷场。第一块位于杨家堂对面山的树林之中；第二块位于祠堂西侧，是进入村口后的小广场（即宋伯玉墓前空地）；第三块位于村西北侧，靠近五龙社殿。这三处晒谷场在秋收后用于晒谷，平时也可作为村民休息娱乐的室外公共空间。（图 11-9）

杨家堂旧时家家都养猪，并建有猪栏。养猪所需空间不大，因此猪栏一般建在自家房屋旁边，作为民居的附属用房。猪栏一层用于养猪，二层作为堆放稻草等杂物的仓库。

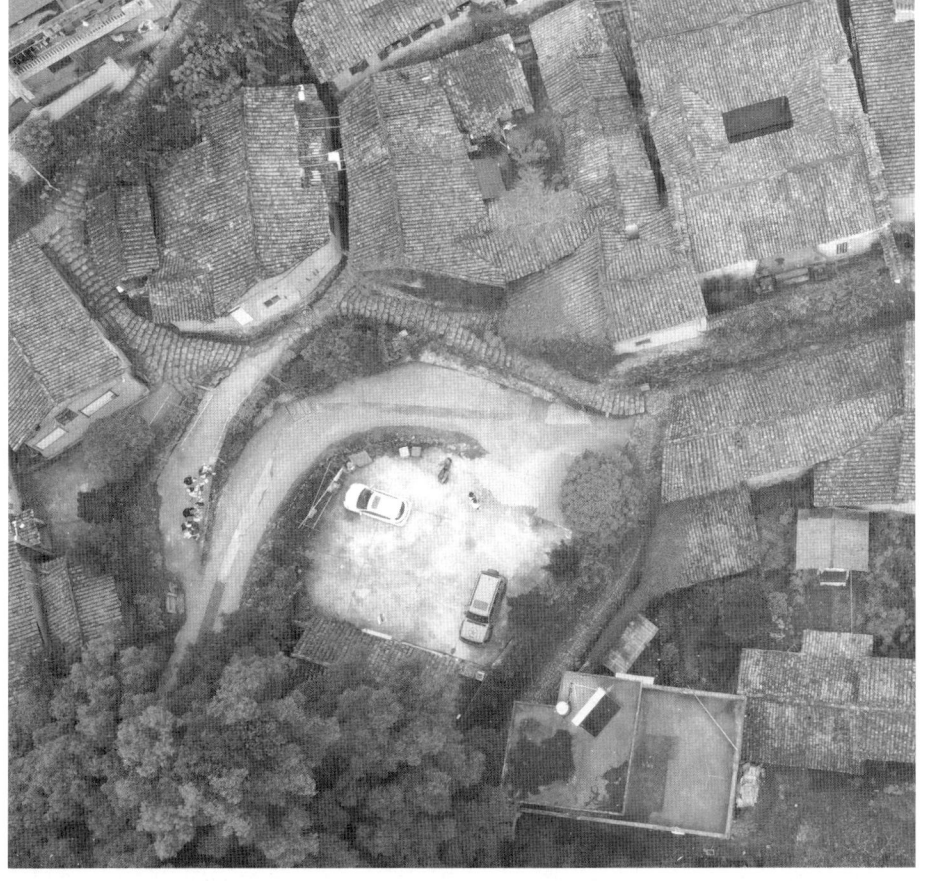

图 11-9　村口的晒谷场（宋伯玉墓位于左侧路边）

　　杨家堂村内还有一处公共牛棚，位于宋氏祠堂的西北侧，靠近村北侧的新村口（即 1、2 号古樟树之处）。（图 11-10、图 11-11）村里所有的牛都养在这里。牛棚的建造时间不晚于 20 世纪 20 年代，一直使用到 2010 年前后，因村内不再养牛而废弃。牛棚从外观上与普通民居相似，都是版筑夯土墙搭配青瓦双坡屋顶。牛棚共有 9 间，最多可养 9 头牛。9 间牛棚和周围的民居围合成类似四合院的空间布局，每间牛棚的入口都朝向中间的院落，向外不开窗，保持整面的夯土墙。附近的半岭村，同样在村内有专门的牛棚，位于村子最南侧，面宽 5 间。

　　和附属于民居的猪栏不同，牛棚是独立建造的。牛要下农田劳动，村民牵牛从村里走到田里。选择在靠近北侧村口的位置修建牛棚，既方便了下田耕地（从北侧村口出去，有路直接通往山上和山下的农田），也避免牛在村里走动，保持了村内道路的清洁。此外，牛通常是多家人共同出资养的，可以看作"共有财产"。比起放在某一家的房屋旁边，独立建设公共牛棚更便于管理。

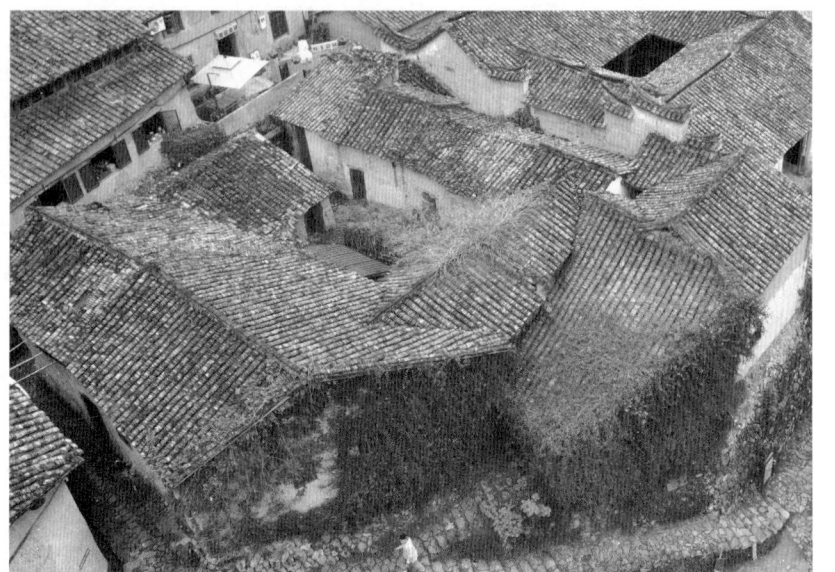

图 11-10 杨家堂牛棚

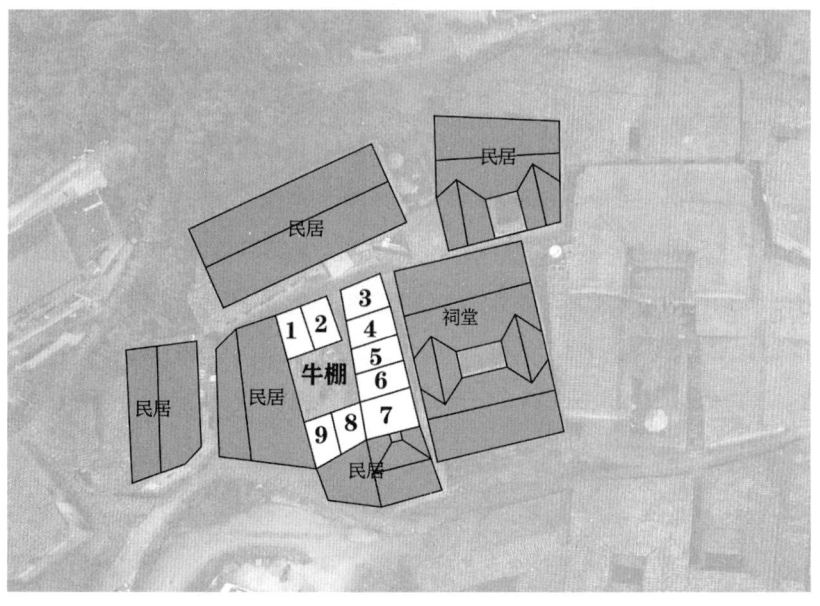

图 11-11 杨家堂牛棚平面示意图

本章通过对文教建筑、教育传统及农业公共空间的梳理，展现出杨家堂村在资源有限条件下对文化与生产的独特经营，以及这些空间所承载的社会功能与文化记忆。其特点可概括为以下三方面：

其一，教育传统与文教建筑的矛盾共生。杨家堂村素有重视教育的传统，族

谱记载的秀才与大学生数量彰显其文化积淀。然而，文教建筑却相对匮乏，仅存迪德学堂及零星私塾痕迹。这一矛盾源于多重因素：首先，村中秀才多通过捐纳获得功名，实际文化底蕴不足，因此象征文运的文峰塔、文昌阁等建筑缺失；其次，村落形成较晚且规模有限，经济实力难以支撑大规模文教设施建设。尽管如此，宋氏宗族自清中期起便"延师设教"，通过宗祠或民居私塾培育人才，宋国礼等代表人物更以个人影响力推动村内读书风气。私塾教育虽显粗粝，却为科举转型后的新式教育奠定了基础。迪德学堂的建立，标志着杨家堂教育从传统向现代的跨越。这种从家族私塾到公共学堂的演变，既是时代浪潮的产物，也是村民对教育延续性的主动求索。

其二，公共空间的实用性与文化象征。除文教建筑外，杨家堂的公共空间紧密服务于农业生产。晒谷场与牛棚的设计体现了山地村落在有限资源下的智慧。三处晒谷场分布于村口、祠堂西侧及五龙社殿附近，既满足秋收晾晒需求，又成为村民日常社交的场所；公共牛棚选址村北入口，便于耕牛进出农田，且以独立夯土院落集中管理，避免干扰村内环境。这些空间不仅是生产工具，更是集体生活的纽带。牛棚的共有属性与晒谷场的多功能性，折射出村民对资源共享与协作的重视。

其三，现代化冲击下的兴衰与记忆留存。杨家堂的教育与农业空间历经多次变迁，映射出社会变革的深刻影响。从私塾到迪德学堂，再到泉址宗祠小学、青云宫改造校舍，直至现代村小停办，教育场所的迁移既是资源整合的结果，也反映了人口流动与城乡差距的加剧。与此类似，牛棚因农业机械化而废弃，晒谷场随粮食加工技术进步逐渐闲置，传统农业生产空间的功能日渐式微。然而，这些空间的物质消逝并未抹去其文化意义，它们依然是村民追溯历史、凝聚认同的载体。

第 12 章
舞龙兴衰

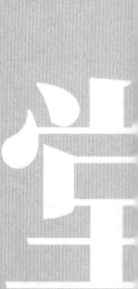

舞龙也称为舞龙灯，发源于民间社会对龙的崇拜，是中国传统民俗活动。松阳舞龙富于地域特色，通常在农历新年期间，在正月初八至十五的每天晚上举行，持续近十天。从县城到山区各村，各村舞龙队走村串巷，是当地最盛大的民俗活动。

杨家堂舞龙有一百多年的历史，具有参与度高、涉及人群广、持续时间长的特点。舞龙活动对杨家堂村内交流和外村联络都起到了重要的作用。

12.1 村落民俗

传统村落是小型社会系统。以生活圈的视角研究民俗活动，有助于我们更全面地认识传统村落。民俗活动的公共性，对村落发展有着重要作用。小范围的民俗活动，能将小群体的人联系起来。诸如节庆、庙会等大型民俗活动，则可以连接起大范围的人群。传统村落的民俗活动很丰富，它们是文化传承的重要展现形式，对传统文化的传承至关重要。

传统村落中的建筑与民俗活动，在很多时候是相互依存的。有的建筑是民俗活动的承载空间，民俗活动又可能在文化与精神的层面影响建筑的空间形式、结构体系乃至装饰艺术。

杨家堂的民俗活动有多种表现形式。最小范围的是家庭之间的交往，包括喜事、丧事及建房。村里有人结婚，各家都会帮忙接亲或送亲。丧事同理，各家都会派人来分担葬礼事务。松阳的民居都由版筑夯土墙建成，夯土墙的夯筑一般不需要请专门的工匠，而是请村里各家男性来帮忙。房屋建设也成为村民齐心协力、团结互助的重要活动。范围较大的，是部分人群的集体活动。按照性别划分，男性群体每年三次在祠堂聚餐；女性群体则是正月十四在五龙社殿设宴，共办"十四夫人会"。范围再大的，是宗族活动，如房派祭祖以及宋氏家族祭祖。范围最大的，是全村人共同参与的集体活动，如不同时节的大型庙会和新年的舞龙。（表 12-1）

表 **12-1** 杨家堂民俗活动列表

类型	活动	时间	参与人	地点	具体事项
家庭之间交往活动	结婚	—	全村	自家堂屋	接亲或送亲、办宴席
	会亲[1]	—	全村	自家堂屋	办宴席
	丧事	—	全村	香火堂	下葬、办宴席
	建房	—	全村男性	自家	全村男性帮忙建房

---

1 孩子出生以后，娘家首先要来送礼。为省去婆家的麻烦，往往选择一个好日子，聚集一起前往送生母，俗称会亲。

续表

类型	活动	时间	参与人	地点	具体事项
部分群体交往活动	祠堂聚餐	春、夏、秋各一次	宋氏每家一名男性	宋氏宗祠	宋氏部分男性聚餐
	十四夫人会	正月十四	全村女性	五龙社殿	全村女性聚餐
宋氏家族交往活动	房派祭祖	正月初一、清明节、中元节	宋氏房派	香火堂	摆贡品祭祖
	家族祭祖	正月初一	全村宋氏	宋氏宗祠	摆贡品祭祖
	添新丁	正月初一	全村宋氏	宋氏宗祠	放鞭炮、摆贡品
全村村民交往活动	舞龙	正月初八至正月十六	全村	杨家堂以及周边村	在村落内舞龙
	新年拜神	除夕、正月初一	全村	杨家堂各庙宇	去五龙社拜、四相公庙、鹿龄寨殿拜神
	求雨拜神	六月初六	全村	鹿龄寨殿	去鹿龄寨殿求雨拜神

12.2　重启舞龙

杨家堂的舞龙活动经历了"两兴两落"的过程。根据族谱记载,宋氏十六世宋国刚(1828—1890)"倡立灯祭"[1]。这是杨家堂舞龙灯的起始,推测是在 1860 年左右。19 世纪 60 年代,杨家堂人口持续增加,青壮年男性的人数足以支撑起一支舞龙队。杨家堂舞龙队不但在本村表演,还到访周边村落,在三都乡是名头颇为响亮的一支舞龙队。二十世纪五六十年代,随着"大跃进""破四旧"等运动的出现,包括杨家堂在内的松阳县所有舞龙活动都中断了。

1978 年后,松阳农村的生活条件有所好转,重启舞龙的经济基础已具备,此时人们也迫切需要一些娱乐活动,来调节农业生产的辛苦和乏味。三都乡的淡竹村率先重启了舞龙活动,并且来到杨家堂舞龙。在村支书及几位长辈的发动下,杨家堂村民也打算重新开始舞龙。但时隔多年,舞龙技艺早已失传。一位名叫宋发基的村民,从竹源乡的亲家那里学会了舞龙技艺,并传授给村里其他人。杨家堂村的舞龙队就此重新开张,并再次走向兴盛。2010 年前后,杨家堂能参与舞龙的青壮年男性数量减少,舞龙活动再次停止。

重新开始的杨家堂舞龙,除了在杨家堂本村外,所去到的村子都在 3 千米的距离之内。最远的松庄村,距离正好是 3 千米。县城距离杨家堂约 8 千米,走路约 2 小时才能到,因此杨家堂舞龙队基本不去县城。在老支书宋明重的记忆里,杨家堂从 1978 年之后重新开始舞龙,只去过一次县城。(图 12-1)

1　详见附录《国刚公传》。

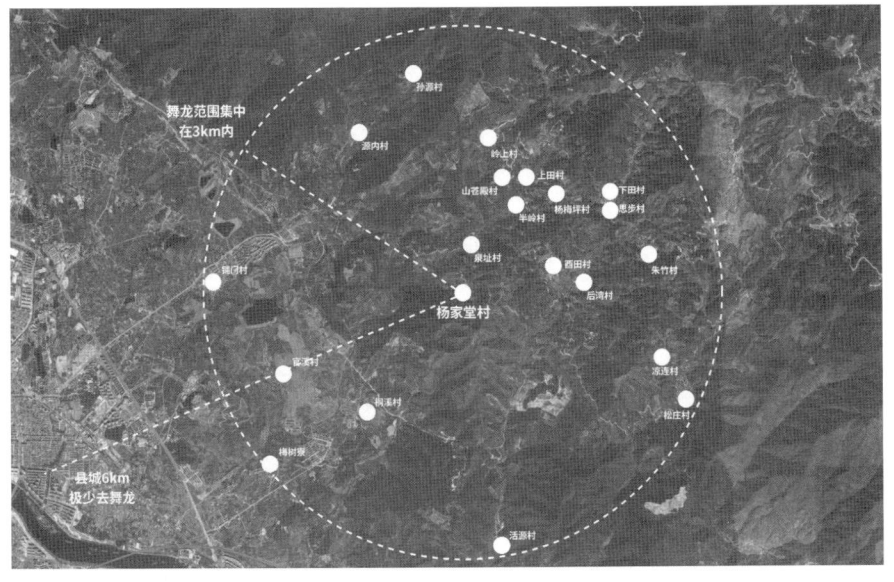

图 12-1 杨家堂舞龙范围

　　杨家堂选择去舞龙的村，有四个考虑因素。第一点是距离近，去舞龙需要步行抬龙到对方村，太远的村就无法前往。比如呈回村，虽然血缘关系近，但距离较远、交通不便，并不在杨家堂舞龙队的活动范围内。第二点是关系亲近，对方村和杨家堂某家有姻亲或者血缘关系，两个村互相沟通确认后，杨家堂便可以向对方村"发龙贴"。如果没有亲戚关系，两村联系少、关系比较一般，就很难在对方村开展舞龙活动。第三点是对方村有意愿接受杨家堂舞龙队。一般情况下，舞龙是喜事，只要发了龙贴，对方都会接受。在少数情况下，比如某个村当年经济十分困难，无法给舞龙队发红包，才会拒绝舞龙队。第四点是不重复，要选择没有舞龙队的村，且其他舞龙队没去过。因为村民财力有限，多数村民无法负担两份红包，每个村落每年只负担得起酬谢一支舞龙队的费用。在这种情况下，三都乡的几支舞龙队形成了一份约定俗成的规矩，即一支舞龙队去同一个村落要隔两年，在第三年的时候才会去"回龙"。这样的规矩避免了不同舞龙队之间的冲突，让不同的舞龙队可以交错前往不同的村落舞龙。

　　舞龙是杨家堂村民参与人数最多的活动。舞龙作为全村集体活动，跨越家族、性别和年龄，所有村民都要为舞龙活动出一份力。一般来说，村里的青壮年男性都会加入舞龙队，从14岁到40岁，只要身体允许都会积极参与；未参与舞龙队的其他男性，也会作为后勤人员。女性、儿童及老人，也会参与板龙的制作，舞龙期间的白天还要帮助修补板龙，以保证舞龙队晚上可以顺利出灯。

　　一支舞龙队，大约需要40名队员。走在最前面的是"接头人"，负责对接去

舞龙的村落，在舞龙期间与对村的"接头人"一起领路，带领舞龙队顺利走完整个村落。如图 12-2 所示，1 号为对方村"接头人"，2 号为本村"接头人"。后面紧接的 3 号成员，手提灯笼，负责在每家取红包，一般是村里有威望、受到大家信任的人。4 号和 5 号两位成员负责举牌灯，一般是 14~18 岁的少年。从 6 号到 9 号，四名成员负责抬龙头，一人抬一角。龙头很重，身强力壮的人才能抬得动。从 10 号到 27 号为龙身（至少 18 节），每节由一人抬，顺序可以根据需要进行调换。28 号到 30 号的三名成员，负责抬龙尾。抬龙尾需要时刻跟紧前面龙身的节奏，也有相当的难度。在到达对方村之前，龙头、龙身、龙尾的成员都可以根据情况互换位置。在龙尾后面，31 号至 35 号则是锣鼓队，负责奏乐。（图 12-2）

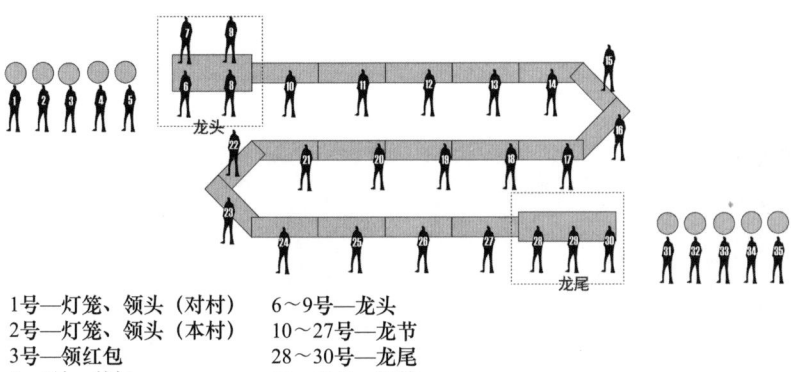

1号—灯笼、领头（对村）　　6~9号—龙头
2号—灯笼、领头（本村）　　10~27号—龙节
3号—领红包　　　　　　　　28~30号—龙尾
4、5号—牌灯　　　　　　　 31~35号—锣鼓

图 12-2　舞龙队的成员

成员数量对舞龙的效果有很大影响。如果有更多的成员参与，则增加龙身长度，理论上龙身可以无限加长，龙身越长则代表舞龙队的实力越强。

舞龙活动是杨家堂一年到头最盛大的活动。舞龙可以展现村落的男丁实力，团结村内各户，同时还是村民赚钱的机会。进入腊月，杨家堂村民便开始制作板龙，同时挑选 20~30 名壮年男性组成舞龙队。舞龙活动从正月初八正式开始，持续九天，到正月十六。每天晚上都会出灯，平均每天去三个村舞龙。

12.3　板龙制作

松阳舞龙有三种。第一种是最常见的板龙，也称为太平龙灯，因龙头、龙尾和龙身的每一节下面都用一块木板作为支撑而得名。杨家堂舞龙队使用的就是板龙。板龙身体大且重，在身体内还放置蜡烛，需要多人抬着向前走。第二种称为滚龙，由多节竹筒通过布带连接而成。滚龙又称篓龙，龙节用竹篾编成篓状，圆筒形，外贴棉纸，彩绘龙身，中间套一木棍执舞，有三五节、七八节不等，灵巧

轻便[1]。滚龙只流行于部分山区。第三种称为布龙或温州龙,是青田和温州移民带来的。松阳仅在县城青田码道有一支温州舞龙队。(图 12-3)

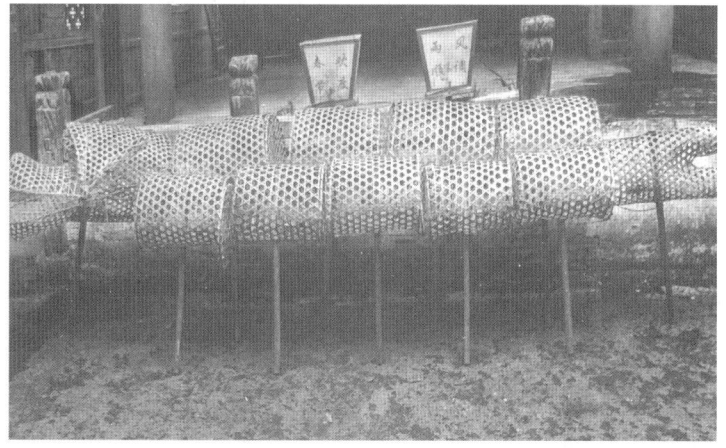

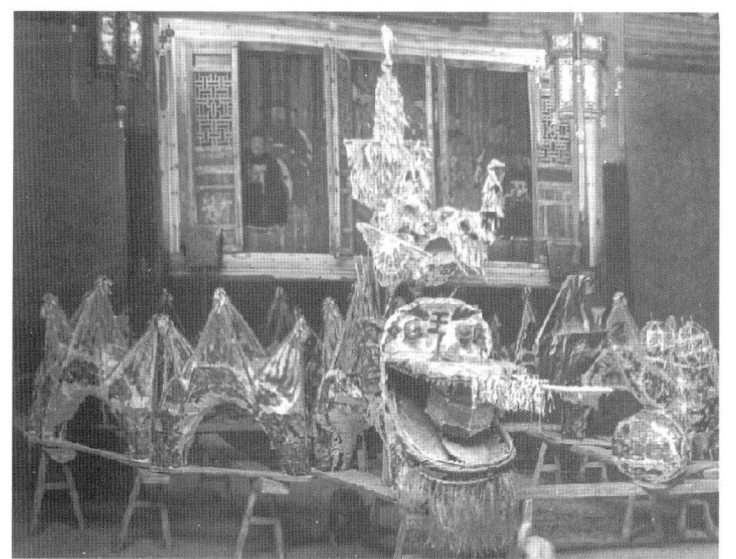

图 12-3　松阳两种舞龙样式:滚龙和板龙[2]

　　板龙包括龙头、龙身、龙尾三个部分,其中龙节在十八节以上。每节都由木板及木棍支撑,并用竹篾扎制骨架,骨架上糊绵纸,最后用剪纸装饰并进行彩绘。木板是重复利用的,一般可以用几十年不必更换;骨架则需要每年重新扎制。开始舞龙的第一年,要制作木板。龙头的木板最大,长约 2 米,宽约 30 厘米,厚约

1　松阳县地方志编纂委员会.松阳县志[M].北京:方志出版社,2020:2730.

2　田园松阳系列丛书编委会.松阳农家器用[M].北京:中国文史出版社.2014:362-363.

10厘米；龙身的每节木板长1米多，两头宽中间窄，两头宽约20厘米；龙尾板长也是1米多，宽约20厘米。龙头、龙身及龙尾的木板下，还需配1米多长的木棍，作为各节之间的连接，也作为舞龙人手持的把手。木板和木棍平日存放在祠堂，每年春节前拿出来使用。（图12-4、图12-5）

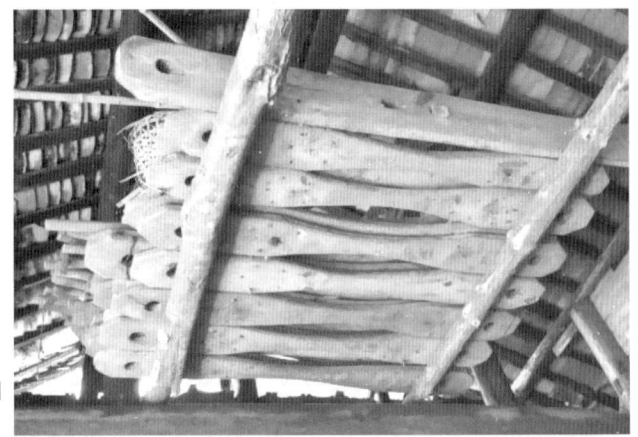

图12-4 板龙龙身的木板（图片来源：松阳县文旅局提供）

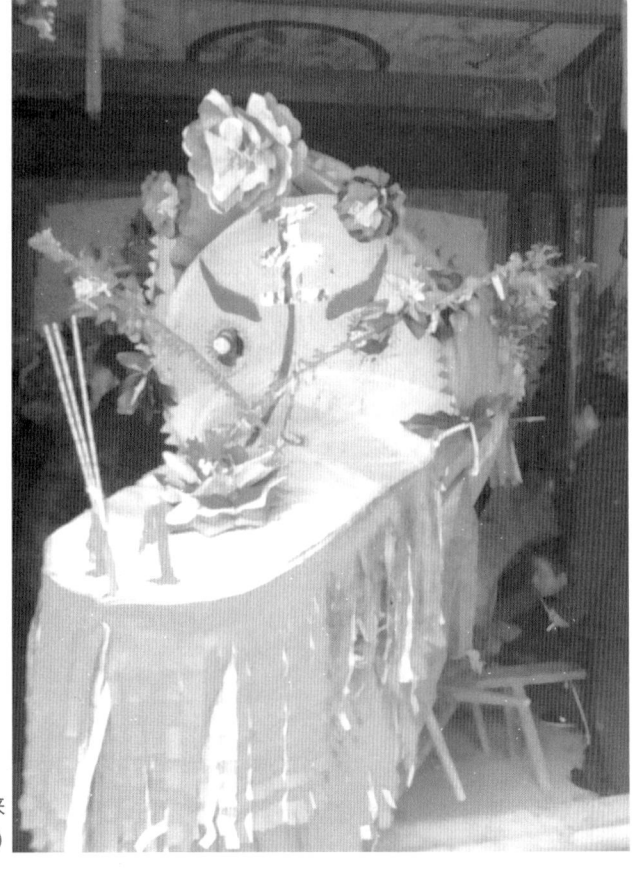

图12-5 板龙龙头（图片来源：松阳县文旅局提供）

板龙的骨架需每年重新制作，相当耗费时间和人力。杨家堂的村民从农历十二月初便开始在宋氏宗祠制作板龙，无论男女老少都会参与。男性村民去村落南面的竹林选取三年以上的毛竹，砍伐运回村里，劈成竹篾，再用竹篾箍出龙身。龙头是板龙最重要的组成部分，最大也最华丽，制作工艺复杂，通常是由专门的工匠来做。杨家堂村的龙头是由从竹源乡学艺回来的宋发基制作的。龙头要做成龙嘴张开状，并做出龙须，在后面还要插上龙旗和一些代表祥瑞的动物，如麒麟、凤凰等，作为装饰。骨架搭好，还需要糊上绵纸。绵纸一般从县城购买。女性村民负责剪纸工作，根据各节的装饰需要，用彩色纸剪出不同图案，贴在绵纸表面。最后由宋发基在龙头、龙身、龙尾各节绘制彩画。为了让龙在夜晚之中亮起来，每次舞龙时要在板龙各个部分放置蜡烛，龙身每节 2 根蜡烛，龙头 4~5 根蜡烛，龙尾 3 根蜡烛。

扎制的板龙是舞龙队的门面，代表了村落的对外形象。当一支舞龙队去外村舞龙时，人们会根据板龙的外观和长度来做评价，还会和其他村的舞龙队进行比较。全村人都会尽力将板龙做得华丽，并尽可能增加龙身节数，来彰显村庄实力。杨家堂村民曾骄傲地谈起，他们的板龙十分华丽，尤其龙头上装饰的麒麟和凤凰十分精致，经常获得其他村子的夸赞。

12.4　出灯和收灯

舞龙活动从正月初八持续到正月十六。正月初八至正月十五，一般每晚都会去三个村子舞龙，正月十六回到杨家堂村舞龙。正月初八是舞龙队开始舞龙的日子，称为出灯，正月十六在本村舞完龙，称为收灯。（图 12-6）

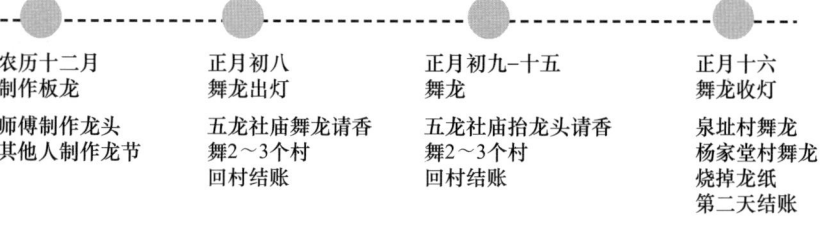

图 **12-6**　舞龙活动流程

舞龙队要去的村子，需要在前一天晚上安排好。每晚 3 个村，由远到近。为了确保对方村可以接受舞龙队，杨家堂要派出"接头人"，提前去做沟通，获得对方村接头人同意后，便挨家挨户发龙帖。本村和对方村的接头人均为男性，一般有亲戚关系，以方便沟通，比如亲家或者连襟。这个阶段要确定舞龙的时间，提

前通知村里各家准备好红包，并规划好在村内舞龙的路线。每个村的接头人都是不同的人，去3个村则有3个接头人。对方村内除个别经济困难或正在服丧的家庭，都会接受龙帖，希望舞龙队为明年带来好运。

杨家堂舞龙队一般在下午四五点钟出发，具体时间根据要去的村子的距离而定，目的是确保在天刚黑的时候到达第一个要舞龙的村。舞龙队出发前，要先去五龙社殿祈求舞龙活动平安顺利。在正月初八出灯当天，舞龙队进入五龙社殿内，绕柱一圈，意味着向社神致敬，之后的每天仅将龙头抬进社殿即可。每次拜完社殿，负责举牌灯的人要从社庙请香，并且将香带上。舞龙队从杨家堂出发，步行去到舞龙的村落。每人都要抬着自己负责的部分，举牌灯的人要点上蜡烛，给全队照路。为节省蜡烛，龙头、龙身和龙尾在到达目的地之前才点上蜡烛。一般在一个村舞龙一圈，放置在板龙内的蜡烛刚好用完。

到达一个村后，舞龙有三个步骤（图12-7）。第一步是到社庙舞龙。在两位"接头人"的带领下，舞龙队先去村里的社庙，进到社庙内舞龙，同时举灯牌的人负责把带来的香插在社庙的香炉中，寓意"到村平安，舞龙顺利"。部分村的社庙小，庙内施展不开，则在社庙门外舞龙。

第二步是到民居舞龙。社庙舞龙后，接头人带领舞龙队走到村落的最上头，或为地势高处，或为水系上游。从上到下，舞龙队要进入所有收了龙帖的家庭，挨家挨户舞龙。每家都会在堂屋的桌子摆上红包、蜡烛和香烟，红包大小根据自家经济状况确定。有的家庭经济条件好，希望舞龙队在自家多舞一阵，就会给一个大红包。

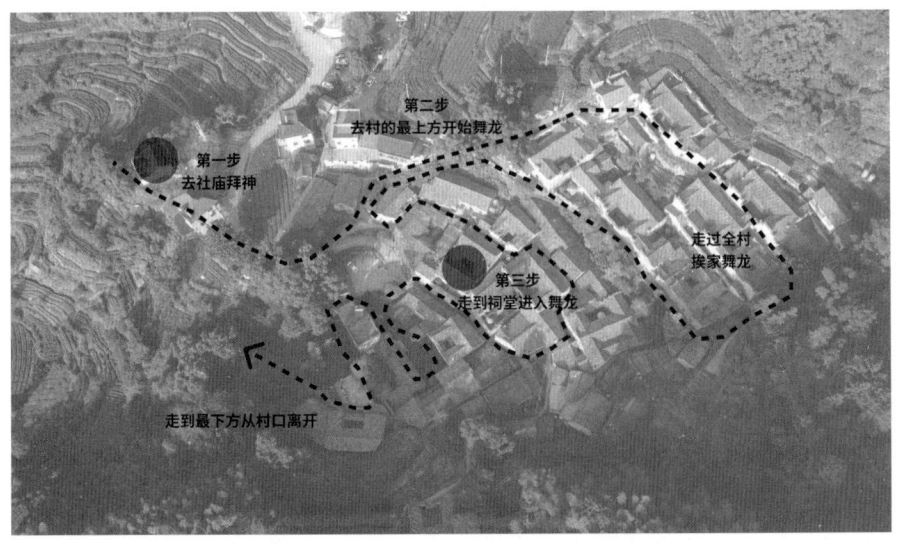

图12-7　舞龙队在村内的路线（以杨家堂村为例）

民居的面积大，舞龙的时间也更长。如果是一字形民居，会在房间堂屋绕一圈，进屋往右侧绕，从左侧走出房屋。如果是合院型民居，要在院子里绕一圈。如果合院有独立的柱子，还要绕着每根柱子走一圈。如果某家人给的红包大，在舞龙队走完第一圈后领头人会说"请回龙"，舞龙队就会在这家多绕一圈。有的房屋面积过小，就在家门口舞龙，期间将龙头探进屋内。舞龙的过程中，家庭成员都会在旁边观看。

第三步是到祠堂舞龙。舞龙队在从上到下绕村的过程中，如经过祠堂便会进入祠堂舞龙。每个村的祠堂一般是村里规格最高的建筑，且内部柱子多，因此祠堂舞龙是整个舞龙活动中最重要、也最耗时的环节，全村人都会来祠堂观看。进入祠堂，板龙要绕到后厅最右侧的柱子，然后向左、向外逐根绕行，直到走出祠堂。走出祠堂后，村里人会放鞭炮，意味着送龙。之后，舞龙队继续挨家挨户舞龙，直至走出村口离开。每个村的舞龙流程基本相同。舞龙队舞完一个村后，便要赶往下一个村。三个村都舞完，回到杨家堂已经是下半夜。

舞龙队收到的红包和物品，由领头人安排分配。红包里的现金，70% 平分给舞龙队成员，30% 留作舞龙队公产。香烟由所有舞龙队成员平分，蜡烛则留给下次舞龙使用。

杨家堂村的舞龙活动作为中国传统民俗的缩影，不仅承载着对龙的古老崇拜，更在历史变迁中成为村落社会维系与发展的纽带。舞龙活动的兴衰历程、组织结构与文化功能，深刻反映了乡土社会的运行逻辑与传统文化的韧性。其特点可概括为以下四方面：

其一，历史脉络与兴衰动因。舞龙在杨家堂的百年历史中呈现出"两兴两落"的波动轨迹。首次兴盛于 19 世纪中叶，因人口增长与社区活力而蓬勃发展；然而 20 世纪中叶的政治运动导致其被迫中断。改革开放后，经济复苏与村民精神需求催生了舞龙的重启，宋发基等关键人物的技艺传承使其再现辉煌。然而，青壮年外流与人口老龄化使舞龙在 2010 年前后再度式微。这一兴衰历程揭示出传统民俗对人口结构、经济基础与社会环境的深刻依赖。

其二，村落社会的整合器。舞龙活动是杨家堂村"跨越家庭、性别与年龄"的集体行动。从制作板龙到出灯巡游，村民分工明确：男性承担体力劳动，女性参与剪纸装饰，老人与儿童协助后勤。这种协作不仅强化了村落内部凝聚力，还通过"发龙帖""回龙"等仪式，构建了以三都乡为中心的村落网络。舞龙队的经济收益（红包分配）与社交功能（姻亲联络），使其成为兼具实用性与象征性的社

会工程。

其三，文化象征与信仰融合。舞龙活动巧妙整合了祖先崇拜与神灵信仰。宋氏宗祠因舞龙绕柱的仪式成为活动核心空间，而五龙社殿的祭拜则保留了社神信仰的权威。这种"祠堂—社庙"的双重空间实践，体现了乡土社会对传统信仰的灵活调适。此外，板龙的华丽装饰（如麒麟、凤凰）与蜡烛照明，既彰显村落实力，也寄托了驱邪纳福的集体愿景。

其四，现代挑战与文化韧性。舞龙活动的式微折射出传统村落面临的普遍问题：青壮年流失、仪式空间萎缩、文化认同淡化。然而，其历史上数次复兴证明，只要存在社区需求与文化自觉，传统民俗仍能焕发生机。今日的舞龙不仅是文化遗产的展演，更可成为乡村振兴与文旅融合的切入点。

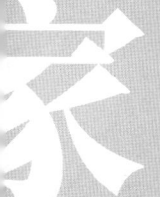

第 13 章

邻村比较

本章将杨家堂和周边邻村进行对比分析，揭示它们在村落格局和建筑形式上的相似性与差异性；同时选取后湾村和半岭村为典型代表，通过分析其村落格局、建筑形式和文化内涵，进一步探讨其与杨家堂村的异同。

13.1　对比分析

从地理区位上看，以杨家堂为中心的 3 千米范围内有 20 个自然村。其中泉址、酉田、半岭、后湾、桐溪这几个村跟杨家堂的距离最近，相互之间沟通较频繁，村民的关系也比较紧密。（表 13-1）

表 **13-1**　杨家堂的距离 **3** 千米内的邻村

村落名称（自然村）	直线距离 / 千米	在杨家堂的方位
泉址村	0.7	北
酉田村	1.2	东
半岭村	1.3	东北
后湾村	1.5	东
山苍殿村	1.6	北
上田村	1.7	东北
杨梅坪村	1.7	东北
桐溪村	2.0	西南
岭上村	2.0	北
下田村	2.1	东北
思步村	2.1	东北
源内村	2.3	西北
朱竹村	2.4	东
官溪村	2.4	西南
凉连村	2.7	东南
孙源村	2.8	西北
松庄村	3.0	东南
铺门村	3.0	西
梅树寮	3.0	西南
活源村	3.0	南

杨家堂位于三都乡的一处山坳之中，建设区内最大高差有 30 米，建筑总数有 35 幢。杨家堂周边村落也都是山地村，村落内地形也大多有较为明显的高差。其

中村落规模较大的酉田村，建设区的高差达到了 34 米。杨梅坪村建设区高差有 26 米。部分村落选址于地势较平的区域，例如泉址村和后湾村，临近溪流，虽处于山坳，但建设区的高差较小；再如山苍殿村，建造在山顶，地形较为平坦，全村几乎没有高差。

这些村落的规模有差异。规模最大的后湾村，是宋氏和吴氏两个家族共同居住的双姓村落，建筑数量达到了 60 幢。规模最小的是山苍殿村，为上田村在山顶建造山苍殿后分迁出来的村落，建筑数量仅 14 幢。

与杨家堂相比，周边村落的合院建筑普遍数量较少、占比较低。杨家堂的规模中等，但合院民居的数量最多，占比更是达到了 57%。其他村落合院建筑占比均未超过 30%，合院民居的密度远低于杨家堂。合院建筑占比较多的后湾村、朱竹村和酉田村，也只有 20% 多，仍明显低于杨家堂；山苍殿村则未建造合院型民居。

杨家堂的周边村落也大多有宗祠。其中后湾村因居住着两大家族，有吴氏和宋氏两个宗祠。半岭村曾经建有宋氏宗祠，近年倒塌，未重建。山苍殿村因人口较少，没有建造过宗祠。有独立学堂建筑的村落较少，除了杨家堂的迪德学堂，仅酉田村曾在民国时期建设过五心小学。（表 13-2）

表 13-2　杨家堂与部分周边邻村对比

村落名称	最大高差	建筑数量	民居建筑	公共建筑[1]
杨家堂村	30 米	35 幢	27 幢，合院 15 幢（占比 56%）	宋氏宗祠、五龙社殿、青云宫、鹿龄寨殿、迪德学堂
泉址村	8 米	28 幢	26 幢，合院 3 幢（占比 12%）	宋氏宗祠、众济堂
酉田村	34 米	44 幢	40 幢，合院 9 幢（占比 23%）	叶氏宗祠、社庙、五心小学
半岭村	12 米	22 幢	22 幢，合院 3 幢（占比 14%）	曾经有宋氏宗祠
后湾村	8 米	60 幢	54 幢，合院 13 幢（占比 24%）	宋氏宗祠、吴氏宗祠、白衣丞相殿、社庙、白鹤五侯殿
山苍殿村	2 米	14 幢	13 幢，合院 0 幢（占比 0%）	山苍殿
上田村	18 米	23 幢	20 幢，合院 4 幢（占比 20%）	宋氏宗祠、进益社
杨梅坪村	26 米	48 幢	47 幢，合院 6 幢（占比 13%）	李氏宗祠
朱竹村	15 米	33 幢	31 幢，合院 8 幢（占比 26%）	宋氏宗祠、三官庙

13.2　邻村交往

在汽车普及前，由于地形和道路条件所限，杨家堂的村民们徒步可抵达的村

1　此处未统计牛棚，也不统计 1949 年以后新建的村委会。

落不多，与外界的联系也相对较少。村民从杨家堂步行去邻村，向山上方向走，到半岭村要 20 分钟，到酉田村要 30 分钟，到后湾村则要 40 分钟；向山下方向走，到最近的泉址村要 15 分钟，到桐溪村要 40 分钟，走到县城要两个小时。杨家堂村民去邻村，或是因为农业生产需要，如碾米或者榨山茶籽油曾经要去泉址村的作坊；或是因为一些特殊事件，如参加邻近泉址、半岭等村的红白喜事，以及建村初期回呈回村参加宋氏宗祠祭祖。

杨家堂距离县城约 8 千米，村民去县城以赶集为主。西屏镇农历日期每逢一和六开集，杨家堂村民的部分日常生活用品需要在集市购买，如食盐、布匹等。锄头、镰刀等农具也需要去县城的打铁铺购买。秋收之后，村民也会去集市售卖自家的农产品。

姻亲关系让杨家堂村民和更远的村落产生沟通。三都乡的思步村、呈回村、紫草村和更远的溪靖居包村、竹源乡等，都和杨家堂有姻亲关系。杨家堂的姑娘也有嫁到县城的情况，但很少有县城的妇女嫁过来。[1] 据老支书宋明重回忆，曾经有一家人娶了呈回村的女子，杨家堂男方去女方家接亲。凌晨三点出发，带上猪肉、鸡蛋、香烟以及年糕等礼品；走到紫草村，天才蒙蒙亮；早上八点左右走到呈回村；接上新娘，回到杨家堂已经是晚上。[2]

13.3　后湾村

后湾村位于杨家堂村东面，直线距离杨家堂约 1.5 千米，距离县城西屏镇约 9 千米。村落建设在三都乡中部的山坳之中，海拔 496 米，村庄三面环山，北侧山名为山亩头，西侧山名为舍屋山，东南侧为大殿尖和上山后。后湾村的村域面积为 3 平方千米，村庄占地为 45 亩（约 3 公顷）。全村耕地 221 亩（约 14.7 公顷），山林 1143 亩（约 76.2 公顷）。村内有宽约 5 米的溪流穿过，从村北流入，从村南流出，水量常年丰沛。后湾村的农业比较好，得益于丰富的水源。（图 13-1~图 13-3）

1　杨家堂板业处于兴盛时期的清中期至清末，有县城妇女嫁到杨家堂的情况。比如清光绪十一年（1885）生蔡毓贤撰《企璜之妻许氏节孝传》载："城西有女，字曰琴声，庠生为榜许君之女宾，适于宋而配为企璜之妻也。"又如族谱卷五"宋起海"条载："娶城东国学生刘永明公女，名珠精。"

2　杨家堂到呈回村，现在的公路距离是 20 千米，直线距离是 6 千米，古代走山路大约是 10 千米。

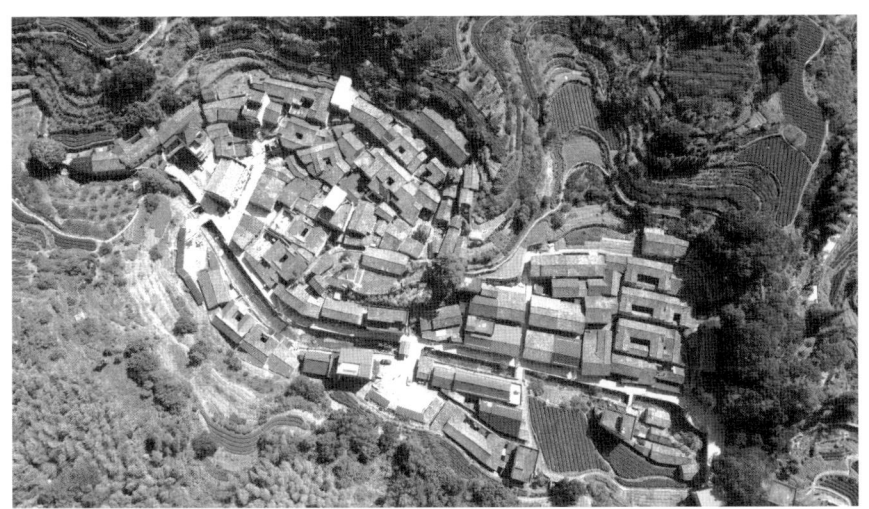

图 13-1　后湾村鸟瞰

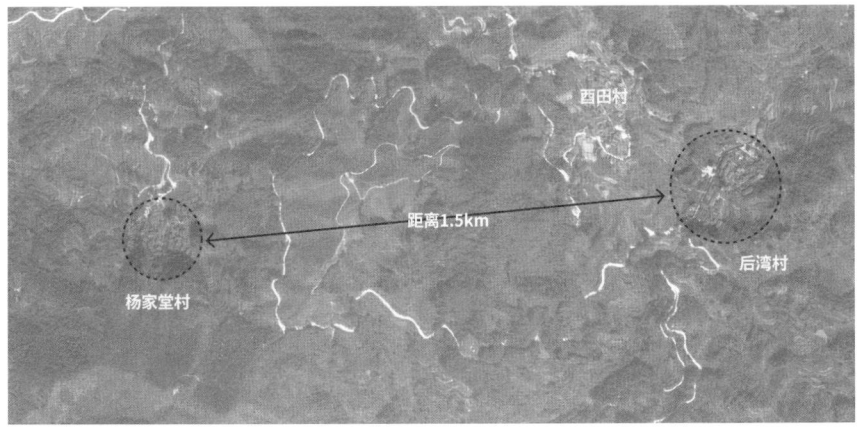

图 13-2　后湾村与杨家堂的区位关系

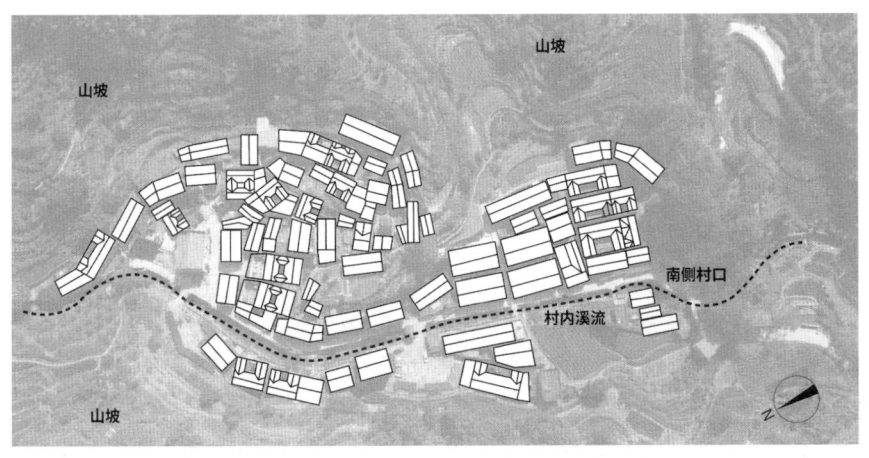

图 13-3　后湾村村落格局

后湾村有吴姓和宋姓两个家族。《后湾宋氏宗谱》记载，始迁祖宋浩大约在1400年从浦江县来到后湾村，"见其群峰抱护，绿水环绕，遂卜居于斯焉"。吴姓始迁祖吴宗哲，在明宣德年间（1426—1435）自衡山迁入后湾。自此两大家族共同居住，各占后湾村人口的一半左右。截至2021年，后湾村全村户籍人口365人，常住人口约200人。

后湾村和呈回村是宋氏早期迁入松阳定居的两个村。两村的族谱都将宋濂奉为祖先，并将后湾村始迁祖宋浩和呈回村始迁祖宋韬记载为亲兄弟。杨家堂和后湾村相距较近。两村关系密切，村民逢红白喜事或节日活动，都有往来。

后湾村位于四座山包围的山坞之中。建设区的地势较为平坦，北侧略高，南侧与北侧高差约10米，坡度较缓，并未形成高低错落的立体面貌。

村落四周山林繁茂，多樟树、苦槠及松树。据村民回忆，南侧村口曾有一棵数百年的古樟树，于20世纪50年代倒塌。村落周围的部分山坡被改造为梯田，在2010年茶叶种植兴起之前，以种植水稻为主。

后湾村最大的特点是依山傍水。群山界定了后湾村的边界，村民在溪流和山林之间建房。溪流从北侧山上流下，贯穿全村。村落西侧紧靠山坡，房屋很少；东侧的地势较为平坦，为主要建设区。村南有古桥一座，沟通溪流两岸，建于民国时期，名为后新桥，宽约2米，长约5米，由条石铺砌形成。

自然条件上，后湾村和杨家堂的共同点是均处于山坞，区别在于后湾村的建设区域坡度较缓，且村内有丰沛溪流。杨家堂的村落格局主要受到山坡的制约，而溪流则对后湾村的村落格局有更大影响。后湾村以溪流为核心，村内主路沿着溪流南北向布置，建筑沿溪流和道路依次展开，建筑之间形成若干条东西向的小巷，道路呈鱼骨状。

村落规模上，后湾村比杨家堂大。后湾村两大家族聚居，建村时间较早，人口更多，建筑数量也更多。民居以一字形为主，三合院仅13幢。三合院散布于村内各处，并未形成集中的大宅建设区。公共建筑包括2幢宗祠和4幢庙宇。吴姓、宋姓各自建有宗祠。两座祠堂比邻而居，位于村北侧，靠近溪流东岸。庙宇位于村外，与村落有一定距离。社庙位于村南侧，白衣丞相殿位于社庙的南侧（此处为水口），两者都在溪流的西岸。另有白鹤五侯殿，在村东南方向，距离村庄约5千米的山上。村南侧靠近溪流的位置，曾搭建有小龛供奉四相公，近年已损毁不存。（图13-4、图13-5）

后湾村的建筑风格与杨家堂类似，都是版筑夯土墙、木构架和青瓦屋顶。13号院作为后湾村大宅院的典型代表，位于村中偏南的位置，坐东向西，占地面积

约 521 平方米，是后湾村占地最大的民居建筑。其建筑布局为三合院加跨院。主体部分的三合院由两层的正房、厢房和一层的倒座廊[1]构成，面阔 19 米，进深 13.5 米。正房五间，明间设房派香火堂，两端各设楼梯通往二楼；正房两层重檐，檐高 5.6 米，梁架结构为五檩三柱，前檐设雕饰精美的牛腿承挑出檐。厢房面阔两间；倒座廊面阔三间，明间开大门。正房、倒座廊和厢房围合出长 8 米、宽 2 米的长方形天井，天井以块石铺地。跨院位于南侧，朝向主体建筑，建筑为一层，檐高 4 米。（图 13-6）

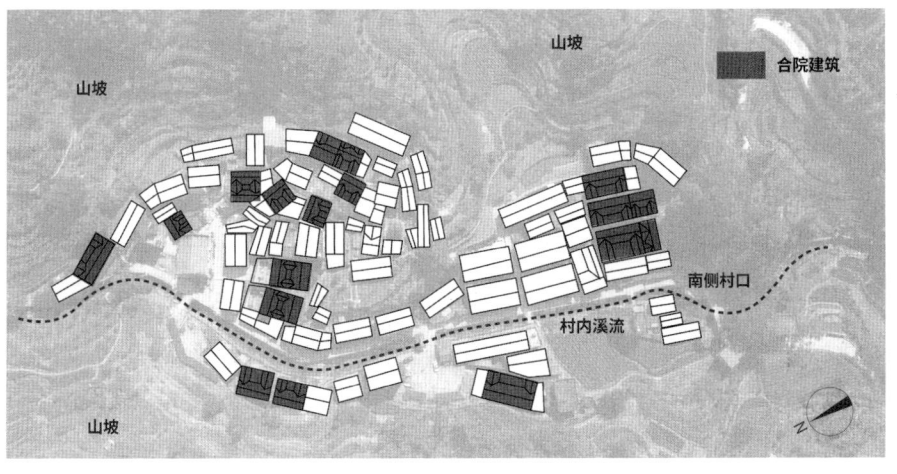

图 13-4　后湾村合院分布图

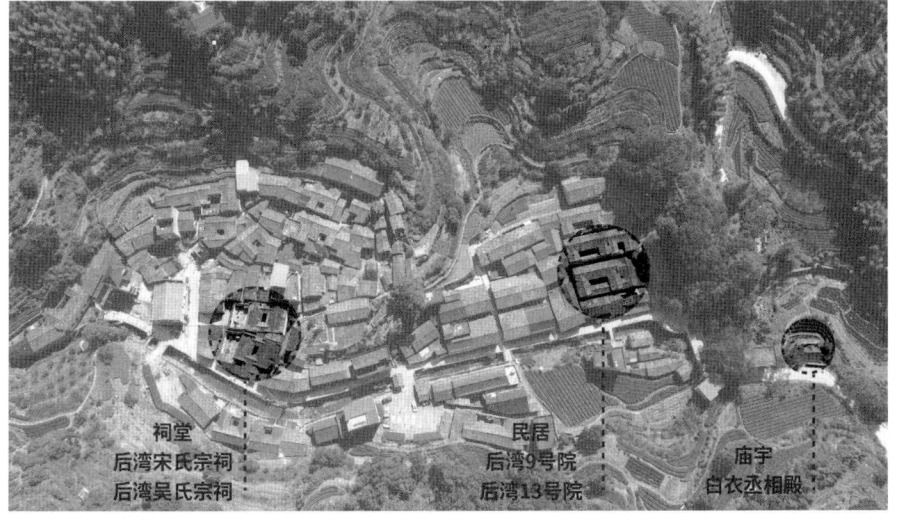

图 13-5　后湾村重点分析建筑区位

1　倒座廊的进深很浅，故不算单独一进。

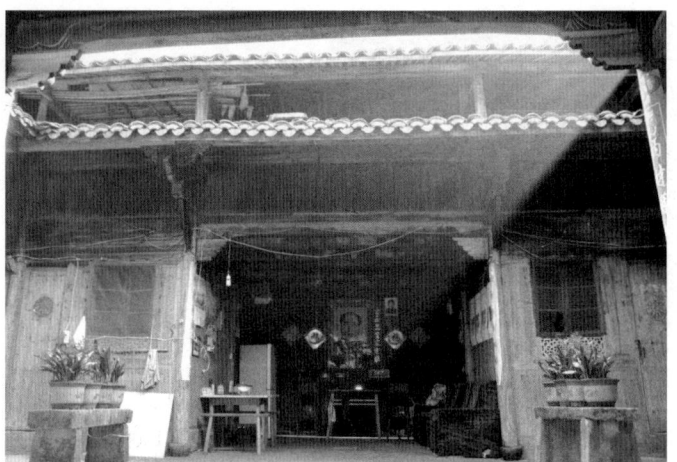

图 13-6　后湾村 13
号院（图片来源：
松阳县文旅局提供）

　　后湾村 9 号民居，紧邻 13 号院的东侧，由大小两幢三合院并列组成。9 号院也是坐东向西。主体部分的三合院由正房和两侧厢房构成，通面阔 19 米，通进深 10.3 米。正房五间，明间为堂屋，未设房派香火堂，两端各设楼梯通往二楼。正房两层重檐，檐高 5.4 米。梁架结构与 13 号院相同，五檩三柱且设牛腿承挑出檐。厢房面阔两间，设廊直接通向附房。前院墙正中开门，在院内增设披檐。院墙、正房和厢房围合出长 9 米、宽 2 米的长方形天井，天井内设高脚凳等装饰，以块石铺地。主体三合院的南侧是跨院，同样为三合院的建筑布局，也是坐东朝西，面阔 10.5 米，进深 10.3 米。跨院正房三间，厢房两间，建筑高度比主体略矮，檐高约 5 米。跨院前院墙正中开门。两座三合院并列排布，形成了长度 30 米左右的正立面；主体和跨院的四处厢房，均采用了硬山起翘的屋顶形式，这又使得正立面呈现出高低起伏的效果。（图 13-7、图 13-8）

　　后湾村有吴氏和宋氏两座宗祠。吴氏宗祠始建于清嘉庆元年（1816），距今已有 200 余年的历史，1953 年因火灾被烧毁，2016 年重修。坐西南向东北，建筑形式为一层四合院，面阔 11 米，进深 19.5 米，建筑面积 286 平方米，由前厅、后厅和厢房组成。后厅为祭祖空间，面阔三间，明间设祖先神位。宗祠层高较高，明间檐高 4.2 米。前厅三间，均向外开门。前厅外用院墙围出小院，作为祭祖活动前序空间。前厅、后厅和厢房围合出长 5 米、宽 3 米的天井。宗祠的梁架采用抬梁与穿斗混合式结构，正房和前厅的明间采用抬梁式结构，营造出宽敞的活动空间，其他位置采用穿斗式结构。宗祠前厅的两侧采用了四阶风火山墙，后厅采用硬山，屋脊起翘。宋氏宗祠位于吴氏宗祠东侧，建造年代已无从考证，建筑格局和面积与吴氏宗祠基本一致，也同样在 1953 年遭遇火灾，2016 年重修。吴氏宗祠和宋氏宗祠左右并列，形制类似，是吴氏和宋氏两大家族在后湾村和谐共居的证明。（图 13-9～图 13-11）

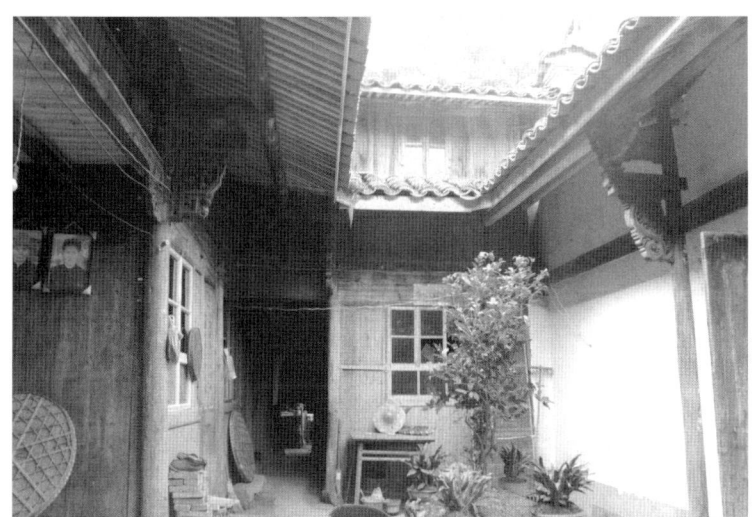

图 13-7 后湾村 9 号院（图片来源：松阳县文旅局提供）

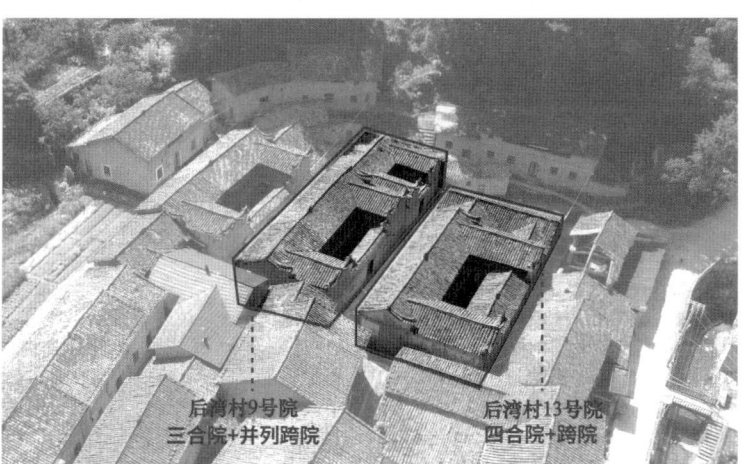

图 13-8 后湾村 9 号院和 13 号院

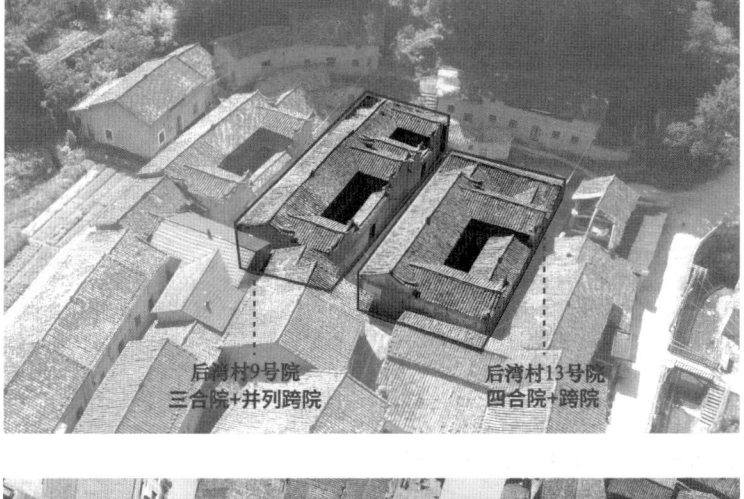

图 13-9 后湾村 吴氏宗祠、宋氏宗祠

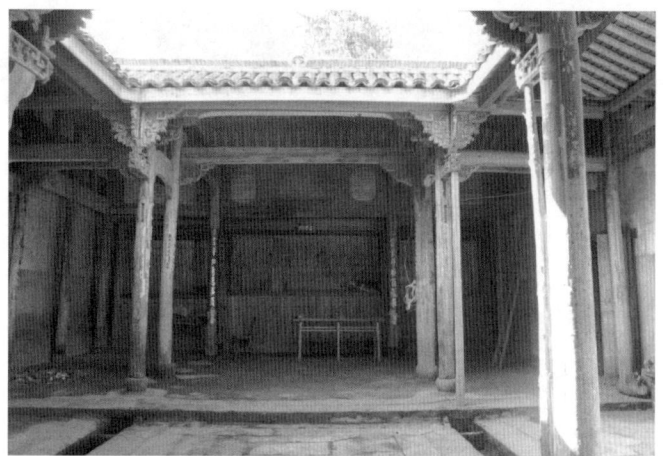

图 13-10　后湾村吴氏宗祠内部（图片来源：松阳县文旅局提供）

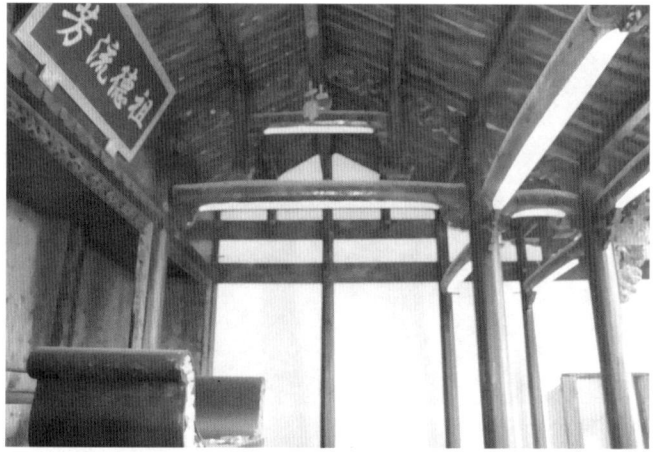

图 13-11　后湾村宋氏宗祠的内部（图片来源：松阳县文旅局提供）

后湾村的庙宇包括社庙、白衣丞相殿、白鹤五侯殿和四相公庙。社庙面阔三间，供奉社神、土地公婆及娘娘夫人。白衣丞相殿，推测修建于民国时期。据村民回忆，当时水稻长虫子，为祈求解决虫害，于是修建了白衣丞相殿。最初仅为祈求农业丰收，后发展为"有求必应"的多功能神庙，村民们出于各种目的都会来此祭拜。白衣丞相殿为三合院的建筑形式，正房三间，中间供奉"白衣丞相"[1]，左侧一间供奉土地公、土地婆，右侧一间供奉陈、林、李三位娘娘。每逢新年，后湾村的村民都要到社庙和白衣丞相殿祭拜。白鹤五侯殿，建造年代无明确记载。据村民描述，白鹤五侯殿最早仅为一间小庙，后重修为三间。因距离较远，近年来已鲜有村民前往祭拜。（图 13-12~ 图 13-14）

1　白衣丞相是唐代名臣李泌的神化形象，因其常穿布衣辅政而被民间尊为神祇，主要信仰集中在浙南地区，兼具土地神与智慧神的职能。

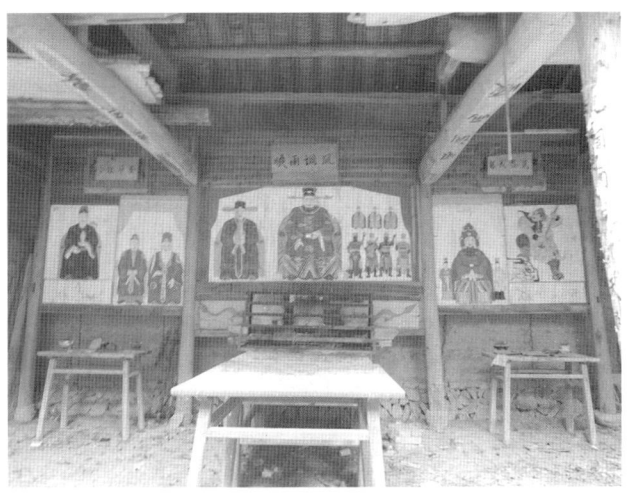

图 13-12　后湾村社庙（图片来源：松阳县文旅局提供）

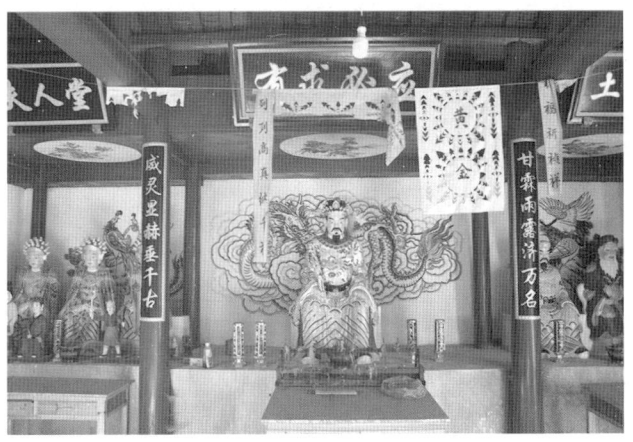

图 13-13　白衣丞相殿（图片来源：松阳县文旅局提供）

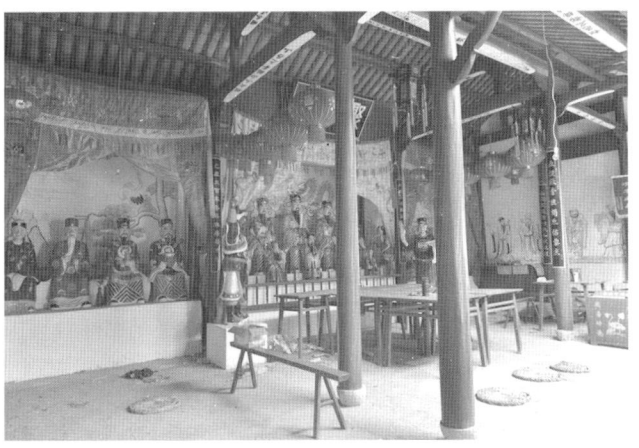

图 13-14　白鹤五侯殿（图片来源：松阳县文旅局提供）

13.4 半岭村

半岭村位于杨家堂东北侧的山上,距离县城西屏镇约9千米,距离杨家堂村1.3千米。半岭村是距离杨家堂最近的村落之一,从杨家堂步行上山到半岭村仅需20分钟。半岭村盘踞于半山腰,地势北高南低,村内建筑依山而建。站在半岭村前,可以直接瞭望山下的杨家堂村和泉址村。(图13-15、图13-16)

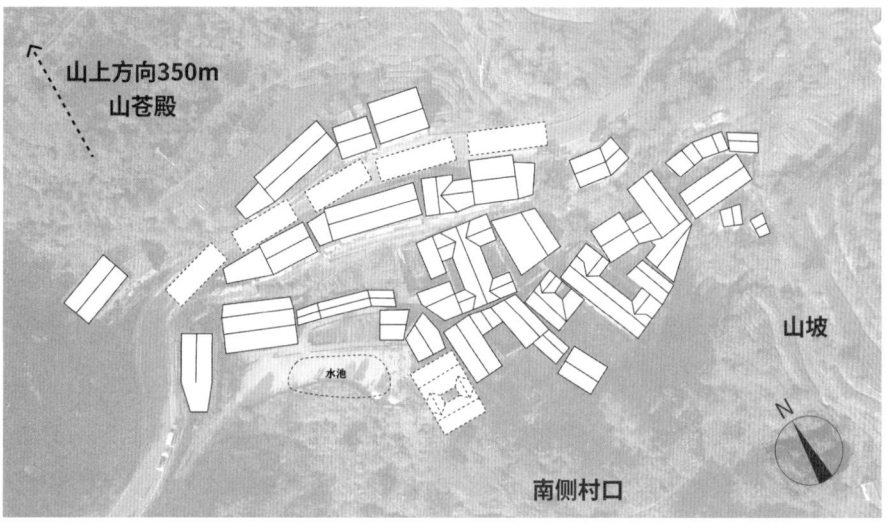

图 13-15 半岭村村落格局

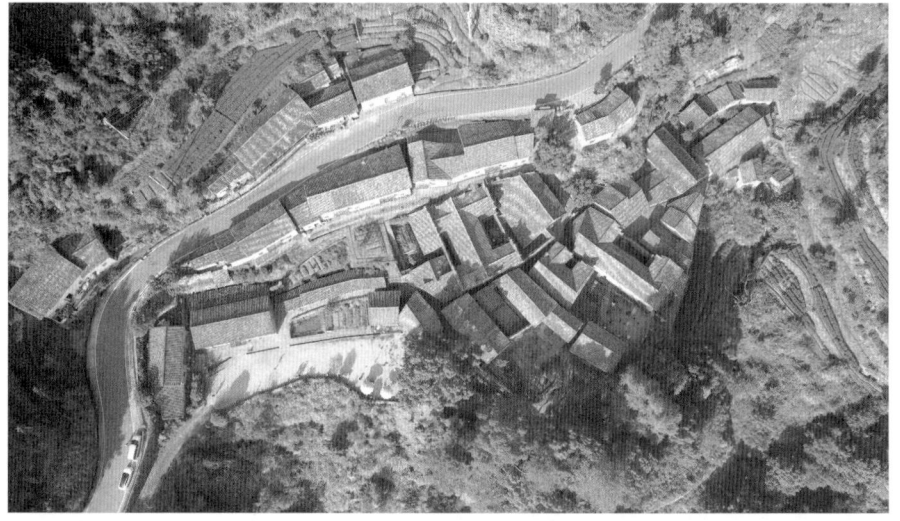

图 13-16 半岭村鸟瞰

据族谱记载,宋濂的曾孙宋凤仪自浦江迁居松阳县十三都斗潭。明成化年间(1465—1487),宋凤仪的太孙宋锐带领子孙迁居半岭,被奉为半岭村始迁祖。宋凤仪的另一个太孙宋铨迁居上田村,被奉为上田村始迁祖。后两村逐渐子孙繁昌,

上田村向外分迁出泉址村和山苍殿村。因此，半岭村和上田村、泉址村、山苍殿村是血缘较近的宋氏支系。半岭村与上田村的地理位置接近，村民因红白喜事或节日活动等往来较频繁。

半岭村建设在半山腰，海拔约420米。为顺应地势，半岭村的房屋沿等高线建设，建设区东西长约450米，南北宽约80米，北部最高处和南部最低处相差约12米。

半岭村的自然条件与杨家堂接近，山林茂盛，树木以樟树、苦槠以及松树为多。农田分布在南侧和北侧的平缓山坡上。农业生产与杨家堂相似，过去主要以种植水稻为主，近年改种茶叶。山林则种植有柿、桃、梨等果树。

半岭村的水口（村口）位于村落的南侧。这里曾有一棵大樟树，被村民奉为"樟树娘"。古樟树约在20世纪90年代倒塌，目前仅存树根。村落道路因循山地地形，主路为东西向布局，南北向高差以小巷和阶梯进行连接。村西南角有一块平坦的空地，曾设有公共大水池。21世纪初半岭村人口减少，水池被填平。目前半岭村被一条公路分割为南北两半。公路建设用地原本也有民居，因修路而拆除。

半岭村目前有建筑22幢，均为村民住宅，没有宗祠或庙宇等公共建筑。南侧靠近村口处曾建有一座宋氏宗祠，坐东朝西，始建年代不详，于21世纪初倒塌，后未重建。据村民郑女士回忆[1]，宗祠的建筑形式为四合院布局，前厅、后厅均为三间，后厅作为祭祀祖先的主要场所。半岭村曾经有过一座社庙，不过其位置、毁坏年代以及建筑形式已无法考证。南侧的山上还有一座山苍殿，距离村子约350米，村民至今还会去祭拜。（图13-17）

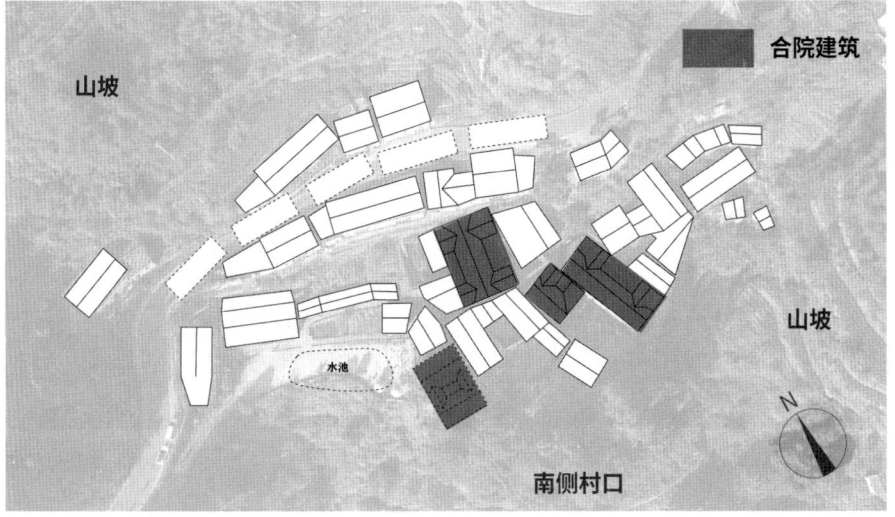

图 13-17　半岭村合院建筑分布

1　郑女士出生于20世纪70年代，居住在半岭15号院，其母亲是15号院屋主之一。

半岭村的建筑跟杨家堂的一样，也是以版筑夯土墙、木构架和青瓦屋顶为基本元素。民居以一字形为主，合院民居仅三处，包括 15 号院、20 号院以及 21 号院，占比仅 14%。（图 13-18）

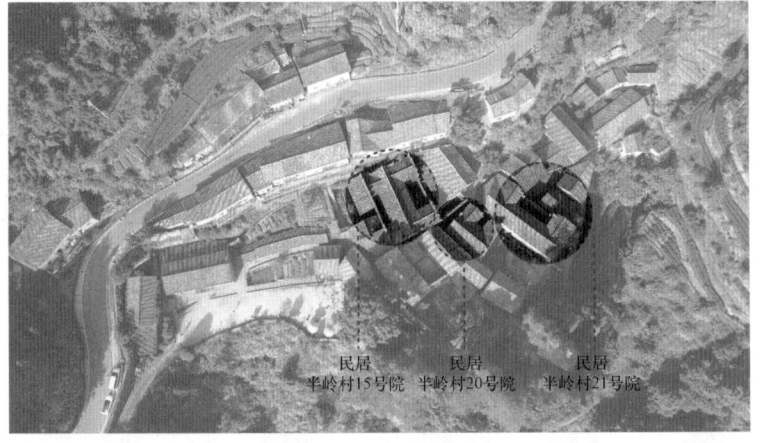

民居   民居   民居
半岭村15号院 半岭村20号院 半岭村21号院

图 13-18　半岭村重点分析建筑区位

15 号院是村内体量最大、形制最规整的民居。屋主宋叶根和宋叶旺曾是中医，建筑既用于居住，又是为村民看诊的场所。15 号院位于半岭村中部，坐西朝东，为二层 H 形三合院，面阔 19 米，进深 13.5 米，由正房和两侧厢房组成。正房面阔五间，其中明间设房派香火堂，两端各设楼梯通往二楼。正房檐高 5.6 米。厢房面阔两间，用四阶风火山墙；前天井长约 7 米，宽约 4 米；后天井长约 7 米，宽约 1.2 米。东侧院墙在正中开门，作为宅院的入口，西侧院墙不开门。墙体均为版筑夯土墙，未刷饰白灰彩画。院内牛腿和窗扇雕饰精细，是半岭村最华丽的建筑装饰。（图 13-19）

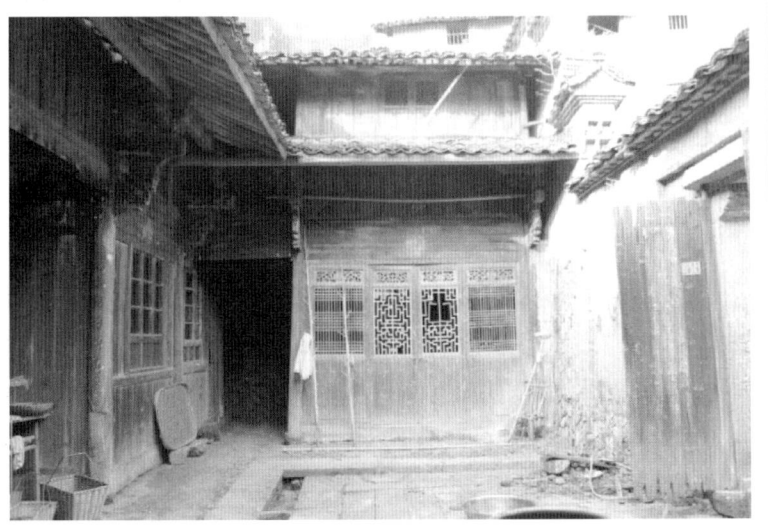

图 13-19　半岭村 15 号院（图片来源：松阳县文旅局提供）

20 号院位于 15 号宅院的南侧，为二层三合院。建筑坐西朝东，面宽 10 米，进深 9.5 米。20 号院由正房和厢房组成，正房面阔三间，其中明间曾设房派香火堂，两端设楼梯通往二楼。北侧厢房为双坡，南侧厢房为单坡。院墙正中开门。正房、厢房和院墙围合出近似正方形的天井，长、宽各约 2.6 米。20 号院是半岭村三合院中尺度最小的一处。（图 13-20）

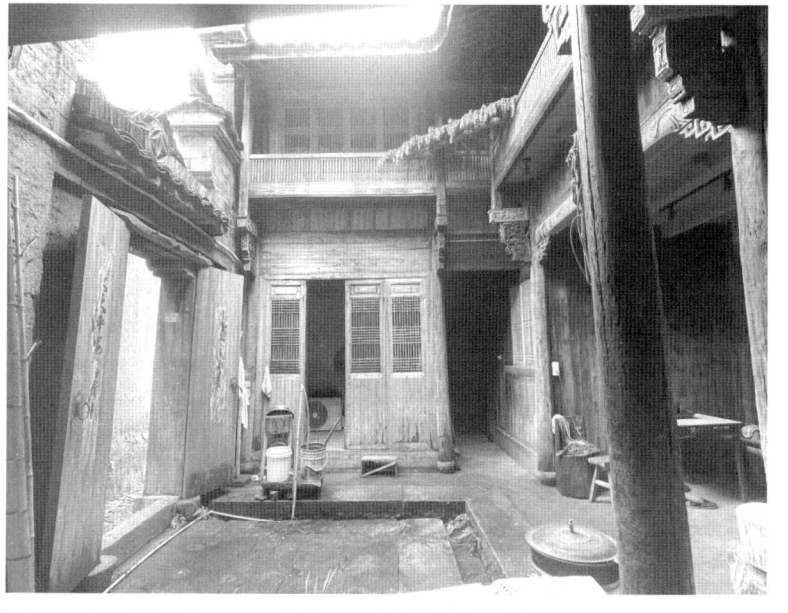

图 13-20 半岭村 20 号院（图片来源：松阳县文旅局提供）

21 号院位于 20 号院的东侧，为二层三合院，坐西朝东。面宽约 22 米，进深约 10 米。建筑由正房和厢房组成，正房面宽七间，是半岭村乃至周边村落开间数最多的民居。正房明间设房派香火堂，香火堂两侧各有三间房，两端各设楼梯通往二楼。厢房两间，双坡屋顶。天井长约 9 米，宽约 2.6 米。东侧院墙开门，位置在靠北侧。21 号院的狭长平面布局，在松阳村落中少见。其成因大概是建设之初东、西两侧已经有房屋，只能向南、北方向延展，通过增加正房间数来满足住房需求，同时也展示屋主实力。从大门跨入 21 号院的天井，第一眼看到的就是阔气的七间正房。（图 13-21）

山苍殿，可能始建于明末清初，供奉主神为三元真君，同时供奉土地公婆和陈、林、李夫人。2013 年，山苍殿在原址重建。现存建筑坐南朝北，由前殿、中殿、后殿及厢房组成。通面阔 14.2 米，通进深 36.7 米。前殿之前设有前院和围墙，围墙东西两侧设大门。前院作为拜神的前序空间，参拜者由此踏上三级台阶后进入前殿。前殿面阔五开间，进深为 6.8 米，檐高 4.5 米。建筑采用硬山双坡屋顶，梁架为抬梁和穿斗混合式，其中明间梁架采用五架梁前后双步梁，并用牛腿承接前

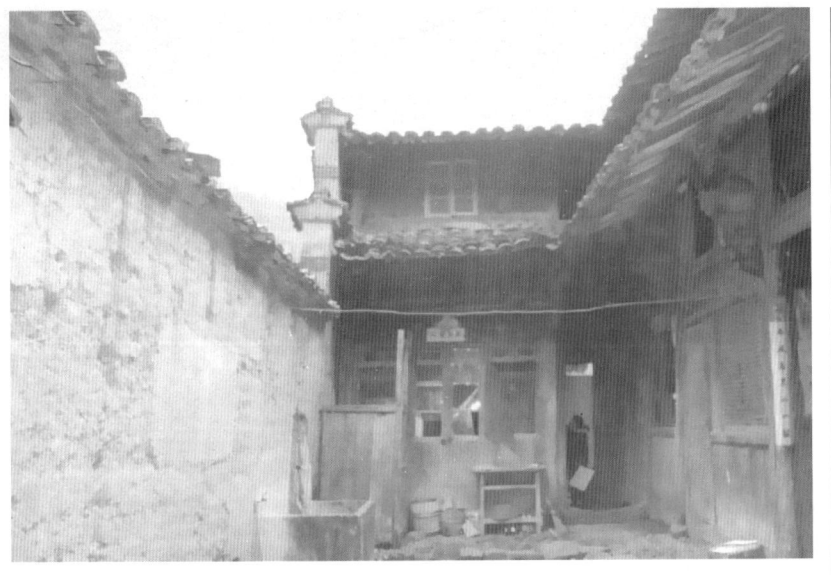

图 13-21　半岭村 21 号院（图片来源：松阳县文旅局提供）

后挑檐。前殿之南为中院，从中院再登上三级台阶便进入中殿。中殿面阔三开间，进深为 5.5 米，檐高 3.9 米，西次间供奉土地公婆，东次间供奉陈、林、李三位夫人。建筑梁架结构与前殿相同。中院两侧为厢房。中殿之南为后院，从后院登上三级台阶进入后殿。后殿面阔三间，为供神的主要空间，明间供三元真君塑像。后殿面阔略有缩减，为 11.5 米，进深为 7.8 米，檐高 3.6 米。梁架结构采用抬梁和穿斗混合式，中间五架梁、前双步梁、后单步梁。后院两侧设厢房，中间围合出长约 4 米，宽约 1.5 米的小天井。（图 13-22、图 13-23）

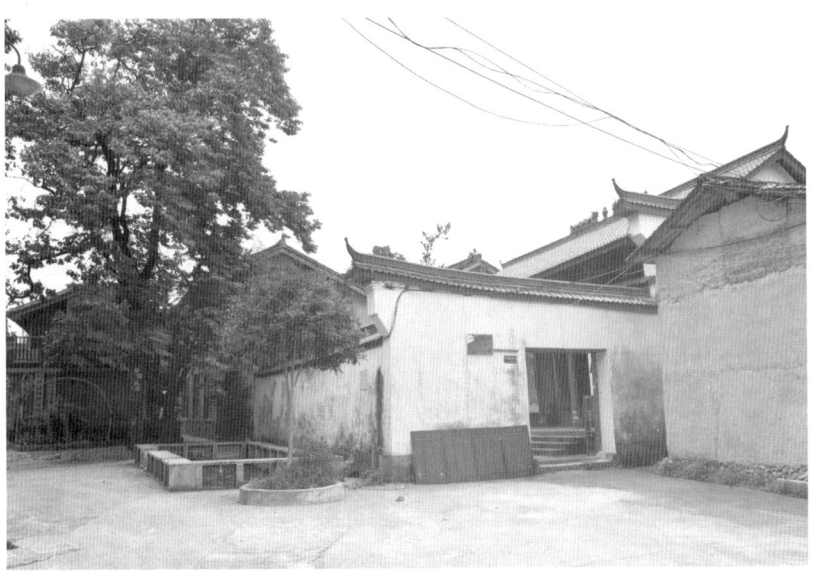

图 13-22　山苍殿外观

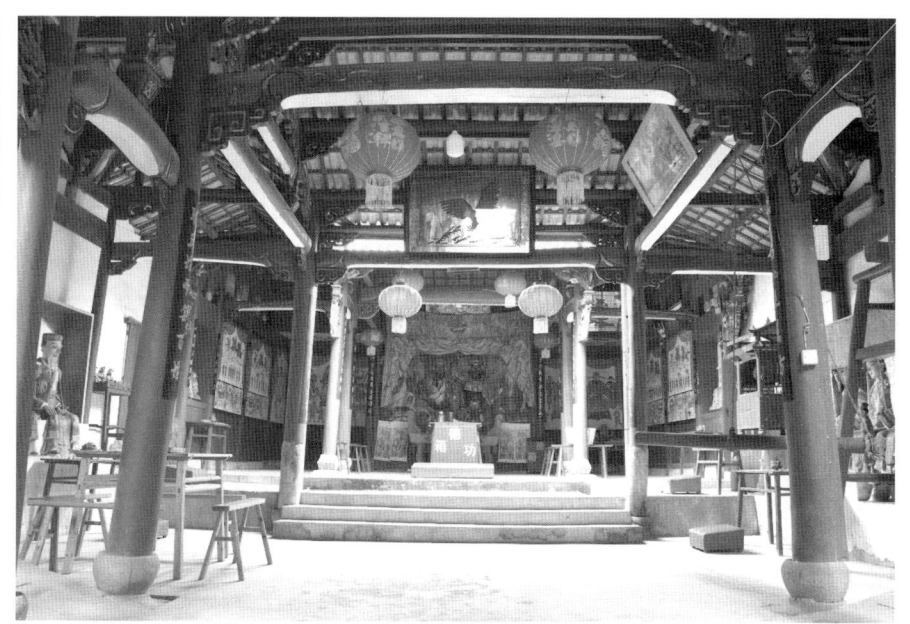

图 13-23 山苍殿内部

　　山苍殿建造在山顶的一片台地之上，通过台阶的逐级抬高和空间的层层递进烘托出庙宇的神圣与庄严。过去每逢春节等节日，山苍殿香火鼎盛，信众主要是山苍殿村、半岭村和上田村的村民，附近村的部分村民也会前来祭拜。

　　本章通过分析杨家堂村与周边村落的地理格局、建筑形态及文化内涵，揭示了传统山区聚落在相似自然条件下如何因人文因素而形成多元面貌。作为松阳宋氏支系的重要聚居地，杨家堂、后湾与半岭三村虽共享相近的自然基底与文化渊源，却在村落营建中展现出鲜明的个性，体现了人地互动中的智慧与多样性。

　　其一是自然与人文交织的共性。三村均位于三都乡山坳或半山腰，受地形制约形成紧凑的村落格局。茂密的樟树、苦槠林环绕村落，水口处曾设古树或社庙，强化了"山水为屏、神灵护佑"的传统空间意象。农业上，梯田水稻种植曾是共同的经济支柱，近年逐渐转向茶叶，折射出山区生计模式的变迁。建筑风格上，各村均以版筑夯土墙、木构架与青瓦屋顶为主，合院与一字形民居并存，宗祠多采用四合院形制，彰显浙南山地民居的共性特征。

　　其二是村落形态的差异化表达。尽管自然条件相似，三村的营建策略迥异。杨家堂凭借对地形的主动改造，形成沿高差层层叠落的立体格局，合院建筑占比高达56%，高等的封火山墙与密集的大宅群彰显其历史上的经济繁荣与文化自信。后湾村因两姓共居、溪流穿村而呈现平铺式布局，建筑沿水系展开，道路呈鱼骨状，

规模虽大但合院比例较低，反映了宗族协作下对自然资源的均衡利用。半岭村则完全顺应山势，建筑沿等高线自由分布，形成带状轮廓，合院稀少且朝向随地形调整，凸显了地形限制下灵活务实的营建理念。

其三是社会结构与文化传承的映照。村落的差异性亦映射出社会结构的深层影响。杨家堂以单一宋氏家族为核心，宗祠与学堂的集中建设强化了宗族凝聚力与文化传承；后湾村吴、宋两姓并立，双宗祠并列的格局成为和谐共居的象征；半岭村因人口稀少、宗祠倒塌，公共空间逐渐消弭，凸显了小规模村落在现代化进程中的脆弱性。此外，杨家堂通过高比例合院与装饰艺术，刻意强化了家族的显赫地位，而后湾与半岭则更注重功能性与实用性，这种对比揭示了经济实力与文化自觉对村落形态的塑造作用。

其四是传统村落保护的启示。三村的比较为传统村落保护提供了重要借鉴。杨家堂的规整布局与密集合院提示我们，文化遗产的价值不仅在于单体建筑，更在于整体空间秩序与文化象征；后湾村的溪流核心与双姓共居模式，呼吁保护中需兼顾自然生态与社群关系；半岭村的自由形态则警示，过度现代化可能破坏山地村落与地形的有机联系。

杨家堂与邻村的比较不仅是对物质空间的解析，更是对山地文化基因的解码。它们以不同的方式诠释了"因地制宜"的营建智慧，为理解中国传统村落的多样性提供了鲜活样本，也为乡村振兴中的文化延续与创新注入了深层思考。

第 14 章

结　语

地处浙江省松阳县三都乡山区的杨家堂村，经过宋氏家族持续两三百年的建设，形成了既随山势层层跌落又规整统一的村落格局。这在松阳的山地村中十分特殊。本书从板商和秀才的历史视角，分析了杨家堂村的发展历程，并对历史文化与村落格局、建筑形式之间的关联性进行了挖掘和解读；还通过舞龙活动以及与邻近村落的对比，进一步论证了杨家堂在历史文化和村落格局上的独特性。

14.1　研究结论

本文的主要研究结论有以下四条。

一、宗族社会是村落发展的核心驱动力。杨家堂作为宋濂后裔的血缘村落，其发展历程体现了宗族制度在中国南方传统乡村社会中的核心作用。首先，宗族通过血缘纽带和集体记忆构建了村落的凝聚力。宋氏族人以宋濂为共同祖先，尽管族谱记载与正史存在矛盾，但通过族谱编纂和宗祠建设，家族成员强化了文化认同与"正统性"诉求。宋宏堂捐建宗祠、铺设石板路等行为，不仅提升了家族地位，还通过"商而优则仕"的策略，将经济资本转化为文化资本，形成"士商并举"的传统基调。其次，宗族协作机制保障了村落的经济与代际传承。板业经济中，家族成员分工合作，开创者宋宏堂主外拓展商业，其兄宋宏资主内管理家务，后代通过族规强调"商勤业则资财裕"，确保了商业伦理的延续。此外，宗族通过捐纳功名、兴办学堂等教育投入，既长期维系了士绅地位，又使宋氏族人在科举废除后仍能通过现代教育延续文化基因。这种宗族主导的发展模式，为中国乡土社会的运行逻辑提供了绝佳的微观样本。

二、经济与文化互构是乡村转型的典型路径。杨家堂从传统农耕村落向"板商村"和"秀才村"的转型，展现了经济与文化深度互嵌的乡村发展路径。首先，板业经济为宗族崛起提供了物质基础。宋宏堂以木材贸易积累财富，并通过捐纳跻身士绅阶层，主导公益事业，使村落从封闭山陬发展为"弦诵繁盛之区"。其次，经济实力与文化资本形成双向互构。板业收益支持科举捐纳，而士绅身份又反哺经济活动，士绅身份赋予家族三重权力：政治合法性，如宋君恩以秀才身份组织民团，将家族影响力嵌入地方行政体系；文化话语权，通过编纂族谱、修建宗祠，将宋濂后裔的"正统性"与儒家伦理绑定，强化宗族凝聚力；社会网络拓展，士绅阶层通过联姻、结社与官府建立联系，为商业活动提供庇护。再次，教育转型体现了经济与文化互构的现代延续。科举废除后，宋氏家族尤其是宋宏堂房派迅速转向专业教育，38 名大学生在师范、医学领域深耕，将"耕读传家"精神转化

为现代实践。这一历程表明，乡村转型并非单一的经济或文化变革，而是二者交织共生的结果。

三、儒家观念是村落建设的精神内核。杨家堂的村落格局与建筑形制，深刻体现了儒家观念对空间秩序与社会结构的形塑作用。第一是建筑群落所表达的韵律与秩序感。村落选址于五山环抱的山坳，建筑群沿30米高差的山坡分七层阶梯展开，形成"拾级而上、鳞次栉比"的立体格局。阶梯式布局还通过严密的轴线控制与形制统一，营造出强烈的视觉秩序。第二是宗族内部的空间等级。宋宏堂一脉作为宋氏家族的核心房派，占据"上三排"之主体，建筑规整密集、装饰考究；非核心房派则大多分布于中下层，宅院朝向与规模渐次简化。这种垂直分层的空间分布，隐喻儒家"尊卑有序"的伦理观念。第三是宋氏宗祠作为儒家伦理的核心载体。宋氏宗祠的建筑形制与功能设计均服务于宗法制度的维系：建筑采用抬梁与穿斗混合结构，前厅设可拆卸戏台，后厅神龛供奉始迁祖宋显昆，空间布局遵循"前朝后寝"的礼制传统，雕花月梁与"垂裕后昆"匾额，将祭祀空间神圣化，强化"敬天法祖"的伦理认同；每年三次的祠堂祭祖仪式和正月演戏，通过集体行动巩固血缘纽带。第四是民居建筑作为家庭伦理的空间实践。三合院是杨家堂的主流民居类型，建筑以中轴线对称布局，正房明间设堂屋供奉祖先牌位，两侧主卧按长幼分配；厢房作为子嗣居所或仓储空间，天井成为家族议事与节庆活动的公共领域，体现"同居共财"的家族凝聚力。跨院平行延伸的独特设计（如7—9号院五代增建形成64米连续立面），既减少地形改造的工程量，又以"拥护祖宅"的姿态强化代际传承的伦理义务。第五是建筑装饰作为儒家价值观的符号化表达。建筑装饰不仅是美学表达，更是儒家"文以载道"思想的实践，通过物质空间的浸润，潜移默化地塑造族人的价值认同。三合院门楣题刻"朱子治家格言"，将道德训诫外化为建筑语言；木雕牛腿以"梅兰竹菊"图案隐喻文人品格，瑞兽祥云纹饰寄托"家宅永安"的集体愿景。

四、族谱书写体现儒家伦理与商业实践的价值张力。杨家堂宋氏族谱的编纂，通过对秀才群体的凸显与板商活动的弱化，体现了儒家伦理与商业实践的价值张力。首先是士绅正统性的强化，族谱以科举功名与道德修养为核心叙事，如宋国礼"弱冠入棘闱"、宋起杰"弹琴歌曲"等文人形象被细致刻画，塑造"修身齐家"的典范；而板商成就则被抽象化，木材贸易仅以"恢宏前业"概括，转而突出捐国学、修宗祠的士绅化行为，将经济资本转化为儒家认可的"文化正统"。族谱对板业细节的刻意淡化，折射出"重士轻商"的价值矛盾——商业成就在伦理层面被边缘化，却在实践中成为士绅化的经济支柱，因此宗族需在儒家伦理框架内为逐利行为赋

予道德正当性。其次是修辞策略的等级建构。对秀才的赞誉多援引儒家经典话语，如"仁者爱人""文以载道"，赋予其社会担当的合法性；而商人贡献被简化为"资财裕"或"忠厚之报"；宋国义传记还以"幼举儒业"暗示商业是科举失意的补偿，通过道德化表述消解其逐利本质，维系"士为四民之首"的伦理秩序。最后是历史记忆的重构逻辑。清末科举废除后，宋氏虽依赖板业支撑教育转型，但族谱仍将新式学者类比为"现代士绅"。这种书写策略既缓解了士商身份的矛盾，又在现代化浪潮中维系了宗族的文化根脉，体现传统宗族平衡现实利益与文化正统性的生存智慧。

14.2　不足与展望

乡土建筑研究是一个逐渐剖析村落空间结构与文化内涵的过程。杨家堂宋氏族人代代出秀才的历史，将从事板商的过往隐晦地记录在族谱中。板商通过捐纳获取科举功名，逐步实现商人的士绅化。由商从儒的身份转变，对村落格局产生了重要影响。本书重点关注了秀才观念对村落格局的影响，对于板商的挖掘仍有待深入。由于笔者的建筑学背景，史料梳理的能力较为有限，仅对杨家堂宋氏族谱进行了解读，对邻近几个宋氏聚落的族谱进行了大致梳理，未能对更大范围的村落历史和文化背景展开调研。这使得研究成果难免有一叶障目的缺点。

本次研究通过田野调查，从生活圈的角度研究了杨家堂的乡土建筑。我们考察了村落规划、建筑群体和各种类型的建筑单体，也观察了建筑构造和装饰，同时收集了村民口述内容，以尽量补全文献记载所缺失的历史信息。在研究过程中，由于语言的障碍，我们对村民采访的覆盖度不够，无法从足够多的角度获得多方面的信息。比如在民居建造环节，我们通过访谈村民了解了杨家堂民居夯土墙的建造流程，而对木构架的搭建则未能突破方言的限制，从而无法做到更深入和细致。

本书还希望做对比分析的工作，但仅涉及三都乡之内的若干村落，对更大范围的村落未能涉及。如果从区系的视角增加更多的横向比较，将更能凸显杨家堂村的独特性。

乡土建筑研究以建筑学为基础，结合历史学、社会学、文化人类学等学科，将村落作为小型社会进行分析。对杨家堂村乃至松阳的乡土建筑和传统村落，我们在未来还需要继续开展更为广泛而深入的研究。

14.3 价值展示与保护策略

杨家堂以独特的村落面貌，已经成为松阳县的一张文化名片。本研究认为，基于深入的历史文化解读，可以更为充分地展示杨家堂的价值特征。

第一是板商历史展示。可以在村入口或主要游客集散地，设立板业历史长廊，通过图文、实物及多媒体展示，介绍杨家堂板业的发展历程、重要人物、砍伐贩卖流程以及对当地经济的贡献。还可以利用村内闲置或改造后的民居，设立板商文化体验馆，通过场景复原、模拟贩木游戏等形式，让游客身临其境地体验板商的生活与工作，增强游客对板商文化的理解和认同感。

第二是秀才文化解读。在村中心或开阔地带，建立文化广场，设置功名碑林、科举考试场景复原等，展示杨家堂村的科举成就和秀才文化。广场可定期举办乡土文化知识讲座、诗词大会等活动，吸引游客参与，提升文化体验感。

第三是名人故居与纪念馆。保护和修复杨家堂村内的名人故居，如宋宏堂故居，设立纪念馆，展示其生平事迹、家族谱系、教育贡献等。通过多媒体的立体讲解和互动体验，让游客了解杨家堂村"秀才＋板商"的人生路径及其背后的文化意义。

第四是村落规划展示中心。在村内建立村落规划展示中心，通过地图、模型、多媒体等形式，展示杨家堂村落的整体规划、建筑布局、道路水系、景观节点等。结合村民口述史和族谱资料，讲解杨家堂村落格局的变迁和发展过程，让游客领略杨家堂人的智慧和匠心。

第五是村落规划徒步游。设计村落内部及周围环境的徒步游线路，引导游客沿着村落的层级阶梯、主路支路，感受杨家堂村错落有致、规整统一的村落布局。沿途设置解说牌，介绍每个节点的历史背景、建筑特色和文化内涵，让游客在行走中体验杨家堂村落的韵味。

第六是民居建筑特色展示。定期举办民居建筑开放日活动，邀请游客参观村内保存完好的三合院大宅、四合院祠堂等建筑。通过多媒体的讲解和讲解员的现场演示，让游客了解杨家堂民居建筑的建筑特点、工艺技术、居住习俗等。在村内设立民居建筑体验工坊，邀请当地工匠传授传统建筑技艺，如木工、泥瓦工、彩绘等。游客可以在工坊内亲手制作建筑构件、参与民居建筑的修缮和装饰工作，体验杨家堂民居建筑的魅力。

第七是智慧旅游平台。建立杨家堂村智慧旅游平台，提供线上预订、导航、讲解等服务。通过平台发布杨家堂村的最新活动、旅游攻略、美食推荐等信息，

吸引游客前来游览。同时，平台可设置游客互动区，鼓励游客分享自己的游览体验、照片和故事，增强游客的参与感和归属感。

第八是文化节庆活动。定期举办文化节庆活动，如新春舞龙、科举文化节、板业文化节等，展示杨家堂村的传统文化和民俗风情。通过活动吸引游客参与，增进游客对杨家堂村文化的了解和热爱。

第九是设置低成本沉浸式多媒体讲解系统。系统架构基于人类注意力的黄金时长为 2 分钟的理论基础，全程配备无线耳机，串联 20 个核心点位，每点触发 2 分钟讲解，形成音频为主、视频为辅、含步行在内一共 1.5~2 小时的有组织、沉浸式观览。15 个纯音频点位通过环境音效与旁白结合，还原历史场景，如贩木吆喝声、学堂晨读声等。5 个关键点位增设短视频，如宋氏宗祠 30 秒动画展示祭祀场景、7~9 号合院 60 秒动态剖面演示五代人接力扩建的儒家礼制秩序、"金色布达拉宫"观景台用航拍镜头对比 1650—1900 年村落格局演变等。该系统的核心价值在于以最低成本实现"眼耳共生"的深度认知——在有限的时间内，通过眼观场景与耳听解说相结合，形成吸收效果最大化的学习模式。

杨家堂的保护离不开村民，因此需要开展基于社区认同的保护策略。通过成立村民保护协会、开展志愿者活动等方式，让村民成为保护行动的主体。同时，鼓励和扶持村民自发举行传统节庆和民俗活动，如新春舞龙等，增强村民对本土文化的认同感与归属感。还需要加强村民的文化教育与技能培训，如举办传统建筑技艺培训班、乡土文化讲座等，提升村民对杨家堂村文化遗产的认知与保护意识。鼓励村民将传统技艺与现代生活相结合，创新开发出具有地方特色的手工艺品、农产品等，为村落的可持续发展贡献力量。还可以定期举办以杨家堂文化为主题的社区文化活动，如手工艺展览、乡土音乐会等，吸引游客与村民共同参与，促进文化交流与融合，进一步加深村民对本土文化的自豪感与认同感。

此外，还可以将杨家堂村的文化遗产教育纳入当地学校的课程体系，通过组织实地考察、参观学习等方式，让青少年了解并传承本土文化。比如开展"小小讲解员"等志愿服务项目，让青少年在参与中培养对本土文化的热爱与自豪感。还可以鼓励国内外学者、专家对杨家堂村进行深入研究，举办学术会议、研讨会等活动，促进学术交流与合作；并邀请文化名人、知名作家等来访，通过他们的笔触和镜头，将杨家堂村的故事传遍四海，提升村落的文化地位与影响力。

附录1 2005年版《京兆宋氏宗谱》摘录

1.《宋氏分派宗谱序》

宋氏之谱，谱宋氏之族也。予按宋氏出自微子后，子孙散处江淮浙闽之间，至繁盛矣，故不为之远考而为之近述。盖自濂公为括松宋氏之高始祖也，公讳景濂，金华浦江人，生于元朝，六岁能为诗歌，九岁善属文，当时号为神童，年未弱冠，文名播于迩遐。元至正（1341—1368）中，词林群公奏为国史编修，力辞不起。至明初，丞相李韩公以名闻，即日遣使者奉书币聘致之，俾提举江南儒学，授皇太子经，仕太傅。公以好生为德，济世为任，著述极多，当时儒林清议金谓开国词臣，推为文章之首。非公之才具众长，识迈千古，安能与于此及？后告老荣归，享年七十有二，独至括郡，蒙泽者众，视若父母，随地攀留，遂为家焉。盖其积德深厚，发丁昌茂，育麟有五：其长十一讳琪公，将仕郎；其次元十二讳显公，府君，乔迁于缙，发丁缙邑；其三讳韬公，侍讲学士，奉父命出使于松，馈遗旧好，旧在净居包姓讳含公，后更相得，因绾丝藤迁于呈回，近连接姻，因为家焉，是乔迁于松，而又发丁于松也；至四元十五讳浩公，五元十六讳岳公，为说士，游遨苏州地，现在发族，班班可考。藉非公之积德累仁，何以有若是盛哉？此谱牒所载，昭然明白，余等属在后裔，略述公之行谊出处，冠于篇端，使后人有所考焉，非敢诬也。诚虑夫先世之垂范而残缺，罔赖支派之绵远而失次莫辨，因与同心合志，致敬尽礼，迎请先生纂修谱牒，心前人之心，志前人之志，而后可以休光祖烈，垂裕后昆者，莫非此谱之所留遗也。今见督理有人，采访有人，固非等于贸然从事，轻率妄举者比。因为之提纲揭领，残缺者补之，失次者序之，使其后左昭右穆，脉络分明，完婚庆吊，馈赠莫忘，是为一代之盛举，即为百世之流泽焉。后有贤子孙辈，尚冀引之勿替可耳。

康熙五十六年（1717）菊月穀旦，六世孙宋景明拜撰。

2.《重修房谱序》

盖天下事无因者则创，既创者必修，而修不厌其精，且详者莫若谱之尤要矣。我宋氏发源于璟公，延至显昆公，字宗福，娶陈氏，育五子，自呈回卜筑杨家堂，

而遂居焉。俟后丁男子女庆祝螽斯，甲第辰猷，枝分麟角，其中不无考稽之谬，阙文之虞也。所以合族在呈回庄，从欧式整修，迭经数次，我祖虽分于此，仍为共订同编，不为不美也。迄今又阅二十载矣，少者壮，老者衰，壮衰不得而纪其数；女则嫁，妇则娶，嫁娶于何而知其详甚；至尊失所尊，亲失所亲，尊亲之道亦于是紊乱而不可辨。且也深山穷谷，坟墓不少沈泯；远客迁居，支庶甚多割绝。使不急为重修厘订，将生者长幼不分，燕毛莫序其齿，罪犹浅而没者生终皆缺，牲醴莫荐，咎更深也。孝子慈孙，心将安忍？故以修谱一事，谋于尊长辈，咸相若曰："美矣哉，是与也。"宜以苏式兴造，独提显昆公为房祖，以下晰晰而行，井井有条矣。凡我族人俱当同心监定，协力纂修，庶不致鲁鱼多误，亥豕有讹，则足以探水源木本之思，隆春露秋霜之报，明左昭右穆之义也，岂不懿欤。我虽才疏学浅，属在后裔，故援拙笔而为之序焉。

光绪十一年（1885）岁次乙酉桃月榖旦。

族长国刚，房长君贤，监谱君楣、君銮、君震、起敏，董事起周、起光、起豪、起达。

第七世孙邑庠生宋企祁拜撰。

3.《家训》

勤宜及时，俭贵适中。勤俭者，兴家事业之要务也。故士勤读，则功名必成；农勤耕，则衣食必丰；工勤艺，则技术必精；商勤业，则资财必裕。自来祖业兴盛，均起于勤俭，子孙贫贱，则败于怠惰者，往往然也。

4.《家规十条》

一重孝友

乾坤六子备列，父子兄弟之伦，洪范九畴，详著仁孝恭敬之理，圣贤千言万语，只要教人根本上做功夫，盖孝弟之理可通于神明，可光于四海，故尧舜之道，亦不外于是。

一崇忠敬

人之一身，生之者亲，成之者君，所履者朝廷之地，所食者君王之粟，敢以分位不属，而忘爱戴之忱乎，无论为官为士，俱宜忠君敬事，即庶人而能守法，凡事不失忠敬，庶乡党有足称焉。

一敦礼义

礼者，人所履也；义者，事之宜也。一行非礼则践履，皆乖一事，失义则措施尽坏，非先王之法言不敢言，非先王之法行不敢行，循九思，守四箴，则可以无恨矣。

一谨廉耻

廉以养德，耻以起懦，此二者人所当谨也，若一念少廉耻，终身之各节皆隳，人能念念不忘耿介之操，事事常存羞恶之心，其有辱身贱行者，盖亦寡矣。

一正名分

宗支一脉相承，尊卑自有定分，长幼各其定次，使不顾尊长之伦，竟而呼名唤字，不正孰甚。凡有公公、子子、伯伯、叔叔、兄兄、弟弟，辈各循长幼之节，不失其伦，则名正言顺，伦序秩然，庶不愧大家之风范焉。

一敬师友

夫不教而善惟圣者能之下，此必藉裁成造就之功，故师所以传道解惑，友所以劝善规过，凡有子弟，务在延师教训亲友琢磨，达则可利用于世，不达亦可淑身于家。内有贤父兄，外有严师友，其有不克成人者鲜矣。

一培祖茔

坟山祖宗，阴灵所属，子孙荣辱悠关，须宜保护龙脉，篆养荫木。凡遇祭扫之日，更当及时修整，不致侵损。倘有不孝子孙，盗卖坟山，私砍塚木者，合族攻之。

一尚勤俭

勤宜及时，俭贵适中。勤俭者，兴家立业之要务也。故士勤读则功名必成，农勤耕则衣食必丰，工勤艺则技术必精，商勤业则资财必裕。自来祖宗兴隆起于勤俭，子孙贫贱败于怠惰者，往往然也。祠内子弟有怠惰者，戒之勉之。

一戒骄奢

谦约为守身之要。今人有财便欺人，有势便凌人。然不与骄奢期，而骄奢至；骄奢不与死亡期，而死亡至。盖盈满者，天地鬼神之所共恶也。何如安分循理，保身延年，使宗族乡党有所称乎。

一息词讼

忍耐可以保身，纷争最易败家。族中如有微衅雀角，家长必须分别是非，辨其曲直，能使两家和睦，不可徇己偏私，致扰仇恨，势必词讼争胜，破家荡产，有何益焉？为家长者，宜详戒之。

5.《宏资公赞》

勤俭为业，忠厚居心。克绳祖武，仪式典型。独创谟烈，里党共钦。训子义方，继继承承。

（无落款）

6.《曾祖讳宏资公传》（宋宏资传记）

自来难莫难于创业，盖非善区画，善经营，从未有能垂基业于后裔者。学朱窃念守成之不易，而益知创业之尤为难也。昔者我曾祖讳宏资公，与叔曾祖讳宏堂公，一心一德，合爨同居。尔时宏堂公经营板业，我曾祖经理家务，难兄难弟，吹埙吹篪，积日累月，家业渐兴。爰是益精本业，仍守节俭，置田山，建屋宇，艰辛既已备尝；延师传，训子孙，劳苦悉皆亲历。如我曾祖者，非所谓善于创业而青白成家者欤。曾祖生四子：长伯祖父讳寿永，次即余祖父讳寿远，三叔祖父讳寿桐，四叔祖父讳寿昌。迄今虽已俱逝，而子孙曾元辈，振振继继，犹得温饱无虞，各守绪业者，莫非我曾祖创业之力有以致之也。苟不从而溯之，毋乃徒食而忘前人之艰苦矣。兹因纂修谱牒，追思先德，不禁深有所感，遂略叙所闻以见创业之甚难云。

道光十九年（1839）岁次己亥清和月穀旦，曾孙宋学朱百拜撰。

7.《宏堂公传》（宋宏堂传记 1）

宏堂公，字如川，伯玉公次子也。操行端方，胸次洒然，年甫弱冠，孝敬祖父，竭力耕耘，不殚劳苦，家以小康。壮习陶朱业，以杉板懋迁于省治者，前后数十年，家业渐盛，田宅日增。于是，捐国学、造桥梁，千金有所不恤；修道途、作船渡，倾囊而亦无辞。乾隆丁未（1787），鼎建宗祠，公首先倡率，卒成钜工。生平敦伦睦族，济困扶危，其义行有足多者。迄今，年逾古稀，齐眉之敬愈隆，埙篪之爱弥笃，且延名儒教子侄，而其子亦语言质朴，举动不苟，咸以为得阴骘[1]之报云。

赞曰：公也崛起，光大其家；惟务俭素，不尚繁华；乐善不倦，其德孔嘉；晚育麟子，早吐兰芽；尊祖敬宗，乡感里夸；垂之宗谱，昭示无涯。

嘉庆十年（1805）岁次乙丑孟秋月穀旦，松阳县教谕青溪方协华谨撰。

---

1 阴骘，语出《尚书·洪范》，"惟天阴骘下民"。意指上天会在冥冥之中根据个人的德行去匹配他的福报。引申为默默行善的德行，即阴德。

8.《宏堂公讳如川号永起传》（宋宏堂传记2）

从来辟草莱而兴都邑者，莫不归之英才特达之士，而循良谨厚之俦不与焉。乃观于我永起公之为人，窃慨夫才之不逮于德也。公族居呈回，自曾祖移住杨家堂，地为蕞尔山陬，寥寥数室；类皆悬罄艰苦。公幼失姑（祜），与兄奉母太孺人同居。虽家徒四壁，而太孺人茹苦矢志，训公昆仲，日耕夜读。公在童稚即能自食其力，迨弱冠转事板业，不数年家道日兴。置田山，建厦屋，孝高堂，友兄弟，庭除之内和顺雍睦，蔼然有太古风。又念村中子弟幼少失学，则延师设教，歌诵之声彻于山谷。邻里有乏食用者，则周济之。老幼有患疾病者，则救治之。疾甚而无能无力者，哀其死且为之丧葬焉。自古不足数之陋地，忽变而为相友相助、弦诵繁盛之区矣。公入国学，而后犹子及孙辈相继纳粟成均。其游庠食饩举贡者若而人，与夫不日之可以掇巍科登仕籍者又将若而人。且昔则数间衡茅，今则美轮美奂，累叶聚族于斯者，皆我公之德，有以振起之也。盖公度量宏远，出于性生，自奉虽极俭朴而济急救危，恤灾拯困，普施棺椁，独造桥渡。因贫而免租债多年，遇旱而济桑梓多室。孳孳好善，乐为不倦，务期实惠及人，绝不计较多金。砌宣平数百里道路，铺城西数百丈石板。其他修数里、数十里崎岖之途，不知凡几。晚年得子，寿跻大耋，兰馨桂馥，书香绵远，将来兴起，正未有艾。说者咸谓公德之及孙子。而吾谓地方之日有起色，出于公德之尤为盛也。兹修谱牒，特记梗概以垂后世云。

赞曰：天之报施厚德，信乎？其不诬也。当公食贫时，希免冻馁足矣。讵意村庄自公而兴，善事由公而举，与夫创诒业，建祖庙，庇乡邻，肇书香，启科名，享遐龄，获尸祀之足以辉耀宗乘，昭昭于人耳目间哉。虽登之青史，与循良传后先争光可也。

时道光十九年（1839）岁次己亥清和月，赐进士出身、特授松阳县知县汤景和拜撰。

9.《伯祖父德永讳寿永传》（宋德永传记）

窃念学朱之生也晚，原不足以表前人懿行，述前人之绪业也。如我伯祖父讳寿永公者，年当杖国，而学朱则犹属童稚。尔时虽不识时务，而于公之为人，迄今追而忆之，亦觉想象如见。盖公与我祖父别爨后，屋宇及身而建，女与媳及身而嫁、而娶。然此犹其常也，而所难者，为孙受室不数年，而曾孙又亲睹焉。即此以思，乃知公之为人，洵所谓福寿并臻者也。公生平俭朴持己，忠厚待人，年

虽耄耋，仍然童心。无谤言，无怒色，幼少乐与嬉戏；不偷安，不好逸，田园时为趋游。如我公者，岂概见哉？今公子讳国仁、国义者，已得子孙振振，温饱快然，何莫非我公之厚德所贻也？不揣愚昧，爰为执笔，约叙数语，以登诸谱牒，昭夫后裔云。

时道光十九年（1839）岁次己亥清和月穀旦，侄孙学朱顿首拜撰。

10.《先祖父德盛讳寿远公志略》（宋德盛传记）

尝思莫为之前，虽美弗彰。如我先祖父讳寿远者，当我父幼稚之年，即已去世。几若莫为于前，而亦几于无可传矣。岂知吾父克守基业，依然无恙，是非吾祖父忠厚之德彰于前，而有以荫庇于后乎？故论恢宏前业，佑启后人，我祖父虽不能躬亲其任，而由今思昔，觉吾父之所以能创能守，亦穆然有念于我先祖父之厚德而不敢忘焉。孙不胜悲感，亦差自欣幸。爰溯由略以记诸谱牒以昭夫来兹。

时道光十九年（1839）岁次己亥清和月穀旦，孙男学朱顿首拜撰。

11.《德焕先生记略》（宋德焕传记）

古今来国家之建树宏业，垂诸久远者，非独创始之为鸿才硕德也，盖亦继体之得人焉。德焕先生，为永起公晚年所生之哲嗣也。使先生罔知创业之艰难，将席丰履厚有不克负荷者矣。乃先生赋性懿美，且薰陶于朴厚贤良之化深，故其大度乐施，依然乃父之襟怀，真不愧肯堂肯构者也。先生今岁年甫不惑，而教子义方，持家有道，处邻里亲朋间，粹然穆然，和顺忠恕，乐易惠慈，话言若讷，尤能恢廓前业，光大门闾，将来桂馥兰馨，甲第蝉联，讵有涯涘欤！数年来，继父之志，筑熙来穰往之桥，造僻陬穷谷之亭，砌崇山峻岭之路，泯暴路骸骨之棺，以及乐助善缘，免人租债，广种福田，不一而足焉。闲时习选课期，使人得吉避凶，兼肄药堪舆，深探秘诀。故于道光午未两岁（1834—1835），合邑疫痢流行，先生熟岐黄之论，得扁鹊之能，凡延请者无不应手而愈。用是益精医理，四方施药，每岁救人疾病，莫不登时取效。而痊愈者感德不浅，指不胜屈。其积德累功，与年俱进，殆所谓善继善述。在宋氏则为孝子，利人利物，在松邑则为仁人欤，是则继体之得人，其宏业之垂于久远，可预操券已。今者先生任纂修谱牒之事，爰赘数语，以记其梗概于简篇云。

特授松阳教谕、蓉斋宋京拜撰。

12.《国仁公传》（宋国仁传记）

从来克自树立者,必有表见之端,以自超于庸侪之外。其立身也正,其制行也端,其待人也公,而恕则德可以为型,而善自有足。录其卓卓不群者,自堪声施不朽焉。宋君讳国仁者,寿永公之长嗣也,幼而克敏,常佩师传,长而克勤,惟修家计,不耽逸乐,而每凛艰难,不尚奢华,而务循敦朴,用致恢宏前业,丕焕新猷,誉镇圜桥,名垂国史,固闾里之荣,抑亦邦家之光也。德配何氏,育子曰君豪,勤俭守家,克承堂构。目下已有三孙,长曰起明,次曰起聪,三曰起海,俱倜傥异常,将来可成大器。振振者既盛,济济者且贤,何莫非君德所贻乎? 然厚德者自能载福。后娶侧室郑氏,猜嫌无忌,复征内助之贤,是又人所难者。考君生平,厘孝思以奉双亲,笃友于以联同气,修睦姻以和宗族,勤任恤以厚乡邻。在懿亲固嘉之、重之,在疏远亦爱之、钦之。即此众志交孚,群情共恰,已堪击节叹赏,穆然想见其为人。况又燕翼有方,诒谋有道,能光于前,更能裕于后,以此彪炳天潢,辉煌家乘,其足以鼓励同伦,振兴后进者,岂有涯哉。后之览者,苟欲企慕而则效之,亦将有感于斯文。

时道光十九年（1839）岁次己亥清和月毂旦,廪贡生蔡大全拜撰。

·

13.《国义公记略》（宋国义传记）

古今来山巅水湄之间,往往多隐君子焉。故秋水之伊人,盘涧之硕士,姓氏类皆不彰。盖醇谨温厚之儒,不求闻达。其潜德无传,其懿行不著,非与之往来甚密,闻见相亲者,未易阐发其幽光也。若国义公者,非醇谨温厚之儒欤? 国义公,予三弟之次舅也,幼举儒业,博习经史,奈时穷运蹇,屡应童试不售,乃不以科第撄心,弃而家居,尚朴实,黜浮华,克勤克俭,恢宏前业。生平不发人阴私,不谈人长短,与朋友亲戚往来澹如也。德配蔡氏,生三子多孙,一庭之止,儿童绕膝,兰桂盈阶,福泽之隆,谓非忠厚之报哉? 予忝属戚末,公之素行知之最悉,闻之甚详。兹因纂修谱牒,即以世之不求闻达者况公之为人,故不揣卑陋,略述始末以纪之。公讳国义,字协宜,化裁则其号云。

时道光十九年（1839）岁次己亥清和月吉旦,姻弟叶以芳拜撰。

14.《国礼讳邦彦先生记略》（宋国礼传记）

尝闻农服先畴,士服先德。良弓、良冶之子,恒为箕裘者,古今人大抵然也。其克创始书香,肇兴科第,籍非杰出之才,乌足以语此? 若我邦彦先生之为人,

则有出于寻常意料之外者矣。先生山中人，其地浑噩，自来无弦诵声。先生于大父创业后，亦循乡俗，延村学究以资训迪，大抵学求足记姓名而已。乃先生在褓抱即识之无迨。舞勺入塾，试读经书，沛然莫能御。于是从事师儒，习举子业，韶龄执笔学为文，斐然可观。弱冠应童试，即补博士弟子员，旋列前茅、食饩入棘闱者数矣。而先生兼事先人板业，丙申（1836）补岁贡，入太学，年已近服政，昔患喘症不时发，遂无意于功名。己性和平乐易，与弟同居，一生友爱，待人以恕，无忤色疾言。尤善于缔交笃信，义推心腹，始终无间。然凡邑有兴举善事，先生无不竭力乐施，若建寺庙、造桥渡、砌道路，咸躬承其任。而倡施棺枢，免人暴露骸骨，数十年如一日，尤为无涯之德也。今先生训子孙之余，优游岩壑，匾"不染尘"之额于静室，悠然独酌，又素善音律，抚弦一弄，邈焉有出世之想。人苦不知足，若先生者非所谓维摩居士之流亚欤？先生虽未登仕籍，而一村之中多博经史、精制艺、前后试辄有名者，皆先生之力导其路也。嗣是蜚声庠序翰苑间，群相辉耀寰宇者，莫不首溯先生之创始书香也。爰记其略，弁诸谱牒，以昭后来云。

时道光十九年（1839）岁次己亥清和月吉旦，甲午恩科贡生候选教谕詹岩拜撰。

15.《国智公传》（宋国智传记）

尝谓"莫为之前，虽美弗彰；莫为之后，虽盛弗传。"而美盛之难传，在孤幼之人为尤甚，苟能免其所甚难，则其人亦可以风矣。予表弟宋君讳国智者，寿达公之令嗣也。方其幼龄，不幸而慈母已殒。继娶后母，未几，而严君又逝。既莫闻义方之训，又易启主馈之嫌，苟非克自树立，鲜有不坠其家声者，此承重之所以不易，而善述之所以倍艰也。乃君辅十岁后，余即久与同学，见其禀姿殊众，慧智出群，不假沉吟，过目成诵。窃以为采芹泮水，攀桂棘闱，俱非所难。乃君不屑屑于功名之路，常以清晏自娱，或幽闲而提弄丝竹，或乘兴而垂钓江潭，潇洒出尘，固已加人一等。至其性近和平，情归浑厚，不忤高堂，不乖亲属，不凌疏远，不虐孤贫，冲融育物，尤为里党所称。然且循古高风，敦贞守素，得贤内助叶氏，相与有成。用致田园广进，堂构增新，廓大规模，恢宏绪业，正不独国学题名为足标其俊秀也。矧又勤于燕翼，善于贻谋，故子列胶庠，孙肄黉舍，将来兰桂绵绵，后先辉映，门庭济济，闾里争光，福之所绥，何莫非德之所基哉？君生平懿行不能尽述，特举其所知者，以志大略云尔。

时道光十九年（1839）岁次己亥清和月吉旦，廪生愚表蔡大全拜撰。

16.《国俊公序》（宋国俊传记）

宋君讳朝槐者，寿桐公之次子也。余尝造君府从学，与君兄国礼公久共笔砚，又邀同试，因以识君之为人尔。时君年尚幼，而英姿飒爽，器宇轩昂，矫矫乎有出群之概，是其迥不犹人者，自少时而已然矣。成童后，遽失所怙，而能仰体慈颜，克从母训，明发有怀，所生无忝，尤足令人深慕其本根之克立也。后与胞兄分居异爨，其克自树立，善经营，升国学，表邦光。邑中舆论咸啧啧称道勿替。君娶王氏，目前已有三子，长曰君惠，次曰君纶，三曰君乾，俱极清秀。而君勤修不怠，俭朴自持，既有以恢其旧物，训诲有方，栽培有道，更有以裕乃后昆。内则敦和亲属而衅隙不开，外则辑睦里人而猜嫌不作，敬老慈幼，恤孤怜贫，宽易近人，温柔容众，其光明正大之规、浑厚冲融之致，诚足以媲美先进而模范乎。后人将薰其德者，可以化为善良；闻其风者，亦且深为悦服。噫！如君者，可多得哉？夫有善不可以不录，有美不可以不扬。如君之卓卓可睹，苟令湮没不彰，将所云旌淑以表厥宅里，彰善以树之风声者，其谓之何？则撮其懿行以炳兹家乘，而垂于累祀也固宜。

时道光十九年（1839）岁次己亥清和月吉旦，同里友人廪生蔡大全拜撰。

17.《庠生国洪讳凤飞公传》（宋国洪传记）

自来处富者多，富而好礼者少。惟飞公侧身道艺之林，幼而灵营在宥，搜讨诗书之奥，长而颖悟非常，赋诗则绣口生风，行文则锦心浣月。邑郡赴试，屡列前茅，弱冠游庠，名登亚第，诚素丰之家所不数数觏者矣。然而才既赡矣，德又茂焉。与人无忤，与世无竞，英断悉寓以慈祥；大智若愚，大巧若拙，精明默运以浑厚。既长才而长识，亦有守而有为。衣冠言动守恬淡于毕生，宜今亦复宜古；起居食息酌丰俭于日用，有质更见有文。外睦乡邻，其和气一团也，如挹晓风于觌面；内理烦剧，其灵机百变也，可证明月于前身。且也式榖贻谋，启后而咸正无缺；象贤绳武，承先而祖烈克扬。职列六品，功推团练，左巡抚特加恩荣，邑县令亲施印饬。技穷扁鹊，独有无师之智；书究舆图，不待指授而明。虽曰公之余绪，不亦见其本末兼优哉？

时同治五年（1866）岁次丙寅荷月榖旦，松阳县儒学正堂印均撰。

18.《庠生国彦讳凤翔公传》（宋国彦传记）

人处饶裕之家，势莫难于俭约。人当忧虞之地，志易丧夫好修。独凤翔公之为人，

则大有异焉者。衣不必甚丰也，食不必甚美也。任室家之崇墉比栉而日用勤静，终不偶变素履之占。体不必甚健也，力不必甚强也。任命途之塞难屯遭而藏修息游，卒不欲坠青云之志。已而大启鸿宇，协力以和埙篪；身跃龙门，蜚声以联棣萼。综览生平，职修鸡鸣，谊敦雁序。上恢先烈，下启后嗣。外睦邻里，内肃闺门。天虽不假以年，而勋名事业不亦足悬日月而不刊、永偕山河而并寿乎？予也因宋氏重修玉牒，为之略缀数语于谱端，以见其概云。

同治五年（1866）岁次丙寅荷月穀旦，城北甲午举人文林郎饶庆霖谨撰。

19.《凤翔公暨杨孺人行述》（宋国彦及妻子杨氏传记）

余岳父凤翔公，字紫庭，为太岳德焕公次子。岳母杨孺人乃振涧公之三女也。岳父寿域莫登，命途屯蹇。吾生憾晚，不克亲见其行事，闻诸邻里父老，犹啧啧称之。谓岳父秉正不阿，好善有诚，鸡唱则问视有常，雁行而后先不紊。闲以道义，无敢或违；娴于艺能，犹之余事。以故黉宫得步，偕棣萼以联辉；尔室优游，和埙篪以济美。处己甚淡也，不以丰厚侈其身；待人至慈也，每见疾贫援以手。修德者必获报，宜乎耄耋可赓，冈陵可祝也。何年甫自立零三，时值春王之一，瑶池召宴，乘鹤而赴；海岛呼朋，骑鲸不返；一梦南柯，遽隔崇山万重也乎？尔时最惨者岳母一人，内顾房帷寂寂无声之情景，泪血同流；下观儿女呱呱待哺之形容，肺肝几裂。斯时烈女者流，乘顷刻之气，昧纲常之经，必然舍生以殉。而岳母哀不过伤，实有超出万者焉。孩提失怙，天实为之，人末如何？更遭失恃，心安忍乎？与其泥从夫之义，何如明爱子之情为尤正也。与之矢损躯之忱，何如操齐家之道为更切也。岳母胡为计之，熟知之深欤。阅两月，夫星才伤，陨坠荆树，又已分枝，治剧理烦，事皆己任。行有余力，则训子以诗书，教女以锦绣。曹大家之遗风，至今未艾。嘉为女中丈夫，不亦宜乎？延至咸丰戊午，发匪扰境，不无撄心，尤多费用，岳母措之裕如。来年寇退，旋里修其墙屋，兼之大舅授室，亦皆独力主持。及十一年，兵燹复兴，家居茅蓬之下，复为二舅举行合卺之喜。非足智多谋者敢为之乎？自是同治三年，大舅鹊桥重度矣。五年，雁塔初登矣。六年，三舅鸳枕谐音矣。九年，幼女茑萝有托矣。迭庆华堂，皆难节用。复兴厦屋，尤化多金。担荷綦重，独力承支。事愈烦，心愈静；人愈众，财愈饶。治家有道，纸不尽书；苦节常贞，帛当表见。适于同治乙丑年奉旨探访，旌其节孝，赐匾"玉洁冰清"，非滥赏也，实褒其真耳。曾几何时而桂子满庭，各家其事；兰孙绕膝，各衍其支。岳母寿近古稀，康强如故。不惟岳母自顾而乐之，予也私心而喜之，即宗族乡党间亦莫不钦羡而仰慕之。兹逢修辑家乘，爰即岳父雅范、岳母懿晖及生平行事，

敬述所闻知者志之，以附载不朽云。后有观者，谓予不文，固其宜也；谓予不实，则谬甚矣。

附赞回文律诗一则（略）

光绪十一年（1885）岁次乙酉清河月上浣毂旦。

城北增广生门下婿叶成圭拜撰。

20.《杨氏节传》（宋国彦妻子杨氏传记1）

盖自有天地然后有万物，有万物然后有夫妇，有夫妇然后有五常，夫妇之义大矣。然吾谓为妇之夫者难，而为夫之妇者亦不易。幸而乐偕琴瑟，不难效鸿案之齐眉。不幸而诗赋柏舟，能无悲鸳枕而含泪？况乎冬寒夏暑，百岁奚归；秋思春情，孤帏莫诉。郁郁久居，人孰无情，谁能遣此？此巾帼所以少贤，香闺所以贵节也。三都杨家堂庄邑庠生宋凤翔公之妻杨氏，乃杨振涧公之女也。以彼十年乃字，中馈称能，三日入厨，作羹早谙，诸姑有问，妯娌称和，如兹淑慎，宜其偕老，君子如琴如瑟者也。无何玉碎珠沉，山飞海立，哭倒杞妇之城，泪染湘君之竹，青年守寡，白首如新。子如桂肯慰母心，孙似兰常绕我膝。由是发封不解，断臂奚辞，誓古井而为心，抚孤松而作节，声称梓里，节著薇垣。拟太姒之徽音，何遑多让；比共姜之守义，犹逊三分。兹逢上宪奉旨采访，由县申报，蒙马抚、蒋蕃二宪请旨，准竖节孝坊以旌妇道。贤忝居戚末，不揣荒疏，用赘芜词，谨书玉牒，非敢云夸笔墨也，亦聊以著淑贞云尔。

时同治五年（1866）岁次丙寅荷月毂旦，城东廪贡生蔡毓贤拜撰。

21.《宋母杨老孺人六旬寿序》（宋国彦妻子杨氏传记2）

盖尝诵诗而知关雎，为风化之原。由尝读礼而知奠雁，实人道之始。古今来杰士，闻人其得内助之贤而名成行立者，亦诚不乏其人。若孺人者，可谓女中之丈夫矣。孺人为文学杨竹斋先生闺爱，年甫及笄，适归于宋。宋君凤翔公者，积学能文，入邑庠生。孺人承家世娴内，则凡事舅姑、和妯娌、相夫子者，莫不各得其宜。举三子，长杏庵、次尉卿、三修书。无何而值宋君年方三十有三，尤抱采薪，遂奄奄以逝。弥留时叮咛嘱于孺人曰："藐兹诸孤辱卿其若之何？"孺人乃潸然泣曰："修短，命也。无成，终义也。如不鄙，妾惟守义安命，以完夫子之志而已。"未几，宋君仙逝。而孺人勤劳家务，凡事总以节俭为先。饶有赢余，则柘（拓）田园、广舍宇、乐施济，四德兼全。三子甫及成童，孺人督速课之于学，诚不愧于画荻以教子者。长子先能用母命，弱冠补弟子员。及诸弟俱已成立，亦皆

授室。十余年间而桂子联芳、孙绕膝，而儒人冉冉迈矣。所最难得者，青年守节，矢志靡他。于同治四年（1865）奉旨采访节孝，赐给"玉洁冰清"匾。又于七年幸遇皇恩，诸亲友力为禀报，批准载志、入祠、建坊，以光大典兹。逢六旬悦辰，诸亲友以寿序嘱愚。愚之钦仰久矣，况复忝居戚末，敢不乐叙其生平乎？《易》曰："积善之家有余庆。"《书》曰："作善降之百祥。"异日麟儿虎子，丕振家声而龙章凤诰，足为儒人光宠者，固大有在夫。岂第青襟把盏为母氏祝，哽咽也哉。是为序。

龙飞光绪七年（1881）岁次重光大荒落无射阏逢摄提格日穀旦。

岁进士、候选训导、姻愚侄蔡育贤拜撰并书。

钦授处镇左营守府、己酉举人叶廷芬率男侄婿嘉勋、仝孙孙婿正藻，国学生侄婿周功扬，吏部分班遇缺选用左堂、姻侄叶浩然同男孙婿敦庠，吏部议叙选用左堂姻侄叶斐然，邑庠生、姻侄叶敦临同男正和，吏部议叙分发左堂、表内侄叶庭槐，儒童、表侄曾孙叶长晖，府庠生门下婿叶成圭率男外孙阙书、灏书、蕉书、铭书、新书，同熏沐顿首拜祝。

22.《国刚公传》（宋国刚传记）

且人生斯世，苟无以树不世之勋，猷创非常之事业，斯庸庸之辈，亦何足啧啧人口也哉？乃叔公名国刚者，大异于是也。当其幼稚之日，穷经考典，姿禀高出于同堂。及其甫冠之时，赴城应试，芳名已列于前茅。故鸿名虽在国学之班，而才思实同夫华国之选。且御寇有功，巡抚锡以六品荣衔。倡立灯祭，诚敬昭夫五龙社庙。然此犹其后也，其事亲更有足尚焉。当其亲色笑依然，问安视膳，其孝敬之心较二兄有倍切。及亲仙游之日，哀伤痛哭，其慎终之念，比他人而益诚。当是时也，凡有造庙宇者，盖踊跃而乐助；有修桥路者，亦慨慷而喜捐。且也排难解纷，救灾拯危，恤孤怜贫，其好善之念，与祖父乐善之志有同揆合节者也。况又得叶氏之贤配，娴三从又全四德，获一麟之美可为后，并堪为杰。综览生平，兴产业，建华屋，修玉牒，上继先志，下启后嗣，外和乡里，内睦家庭，修德行仁之余，而勋名事业诚足悬日月而不刊，偕山河而并寿也。侄孙虽不才，因宗祠重修谱牒，爰伸俚词，聊众数事，以附于简篇之末，俾后世观其谱者，咸有以见其人之大概云。

同治五年（1866）岁次丙寅荷月，侄孙起聪顿首拜撰。

23.《叶孺人六旬寿文》（宋国刚妻叶氏寿庆 1）

岁壬午（1882），松阳叶君竹书来省应试，请谒舍下。叶君，家父为松阳儒学

时之故交也。尔时,予适由京旋里,与其坐谈间,叶君以其岳母宋门叶儒人六旬寿文,嘱予援笔而成,庶便飞驰寄贺。予虽未能摛藻披华,以光寿域,重以世谊,何敢藏拙,爰赘数语而敬祝曰:"儒人乃启瑞世伯大人之德配也,系出名门少娴。内则垂珠帘而作对,挂月为钩;步琼阁以长吟,因风起絮。及其奠雁来迎,鸣鸡是戒。相夫子以无违,恒贞淑德;事舅姑而罔愧,丕著贤声。宜乎享高,年登耄耋。闺范承天懿,美萃玉润之祉;母仪配地遥,光连宝婺之精。是以华堂进酒,宴醉麻姑,不异蓬瀛愉快、厦屋称觞、桃呈王母;何殊杏苑风光,乐慈颜之长厚,致休吉之骈臻。然后知再世贻谋,种得蓝田之玉,三王令誉,树悬合浦之珠,可谓福备人间、德传阃外者矣。兹当设悦之辰,正值秋阳之候,或献延寿杯,或进长生之枕。将见星河波澹,愈增南极之辉;银汉澄清,待降西王之瑞。况世伯大人鸿案称齐,鸳帏济美,如冈如陵,好看桑田几变,为松为柏。咸赓兕酌一章,举凡范所谓乡用,颂所谓眉寿,风诗所谓偕老者,予俱得而为之颂焉尔。

钦命陕西全省学政翰林院编修辛未进士、介休樊恭煦敬祝。

24.《祝宋门叶孺人六旬寿时并引》(宋国刚妻叶氏寿庆2)

古无以诗文为寿者,有之则自韩昌黎公始。予非绣口锦心,奚能铺张扬厉以效古人、以光寿域。然忝居戚末,不揣俚句,敬赋十联,一以代称觞之乐,一以志福膴之宜。

蓬莱佳气集庭前,柏叶椒花翠幕连;
芝草应同萱草秀,寿星高拱婺星悬。
福符东海荣三五,瑞献西王岁八千;
鹤发鸠筇基大德,龙章凤诰锡贞贤。
宏开醉月飞觞宴;快奉长生不老篇;
霭霭慈颜堪配地,悠悠闺范足承天。
捧桃酒进非无意,设悦火流已下弦;
河汉澄清光上界,嫦娥满座庆琼筵。
更占静好瑟调琴,试听明扬管若弦;
待庆今朝称耳顺,无词再祝古稀年。

光绪八年(1882)岁次壬午巧月下浣穀旦。
姻侄婿、郡庠生叶成圭拜祝。

25.《恭祝姑母叶孺人六旬寿庆并引》(宋国刚妻叶氏寿庆 3)

予少失怙，恃蒙姑丈宋篆启瑞公与姑母提携教诲。就食于府中者，乎乎九春。年甫冠，往外生理。而姑母花甲之年已至，本欲邀诸亲友大庆华堂，而姑母力阻，未获拜祝膝下，抱疚良多，惟有敬赘片言，聊伸微意，非敢云诗也。学士文人其谅之。

南极星辉福亦临，年登耳顺颂从心；齐眉先庆西王宴，敢把芜词细细吟。

五福之中寿最尊，萱花瑞发透微垣；缘何洞口云封着，不许车从此地喧。

爰为之歌曰：山色峨峨，物产罗罗，福基于德，惠我实多。

又为之歌曰：织女渡银河，星斗映澄波；好奏长生曲，狂胜不老歌。

时龙飞光绪八年（1882）岁次壬午流火月下浣穀旦。

候选左堂、内侄叶庭槐拜祝。

26.《恭祝皇清例赠孺人晋赠安人宋母叶老安人八旬寿序》(宋国刚妻叶氏寿庆 4)

粤稽歌称寿母，鲁颂之词，曲谱寿人，唐山所制，大抵表著仪范，祝嘏不尚乎？浮词阐扬，德辉播光，宜取诸实行也。惟我岳母叶孺人，秉善心而延寿，乐晚景以永年。系原望族嫔于名门，壶范夙彰，仪型素著，有德象诸篇之肆，无帏房跬步之踰，不特刺凤描鸾，博士称堪宛若，抑且挽车提瓮，少君媿有。由归我岳丈宋相公讳凤仪。懔鸡窗而戒旦，有善必师。举鸿案以齐眉，如宾相敬。四德兼优，俨湘君之再世。三从是懔，似敬姜之可风。谨事舅姑，礼不悖乎？内则无违夫子，行则踵乎汝南。迨乎翁姑仙去，茹素不渝于始终。伯仲爨分，娴声无间于内外。斯治家克勤而克俭，且持己宜室以宜家。始钟一鳞以衍庆，继毓二凤而增祥。子大求婚，迎淑女于巨族，勿计厚奁。女贤择配，选佳婿于寒门，勿索重聘。且也慈悲似佛，宽恕待人。惟教子则必严，陈元积之母堪媲。斯居家之有法，张侍制之女足称。但箠楚不加于伺婢，闺门之内若太古；鱼羹不吝于仆役，家室之间乐雍和。方期绥以眉寿，昌厥后嗣，无何子赴修文之召。媳少延寿之丹，此时悲不胜言，痛难书述。幸也天从其愿，事称厥心，再歌弄璋之句，重见挺桂之荣。忽椿荫之遽凋，赖萱心之曲殚。提携抚养，竭尽劬劳，教育栽培，备尝辛苦，机织余闲，篝灯课读。得此慈训，蔚为英才。伯也企襄，身膺国学，树帜于桥门。仲也企均，名列黉宫，采芹于泮水。夫志已慰于黄泉，慈颜共警。夫白发虽然郗。夫人之年九十，婺彩常辉，西王母之算，万千玉容未谢。际此鹊桥已度，蟾窟初圆，天上佳期，人间寿诞。婿质凡庸，才思谫陋，乏鸿词以彰善行，敢摘芜语以著徽音。

敬颂南山之句，□符燕喜之徵。时开北海之樽，定衍期颐之庆。是为序。

龙飞光绪二十八年（1902）岁次壬寅仲秋月十有三日榖旦。

邑庠生、门下婿叶嘉勋顿首拜撰，拔贡生、眷侄孙许作舟顿首敬书，按察司照磨厅贡生蔡志和，授武义汛把总、举人姻愚弟叶廷兰，候选训导、岁贡生徐绍桢，国学生、姻侄蔡毓淮，国学生、内侄叶庭槐，邑庠生、侄婿叶成圭，仝拜祝。

27.《君豪公传》（宋君豪传记）

且夫人第知创业之为难也，而不知创业而兼守成则更难。如伯父讳君豪公者，国仁公之子也。是时崇墉枇栉[1]，财非不丰也；左宜右有，业非不盛也。使经营不善，其势恒易于奢华。乃伯父独不然也，惟其俭不惟其奢，惟其实不惟其华，克勤克俭，虽不能广置其田园而有守有为，亦尝稍兴其产业。而且上则有继母奉养无缺于高堂，下则有麟凤室家俱各得其宜。又况正配叶氏，三从夙娴，四德兼全，实无忝内助之贤。育生三子，禀姿卓荦，智慧超群，又何愧华国之选？持躬涉世，其心思则鉴空衡平，灵机而变百也；其作事则方智圆神，施应而咸宜也。救灾拯危，恤孤怜贫。举凡有寺庙之当造，桥路之当修者，无不踊跃输捐，挺身乐助者也。况又兼之捐国学，建华屋，修玉牒，其生平之懿行，故纷纷而不一矣。使非善创善守者，何能克承先烈，克启后嗣，有以振家声而大展其鸿猷也哉？侄虽不才，略抒俚词，刊于谱牒，以志伯父生平之万一云耳。

时同治五年（1866）岁次丙寅桂月吉旦，侄起芳拜撰。

28.《君辅讳学朱贤契传》（宋君辅传记）

人之相知，贵相知心。而知心者，要惟师弟为尤深，以其亲承久而结契真也。宋子名学朱者，国智公之令嗣，实余之高弟也。方其幼龄，秉姿爽朗，颖悟通灵，共称为有造者，既余耳之所熟闻。甫跄弱冠。从余肄业，引伸触类，预卜其大成者，尤余目之所习睹。其文情则纵横入古，变化从心，饶有龙门笔意。其书法则银钩铁画，盘结离奇，尤得右军神髓。内外并居其胜，华实兼擅其长。于以身游泮壁，名列胶庠，同榜之人莫不心服。即诸先达亦相推尊，谓具是才思不难，扶摇直上，拔帜先登也。方今适及壮岁，膂力甚强，倘能发愤为雄，复何能量其所至哉？且修于家者，尤可尚焉。顺承大母而无异体之嫌，孝奉双亲而笃高堂之庆。痛先君之不禄，感

---

1 语出《诗经·良耜》："其崇如墉，其比如栉，以开百室。百室盈止，妇子宁止。"描写秋天农业大丰收的情景，这里用来形容宋君豪的财力雄厚。

念殊深；训从子以有成，栽培弥切。则其根本克端，彝伦攸叙，已可想见。以此而辉煌家乘，自足以兴起后人；而和以处众，厚以待人，特其绪余耳。余生平素不喜狥人，岂于是子而或阿其所好哉？兹值尊族增修玉牒，爰志其实，聊以相赠，亦用以相勖云。

时道光十九年（1839）岁次己亥清和月吉旦，同里廪生蔡大全撰。

29.《君贤公传赞》（宋君贤传记1）

盖传者，传也。由昔日传于今朝，传于后世，是必有可传之实，而后有必传之名。此所以传其名之盛，不若传其实之真也。若君贤舅者，其立品也高，其制行也正，其存心从事也精且明。凛鸡鸣而问寝无亏，循砚序而友恭克尽，啧啧人口，山河同寿矣。又经御寇有功，屡邀荣膺，而志若不足重轻，亦见豪情大处。迄今年逾古稀，康强如壮，凡一邑善事，一村美举，莫不挺身是倡，竭力而赴。况其息人争讼，劝人乐善，和人弟兄，调人琴瑟，犹之余绪。是知此境游民，是戒无逸成风俗，尚彬彬雅雅者，孰非有赖老成之诲廸哉？宜乎鸿宇大启，螽斯衍庆，鹤算延畴，亦修德获报为不爽耳。兹适纂修家乘，不揣鄙陋，敬赘数语，聊表一端云云。

赞曰：仰慕斯公，德备福隆；虽登上寿，益长豪雄；以勤以俭，有始有终；克成骏业，大展鸿功；言同霁月，品若光风；士人则效，里党尊崇；兰孙竞秀，桂子称公；家声赫赫，食用歌丰。

光绪十一年（1885）岁次乙酉杏月吉旦，城北增广生姻弟封之叶成圭拜撰。

30.《君贤名玉麟公传》（宋君贤传记2）

尝思天生万物，惟人最灵。忠厚明敏之士，人之尤灵者也。若贤兄者，其近之矣。凡赋性灵敏，巧夺天工。其居家也，内睦弟兄，外睦乡邻。其行事也，公而无私，敏而有成。其事亲也，色雍而神欢。其立品也，行端而节高。故入乎其庭而训子以义，出游于里而处事能公。此予所以羡慕其才智，知其为明敏中人也。况克敌有功，而宠锡有荣，此岂片长薄技者所能比拟乎？兄虽仅获一麟，而后嗣鼎盛，绍开宏业。身虽务农，而心实超出于农业者流。是以年近遐龄，气藐而益壮；寿过古稀，力足而神充。是诚千百人之中难得一人焉矣。脱非忠厚之至，何以寿高若此？且子孙延庆，福寿绵绵也哉？弟虽不才，然私心实慕兄之为人，故援笔志于谱牒云。

赞曰：兄其为人也，侍奉高堂兮，竭力尽心；乐尔妻孥兮，宽裕待人；棣萼连枝兮，和气同声；绳其祖武兮，乐叙彝伦；制行端方兮，秉性和平；慈祥恺恻兮，恤寡怜贫；军功荣膺兮，克敌有勋；寿登耄耋兮，共祝良民。

时光绪十一年（1885）岁次乙酉杏月毂旦，堂弟君朝拜撰。

31.《君楣名企庠公传》（宋君楣传记 1）

士先器识而后文艺。世有文才高千古，艺能炳寰区，非不博洽而宏通。究之假才华以傲世，挟经术以凌人，虽为庸流所震骇，实招君子之讥评。为思其故，是皆不端器识者，偕之厉也。而企庠公何如人乎，芹则已馨也，财则已饶也，前则有作也，后则有述也。而上无冢兄也，下无弱弟也，使以一人独据上游者，而或稍生怙侈焉，亦孰得而禁之哉？乃企庠公朴茂出自性成，温温有恭人之度，冲和不由强致，蔼蔼有吉士之风。念缔造之艰难，俭不流于悭吝；整躬修于圭璧，矜持不酿夫争端。忠厚绵世，德统绪即，宏于后人。聚顺昭一堂，蕃昌即衍于累世。文艺虽不可知，而即其器识克端，亿万年福基之隆，胥于是乎？植之庠公之行谊若此，是诚加人一等也夫。

时同治五年（1866）岁次丙寅荷月吉旦，城南贡生陈其福拜撰。

32.《企庠公行略》（宋君楣传记 2）

尝谓周家以忠厚，开八百之基，至十五王而兴，十六王而王，人皆云积德累仁所致，而岂知忠厚之流泽孔长也。厥后世道凌夷，求如周家之忠厚者卒鲜。吾于过都越国之余，偶于壬辰（1892）春偕周子彩游于松邑，出城东十五里至三都杨家堂庄。是庄习尚淳厚，宛乎古仁里之遗。值造一巨宅，居然簪缨门第。登其庭，洁雅辉光，华丽迎眸。顷刻间，接一人焉，问其姓则宋氏也，请其名则企庠也，叩其甫则莒封也。因知公为宋微子之后，系出王家，代有伟人焉。如玉公之擅长讽谏之问，公之楼观沧海，德沛两浙，祁郊兄弟之并魁天下。迄乎有明，濂公遇英主于婺而为帝师。公生于其后，卒能以文学上承祖烈，采芹后即纳入贡班。方期拊战棘闱，簪花上苑，而数奇不售，人咸为公惜。而公处之晏如也。知傥来浮名，不足动公怀。公之涵养于道德者深，相对间如坐春风中，温润之色、和平之气溢于眉宇，使人厉气潜消于不觉。分庭抗礼，谦光相迎，而回想生平豪迈，爽然自失。令人遥想和圣柳下惠者，鄙宽薄，敦百世，下犹闻风兴起，此后人之所以不可及。以公较之，吾不知百世下闻公风，亦能兴起否？第倾盖间，矜平躁释，使人穆然意远。既而率丈夫子三相见，长绍周、次绍文、三绍云，怡怡一堂，蔼蔼然有太和翔洽之风。孙世桢、世惠、世臣、世鋆等，皆头角峥嵘，器宇不凡，真觉桂馥兰芬。知此中必有崛起光大公之门闾者，非公之忠厚所贻也哉？公德配叶氏，四德素娴，三从克凛，其相与举案有成也，何其懿欤。至于平道路之崎岖，济望洋之舟楫，赈贫

恤寡诸善事，一家人俱无吝色，皆赫赫载人口碑，咸谓公善可述。而吾谓此特富者好施之余事，无足为公道，惟公之忠厚迥不犹人，其留有余也。信乎？不谬。高怀雅度，实堪为乡党所矜式。今秋复游松，寓其府上，有故旧欢，适因华乘重修，略书芜词志之，以俟后之采风者。

时光绪二十二年（1896）岁次丙申秋月穀旦，岁进士候选训导婺东莲峰山守拙氏舒桂芳拜撰。

33.《君纶公传》（宋君纶传记）

夫传者，传也。所以传人之美名于万载不朽者也。然必先有可传之事，而后有可传之名。若宋宗君纶公字尉文者，其人之可传者何如乎？见夫：衣不求华，食不求美也，其俭约可传；言不妄发，行不过则也，其谨慎可传；财不苟取，愿必务修也，其廉洁可传；义以制事，礼以制心也，其模范可传。妻而贤淑，子而克肖也，其家风可传。且向也敦雁序、凛鸡鸣，今也建鸿业、贻燕谋，其孝友与创垂更可传。可传如此，知斯人者谓余未为尽传，则固是。览此编者谓余妄为虚传，则谬甚矣。

时光绪十一年（1885）岁次乙酉杏月穀旦，郡庠生愚侄周文源拜撰。

34.《君恩名企祁公传》（宋君恩传记1）

祁公幼而失怙，严君之谕诲无闻。长而成，立寇兵之烽火频警。处境虽裕，亦非坦然无忧者也。乃祁公之为人正，自有卓越寻常者焉。有母在堂，先意旨以承颜。雁序联芳，建胶庠以立学；女弟联姻于望族，富甲诸都。古屋被焚而复建，功成一月。捐资财于庙社，慷慨而广先人之德。敦雍睦于伯叔，析产亦有一家之谊。衣冠言动，制节而谨度。往来酬酢，量入以为出，其智足以经世也。有条而不紊，其仁足以型家也。和气以致其祥和，其礼足以鸣谦也。不矜与不伐并行，其义足以干事也。克勤与克俭合一，虽曰年甫弱冠而纷纷懿行，不亦可扬先烈而裕后昆哉？所以五品、八品军功，荣恩叠锡，非事之倖也，抑亦理之宜矣。

时同治五年（1866）岁次丙寅荷月吉旦，特授石门县训导石兰弟叶大芳撰。

35.《君恩名企祁公赞》（宋君恩传记2）

髫龄失怙兮，慈帏爱慕。弱冠治事兮，大义精通。姿禀超群兮，无须化雨。仪容和蔼兮，不异春风。荆树连枝兮，各授尔室。芸窗励志兮，早步泮宫。扁鹊呈能兮，功震世宙。雕虫亦娴兮，巧夺天工。谋具军前兮，奖其品职。奥探易理兮，

福备厥躬。堂构相承兮，克勤克俭。琼瑶为报兮，有始有终。鸿业日新兮，财来滚滚。螽斯衍庆兮，乐也融融。

时光绪十一年（1885）岁次乙酉杏月穀旦，城北郡庠生姻愚弟封之叶成圭拜赠。

36.《君恩名企祁公孝行叙》（宋君恩传记3）

且孝为百行源，古今皆重闻。有孝者，莫不式之里。况我本朝圣天子以孝治天下，凡孝子慈孙，无不由有司达朝，特隆宠命，赐建棹楔，以光大典，以劝孝行。予游三江两浙，迹遍各区，求其纯乎者孝行者，寥寥无几。壬辰（1892）春游括松，适宋氏，闻舆论啧啧，称宋氏子祁公能顺亲，遐迩无异辞。予爱慕而结契焉。知君髫龄失怙，孺慕本自天性，哭泣之哀过乎寻常，水浆不下咽者累日，且夕呼天，几不欲生。母氏杨太孺人曰："未亡人非不欲从夫君于地下，奈堂上有姑老矣，膝下尔等呱呱者三四。尔哀父若此，毋乃弥触予痛乎？"君即遵母训，勉抑悲哀，阳欢而阴泣。杨太孺人丸熊教读，画荻示书。君力求圣贤学，弱冠补博士弟子员。秋闱将有志赴战。杨太孺人曰："予教尔读书，学圣贤正心修身之学，毋糟粕，毋习俗，毋猎取功名，惟冀优游庭帏，聚顺一堂足矣，胡远游劳予倚门倚闾为？"君遵训，决意不复进取。适祖母包太孺人疾，君百计调理，求医问卜，药必亲尝。卒不愈，殡葬虞祔，尽哀尽礼，无毫末遗恨。不意母氏杨姑太过，致身不爽。君昼夜扶持，衣不解带者累月，视膳问寝，必躬必亲，未尝委诸弟及子侄偶代。慨然曰：医与地理，不可不知。遂力求岐黄术，探青囊秘，不数剂而母氏获愈。四方耳其名者，敦请无虚日。君唯母命是从。母诺，即为之诊视，道路远近、酬谢有无不计也。暇则访名山，卜佳兆，为先人改厝。间有请卜地者，途虽遐必归，恐莫慰母心。或采新奇语，归述以卜母欢。凡可以娱母氏者，虽造新奇、行小慧，有所不辞。唯抚二弟，教子侄，一遵家法。壬戌年（1862）间粤匪扰浙，母氏杨惊，命君曰："尔能御贼，无使入境吓予否？"君曰："诺。"遂邀乡围击贼于里庄及下田等处，贼氛一扫而空。君运筹帷幄，决胜千里。左大人授君以八品军功。曾文毅公力荐于朝，赠以五品。迭征不起，诸大人复敕邑，命何公劝驾。君喟然曰："予何功足以邀禄哉？予虑贼入境惊吓母氏，因尽心力而为之耳，予何功足以邀禄哉？予母年迈力衰，不敢偶离，公为我善辞焉。"闻者皆高其节，惜其才，而母氏杨深以不赴召为喜。日后食指多，费用繁，诸弟欲析爨。君居瘠让肥，无纤毫介意，惟恐不得乎亲。年逾服官，孺慕未尝稍衰。孟子不云乎？"五十而慕者，予于大舜见之。"今予亦于君见之矣。迄丙申（1896）初夏甫度五日，母氏杨猝然不豫，无疾而终于内寝。子孙群绕而送，寿逾古稀，足见有德者必有福焉。君哭泣呼号，

哀毁骨立，其悲戚非言语所能状者。至于择吉卜兆，殡厝尽礼，固不待言。特不知庐墓间亦有瑞征否？予不敢逆忆，第就目所见者，已不愧于事亲之道矣。当路者应达于朝，乃重务良多，不暇表彰，则阐微表幽，有赖刍荛，因叙所见，记实其事，以俟日后輶轩庶几采之，以副圣天子孝隆之治也，是为叙。

时光绪二十二年（1896）岁次丙申桂月榖旦，岁进士候选训导婺东莲峰山守拙氏舒桂芳拜叙。

37.《杏庵先生七秩寿庆》（宋君恩传记4）

洪范五福，以寿为先。寿者，天之所定，非人力可以强邀。虽然其人居心仁德，待人宽厚，静镇如山，亦具寿征，又安在非人定可以胜天哉？吾松杨家堂庄有宋先生者，名企祁，号杏庵。少具歧嶷之相，年十四即能理家政，井井有条。比长，入松庠，有声黉序。后以家务缠身，遂弃举子业。尝云惟孝友于兄弟，施于有政，是亦为政。抱定此宗旨，孝事寡母，友爱诸弟，一堂怡怡如也。乡间凡百善举，无不踊跃提倡，以故乡人无一不敬服。前为迪德学堂长，县主张公曾题赠"化启文明"匾额。现公推为下田区自治会正议长，是其验也。兹当大汉光复之年，正值先生古稀。县弧之候，四世同堂，可称福寿双全。凡我戚属，理合跻堂，称觥以介眉寿，并敬献祝词，聊佐寿卮。

词曰：先生为一乡之人望兮，具有大德异能。事寡母以孝闻兮，待诸弟以友爱称。地方凡百善举兮，无不竭力勉承。宜乎黄耇鲐背[1]，子孙缉缉兮子孙绳绳。我辈谊关戚属兮，愿祝松柏与冈陵。

黄帝纪元四千六百九年（1912）小阳月榖旦，戚属蔡为霖、刘德怀、阙增明、潘宗土、汤汝华、包正通、潘思谦、丁景南、潘波、蔡世澄、叶庆锡、叶焕章同顿首拜祝，愚弟吴春泽拜撰并书。

38.《杏庵公家传》（宋君恩传记5）

公姓宋氏，讳企祁，字杏庵，谱讳君恩，清附贡生，世居邑之东乡杨家堂村。髫年失怙，事母以孝闻，婺东舒桂芳先生有赠序一篇，专称其孝行之纯笃，载在

---

1 "黄耇"与"鲐背"，都是对老年人的尊称，表示长寿和高龄。黄耇："黄"是老人头发由黑变白，再由白变黄的状态；"耇"同"耈"，意为老人，特指高寿的老人，《说文》中解释为"老人面，冻黎若垢"，即老人面色不净如冻梨色，像浮垢一般。鲐背：指老人背上生斑如鲐鱼背上的花纹，比喻高寿，古代常以"鲐背"来称九十岁的高寿老人。

谱中，可覆按也。幼承贤母杨太孺人之训，及长就傅，讲求实学，兼善制艺，逾冠补县学附生。以爱日[1]心切，不忍远游，绝意进取，后援例贡入成均。洪杨之乱，县城失守，公联合东乡数十村庄，倡办民团，御敌于里庄、下田等处，敌不敢犯，东乡一隅，赖以保全，事闻授五品军功，曾文毅公且力荐之，辞不就。晚年居乡，专讲公益事务，村故有社仓积谷六石，公力任收放，积至四十余石，复以其余羡置田产为合社公共之用。自科举改为学校，所在各姓多以旧日学租而致争。公先将祖遗学租提拨，创办迪德初等小学校一所。管理教授，悉遵部章。知县张公考验成绩，奖给匾额曰"化启文明"。至如村中之青云宫、五龙社庙，皆公苦心经营所建造者也。清之末造，实行地方自治选举，被选为下田乡议事会正议长。民国改选，连任一次。是时，洪水为灾，东乡东田地方旧有石桥一条，为达郡城之要道，遭水冲塌，决议修复，报领账款，搭放公债。公以所领之款相差甚巨，而公债又未能作用，遂将公债缴还公署，而拨助先人遗产以足之。自经始以迄落成，亲往督工，暑雨不辍，积劳成疾，遂以不起。卒于民国三年（1914）甲寅正月初四日，享年七十三岁。生平于儒书外，尤精医学，远近求诊无弗应，活人无算，人多德之。发绋之日，各村居民送葬者，不绝于道，又有岭上人来吊，恸哭不止，足征平日感人之深也。窃按公一生学问，既不为章句无用之学，又不为义理空疏之谈，其见于设施，皆有实惠以及人。古所称乡先生殁，可祭于社，如公者庶乎近之矣。

民国十四年（1925）夏正冬十月，同邑晚生刘德元拜撰。

39.《君朝名企璟公传》（宋君朝传记1）

天赋人以形气，即予人以聪明。上圣不学，亦失其圣。下愚能学，亦破其愚。此鲁论二十篇，以学开其先也。维彼璟公，朝焉有考，夙兴五鼓；夕焉有稽，夜寐三更，才思则灵。明日启字法，则秀逸超群。以视身际丰饶，溺志晏安，忘情载籍者，不已大相悬殊哉？而且上宜长兄，下宜弱弟，伦无不敦也。父没，致其思母在，隆其养纪，无不饬也。淡泊明志，韦布可以自安；宁静致远，诗书可以自适。其居家闲暇也，不尚呼幺喝六。其下郡赴试也，不入柳巷花村。言貌若愚，守家风于浑朴；襟期远到，图功名于万里。况有寇时，重出资财，克敌有勋，虽张院察锡赏六品军功，犹非其志之所竟也。三代下无全材，即此嗜古不倦。居室雍和，是亦宗乘所赖以光宠矣。

赞曰：为人正直兮，无私至公。一生勤俭兮，家业兴隆。贸易他乡兮，陶朱之志。

1　原文如此，当为"母"字。

经营异地兮，管晏遗风。平日励志兮，诵诗读易。毕世发奋兮，奥义能通。竟获二麟兮，芝兰挺秀。如得一凤兮，桂子成丛。学贯堪舆兮，人所共羡。技传扁鹊兮，和缓同功。处世温厚兮，敬修玉牒。品若霁月兮，端木与同。

同治五年（1866）岁次丙寅荷月，增广生宋士心撰。

40.《先大父国学公家传》（宋君朝传记2）

先大父国学公，姓宋氏，讳企龙，字从云，谱讳君朝，浙江松阳人。曾大父讳增堂，大父讳德焕，两世皆为例贡生。考讳国彦，县庠生。庠生公有子三人，公其次也。宋氏世有潜德，贡生公父子尤以仁让好善著称于时。子孙相承，自成家教。公渍濡浸染，又秉美质。自幼少时，已有长者笃穆之风。入塾读书，程功计日，同学莫及其锐。师器而称之，以为异日必能取功名，荣显其父母也。弱冠，应童子试不售，退而课徒于乡。教学相资，益自刻督。及应试又不售，乃采深山杉木，泛桐江贾于武林。遇岁、科试，提行箧遄归，则又试焉。前后累十试，卒不售，懋迁又亏其资，于是困甚。闻贩烟业尚可为，则又贩于武林与邻邑之龙泉，冀少偿其所负，不幸烟又亏。而家遭一子三女之丧，疾病促归，凶问又不时至，迪遭抑塞，气益弗舒。公之遭际，盖有非人所堪者矣。公既抑郁家居，深以连不得志自恧，诚吾父曰："耕以养亲，读书明理，淑其身是亦足矣。毋浮慕名利之途，困踬怨尤，蹈予辙也。"故吾父昆仲皆耕读依膝下，未尝向衡文者报名姓焉。洎乎光绪甲辰（1904），微封年十四，始以公命受业于寿田叶先生。叶先生者，公甥也，遇岁试请于公，公曰："稚其可乎？"先生曰："姑试之。"榜发，竟补县学生员。捷足报公，公笑曰："文章不可凭，于吾孙见之矣。"盖至是，公之志乃少解焉。公早丧父，事母尽孝，冬日进饭先犒其案，曰"老人每食缓，恐易冷也。"夏日之夕，常至母室挥蚊。蚤生则捻纸预渍脂膏，母将寝乃烛之。衾裯襞襀，检括必遍。次晨问母安否，稍不适则以为亏疏，多吾咎也。母殁，公年五十余矣。与伯兄杏庵公焚香讽诵佛经，益以近世销褪修愿之言。爽朝深夜，二十年无寒暑之间。或以公所诵有非身毒所传者，问诸公。公曰："世苦天灾人祸久矣。祷于天，而仁之人之幸也。念兹在兹，淑吾身以淑吾子孙。推之于人，人承天之庥，世宇和融，子孙同其乐，利吾所为，终不虚也。吾岂效浮屠子为一身计？世世久长哉。"尝举《尚书》阴骘之旨，与乡人之谨厚者，反覆细绎，以为作善降祥，不善降殃。圣人之言，毋俟征诸往古，即乡邻近事可历历证之。闻者莫不竦然，亦若确知施报之果不虚，而可以明验者。岁暮，大雪霏霏，辄慨然太息叹曰："无衣无褐冻馁者，不知若而人也？"闻水旱之灾，疾疫兵戈之耗，常攒眉蹙额，累日不怡。祖先故多义行，年

久远，有当重为修复者。公与伯兄经营忖度，欣然从事。伯兄殁，则曰："责在我矣。"费资多谋诸群从，必底于成而后止。盖公心祖宗好善之心，惟众乐之可乐，挚挚焉。必不让富厚者独为舜之徒也。某岁，族人有以争竞祖业，讼于官者。公于一族中年辈最尊，宜有言。咸丐公稍稍徇其私，愿以沃田怀金为公寿。公怒曰："吾为长。汝讼，吾羞矣！又欲污我，汝视我人何如也？"皆退去，无敢再言。公之客武林也，遇乡举，多士纷纷从邑中来。邑故有宾兴资，向以惠多士。掌者卒，莫能给。多士恚，闻与公有亲故，群诣公。公曰："乡人也，奚吝焉。"出百金畀之，不以语于人。后虽匮急，终不齿及。知之者咸叹为不可及也。公刚方严俭，体气甚强。声妓宴佚、樗蒲博塞之好，终身不与。子弟有所不韪，辄面责，不稍恕宥。其客于外也，未尝有华美之衣。其赴试也，日走百二十里，不可以为劳。民国五年（1916）丙辰三月十二日，以急疾卒于家。疾革顾吾父、仲父曰："幸协心事母，毋乱我也。"即合目诵经，声朗朗甚清晰，浸微浸弱，至于沉细不可闻。比属纩，犹翕翕也。公生于道光二十四年（1844）十一月十八日，享年七十有三。以民国五年（1916）丙辰十月二十八日，权厝于本邑桐溪枫树山、今墓前十步。次年某月日，殁于今墓。吾祖母杨太孺人，本邑桐楼庄国学生某公长女，以咸丰十一年（1861）归公。与公共甘苦，公甚赖之。生子男三：长曰锟，吾父也；次曰钧，季曰锭。女子四，惟第三女嫁城北叶某，余三女及季男则公前经商时夭折于家者也。孙一微封。曾孙二：昌几、昌存。洪杨之乱，公尝输财，奖六品军功，晚年纳粟为国学生。孙微封曰："吾四岁丧母，与祖父母同起居，公教吾读书，爱吾甚。稍长，吾游学沪杭。祖母有不忍之色，公则欣然送吾于门。吾卒业归，课徒邑中，与厚谨童稚者游，公闻之而喜，未尝以吾为懦。所望于吾者，固非寻常父母之心也。今公殁已十年，吾年亦三十有五矣。吾业不加进，行不益修，祖母杨衰癃而行不良，吾又以衣食故，不克随父叔后，朝夕奉几杖于左右。其何以慰公之心哉？昔李翱撰皇祖实录，谓先人之美不可以不传。夫翱之生也晚，固未尝获接于贝州君也。微封之于先祖，非翱于贝州之比。区区欲传之愿，其敢后于翱乎？伏惟大人君子悯其愚而为之撰次焉，则予小子之志也矣。

中华民国十四年（1925）乙丑十一月上浣，孙微封谨述。

41.《君銮名企京公传》（宋君銮传记 1）

尝闻有善则相劝，有过则相规，他山借助，获益同人，此儒者。闭户好修，尤贵出门求友也。吾三舅考名企京，字修书，号新唐。同学数年，声应气求，虽属至戚，不减友生。劝善之余，提撕独切，规过之下，昭示维殷，所以君之行谊，

吾亦知之有素矣。其为人也，和而介；其立品也，直而正；其治家也，以勤以俭；其从事也，无戏无渝。致孝思于风木，肠断严君。奉嘉品于帏庭，颜承慈母。且也雁序则埙篪济美，燕私则琴瑟谐音。老安少怀，寸衷交尽，内和外睦，秉性无亏。甚至蝇头获利，市肆呈能，雀角化争，乡邻感激。人情练达于中怀，学问深纯于尔室。何意鸡窗励志，迄今未步龙门。然而蛾术勤修，俟后必登雁塔。更观淡泊可甘，膏粱文绣皆非所愿；温厚自持，柳巷花街拒绝尤严。况又诸书遍览，言尽生风，余绪可嘉，艺精平日，无怪乎承先而鸿功丕焕，启后而螽羽蕃昌。虽祖业丰隆，淡然处之，及身广置，毅然为之，年方富盛，志已简老，不俨然有少年老成风欤。当兵燹后，捐资复建括郡考棚，奉上宪奖结九品职员。而志犹未竟，非长才莫屈短驭之谓哉？余适居斯境，正逢整修家牒，爰抒芜词，垂诸简端，以为异时彪炳史册云尔。

赞曰：其人也，可称贤。秉懿美，赋性坚。广善事，植福田。行素位，耻执鞭。萱帏致爱，椿影告虔。兰枝鱼贯，棣萼蝉联。绳乃武兮，肯构肯堂，继承弗替。庆佳偶兮，如琴如瑟，叶吉其旋。尤勤黄绢，宜选青钱，不甘居后，必进乎前。敏求兮候无旷，奋勉兮心甚专。气愈敛兮才愈优，学征腹笥。功日深兮思日辟，水到渠川。何大器必经老炼，在奇书几竭推研。七步能成兮皆为丽句，万言立就兮尽属锦篇。他时上献明廷兮，鸿仪魏阙。此际暗修尔室兮，鱼潜深渊。尤娴艺能兮，智非泥矩。更精技术兮，巧亦胜天。爰为之歌曰，山高巍而巅，竹映清且涟。地灵者人杰，自立真卓然。又歌曰，年近强仕俗情捐，麟趾螽斯胤绵绵。事为雅范足矜式，附资家乘永相传。

时光绪十一年（1885）岁次乙酉杏月穀旦，城北增广生姻愚弟封之叶成圭拜撰。

42.《君銮公传》（宋君銮传记 2）

且史臣记累朝之事，凡有一材一艺者，莫不秉笔书之，以流传于后世，而况为一乡之善士哉？予舅翁宋君，字君銮者，幼聪慧，日授数十卷，辄过目成诵。及弱冠，博古通今，大为有道器，自应取青紫如拾芥。不料文章憎命，美玉永藏于韫匮，殆天之困陀斯人乎？抑时有未至也。值秋闱，同人金谓翁困于小试，每劝之授监入战。翁忿然曰："诸君以予为功名中人耶？予视之若浮云耳，胡容戚戚为？况予堂上老母年逾服官，即使侥幸成名，亦何忍远离膝下哉？苟得优游庭帏，聚顺一堂，平生愿足矣。胡容戚戚为？"遂退处家庭，不复操儒业。时而训子侄，一尊家法；暇则经理内外，与大兄分劳，罔不井井有条。以故怡怡一堂，母兄咸怜爱之。逾数年，兄弟析爨。祖、父遗产颇丰厚，翁勤俭自持，无一毫奢华意态。

又接踵先人旧业，仰体祖宗遗绪，凡济人之急、扶人之危，及修桥砌路诸事，莫不首为之倡。噫！吾翁乃欲不出家而成教于国耶。迄丙申（1896）续修宗乘，内有迁居于宣邑上山头者，前修谱时，尝得其工资等费入祠销用。及今年，远且程途遥隔，欲从中止。而祠中公资无多，势难以终其事。于是族房商酌，欲择祠中能事者，往为周旋。群推翁，翁遂不辞劳瘁而玉成之。此事关于一族，翁独任之，其性情亦足见一斑焉。元配吾姊，贞静幽闲，亦巾帼中不易得者也。子三，悉皆勤而习俭，有乃父风。岂非吾翁修德之获报哉？予忝居葭末，故不揣谫陋，爰记数语，聊以述其梗概云。

时光绪二十二年（1896）岁次丙申菊月穀旦，邑庠生、愚生婿蔡储澄拜撰。

43.《起芳公传》（宋起芳传记）

昔大宋小宋[1]一科之中门第并甲于天下，此宋姓之称极盛者，有自来欤。即如今余有一友焉，官章斤，字中锋，号立光。自幼诵读经书，有过人之资禀。及长，挥成文艺，多轶世之篇章，遇试辄能冠军。此芹藻所由，采于弱冠也。以贤兄之学优才富，定当秋分桂树之香，而春破桃花之浪矣。无如年届髫龄，令先君即已仙游，自是家务纷繁，一切冠婚丧祭措理，咸藉只身；所置屋宇田园筹策，全凭独力。故连枝俱为授室，令妹亦适有家，极一己之经营门楣，愈见其光大，是以一邑之中咸称诗书门第，阀阅世家焉。正配夏氏，系名门之淑女，为内助之贤媛，育三子，桂芬兰馥，蔚为华国之才，将来肯构肯堂，作述定济其美，日后尔昌尔炽，瓜瓞且衍其祥。而且尽伦尽继，绳其祖考；承重承祀，展其孝思。又，贤兄尊尊亲亲之极则也，因而由困而亨，虽叠经险阻不为损；乃能由逆而顺，即稍得优游不为加。故其担荷之大，力任理考棚于括郡，甲子岁（1864）共襄其成也；兼除加赋于松川，癸亥年（1863）并树其望也。至遭兵燹时，其约会本都义勇，以捍卫一方，未始非贤兄之运筹，有以致之者也。赞兄之生平，虽难尽述，而余就所习见者，抒为俚词，俾刊载于谱牒，亦聊以志贤兄之万一云尔。

时同治五年（1866）岁次丙寅季夏月穀旦，世愚弟王昌期顿首拜撰。

44.《起英公传》（宋起英传记）

尝思川岳磅礴之奇，郁之深者，达之必�â。祖宗培养之久，积之厚者，流之

1　形容宋代宋郊（大宋）、宋祁（小宋）两兄弟在科举考试中取得的卓越成就，以及他们在当时社会上的显赫地位。

自光。此明德之后，所以有达人欤。贤甥宋姓名绍绪，字伟人，号立志，君辅妹丈之令嗣也。自幼聆庭训于严父，所习经书诗文，无不过目成诵，颖悟非常。年近弱冠，痛先君之辞世。固已失怙悲深矣，然犹尊熊丸之教而笃志勤学，以绍弓治箕裘之绪也，此"绍绪"之名所由来欤。由是，学益博而业益精。弱冠后，即撷芹藻于泮池，而蜚声黉序，将来直上青云，搏鹏程而题雁塔，可预为贤甥卜焉矣。况乎昆仲比河东之双美，姊妹犹玉笋之齐辉。室授徐氏，可称内助之贤；祥征弄璋，决推克家之子。埙篪吹而顺征慈帷，琴瑟调而庆洽家室，非所谓遇之极隆者欤？若夫家务之纷，悉能措理，既泛应而曲当，亦方智而圆神。又其才之裕如者也，如处宗族，则式好无尤；处乡邻，则和光堪仰。守耕读之家风，桑藤与诗书并课；养勤俭之素志，骄侈与惰慢兼除。浑厚以贞，厥性仁者，而实为寿征。精明以启，其灵智士，悉多乐趣。现今年近强仕[1]，犹然壮志不磨。知贤甥系是诗书门第，阀阅世家。由此而香分树桂，艳夺杏林，更有厚望焉。属在姻眷，因不揣疏陋之至，聊举生平而撰数语，以志于谱牒云。

母舅、邑廪生詹伟撰。

45.《起敏公传》（宋起敏传记）

且起者，启也，所以启心志也。敏者，明也，所以明理道也。此公之以起敏命名者，有所取欤？使取此以为名，不能循此以行事，其命名虽有自，其为人尤未足嘉也。若起敏公，则固有不负此命名之意焉。见夫艺精镂金刻银，不必藉力于师友，而龙凤自得乎？意中识尽人情世故，虽非关心于诗画，而豕亥早明。其度内，谓非心志之聪，理道之洞乎？虽然，公之可述者更大有在。获内助于贤媛，娴四德、知三从，桂馥早卜，睹连枝之。令子勤耕作，精技艺，兰芳待占。以及夫谨言行，睦乡邻，尽孝友，痛戒鸦片之前非，大启鸿图于后日，其风规不更可慕哉？兹修玉牒，故聊赘数语，以记其概焉。

时光绪十一年（1885）岁次乙酉杏月穀旦，郡庠生周文源拜撰。

46.《起艺先生记略》（宋起艺传记 1）

且人必相知，而后可据实以相称。盖不知则妄为揄扬，虽足惬一人之愿，而过为推许，能无启后世之嫌。若起艺先生，字鸿图，号俊生者，其行事余固深知之矣。余设教斯土，见其致敬尽礼，则知尊师之诚，见其秉公不比，则知持身之正。

1　强仕即四十岁，结合宋氏编修族谱的年份推算，这篇传记应当写于同治五年（1866）。

而且术精堪舆，才优国学，则知其心聪明。言不妄发，行必思恒，则知其品之超轶。以及佳配毛氏，娴四德，裕三从，秀毓五桂。[1]勤耕读，习技艺，更知内助之得人，教子之有方也。见知如此，彼夫前日之鸡鸣无愧，雁序克端，可不问而知矣；即其后日之燕翼远垂，鸿猷宏建，可预卜而知矣。顾知仅一己，自喻未堪共喻；何知表于人，自信庶几共信乎。于是聊举所知者，述于简端，俾后人之览，是编者亦有以知其大概也。

光绪十一年（1885）岁次乙酉杏月吉旦，郡庠生观澜周文源拜撰。

赞曰：惟君孝悌，仁厚可风。敦行不怠，积健为雄。治家有法，子孙昌隆。以勤以俭，允执其中。居仁由义，毋党毋同。堪舆博览，妙理无穷。君朝赠。

47.《俊生公赞》（宋起艺传记2）

闲尝读易，而得同人之卦。同以道乎？同以心耳。予不幸少失怙恃，栖身于姑丈府中者九春。尔时，适有俊生公者，同商谱务，每日辄把晤一堂。见其人，身虽纳粟成均，心却精通书史。孝友无忝，和目克端，有不待言。况得内助毛氏之贤淑，宜乎燕山传宗，兰阶竞秀矣。即如予与公共事谱牒十有五次，合而分，分而合，一无猜嫌。此所以订同心之交。兹值贵房重修玉牒，历历记夫往事，穷叹良非偶然，爱诗赋以美之。

在淡竹见其雅度也：断断无技不自夸，精探图系一无差。大鸣大叩教思广，霭比春风意气华。

在浪树见其存心也：矜张悉化自无偏，敏捷灵机巧夺天。纵使山村高士少，未尝稍懈不精研。

在陈后山见其养气也：阅历深沉已几庚，谦恭逊顺息纷争。彼长此短何曾较，自反衷怀莫抗衡。

在岱峰见其谋食也：胘细食精虽不求，身游僻处亦难周。惟能淡泊明其志，故效王曾励厥修。

在陈巷见其择处也：暂借庖厨一竹扉，无庸鸟革庆翚飞。德门仁里栖身稳，智者名言讵可达。

在上田见其和众也：雅范虚怀化雨施，谈心握手已纷驰。更精择课堪舆事，咸仰良师遍一时。

---

1 "四德"在古代中国特指妇德、妇言、妇容、妇功。"三从"指古代女子未嫁从父、出嫁从夫、夫死从子的道德规范。"五桂"指的是毛氏生有五个儿子。

在酉田见其睦邻也：观山计里隔云坳，声气相通道义交。即教规为曾未备，含容简默岂咆哮。

在净居见其博学也：序赞传文几费心，堪怜僻处少知音。镂金琢玉云成锦，披阅谁知味最深。

在后湾见其达聪也：人工智巧胜天工，况复精勤力学充。亥豕辛羊资辨别，吟哦监读姒重瞳。

在紫草见其轻财也：锱铢必较莫今朝，豪爽襟期世俗超。虽属工资凭义取，早迟缓速任逍遥。

在桐溪见其好礼也：文章品节两相关，矜肆邪侈已尽删。自满损兮谦受益，咸仰丰采乐交攀。

在程村见其勤功也：专心致志有谁如，爱惜光阴莫掷虚。编次繁增非易事，成功不费几居诸。

在上庄见其积德也：支图脉络尽零星，考核祥明绘像形。尤得绵人亲血路，讵贪贿赂负螟蛉。

在南洲见其广交也：四海弟兄皆友朋，他山借助集多能。名人野老赓同韵，切琢磋磨益愈增。

今，在贵处见其报本也：花枝有本水从源，追远一章乃至言。值任挺身修玉牒，盈余亏折不心存。

光绪十一年（1885）岁次乙酉杏月吉旦，城北职员姻弟升斋叶庭槐拜撰。

48.《宋刘氏记》（宋起海之妻刘氏传记）

尝谓男莫重于忠义，女莫重于节孝。盖节孝者，女之所以全终身者也。而能此者，莫若起海公之配刘氏。当其年方三十有一也，痛先夫之已逝，魂游渺渺；顾幼子之失怙，声啼呱呱。兼之家务烦扰，逼抑并来，他人处此，鲜有不自坠其守者矣。乃宋刘氏则大有异焉。德虽秉于女柔，才实胜于男刚。知三从，娴四德，故当进田园，建房屋，纵蒙提携于昆玉；而其娶佳媳，嫁令女，实由裁制于心身。矢志靡他，石之贞也可比；苦节自励，冰之清也奚殊？兰桂腾芳，公姑善养，不诚为女中丈夫哉？余于是援笔特记之，以昭其节焉。

光绪十一年（1885）岁次乙酉杏月穀旦，庠生、观澜晚生周文源拜撰。

49.《起海名万清先生传》（宋起海传记）

尝思虎死留皮，人死留名。然必业有创于前，而后名可传于后。若起海先生

其立业，余得而闻者，夫固不可胜数矣。年方弱冠也，艺精百步，才可比以穿杨。年甫富强也，迹遍四方，风堪习夫夷吾。以及职居五品，名何如之显；产守先业，家何如之隆。孝行敦而弟道尽。其才之超群绝俗者，奚若也？使天其假以年，将燕翼远垂，骏业宏建。亦何至仅得其年二十有八，徒令后之传闻者称道弗衰哉？然人虽往，功犹如昨；事虽没，名尚可传。于是聊述其生前之事业，以附于编端，俾幽可惬其愿于蒙蒙，明亦可昭其名于远远也。

附赞一则：卓哉此公，忠厚可风。义以制事，礼以淑躬。惟知朴素，不事精工。人虽已往，犹记其功。吾生憾晚，未得相逢。

光绪十一年（1885）岁次乙酉杏月榖旦，郡庠生、晚生观澜周文源拜撰。

50.《起文仁兄传》（宋起文传记）

尝思人之立业不精者，其何以计身家哉？若起文兄者，可谓精于其业矣。戴笠于青畴，荷锄于缘野。望杏而开田，瞻蒲而负耒。沾体涂足，日炙雨淋，不辞心志之劳苦也。身虽务农而心实超出于农业者流。高堂在望，独隆其养。德配叶氏，内助称贤。人入观其庭，食可不必美也。出游乎里。衣可不必丰也。淳厚一生，惟浑朴之是尚。子卜三槐，力能循序以娶媳。他人所难为，而兄能为之。而且训子以义，立身贵乎淑身；取财有道，见得而毋苟得。欲振家声，惟勤惟俭。貌虽若愚，其实非出于愚。故在庭帏间，则蔼然而柔顺；在乡党中，则畅然以和众也。余故援笔，聊表数语而志之。

赞曰：惟公好善，忠厚可风；教子以义，养亲独隆；能创家业，积健为雄；克勤克俭，允执其中。

时光绪十一年（1885）岁次乙酉桃月榖旦，城东廪贡生蔡育贤撰。

51.《企璜之妻许氏节孝传》（宋企璜之妻许氏传记）

盖闻女有三从，倡随为大。妇有四德，节烈为难。城西有女，字曰琴声，庠生为榜许君之女宾，适于宋而配为企璜之妻也。以彼惠兰赋质柳吟词，年当及笄重结褵。事舅姑而鸡鸣凛节，相夫子而蚕织攸宜。倘得梁案齐眉，何愧百年伉俪？奈何柏舟赋誓，遂悲千载别离。爰感发封[1]，有怀履洁[2]，抱痛含情，伤心泣血。咏孤燕而悲怀，听鸣鸳而凄恻。与其波澜水起，徒偷一日之生，何如霜雪冰清，独全

1　发封，即束发封帛，指妇女忠贞不渝，语出《新唐书·列女传·贾直言妻董》。

2　履洁，即躬行廉洁之道，最早出现在南朝梁萧统《文选序》。

一身之节。因而不惜余生甘心永诀，生则同室，死当同穴。依依兮连理枝头，渺渺兮相思树侧。人或痛其湮泯，吾独悯其节烈。兹逢上宪咨部奉旨探访香闺，由县宪转详抚、藩二宪咨部旌奖，以其青年守志，节烈可风。奉旨准入节烈神祠，春秋致祭。入祠建坊，以光盛典，洵推巾帼之贤，无忝香闺之则。贤忝居戚末，不揣固陋，用赘芜词，不胜钦感之至。

　　时光绪十一年（1885）岁次乙酉春月，城东廪贡生蔡毓贤拜撰。

52.《起杰名绍周公行状》（宋起杰传记1）

　　丙申春（1896），予与周君名维清者，游灵岩，见群鸟和鸣，杂花生树，载酒听黄鹂数声，不减舞雩下乐也。复前行数武，苍松秀古，翠竹呈奇，巉岩幽媚，清流映影，山重水复，似此间别有天地。予谓周子曰："此景大似辋川盘谷之胜，其间必产畸人[1]逸士，如陶征君其人者。"周子曰："然。山川灵秀，必毓伟人。前村中如予妹丈起杰君者，庶几近之。盍借笔以垂不朽乎？"予曰："未谙懿行，何能状？"周子曰："前日晋接间，君所谓如座春风中，即其人也。胡吝金玉为？"予曰："杰君椿萱无恙乎？"周子曰："堂上双亲康健。妹丈寝膳必视，定省必躬，亦能先意承志，务得二亲欢。""昆季几乎？"周曰："兄弟三，妹丈居长。怡怡一堂，有长枕大被风。""伉俪谐乎？"周曰："予妹虽陋，颇知礼仪，夫夫妇妇其敬如宾。""膝下茂乎？"周曰："二女一男，女尊母训，子读父书，歧嶷灵秀，颇不鲁愚。""邻里睦乎？戚友洽乎？"周曰："救灾恤贫，大有乃父风。亲戚友朋，惟义惟信，绝不挟富凌人。"余又曰："杰君亦有意功名否？"周曰："妹丈自幼颖悟，颇为有道器。惜中有定数，屡战不捷，遂贡成均，不复作朱紫想矣。""然则杰君既不乐仕宦，将何以消遣岁月乎？"周曰："妹丈乐易近情，和光可挹，而兴之所之，迥不犹人。或酌酒诗赋，或弹琴歌曲，或莳花种竹，或邀友下棋；或钓清泉，枕流漱石；或啸岩巅，山鸣谷应。惟意所适。至于造奇制巧，殆有似于扬子云之入人意中出而入意表者。"予闻之，不觉勃然兴曰："诚如君言，杰君殆无怀氏之民欤？抑葛天氏之民欤？古所谓羲皇上人者不是过也。盍用予铺扬厉为？即以君所言，书之以状杰君之行可。"

　　时光绪二十二年（1896）岁次丙申秋月穀旦，岁进士候选训导婺东莲峰山守拙氏舒桂芳拜撰。

1　畸人，指有独特志行、不同流俗的人，出自《庄子·内篇·大宗师》。

53.《赠起杰贤侄序》（宋起杰传记2）

天生人以成形，人禀天之所赋以成性。若贤侄者，殆所谓禀灵明之，性而无亏者欤。年方幼少，已知事亲。欢承燕寝，高堂有独隆之养。职修鸡鸣，庭帏切孝敬之思。严以持己而厚以待人，和以处众而谦以持躬。宅心无惭于衾影，行谊无愧于乡邻。身虽生于饶裕之家，而诚朴笃实恂恂然，竟不以饶裕自骄者，岂非超出于人一等哉？且也，早岁读书，深得奥旨。中年习艺，巧夺天工。教子则以义方，家庭世继无疆之福。教女则遵遗训，闺门夙著贞静之仪。叙天伦而乐优游。内既充而无待于外。名虽未列于胶庠，其志有超于云汉。诗曰："温温恭人。"可为贤侄诵之矣。

时光绪丙申年（1896）仲秋月吉旦，从云（宋君朝）书赠。

54.《起樵公传》（宋起樵传记1）

传者，传也，传其生平之实迹也。使无实迹可传，而徒欲铺张之，扬厉之，亦何足为光宠哉？若予表兄宋君，名起樵者，即予姑母之堂侄也。幼时于予共砚，赋性聪明，力学不倦，真可谓敏而好学者。以故士林咸器重之，宜其青年得志，一举而鹏飞万里。不意中有定数，每赴战者不获售。知之者咸为君惜，而君处之漠然也。此犹谓其淡于功名，无甚足异。及考其立身制行，不惟孝心纯笃，昏定晨省，事二亲无毫末倦容。即其处兄弟之间，吹篪吹埙，怡怡一堂，实有长枕大彼（被）风。噫嘻！樵君殆无愧家庭内之完人耶？而况勿二勿三，朋友推诚而与；宜家宜室，夫妇相敬如宾。樵君又几尽五伦之全矣。所尤难者，邻里中偶有争竞，君不但力为解分，甚至出己资以和息者，不可胜计。所以里党德之、重之，爱慕而乐从之。少年慷慨，其如是乎？其如是乎？他日之事业，予虽不敢逆忆，弟就目所见者，已觉超人一等矣。不得不代为传者。其元配叶氏，孝翁姑，和妯娌；四德俱娴，三从克凛。殆曹姑之流亚欤？亦女中所不易得者也。适值贵祠续修宗乘，予忝附戚末，故不揣谫陋，聊记数语，以俟后起之取法云尔。

城东邑庠生蔡世澄拜撰。

55.《蔚然君箴表》（宋起樵传记2）

尝思探奇选胜，高人逸士之所乐，非吾辈读书者之所有事。予葭戚有宋氏蔚然者，魁伟其品，颖敏其姿，束发授书，过目成诵。甫弱冠，为文顷刻千言，倚马可待。与谈当世事务,孰得孰失,了如指掌。人皆以大器期之,以为异日出而经世,

必能为苍生造福。及壮，忽弃举子业而放浪于名山大川，探奇选胜，凡一邱一壑之足以供人玩赏者，无不踪迹焉。予甚惜之非之，箴以励之。乃蔚然阅箴，艴然曰："翁素知我者，胡为与我私心大相刺谬也？如谓不宜访幽，岂不闻康乐任永嘉，犹探石门之胜？迄今名人骚客过其地者，往往寻访旧迹，留连不置。如云轻弃举业，岂不知五柳先生乎？胡为而赋归来？胡为而记桃源？予虽不及陶谢二公，然窃有志而未逮，效颦惟恐不似耳。夫人生斯世，如白驹过隙，役役乎名缰利锁，果胡为者？仆非敢留连山水，欲藉是以卜先兆耳。若谓负其所学，则仆窃有说焉：竭力庭帏以事二亲，人子之职莫大乎是。况乎昆仲情深，荆花愿其益茂，子侄年幼，兰桂虑其不芳。泄泄融融无非事者，岂必远父母，离兄弟，别妻子，逐逐于名场，屈节于当路，卜一时之显赫，始为不负所学哉？翁何未之思也。"予闻之，不觉爽然自失，因以箴蔚然者，书之以自箴。抑以见蔚然之有春风沂水乐而恋恋于聚顺一庭，尤为予所深慕者。先贤有言曰："尧舜之道，孝悌而已矣。"今于蔚然见之，故表之。

时光绪丙申年（1896）仲秋月吉旦，岁进士、候选训导婺东莲峰山守拙氏舒桂芳拜撰。

56.《恭祝蔚然宋老先生六旬寿文》（宋起樵传记3）

盖闻上古之人，浑浑噩噩，怀素抱朴，保合太和，长生至乐。今时之既雕既琢，情伪交作，天真告逝，菁华日落。寿也者，非今人之所尤难者欤？是以五福曰寿。书征洪范，以介眉寿。诗著豳风，搜简笃之佚义，知今古之同欢。花甲初周，遐龄预卜，宜申庆祝之忱，合贡颂扬之语。况佳儿佳妇，萃瑞气于一堂；积善积德，传家声于累代者哉！民国十三年（1924）十二月朔为。

蔚然先生六旬寿辰，谨抒东野之词，聊比南山之献。尝光夫括苍，聚秀辉胜，处士之星，松水流清，瑞见云峰之表。地灵者，其人杰。寿永者，其德彰。

先生贡生，莒封公之次子，登甫君之弟，之龙君之兄。京兆世家，圭璧望族，幼而聪明，长而卓荦。持躬绳直，砥行矩方。遥钟豹岫之灵，生成伟质。近接龙唇之秀，夙著令名。乡里艳推，夫成德堂构，群目为象贤。曲尽孝心，善事椿庭萱室。克敦悌道，能谐玉友金昆。厚亲戚而济邻朋。早奉柏庐治家之训。恤孤贫而矜鳏寡。恪遵梓潼阴骘之文。虽才学不尽见于世宇，而芳声已昭昭在人耳目间矣。既修己之以敬，复达识而多能。漱流枕石，久匿身于山林；种竹栽花，常比迹于农圃。性嗜堪舆，直规郭景纯之术；心穷地学，寝馈杨救贫之书。研究无遗，熟得阴阳燥湿之旨。琢靡已博，通生克差错之机。凡延以求风水卜佳城者，一凭指

点，莫不牛眠占吉，鹿逐征休，是亦可与宋之蔡牧堂、明之刘诚意、清之端木国瑚诸先辈后媲美者矣。清宣统间，热心公益，创立迪德学校。民国肇始，乡民信仰，被选本区乡董。输财启革旧布新，销闾阎之积习，谋幸福于桑梓，非所谓庸中之佼佼、铁中之铮铮者欤？长嗣君思殷高校学成，素觉瑶环誉擅，近邻传就；伫看玉笋，声驰往年；负笈郡城，授书于师校。此日课徒小学，宏乐育于乡邦，大器将成，栋梁可卜。次嗣君世淦幼负夙慧，亦肄业于郡城，胸抱奇才，仍策励于师范。伯也导先，仲也步后，古所为花萼同辉，埙篪互奏者，今见之矣也。孙枝挺秀，幼年奋志经书，秉质聪明，异日峥嵘头角，将来家学渊源，定见翱翔继起。德配叶孺人者，居心贞静，秉性慈柔，侍姑有道，相夫无违。兰质赋成，愿齐眉夫鸿案；絮才天授，竟返驾于仙乡。凤吉难占，鸾胶再续。今孺人汤氏，二南继美，足绍徽音，双凤连生，亦超凡品。诚颂祷之弗遑，已赞扬于靡既。矧乃寿遍甲子，已称五福之先；喜洽丁男，更符三多之祝。采希夷之妙术，宛尔鹤发童颜；乞茯苓于松间，犹然神清气爽。欢声日沸，瑞霭云蒸，而须眉步履宛不异于壮者。此无他，根心生色，睟面盎背，其冲和之德，实有以润其身也。观于今秋苏浙起衅，波及我松，则更有说陈知事，筹画团防，委先生为第四区团总。先生艰钜弗辞，毅然应命，顾事当仓卒，需用浩繁。先生曰："纾难毁家，予稽旧闻。义在率先，予何敢吝。"迨和平渐启，消息传来，先生曰："地非冲要，民苦穷艰。和平既兆，团其小休。"故三都一带，既宁既谧，不扰不惊，地方有磐石之安，父老无分文之费。谓非先生之仗义秉公、缓急权衡，何以致此？洵乎先生之德，与古同符，殆非所谓今世之人也。今者椒浆开腊，梅信传书，适值设弧之良辰，聊献紫芝而上寿。卯峰清茶，足资啸咏；亥市美酒，用佐樽罍。宾朋接踵，或通门交深，或葭莩谊笃。跻堂致庆，赓天保之什，诵期颐之章。倾心骏烈，灌耳鸿声，乐不殊于瑶岛，人自拟于蓬洲。定卜南极以生辉，宜其东华而添算。

中华民国十三年（1924）岁次阏逢困敦嘉平之月上澣榖旦，清庠生、世愚弟楚卿潘萃湘顿首拜，清廪生、世愚弟竹轩连步青薰沐敬书。

57.《起樵名绍云奇艺志》（宋起樵传记）

昔先王以"礼乐射御书数"教人。射也者，六艺之一，固人不可不学者也。况志正体直，古圣且以之观德者乎。然而学射非易，射而能精尤为不易。是以由基之杨穿百步，潘党之札透七层，唐太原公子中雀获选，贾大夫获雉，青史中莫不啧啧称之。至于今日，古艺失传，精于射者，已不数数观矣。丙申秋（1896），予游松阳，过演武场，观武士习射。有一人焉，百箭百中，矢无虚发。予目骇心

惊，扣旁观者，曰："此宋氏子也，三略六韬，姜公阴符，武侯八阵，孙十子三篇（孙子十三篇），莫不探讨奥义，洞悉精微，出奇制胜，应变无穷。非徒擅一技已也。"复扣之，曰："绍云其名也，之龙其字也，即君楣公其子乎，绍周、绍文其弟乎。"始知家学渊源，有文教者不驰武备，使绍云而得三尺柄，领十万师，壮行天下，安见洋夷不可灭，戎寇不可平？侯封万里，如古所谓横磨剑者哉！乃当路者不力荐于朝，而弃在草莽，将以老其才欤？抑或时未至也。予深为国家惜，为绍云恨。因邀而班荆道古，始叹十室之邑，必有忠信；十步之内，非无芳草。况天下之大，九州人才之众，英雄豪杰沉沦于草野、湮没于山林而名不彰者，何可胜道，岂独绍云也哉？余思他日若得风云际会，鹏程万里，未可限量也。因志之，以垂谱牒云。

时光绪丙申年（1896）仲秋月吉旦，岁进士候选训导婺东连峰山守拙氏舒桂芳拜撰。

58.《起周翁行略》（宋起周传记）

夫人必有非常之志，而后有非常之行。有非常之行，而后成非常之功。宋君起周者，骨格清奇，精神丰裕。壮年失怙，事母能孝。立志勤俭，历毕世而如初。作事公忠，至终身而不易。服畴力稼之余，继以鬻茶贩烟之业。珠算口算胜于畴人，言善行善声流里党。一家之内，父父子子，夫夫妇妇，蔼蔼如也。经理祠务，四十余年无伤廉之诮。整修祠宇，数代先令得凭依之欢。今又倡修谱牒，追远报本，功莫大焉。爰为之颂曰：耆老将耄兮，鹤发而童颜。举案齐眉兮，如河而如山。桂子馨香兮，背台而首颁。兰孙挺秀兮，学富而文娴。五福备齐兮，瑞气满人寰。语云：有志者，事竟成。洵不诬也。不然，何以事功彪炳，班班若是哉？

邑庠生愚侄婿林桂馨拜撰。

59.《起裕公传》（宋起裕传记）

起裕公者，乳名大钱，玉清公之次子，即余之岳父也。其为人也，容貌魁梧，天资灵敏。制凤锓鸾，心思入巧。犁云锄雨，手足胼胝。友爱情深，内而壎篪协奏。介严矢志，外而亲友誉扬。孝双亲差尽子职，教诸子无愧义方。不幸于丙午年（1906）忽尔仙游。次年仲夏，德配亦辞世。呜呼！后先一年间耳，何骑鲸跨鹤，遽偿同归之愿也？虽然天之报施善人，往往不在及身，而在其后裔。迄今桂兰竞秀，家道日兴，亦岳父之流泽孔长，有以致之也。易曰："积善之家，必有余庆。"亶其然乎？兹因纂修家乘，聊陈俚语，以志其事实云尔。

民国十四年（1925）岁次乙丑年仲冬月榖旦，邑庠生子婿林桂馨拜撰。

60.《世绪名鼎元公传》（宋世绪传记）

且夫为天地立心，为圣贤立德者，道在孝悌、忠信、礼义、廉耻而已。吾舅兄，字仁山，名鼎元者，诗书门第，祖宗作之于先，而吾舅兄述之于后，是孝能继志一也。仁让风辉，兄长导之于前，而舅兄能勤始而勤终也。以言乎信，则诚一无伪，吾舅兄能勿二而勿三也。以言乎礼义，则辞让之心与羞恶之心。吾舅兄谦冲接人，秉正用事者也。以言乎廉耻，则一介心严，一履必谨。吾舅兄立志高洁，言动超卓者也。和光堪仰瞻风规者，普于乡邻。磊落不群企步履者，周于里党，既立德而立言，亦有为而有守。元配夏氏，继娶徐氏，均名家之淑女，实内理之贤媛。至大衍后得子，预卜继继绳绳，迪前光，启后人。洵不诬也。

姻弟岁贡生潘益士拜撰。

附录 2 英文摘要

Vernacular architecture is an important representative of China's agricultural civilization. There are numerous traditional villages in China which are widely distributed. Each traditional village has its own characteristics and value. Villages with characteristics should be systematically studied on vernacular architecture. The study of vernacular architecture, by selecting distinctive villages for systematic research, the historical changes and cultural development context of the region could be revealed, which is of great significance to the study of cultural heritage and the protection and development of traditional villages. Songyang County, located in southwestern Zhejiang, has a large number of well-preserved traditional villages, which are known as "county specimens of ancient China".

This book selects Yangjiatang Village, Songyang County, Zhejiang Province as the research object, and conducts a systematic study of vernacular architecture in the village by combining literature research and field investigation. As one of the first eight villages in Songyang County included in the list of traditional Chinese villages, Yangjiatang Village is a typical representative of Songyang mountain villages. It has attracted widespread attention due to its unique village appearance and is known as the "Golden Potala". Yangjiatang Village has built a large number of Sanheyuan houses, which are densely arranged, the plan and elevation of Yangjiatang Village are regular，and the row-by-row village pattern is very rare in Songyang Mountain villages. During the three hundred years when the villagers settled in Yangjiatang Village, they have got remarkable results in Keju examination, a total of 39 people passed the examination and became Xiucai, and a total of 38 people became college students during the Republic of China, which showed the excellent educational tradition of Yangjiatang.

This book studies the village development of Yangjiatang from six dimensions: its history and culture, village planning, residential buildings, public buildings, folk activities and neighboring villages. By interpreting historical materials, including Songyang Xianzhi and the genealogy of Song, the development of the Song family in Yangjiatang

could be analyzed, and the historical background of the formation of "Xiucai Village" could be explained. Through fieldwork, the space and architectural form of Yangjiatang's residential buildings and public buildings could be analyzed, the construction era of the buildings in Yangjiatang Village could be inferred, the development process of Yangjiatang could be speculated, and the important factors that formed the village appearance of the "Golden Potala Palace" could be interpreted. Through the collection of oral histories, the most important folklore activity of Yangjiatang, the New Year Loong Dance, could be analyzed from the perspective of villagers, and the connection between folklore activities and village development could be explored. Finally, the comparison between Yangjiatang and surrounding neighboring villages reveals the uniqueness and commonality of Yangjiatang and surrounding villages in village pattern and architectural form from the perspective of architecture and planning, showing the uniqueness of Yangjiatang.

The regular village pattern is a unique feature of Yangjiatang that is different from traditional villages in Songyang. The internal factors that form the regularity are the timber business and cultural education traditions which have continued for hundreds of years in Yangjiatang. From the early to late Qing Dynasty, the Song family of Yangjiatang was engaged in the timber business from generation to generation, and in each generation there was someone became Xiucai. With economic support and the influence of ideological concepts, many Sanheyuan houses were gradually built in Yangjiatang, giving the village an appearance with a strong sense of order and regularity. The village appearance of Yangjiatang's "Golden Potala Palace" is inseparable from the cultural characteristics of the "Xiucai Village". The unique village appearance is the result of hundreds of years of continuous construction by the Song family.

参考文献

［1］BRUNSKILL R W. Illustrated Handbook of Vernacular Architecture［M］. London：Faber &Faber，1970.

［2］OLIVER P. Dwellings：The House across the World［M］. Austin：University of Texas Press，1987.

［3］OLIVER P. Encyclopedia of Vernacular Architecture of the World［M］.Cambridge：Cambridge University Press，1997.

［4］RUDOFSKY B. Architecture With out Architects：A Short Introduction to Non-Pedigreed Architecture［M］. Albuquerque：University of New Mexico Press，1964.

［5］SUN N，LUO D，TANG W. From Plan to Practice：The Revival of Pingtian Village in Songyang County of Zhejiang Province in China.［J］Journal of Chinese Architecture and Urbanism，2022，4（2）：177.

［6］ICOMOS. Charter on the Built Vernacular Heritage(1999) Ratified by the ICOMOS 12th General Assembly［C］. Mexico，1999.

［7］ICOMOS. Valletta Principles for the Maintenance and Management of Historic Towns and Urban Areas Ratified by the ICOMOS 17th General Assembly［C］. Valletta，2021.

［8］蔡军，周国帆.丽水传统民居厅堂平面形制特征研究［J］.古建园林技术，2023（1）：34-39.

［9］陈志华.中国乡土建筑初探［M］.北京：清华大学出版社，2012.

［10］陈志华.中国乡土建筑的世界意义［J］.建筑史学刊，2023，4（2）：4-6.

［11］陈志华.由《关于乡土建筑遗产的宪章》引起的话［J］.时代建筑，2000（3）：20-24.

［12］程瑶.旅游发展环境下传统村落保护与开发研究——以松阳杨家堂村为例［J］.建筑与文化，2021(5)：159-161.

［13］冯骥才.传统村落的困境与出路——兼谈传统村落是另一类文化遗产［J］.民间文化论坛，2013（1）：7-12.

［14］葛培.乡村振兴战略下古村落保护利用问题研究——以松阳县"拯救老屋"行动为例［D］.杭州：浙江工商大学，2022.

［15］韩冰.丽水市域内古堰灌区乡土景观研究［D］.北京：北京林业大学，2020.

［16］贺勇，金通，曾伊凡.从时间的维度解析浙江丽水地区乡村建筑之美［J］.建筑与文化，2016（8）：74-76.

［17］贺少雅.社祭传统与村落公共性——浙江平卿村"做福"的再讨论［J］.节日研究，2022(1)：249-268.

［18］洪铁城.走进杨家堂［J］.城乡建设，2014(6)：95-96.

［19］胡展.松阳杨家村："江南布达拉宫"［J］.浙江画报，2021(8)：46-51.

［20］黄新华.浙、赣、闽民间樟树信仰风俗及其成因分析［J］.地方文化研究，2015(5)：93-99.

［21］蓝昊慧.浙江省松阳县平田村传统村落保护与发展研究［D］.武汉：湖北大学，2019.

［22］李秋香，浙江民居［M］.北京：清华大学出版社，2010.

［23］李跃亮.浙南山地村落活态保护的实践与思考——以浙江省松阳县为例［J］.浙江社会科学，2016(8)：143-150，161.

［24］励小捷.县域传统村落的保护与发展探索——"拯救老屋行动"的松阳实践［J］.中华民居，2018(6)：4.

［25］林莉.浙江传统村落空间分布及类型特征分析［D］.杭州：浙江大学，2015.

［26］刘敦桢.中国住宅概说.传统民居［M］.武汉：华中科技大学出版社，2018.

［27］楼庆西.雕梁画栋［M］.北京：三联书店，2004.

［28］鲁晓敏.再访鲁晓敏——谈松阳村落［J］.中华手工，2020(2)：78-85.

［29］罗德胤.在松阳感悟"古典中国"［J］.瞭望，2015(30)：57-59.

［30］罗德胤.乡土聚落研究与探索［M］.北京：中国建材工业出版社，2019.

［31］罗德胤，孙娜，付敏诺.村落保护和乡村振兴的松阳路径［J］.建筑学报，2021(1)：1-8.

［32］松阳县志编纂委员会.松阳县志［M］.杭州：浙江人民出版社，1996.

［33］松阳县地方志编纂委员会.松阳县志［M］.北京：方志出版社，2020.

［34］松阳县人民政府，汉声编辑室.松阳传家［M］.桂林：广西师范大学出版社，2019.

［35］松阳县交通运输局.松阳航运史［M］.北京：中国书籍出版社，2021.

［36］孙大章.中国民居研究［M］.北京：中国建筑工业出版社，2004.8：305-306.

［37］孙福鑫，陈鸿杰，欧阳国辉.江南客乡：浙江松阳石仓古村乐善堂的文化价值与延续［J］.中外建筑，2021(12)：59-66.

［38］田园松阳系列丛书编委会.松阳祠堂志［M］.北京：中国文史出版社，2014.

［39］田中娟.陈十四夫人信仰及其艺术演绎形式之松阳高腔《夫人戏》［J］.丽水学院学报，2020，42(6)：70-77.

［40］王德昭.清代科举制度研究［M］.北京：中华书局，1984.

［41］王可欣，韩静怡，王自然，等.基于理水智慧的松阳传统聚落营建特征研究［C］//中国风景园林学会.中国风景园林学会2021年会论文集.北京：中国建筑工业出版社，2021：7.

［42］王媛，曹树基.民居研究中的历史人类学方法与社会史视角之新探索——以松阳县石仓村为例［C］//中国建筑学会建筑史学分会.建筑历史与理论第九辑(2008年学术研讨会论文选辑).中国科学技术出版社，2008：9.

［43］王媛，曹树基.浙南山区明代普通民居发现的意义——以松阳县石仓为例［J］.上海交通大学学报(哲学社会科学版)，2009，17(2)：73-80.

［44］王媛.对建筑史研究中"口述史"方法应用的探讨——以浙西南民居考察为例［J］.同济大学学报(社会科学版)，2009，20(5)：52-56.

［45］王永球.松古村语：浙江松阳古村落［M］.杭州：浙江古籍出版社，2012.

［46］魏佳.浙江松阳县传统村落及民居研究［D］.北京：北京服装学院，2023.

［47］吴龙海.瓯江流域传统村落空间特征研究［D］.杭州：浙江农林大学，2023.

［48］夏敏，张晓瑞，张苗苗.丽水市传统村落空间布局及影响因素研究［J］.合肥工业大学学报(社会科学版)，2022，36(4)：136-144.

［49］萧放，邵凤丽.祖先祭祀与乡土文化传承——以浙江松阳江南叶氏祭祖为例［J］.社会治理，2018（4）：70-77.

［50］许缘.丽水市传统村落空间特征研究［D］.杭州：浙江农林大学，2021.

［51］徐永明.宋濂年谱［M］.杭州：浙江大学出版社，2011.

［52］章明宇，李王明.丽水地区传统村落空间特征与综合价值研究［J］.西部人居环境学刊，2015，30(5)：53-58.

［53］张力智.儒学影响下的浙江西部乡土建筑［D］.北京：清华大学，2015.

［54］中华人民共和国住房和城乡建设部.关于开展传统村落调查的通知（建村［2012］58号）［EB/OL］.2012-01-17［2020-10-20］.http://www.mohurd.gov.cn/

［55］张仲礼.中国绅士研究［M］.上海：上海人民出版社，2008.

［56］浙江省丽水市三都乡政府.世外桃花源——呈回村［J］.小城镇建设，2014(7)：20-21.

［57］钟梦迪.松阳叶氏祭祖考察及其启示［J］.非物质文化遗产研究集刊，2019（0）：210-222.

［58］朱鳌，宋苓珠.清代进士传录［M］.北京：国家图书馆出版社，2018.